Naturwunder Neuseeland

Traumlandschaften, Tiere und Pflanzen
eines bedrohten Paradieses

1. Auflage
© 2017 MANA-Verlag, Eichhorster Weg 80, Haus C, 13435 Berlin

Lektorat: Jürgen Boldt, Katrin Koch
Umschlaggestaltung, Layout und Satz: Jürgen Boldt

Druck: Dardedze, Riga, EU
Bibliografische Informationen der Deutschen Bibliothek:
Die Deutsche Nationalbibliothek verzeichnet diese Publikation in der Deutschen Nationalbibliografie;
detaillierte bibliografische Daten sind im Internet abrufbar unter
http://dnb.dnb.de.

ISBN 978-3-95503-009-4
Sie finden unser gesamtes Programm unter
www.mana-verlag.de

Sissi Stein-Abel

Naturwunder Neuseeland

Traumlandschaften, Tiere und Pflanzen
eines bedrohten Paradieses

Inhalt

Naturschutz und Umweltwandel 367

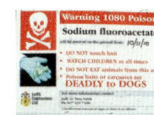

Anhang 461

Aussprache von Maoriwörtern

Die Maori-Wörter in diesem Buch sind mit einigen wenigen Regeln leicht korrekt auszusprechen – für Deutsche ganz besonders, da die Aussprache weitaus mehr dem Deutschen ähnelt als dem Englischen. Weghören, wenn Pakeha Maori-Wörter bis zur Unkenntlichkeit verstümmeln. Maori sind nicht „Mary", und Taranaki spricht man Ta-ra-na-ki und nicht Tä-rä-nä-ki. Prinzipiell wird jeder Buchstabe einzeln ausgesprochen. Das R wird einfach gerollt wie im Bayerischen und Plattdeutschen (Zungenspitzen-R). Meistens wird die erste Silbe betont. .

Es gibt fünf Vokale (a, e, i, o, u) und nur zehn Konsonanten (h, k, m, n, p, r, t, w, wh, ng). In der Originalschreibweise kann man unterscheiden, ob ein Vokal lang oder kurz gesprochen wird; auf lange Vokale wird ein Makron (Strich über dem Buchstaben, z.B. Māori) gesetzt. Darauf wurde in diesem Buch jedoch verzichtet.

Die wichtigsten Ausspracheregeln:
- w – wie im Englischen „water"
- wh – wie das deutsche F (z.B. Whakatane, gesprochen: Fakatane), in manchen Regionen aber auch als H, W oder WH mit stark angehauchtem H
- ng – wie in „Klang" und „singen", das G wird also nicht betont; am Wortanfang (z.B. ngaio) verstummt das G nahezu
- au – wie ou (wie im Englischen „go", „toe"); Tauranga wird also gesprochen wie: Tou-rang-a.

Vorwort

Naturparadies. Mittelerde. Herr-der-Ringe-Herrlichkeit. Endlos weite Traumlandschaften. Saftige Urwälder, rauschende, reine Flüsse und surreal gefärbte Seen. Die letzten entfernten Verwandten der Dinosaurier. Skurrile, verrückte und flugunfähige Vögel. Papageien, die sich auf Eis und Schnee vergnügen. Die kleinsten Delfine und seltensten Pinguine der Welt. Piepsende Frösche. Immergrüne Laubbäume und Pflanzen, die es nirgendwo sonst auf der Welt gibt. Neuseeland bietet auf kleiner Fläche – ungefähr so groß wie die alte Bundesrepublik Deutschland – Exotik im Übermaß und einen Querschnitt der Welt.

Es gibt Gebirgsketten wie in den europäischen Alpen, Gletscher, deren Zungen trotz der weltweiten Schmelze erst im Regenwald enden; weiße Strände wie in der Südsee, Fjorde wie in Norwegen; Geysire wie in Island, aktive und erloschene Vulkane wie in Indonesien und Mexiko, geothermische Wunder wie im Yellowstone-Nationalpark, blubbernde Schlammlöcher, in allen Farben schimmernde, brodelnde Pools, dampfende Schwefelquellen, kollabierte Krater; grüne Hügel wie in Irland, goldene Graslandschaften wie im südamerikanischen Altiplano, zerklüftete Karstregionen wie in Slowenien, Lavaflüsse wie auf Hawaii, Schiefergebirge wie in Deutschland; verflochtene Flüsse wie in Alaska und Kanada, Sunde wie in der Ostsee, fast 20.000 Kilometer Küstenlänge wie in den USA. Kein Wunder, dass Aotearoa – so nennen die Maori das Land der langen, weißen Wolke – die Endstation Sehnsucht vieler Fernreisender ist.

Dieses Buch ist kein Reiseführer im eigentlichen Sinne, auch wenn es beschreibt, was Neuseeland so einzigartig macht. Es liefert die Hintergründe der Szenerie, die jeder Besucher sieht. Es erklärt, wie all diese Naturwunder entstanden sind – warum die Traumseen am Fuße der Südalpen im Sommer türkis und im Winter dunkelblau sind, warum der Lake Taupo ein Pulverfass ist, die Strände an der Westküste schwarz und grau, im Osten weiß und im Nordwesten der Südinsel rotgoldfarben leuchten oder weswegen Central Otago nur sanft gewellt ist. Die faszinierende Geologie, mit der man auf Schritt und Tritt konfrontiert wird, nimmt breiten Raum ein, denn durch diese Phänomene werden Touristen ja in erster Linie magisch angezogen, ehe sie die Tier- und Pflanzenwelt für sich entdecken.

Die Schönheit Neuseelands ist ein Augenschmaus. Dahinter und darunter verbergen sich die Naturkatastrophen, ohne die es diese Inseln am anderen Ende der Welt nicht gäbe und die das auf dem Pazifischen Feuerring liegende Land auch heute noch regelmäßig erschüttern: vernichtende Vulkanausbrüche, mächtige Erdbeben, Überschwemmungen. Als erdgeschichtlich jüngstes Land der Welt ist Neuseeland ein Musterbeispiel für die dynamischen Vorgänge, die Touristen gleichzeitig magisch anziehen und – wenn die Erde bebt oder ein Vulkan Schutt und Asche spuckt – auch Einheimische in Angst und Schrecken versetzen. Die Urkräfte der Erde spalteten Zealandia vor 83 Millionen Jahren zusammen mit Australien vom Gondwana-Urkontinent und später auch vom heutigen Nachbarland ab – und ließen es unter den Meeresspiegel sinken. Dank der verheerenden Gewalt wurde die heutige Landmasse erst vor 25 Millionen Jahren wieder aus dem Meer gehoben.

Während die meisten geologischen Phänomene auch anderswo in der Welt beobachtet werden können, nur meistens eben nicht auf so engem Raum, sind die Flora und Fauna Neuseelands einzigartig. Pflanzen- und Tierarten entwickelten sich nach der Abtrennung von Gondwana in der Isolation auf eigene Weise weiter und meisterten auch den Übergang von tropischem zu gemäßigtem Klima.

Der Pohutukawa, der aufgrund seiner Blütezeit rund um Weihnachten auch Neuseeländischer Christbaum genannt wird, ist ein endemisches Eisenholzgewächs

Von den 2.500 Arten einheimischer Koniferen, Laubbäume und Farne kommen 80 Prozent nur hier vor, ob nun Kauri, Pohutukawa oder Rimu. Die feuchten Mischwälder mit ihren kleinblättrigen Steineiben, Baumfarnen, Myrtengewächsen, Palmen-, Kletter- und Schmarotzerpflanzen haben mit den Mischwäldern der nördlichen Hemisphäre nicht viel zu tun, sondern ähneln mit ihrem fünfschichtigen Aufbau den tropischen Regenwäldern. Da es vor der Ankunft der Menschen außer drei winzigen Fledermaus-Arten keine Säugetiere gab, erfüllten Vögel und Insekten die Aufgaben der Säuger, allen voran der Nationalvogel, der Kiwi, mit seinen Katzenschnurrhaaren. Die Lebensgeschichte der Tuatara (Brückenechse) kann 240 Millionen Jahre zurückverfolgt werden.

Heute sind viele Pflanzen und Tiere vom Aussterben bedroht, weil zunächst die Maori und später die europäischen Einwanderer mit der unberührten Natur Schindluder getrieben haben. Ob nun mit Waldrodung für Ackerbau und Viehzucht oder durch die Einführung von Säugetieren, die den einheimischen Tieren den Garaus mach(t)en. Seit der Ankunft der ersten Einwanderer vor 800 bis 1.000 Jahren sind 48 Prozent der nur in Neuseeland vorkommenden Vogelarten verschwunden.

Neuseeland ist wegen seiner besonderen Naturgeschichte das Land der Vögel. Weniger berühmt als der Kiwi, aber ebenfalls endemisch ist die Maori-Fruchttaube

Rechte Seite::
Lake Pukaki und Mount Cook

Das „Naturparadies", mit dem die Tourismus-Behörde wirbt, wird als Ware gehandelt und entspricht vielerorts kaum noch der Realität. Trotz der Einrichtung einer Naturschutzbehörde, die 14 Nationalparks und zwei Dutzend eingezäunte Schutzgebiete (Mainland Islands) verwaltet, sowie des unermüdlichen Einsatzes zahlreicher Freiwilligen-Organisationen sind Flora und Fauna gefährdet. 90 Prozent der Tieflandflüsse und die Hälfte aller Seen sind verschmutzt, was in den meisten Fällen auf intensive Milchwirtschaft zurückzuführen ist.

Neuseeland, das in puncto Klimaschutz nur eine bescheidene Rolle spielt und aus dem Kyoto-Protokoll ausgetreten ist, befindet sich in einem Spannungsfeld zwischen heiler Welt und Wirtschaftswachstum, in dem die unberührte Natur immer öfter als Ressource und nicht als schützenswertes Gut behandelt wird. Nicht einmal die von ungeheurem Nationalstolz erfüllten Neuseeländer selbst glauben noch, dass ihr Land „100% Pure" ist, wie die Hochglanzbroschüren verheißen. Dieses Buch beschäftigt sich auch mit diesen Phänomenen, die ein Urlauber aus Übersee nicht erkennt. Es hilft aber auch, das, was man sieht, zu identifizieren: die wichtigsten Tier-, vor allem Vogelarten, Bäume, Büsche und Blumen. Es listet Orte und Regionen auf, in denen die Chancen am größten sind, seltene Spezies zu entdecken, damit Naturliebhaber Neuseeland nicht nur erleben, sondern auch verstehen können.

Sissi Stein-Abel

Kapitel 1
Geologie
Neuseelands
Grund und Boden

Geologie
Neuseelands Grund und Boden

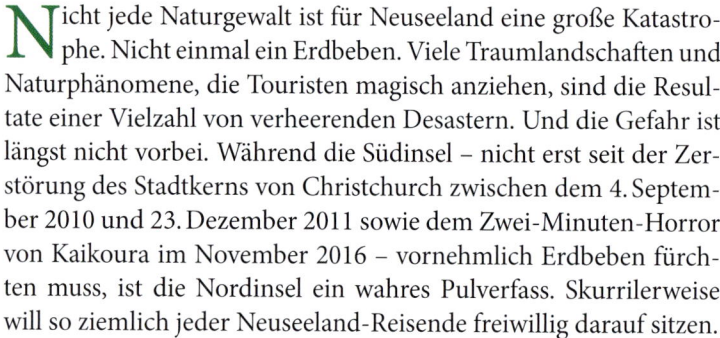

Naturkatastrophenwunder oder: Leben auf dem Pulverfass

Nicht jede Naturgewalt ist für Neuseeland eine große Katastrophe. Nicht einmal ein Erdbeben. Viele Traumlandschaften und Naturphänomene, die Touristen magisch anziehen, sind die Resultate einer Vielzahl von verheerenden Desastern. Und die Gefahr ist längst nicht vorbei. Während die Südinsel – nicht erst seit der Zerstörung des Stadtkerns von Christchurch zwischen dem 4. September 2010 und 23. Dezember 2011 sowie dem Zwei-Minuten-Horror von Kaikoura im November 2016 – vornehmlich Erdbeben fürchten muss, ist die Nordinsel ein wahres Pulverfass. Skurrilerweise will so ziemlich jeder Neuseeland-Reisende freiwillig darauf sitzen.

Der One Tree Hill in Auckland, die heißen Quellen, blubbernden Schlammlöcher und sprudelnden Geysire in und um Rotorua, der Lake Taupo, die Farbenpracht um die Bergriesen des Tongariro-Nationalparks … Die Liste ist endlos. Wie all diese schönen und außergewöhnlichen Formen, Farben und Phänomene zustandegekommen sind, ist mittlerweile weitgehend erforscht. Die Frage, die die Wissenschaftler weit stärker bewegt, lautet: Wann fliegt alles wieder in die Luft?

Wäre nicht die ständige Bedrohung durch Erdbeben, die Angst vor einer mächtigen Erschütterung irgendwo entlang der Alpinen Verwerfungslinie unter dem Rücken der neuseeländischen Alpen, die Südinsel könnte als idyllisches Paradies gelten. Die Vulkane sind erloschen, auch wenn in Christchurch so mancher verängstigte Bewohner orakelte, die Erdbeben-Serie hätte sicherlich die Vulkane der vorgelagerten Banks-Halbinsel aus ihrem Schlaf erweckt und sie würden die in den Grundfesten erschütterte Stadt bald mit fliegenden Gesteinsbrocken

Der Pohutu-Geysir in Te Puia

14

bombardieren und unter einer Aschewolke begraben. Die Wissenschaftler des nationalen Instituts für Geologie- und Nuklearwissenschaften, GNS Science (bis 2005 Institute of Geological and Nuclear
Sciences), verweisen solche Spekulationen aber ins Reich hysterischer
Phantasie. Die Vulkane der Südinsel sind erloschen und können auch
von noch so vielen Erdbeben nicht wieder aktiviert werden, weil kein
Magma unter der Erdkruste brodelt. Die ins tiefblaue Meer gegos-
sene Banks-Halbinsel mit ihren türkisblauen Buchten und samtigen
Raubtierpfoten-Hügeln jenseits der Port Hills, die Christchurch von
dem wassergefüllten Kraterloch des Lyttelton Harbour trennen, bleibt,
was sie ist: eine stille Schönheit, die allenfalls den einen oder anderen
uralten Felsbrocken zu Tale schickt.

Die Hafenbuchten von Lyttelton und Akaroa sind die vom Meer gefluteten Krater dreier erloschener Vulkane, die zuletzt vor sechs Millionen Jahren Feuer und Asche spuckten. In den Jahrmillionen danach
haben Flüsse und das Meer die Krater erodiert – besonders stark dort,
wo das Gestein weniger widerstandsfähig war. Als der Meeresspiegel
nach dem Ende der letzten Eiszeit stieg, drang das Meer in die ehemaligen Vulkane ein. In der Folge entstanden die heutigen fjordartigen
Hafenbuchten. Dasselbe Schauspiel ereignete sich vor der Küste Du-
nedins weiter unten im Süden, wo der Otago Harbour entstand. Auch
die Poor Knights Islands vor der Tutukaka-Küste hoch im Norden
sind erodierte Überreste eines Vulkans, der vor zehn Millionen Jahren

Neuseelands Lage auf der Grenze zwischen der Australischen und der Pazifischen Platte

Die Clay Cliffs bei Omarama wurden durch den mehrmaligen Bruch der Ostler-Verwerfung angehoben, später zerschnitten und schließlich zu der heute sichtbaren Badlands-Formation erodiert

vermutlich 1.000 Meter hoch war und einen Durchmesser von 15 bis 25 Kilometern hatte. Andernorts wurden riesige Flusstäler überflutet, verursacht durch das Absinken des Lands. Das war die Geburtsstunde der Marlborough Sounds im Norden der Südinsel und der Bay of Islands im subtropischen Norden der Nordinsel.

Shaky Isles

Das Kernproblem der Südinsel und fast der ganzen Nation – die ständigen Erdbeben – geht auf die Entstehungsgeschichte der auch als „Shaky Isles" („Wackelige Inseln") bezeichneten neuseeländischen Inseln zurück. Vor rund 100 Millionen Jahren entstanden auf dem Urkontinent Gondwana durch vulkanische Tätigkeit gewaltige Grabenbrüche, an denen die Landmasse allmählich auseinanderbrach. Auch Zealandia löste sich vor 83 Millionen Jahren von Gondwana, zunächst noch als Teil einer die Antarktis und Australien umfassenden Landmasse, und später von Australien, um in den Pazifischen Ozean zu driften. Es versank größtenteils im Meer – nur Neuseeland, Neukaledonien und einige andere Inselgruppen ragen heute aus dem Wasser – und wurde schließlich an einer neu gebildeten Grenze zwischen zwei Erdkrustenplatten in zwei Teile gerissen.

Die tektonische Aktivität dieser Plattengrenze beförderte die Landmasse Neuseelands vor 25 Millionen Jahren über den Meeresspiegel. Als der Süden anstieg, während der Norden absank, zerbrach sie in zwei Teile. Unter der Nordinsel hat sich die schwerere Pazifische Platte unter die leichtere Australische Platte geschoben. Im Süden der Südinsel ist es genau umgekehrt. Dazwischen reiben die Platten aneinander.

Die Rotationskräfte der Platten drückten auch die Gebirgskette der neuseeländischen Alpen, die die Südinsel von Nordost nach Südwest durchziehen, fast 4.000 Meter in die Höhe. Die Berge wachsen jetzt zwischen sieben und 36 Millimetern im Jahr [Cox & Barrell 2007] und Neuseelands Süden wandert langsam in Richtung Australien. Ein Erdbeben der Stärke 7,8 in Fiordland verschob die Südinsel im Juli 2009 auf einen Schlag 30 Zentimeter nach Westen.

Nicht alles, was die Erschütterungen zwischen den beiden übereinander liegenden Platten anrichten, erweist sich im Rückblick als katastrophal, wenn es in menschenleeren Gebieten geschieht. Ein Paradebeispiel dafür sind die spektakulären Clay Cliffs bei Omarama, die

mit ihren hellorangefarbenen Zacken, Zinnen und Orgelpfeifen an die Canyons im Südwesten der USA erinnern: Zahlreiche Erdbeben über der Ostler-Verwerfungslinie hieben sukzessive eine hundert Meter hohe Stufe in das Land und legten eine lehmige Erdwand aus lockeren Sedimenten frei, aus der Wind und Wasser dann die bizarren Oberflächenformen entstehen ließen.

Ewiges Eis

In der Eiszeit überprägten Gletscher die Gebirgslandschaften und schufen großartige U-förmige Täler, Verflochtene Flüsse, langgezogene Seen und Felsrücken: all die spektakulären Fjorde in der Einsamkeit des Südwestens, inklusive des Milford und des Doubtful Sounds; die wie in einem surrealen Gemälde hingepinselten türkisblauen zentralen Seen Lake Tekapo, Pukaki und Ohau; die dunkelblauen Southern Lakes Wakatipu, Wanaka, Hawea, Te Anau und Manapouri weiter unten im Süden.

Die milchig-türkisblaue Farbe, die für den Tekapo- und den Pukaki-See – außer in kalten Wintern – charakteristisch ist, rührt von den feinen Partikeln aus dem Abrieb des Gletscheruntergrunds (auf Englisch: rock flour) her, mit dem das Wasser ihrer Zubringerflüsse durchsetzt

ist. Mehr als tausend Gletscher gibt es noch in Neuseeland, aber lediglich 15 von ihnen besitzen wirklich große Ausmaße. Nur wenige Orte auf der Welt haben so leicht zugängliche Gletscher wie den Fox und Franz Josef Glacier, und noch seltener sind Gletscher, die wie diese beiden Riesen an der regenreichen und in größeren Höhen schneereichen Westküste direkt durch den Regenwald fast bis auf Meereshöhe hinunterreichen. Einst berührten ihre Eiszungen tatsächlich den Ozean, wobei die Küste damals aufgrund des niedrigeren Meeresspiegels sogar noch weiter entfernt war.

Auf der Nordinsel befindet sich nur ein Berg mit ewigem Eis: der 2.797 Meter hohe Mt. Ruapehu. Die Gegend, in der dieser Vulkan liegt, ist, salopp formuliert, das Katastrophenzentrum Neuseelands. Er ist der höchste Berg des Tongariro-Nationalparks südlich des Taupo-Sees und gehört damit zur sogenannten Taupo-Vulkanzone. Diese wiederum ist Teil des Pazifischen Feuerrings, auf dem die meisten der weltweit 600 aktiven Vulkane aufgereiht sind. Die rund 50 Kilometer breite Taupo-Vulkanzone verläuft vom Mt. Ruapehu im Südwesten bis zu dem 250 Kilometer entfernten Whakatane-Unterseevulkan im Nordosten. Die Linie führt weiter in die Bay of Plenty, wo die extrem aktive Vulkaninsel White Island, ein beliebtes Ziel von Tagesausflüglern, vor sich hinbrodelt und -qualmt, und von dort zu den ebenfalls äußerst lebhaften Kermadec Islands.

Vulkanische Riesen

Der Lake Taupo ist weit mehr als nur Neuseelands größter See: Es handelt sich um eine mit Wasser gefüllte Caldera – einen steilwandigen Kessel, der durch das Kollabieren einer oberflächennahen Magmakammer entstanden ist. Wissenschaftler gehen davon aus, dass dieser sogenannte Supervulkan eines Tages erneut ausbrechen wird. Bloß wann, weiß niemand. Aber eine größere Eruption hätte fatale Folgen für Neuseeland. Ein Blick in die Geschichte dieses schlafenden Riesen genügt, um ein Schreckensszenario zu entwerfen: Ein großer Teil der Nordinsel samt den Städten Rotorua, Tauranga und Whakatane wäre dem Untergang geweiht; der Nordosten der Insel könnte sogar abgesprengt werden.

Vor rund 300.000 Jahren wurde der Taupo-Vulkan aktiv. Die Caldera entstand vor etwa 26.500 Jahren bei der Oruanui-Eruption, bei der es sich um die weltweit stärkste Eruption der vergangenen 70.000 Jahre handelte. Dabei wurde das Zentrum der Nordinsel fast vollständig unter einer 200 Meter dicken Asche- und Bimsschicht begraben. Im auf erdbebensicheren Gummistoßdämpfern erbauten Nationalmuseum Te Papa in Wellington ist ein Sediment-Brocken dieser Eruption ausgestellt, der 1.000 Kilometer südöstlich der Caldera auf dem Meeresgrund gefunden wurde. Der letzte bedeutende Ausbruch fand im

Der Lake Taupo, größter See Neuseelands, füllt die Caldera eines schlafenden Riesenvulkans. Im Hintergrund der schneebedeckte Mt. Ruapehu

Jahr 181 statt – ein Ereignis, das nicht nur in grönländischen Eiskernen seine Spuren hinterlassen hat, sondern auch von Geschichtsschreibern dokumentiert wurde, denn über Rom und Peking färbte die Asche den Himmel rot. Diese Eruption gilt weltweit als verheerendste der letzten 5.000 Jahre. Alles, was danach kam, waren im Vergleich dazu nur kleine Rülpser.

Um die Gefahr, die vom Taupo-Vulkan ausgeht, einschätzen zu können, misst GNS Science die Erdbeben-Aktivität und die Landbewegungen rund um den See. Grund zur Beunruhigung bestand 1922, als der Wasserspiegel nach einem Erdbebenschwarm um zwei Meter sank. In einem Interview mit der australischen Fairfax-Media-Gruppe sagte die GNS-Forscherin Dr. Gill Jolly, dass sie und ihre Kollegen vor einem massiven Ausbruch „tausende und nicht hunderte Erdbeben sowie massive Deformationen der Umgebung" erwarten würden. Sie räumte jedoch auch ein, dass Vulkanausbrüche aus dem Nichts passieren können, so wie jene des Mt. Ruapehu 2007 und des Mt. Tongariro 2012. Im August 2012 beendete der Mt. Tongariro seinen 115 Jahre währenden Schlummer und spuckte Felsbrocken und Asche. Und dies passierte vier Monate später gleich noch einmal, als die Geologen fest mit einer Eruption des Nachbarbergs Mt. Ruapehu rechneten, weil in dessen Kratersee die Temperatur und der Druck gestiegen waren.

Im September 2007 war der Mt. Ruapehu ohne jede Vorwarnung explodiert. Dabei floss eine Schlammlawine die Flanken des Bergs hinunter, direkt in eine Hütte, in der sich zwei Wanderer aufhielten. Einer der Männer erlitt dabei so schwere Verletzungen, dass ihm ein Bein amputiert werden musste. Dies schmälerte allerdings nicht seine Leidenschaft für das Bergwandern: Im März und April 2012 erklomm er seinen Schicksalsberg mit Prothese.

Sechs Monate vor jenem überraschenden Ausbruch hatten die Wissenschaftler die Launen des mit Messgeräten überwachten Bergs exakt vorhersagen können. Damals war ein Tephra-Damm am Kraterrand gebrochen – eine Barriere aus Asche, Bimsstein, Felsbrocken und Lavabomben, die bei Eruptionen in den Jahren 1995 und 1996 entstanden war und den natürlichen Abfluss des Sees verhindert hatte. Eine gewaltige Schlammlawine, ein sogenannter Lahar, aus 1,5 Millionen Kubikmetern Matsch und Geröll donnerte auf einer exakt vorausberechneten Bahn ins Tal und durch das Bett des Flüsschens Whangaehu 120 Kilometer weiter im Süden ins Meer. Alle waren auf die Stunde X vorbereitet, niemand kam zu Schaden.

So weit war die Wissenschaft 1953 noch nicht. Am Heiligen Abend jenes Jahres starben 151 Menschen, als ein Lahar genau in dem Augenblick die Tangiwai-Eisenbahnbrücke über dem Whangaehu-Fluss wegriss, als der Nachtexpress von Wellington nach Auckland darüber fuhr. Zwanzig der Opfer wurden nie gefunden.

An einem ruhigen, sonnigen Tag ist der Tongariro-Nationalpark mit seinen drei Vulkanen Ruapehu, Ngauruhoe – einem perfekten Kegel von 2.287 Metern Höhe – und dem zipfeligen, 1967 Meter hohen Tongariro ein Titelanwärter im Schönheitswettbewerb von Neuseelands Naturwundern. Der Tongariro Crossing Track über das Zentralplateau ist der großartigste Tageswanderweg im Land. Er führt durch wüstenartige, ausgetrocknete Kraterseen, über erstarrte, schwarze Lavaströme, Schlacke und Asche, ockerfarbene und rostrote Geröllfelder,

vorbei an gelb verfärbtem Fels, purpurrot leuchtenden, samtigen Bergflanken, großen und kleinen Seen, die in allen Blau- und Grüntönen schimmern, durch kahle Mond- und goldene Graslandschaften, und immer wieder zischen nach Schwefel stinkende Fumarolen und Dampfwolken in die klare Luft. Es ist ein einziger Rausch an Farben und Formen, Gerüchen und Geräuschen, entstanden aus den katastrophalen Launen der Natur. Im Winter ist der Mt. Ruapehu ein beliebtes alpines Skigebiet.

Nördlich des Taupo-Sees beginnt die touristische Zone der geothermischen Wunder, die Nebenprodukte der vulkanischen Aktivitäten sind: Orakei Korako, Waiotapu, Hell's Gate, Waimangu sowie direkt in Rotorua das nach einem Streit unter Maori-Brüdern aufgeteilte Gebiet der Gemeinde Whakarewarewa und Te Puia. Hier schwimmen – wie auch auf dem Champagne Pool mit seinem orangefarbenen Sinterrand in Waiotapu – Blubberblasen an der dampfenden Wasseroberfläche. Dicker grauer Schlamm kocht in Löchern vor sich hin. Geysire schleudern heiße Wasserfontänen in die Luft. Der Lady-Knox-Geysir wird gar jeden Morgen mit Seife gefüttert, damit er pünktlich zum Touristenaufmarsch spuckt. (Andernorts ist diese Praxis verboten, weil sich die Zugabe von Detergentien auf Dauer nachteilig auf die Eruptionstätigkeit auswirkt.)

Sinterterrassen im Thermalgebiet Orakei Korako nördlich von Taupo

Der Schein trügt: Der Mt. Tarawera, der hier so friedlich hinter dem Lake Tarawera ruht, ist ein aktiver Vulkan

Die Erde lässt ihren Dampf ab, und in Rotorua passiert es mitten in der Stadt. Es qualmt und zischt an jeder Straßenecke, dank der heißen Schwefelquellen stinkt die Luft nach fauligen Eiern. Häuser und Hotels werden in Neuseelands Touristenort Nummer eins, der jährlich 1,6 Millionen Besucher beherbergt, nahezu zum Nulltarif mit Erdwärme beheizt. Sogar sieben Prozent des Stroms werden auf diese Weise produziert. Jedes Hotel und Motel hat ein Schwimmbad oder wenigstens einen Whirlpool und ein Thermalbecken. Die Maori nutzen die 200 bis 300 Grad heißen Quellen traditionell zum Kochen, Waschen und Baden. Lediglich im weiteren Umkreis des Pohutu-Geysirs sind private Bohrungen verboten, um dem Geysir nicht den Druck zu rauben. Eine Maßnahme, die sich ausgezahlt hat, denn der nur wenige hundert Meter entfernte Papakura-Geysir zeigte im Oktober 2013 nach 34 Jahren Ruhe wieder Zeichen von Aktivität, als er Dampfwolken in die Luft pustete.

Wie beim Lake Taupo handelt es sich beim Lake Rotorua um eine mit Wasser gefüllte Caldera, einen als See getarnten Vulkan. In der Gegend gibt es insgesamt fünfzehn Seen vulkanischen Ursprungs. Der letzte bedeutende Ausbruch des Rotorua-Vulkans liegt rund 240.000 Jahre zurück. Der Schildvulkan Mt. Ngongotaha am Seeufer, auf den eine Seilbahn führt, ist der Hausberg Rotoruas. Nur 15 Kilometer südwestlich von hier ereignete sich am 10. Juni 1886 die größte Eruptionskatastrophe seit der Besiedlung Neuseelands: Beim Ausbruch des Mt. Tarawera, dem mehr als 30 Erdbeben vorangingen, kamen in Maori-Dörfern mehr als 100 Menschen ums Leben. Der zerstörte Ort Te Wairoa, in dem Lava und Asche einige Hütten fast bis zum Dach füllten, ist unter dem Namen „Buried Village" zur Touristenattraktion und Gedenkstätte geworden.

Die Eruption des Schildvulkans zerstörte auch die berühmten „Pink and White Terraces", spektakuläre Sinterterrassen, die Besucher aus aller Welt angezogen hatten. 125 Jahre später, im Jahr 2011, entdeckten Wissenschaftler Fragmente dieses „achten Weltwunders" im Rotomahana-See. Der zerklüftete Mt. Tarawera, der vor allem aus der Luft einzigartig aussieht, und das umliegende Land werden seit der Eruption von einem 17 Kilometer langen Riss durchzogen. Das Waimangu-Tal mit seinem gleichnamigen Geysir, der von 1900 bis 1904 aktiv war, existiert – wie auch einige der fünfzehn Seen in der Umgebung – erst seit diesem Desaster. Die Explosion war so gewaltig, dass sie in Auckland im Norden und in Blenheim auf der Südinsel zu hören war.

Neuseelands vollkommenster Vulkankegel, der einsam am äußersten Westzipfel der Nordinsel thronende Mt. Taranaki (auch bekannt als Mt. Egmont), hat es aufgrund seiner Ähnlichkeit mit dem Fuji in Japan bis nach Hollywood geschafft – als Drehort des Films „Der letzte Samurai" mit Tom Cruise. Die trotz eines 1.966 Meter hohen Sekundärgipfels nahezu perfekte Symmetrie des 2.518 Meter hohen Bergs ist auf der Route Christchurch–Auckland vom Flugzeug aus besonders gut zu erkennen. Selbst die Felder und Weiden rund um den sogenannten Stratovulkan, der aus verschiedenen Schichten von Lava und Gesteinsablagerungen aufgebaut ist, sind ringförmig angeordnet und zeichnen einen makellosen Kreis in die landwirtschaftlich intensiv genutzte Landschaft.

Im Gegensatz zum Mt. Ruapehu bricht der Mt. Taranaki nur ungefähr alle 90 Jahre aus. Zu schweren Eruptionen kommt es im Schnitt alle 500 Jahre; die letzte dieser Art ereignete sich 1655. Die Wissenschaftler der Massey-Universität in Wellington sind allerdings überzeugt, dass ein massiver Ausbruch überfällig ist. Nicht nur die Strom-, Gas- und Wasserversorgung sowie Flugverbindungen würden dadurch unterbrochen; Schlammlawinen könnten zahlreiche Farmen und die dort lebenden Menschen unter sich begraben. Um sie auszulösen, würde schon ein Erdbeben genügen.

Wer zu viel Phantasie besitzt, sollte vielleicht auch um Auckland einen Bogen machen, denn Neuseelands einzige Millionenstadt wurde

auf 55 ruhenden Vulkanen erbaut. Vier davon wurden erst Ende 2011 als solche identifiziert. Die bekanntesten Hügel sind der One Tree Hill, auf dessen Gipfel ein Monolith, aber kein großer Baum (mehr) steht, und der Mt. Eden mit seinem grasbewachsenen Kraterloch. Von hier hat man den perfekten Blick über Auckland und die vorgelagerten Inseln im Hauraki Gulf. Eine weitere prominente Erhebung ist die Auckland Domain, Standort des monumentalen Auckland-Museums.

Alle Vulkane dieser Zone sind relativ flach, manche gar nur Hügel in der Landschaft. Sie haben bei ihrer Entstehung – der erste vor maximal 248.000 Jahren – Lavahöhlen gebildet und Lavaströme ausgespuckt, die den Isthmus von Auckland, die Landbrücke zwischen der Northland-Halbinsel und der übrigen Nordinsel, bedecken. Den bisher letzten Ausbruch haben die vor etwa 800 bis 1000 Jahren eingewanderten Maori miterlebt, denn die vorgelagerte schwarze Lava-Insel Rangitoto, ein weit auslaufender symmetrischer Schildvulkan, wurde erst vor 600 Jahren aus dem Meer geboren.

Sollte einer dieser monogenetischen Vulkane (die durch eine einzige Eruption entstanden sind) erneut grollen, besteht lediglich für das direkte Umfeld Gefahr, weil diese „Lavaspucker" nicht sehr explosiv sind. Dennoch wäre der menschliche und materielle Schaden beträchtlich, da Auckland und viele dieser Buckel sehr dicht besiedelt sind. Deshalb ist die Theorie beliebt, nach der eher ein neuer Vulkan im Hauraki Gulf auftaucht, als dass ein alter auf dem Festland erwacht.

Vulkanische Felsen an der Küste von Rangitoto Island, im Hintergrund die Skyline von Auckland

Doch auch das könnte monatelange Erdbeben zur Folge haben – und in Auckland sind die Menschen schon bei einem Rüttler der Stärke 2,8 auf der Richterskala sehr besorgt. Als im März 2013 ein Beben der Stärke 3,9, dessen Zentrum unter Rangitotos Nachbarinsel Motutapu lag, die Metropole wackeln ließ, brachen viele Leute in helle Panik aus. Seismographen messen als Fingerzeig auf die Vulkantätigkeit die Erdbeben-Aktivität unter der Stadt, da – wie im Fall des Taupo-Vulkans beschrieben – einem Vulkanausbruch im Normalfall Erdbebenschwärme vorausgehen.

Das Risiko, dass die „Super City" durch einen Tsunami Schaden erleidet, ist weitaus größer. Je nachdem, wo ein massives Seebeben, ein untermeerischer Erdrutsch oder ein Vulkanausbruch eine Flutwelle auslöst, könnten Teile von Auckland von beiden Seiten überflutet werden. Laut GNS Science wurde Neuseeland seit 1840 zehn Mal von Tsunami-Fluten getroffen, die höher als fünf Meter waren. Die einen entstanden direkt vor der Küste und ließen nur wenig Zeit zur Flucht, die anderen rollten aus der Ferne an: In Gisborne spülte ein Beben der Stärke 7,1 im März 1947 eine Welle 75 Meter landeinwärts, und 1960 stand die Hauptstraße von Lyttelton unter Wasser, als der Meeresspiegel nach dem Seebeben vor Valdivia in Chile (Stärke 9,5) um fünfeinhalb Meter stieg. Das ist jene andere Art von Naturkatastrophe, die keine Naturwunder erschafft, von denen Neuseelands Tourismus-Industrie so gut lebt.

Leben mit den Beben

Einen aktuellen Text über die Geschichte von Erdbeben in Neuseeland zu verfassen, ist so unmöglich, wie eine Biographie über einen
Menschen zu schreiben, der gerade geboren ist. Das Stück ist veraltet,
sobald es auf den Markt kommt. Deshalb ist dies kein chronologischer
Abriss über diese Art von Naturkatastrophen, ohne die das Land der
Kiwis überhaupt nicht existieren würde, sondern über das Phänomen
an sich und das Leben mit den ständigen Beben.

Bevor die vier verheerenden Erschütterungen am 4. September 2010,
22. Februar, 13. Juni und 23. Dezember 2011 die Region Canterbury aus ihrem trügerischen Schlummer rüttelten und weite Teile der
Stadt Christchurch zerstörten, galt für die Häufigkeit von Erdbeben in
Neuseeland die Faustregel: Jedes Jahr registriert das Institut für Geolo-
gie- und Nuklearwissenschaften (GNS Science) 12.000 bis 15.000 Erdbeben, und 100 bis 150 davon sind wahrnehmbar. (Jetzt sind es
20.000 Beben jährlich.)

Das sind Zahlen für normale Jahre, und „normal" bedeutet, dass ein
schweres Beben allenfalls in einer nahezu unbewohnten Gegend stattfindet, so wie jenes der Stärke 7,8, das Fiordland im Juli 2009 dreißig
Zentimeter in Richtung Australien katapultierte. In den 15 Jahren von
1992 bis 2007 erlebte Neuseeland mehr als 30 Beben der Stärke 6,0 und
höher. Und da war Christchurch noch eine idyllische Stadt. 2016 war
ein Rekordjahr mit 32.828 Beben.

Prinzipiell sind Erdbeben nichts anderes als die Auflösung der Span-
nung innerhalb des Gesteins, die dadurch entsteht, dass gewaltige Kräf-
te im Erdinneren die Platten der Erdkruste gegeneinander verschieben.

Nach besonders heftigen Rumplern rüttelt und schüttelt es alle paar
Minuten. Die Gegend um Christchurch allein notierte in den ersten
24 Stunden nach dem Februar-Beben 1995 Nachbeben und 17 Monate nach dem Beben der Stärke 7,1 mit dem Epizentrum bei Darfield,
das 37,8 Kilometer vom Stadtzentrum von Christchurch entfernt ist,
(Nach-)Beben Nummer 10.000. Zum dritten Jahrestag im September
2013 hatte es in der Region mehr als 13.600 Mal gewackelt. Diesem
Schocker der Stärke 7,1 auf der sogenannten Greendale-Verwerfung
am 4. September 2010 folgten im Jahr danach drei Erschütterungen
der Stärke 6,0 und höher auf der Port-Hills-Verwerfung; die Port Hills
sind eine Hügelkette, die Christchurch von der Banks-Halbinsel und

*Auch Teile der Provincial
Chambers stürzten beim
Erdbeben in Christchurch im
Februar 2011 ein*

*Linke Seite: Zerstörte Straße
nach dem bislang opferreichs-
ten Erdbeben Neuseelands in
der Hawke's Bay 1931, bei dem
die Stadt Napier weitgehend
zerstört wurde*

Folgen des Erdbebens von Februar 2011 in Christchurch, Uferweg zwischen Ruderklub und Kanuverein am Avon, Kerr's Reach

der Bucht von Lyttelton trennt. Aufgrund der Nähe des Epizentrums zum Stadtkern, der geringen Tiefe des Erdbebenherds, der Dauer (25 Sekunden), der Untergrundstruktur, der extremen Bodenbeschleunigung und des enormen Drucks der aneinander reibenden Seiten der Verwerfung waren die Schäden bei den drei folgenden Erdbeben im Jahr 2011 so immens; 185 Menschen verloren am 22. Februar 2011 ihr Leben.

Die Energie, die bei Erdbeben freigesetzt wird, kann man zur Veranschaulichung mit der Sprengkraft von TNT vergleichen; sie wird dann als Gewichtsäquivalent des Sprengstoffs in Kilotonnen angegeben, eine andere Möglichkeit ist die Angabe in Kilojoule – beide Skalen sind linear. Am häufigsten werden Erdbebenstärken heute mit der sogenannten Moment-Magnitudenskala M_W angegeben, die die Messergebnisse weltweit verteilter seismischer Messinstrumente mit den physikalischen Gegebenheiten der Erdbebenzone in Beziehung setzt. Sie hat die ältere, nur auf lokalen Messwerten basierende Richterskala M_L weitgehend abgelöst, weil sie Erdbeben weltweit vergleichbar macht. Beide Skalen beruhen auf dem Zehnerlogarithmus, d.h. jeder ganzzahlige Skalenstrich zeigt eine zehn Mal höhere Energie an als der vorangegangene (siehe auch Exkurs Erdbebenstärke).

Beispiele für die Verhältnismäßigkeiten:
- 4. September 2010: Stärke M_W 7,1, Tiefe 11 km, Intensität 671 Kilotonnen, Entfernung des Epizentrums vom Stadtzentrum von Christchurch 37,8 km.
- 22. Februar 2011: Stärke M_W 6,3, Tiefe 6 km, Intensität 49 Kilotonnen, Entfernung vom Stadtzentrum 6,7 km.
- 13. Juni 2011: Stärke M_W 6,4, Tiefe 7 km, Intensität 62 Kilotonnen, Entfernung vom Stadtzentrum 9,2 km.
- 23. Dezember 2011: Stärke M_W 6,0, Tiefe 7 km, Intensität 15 Kilotonnen, Entfernung vom Stadtzentrum 8,5 km.

In Sumner, einem Küstenvorort von Christchurch, stürzten Häuser von den Klippen

Dass die Zerstörung im Februar 2011 am größten war und Menschen starben, lag daran, dass bei jenem Beben Gebäude einstürzten, die ohne stabilisierende Elemente errichtet worden waren, und dass es mitten am Tag (12:51 Uhr) und unter der Woche während der Büro- und Geschäftszeiten stattfand, während das September-Beben (4:35 Uhr) die Menschen im Schlaf überrascht hatte. Und natürlich spielte es eine große Rolle, dass das Epizentrum sehr viel näher am instabilen Untergrund unter dem Stadtkern und den östlichen Vororten lag.

Erdbebenstärke

Heutzutage sind drei verschiedene Skalen bei der Messung von Erdbebenstärken in Gebrauch:

Die seit 1935 bekannte **Richterskala**, benannt nach ihrem Erfinder Charles Francis Richter, ist zwar definitionsgemäß „nach oben offen", wie es oft heißt, aber praktisch endet sie bei 6,5. Denn die von dem US-amerikanischen Seismologen und seinem Kollegen Beno Gutenberg entwickelten Messgeräte sind für die Aufzeichnung stärkerer Beben nicht geeignet. Die für solche Beben geläufigste Skala ist die **Moment-Magnituden-Skala** (M_W), die ebenfalls theoretisch nach oben offen ist. Theoretisch, weil es stärkere Beben als M_W 10,6 nicht geben kann, denn bei dieser Moment-Magnitude würde die Erdkruste des gesamten Globus zerbrechen.

Der wesentliche Unterschied zwischen den beiden Skalen besteht darin, dass zur Bestimmung des Werts auf der Richterskala Messgeräte in der Nähe des Epizentrums herangezogen werden (deshalb M_L für Lokalbeben-Magnitude) und zur Berechnung der Moment-Magnitude (M_W) Geräte, die auf der gesamten Erdoberfläche verteilt sind. Die Magnitude, das Maß für die Stärke eines Bebens, leitet sich aus dem dekadischen Logarithmus der maximalen Amplitude (Ausschlag) im Seismogramm ab. Das bedeutet, dass ein Erdbeben der Stärke 6 ungefähr zehn Mal und ein Beben der Stärke 7 hundert Mal so stark ist wie ein Beben der Stärke 5.

Die **Mercalli-Skala** dagegen, die auf den Italiener Giuseppe Mercalli zurückgeht und mehrfach modifiziert wurde, basiert auf den für den Betrachter sichtbaren Folgen an der Erdoberfläche. Sie stammt aus der Zeit, als es noch keine Messgeräte gab. Die Skala besteht aus zwölf mit römischen Ziffern bezeichneten Stufen, wobei XII totale Zerstörung bedeutet.

Hypozentrum, Epizentrum, Verwerfungen

Als Hypozentrum bezeichnet man die Stelle, an der die initiale Bewegung stattgefunden hat, also den unterirdischen Erdbebenherd, als Epizentrum die Stelle über dem Herd an der Erdoberfläche. Bei schweren Beben kann die Bruchlänge mehrere hundert Kilometer betragen. Bei dem Beben an der Alpinen Verwerfung (Alpine Fault) im Jahr 1717 (Stärke 8,1) gehen die Seismologen davon aus, dass die Störung auf mindestens 380 Kilometern Länge mobilisiert wurde. Zum Vergleich: Die Greendale-Verwerfung, die für das September-Beben 2010 in Canterbury verantwortlich war, ist ungefähr 30 Kilometer lang.

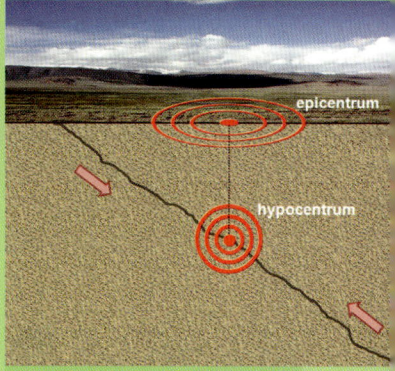

Hypozentrum, Epizentrum: Schema

Beim Christchurch-Erdbeben im Februar 2011 wurde die anglikanische Holy Trinity Church in Lyttelton stark beschädigt, beim Beben vier Monate später stürzte sie vollends ein

Raumwellen

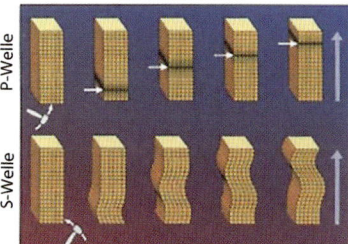

Oberflächenwellen

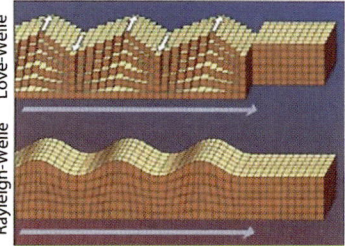

Seismische Wellen (Schema):
- *P-Wellen (Primärwellen) sind Kompressionswellen, vergleichbar mit Schall, sie sind die schnellsten und kommen zuerst an.*
- *S-Wellen (Sekundärwellen) sind Scherwellen und langsamer, sie haben einen horizontalen und einen vertikalen Anteil.*
- *Love-Wellen entstehen nur in geschichteten Medien durch Interferenz reflektierter S-Wellen.*
- *Rayleigh-Wellen werden durch die Interferenz von P-Wellen und vertikal polarisierten S-Wellen erzeugt, sie sind vergleichbar mit Wasserwellen.*

Das Juni-Beben gab vorgeschädigten Bauwerken den Rest. Im Dezember war dann der Schock größer als die Schäden. Nicht von ungefähr sagen die Leute in Canterbury deshalb, Christchurch sei jetzt die sicherste Stadt Neuseelands, weil alle Gebäude eingestürzt sind, die einem schweren Beben nicht standhalten können, und Neubauten stringenteren Bauvorschriften unterliegen.

Die Wahrscheinlichkeit solch schwerer Erschütterungen wie 2011 lag im normalen Rahmen, ebenso die Anzahl der übrigen Beben zwischen Stärke 3,0 und 5,9. Das sind Wackler, die jeder im Umkreis spürt, je nach Entfernung vom Epizentrum stärker oder schwächer. Logisch, denn mit der Distanz ebben die Erschütterungswellen ab.

Die Drei-Jahres-Statistik von September 2010 bis September 2013 sah folgendermaßen aus:
- 57 Beben zwischen Stärke 5,0 und 5,9
- 471 Beben zwischen Stärke 4,0 und 4,9
- 3761 Beben zwischen Stärke 3,0 und 3,9

Auch Beben unter 3,0 sind spürbar, wenn sich das Hypozentrum nahe der Erdoberfläche befindet. Oft fühlen sie sich nur an wie die Vibrationen eines vorbeifahrenden Lastwagens.

Was jene Naturkatastrophen von Canterbury so einzigartig machte, war die vertikale Beschleunigung, die im Februar 2011 extrem war. Auch das hob sie von den schwereren Beben des Jahrs 2013 in der Region Marlborough ab, die im Juli (6,5) und August (6,6) die Gegend um Seddon knapp 300 Kilometer nördlich von Christchurch trafen. Dabei entstand auch in der 60 Kilometer Luftlinie entfernten Hauptstadt Wellington beträchtlicher Schaden, und die Menschen wurden in Angst und Schrecken versetzt – nicht zuletzt deshalb, weil Wellington selbst auf fünf geologischen Verwerfungslinien sitzt und jederzeit mit einer „eigenen" Katastrophe rechnen muss.

Das Beben der Stärke 6,3 von Christchurch im Februar 2011 und das Beben der Stärke 6,6 von Seddon am 16. August 2013 lösten Wellen mit ähnlich starker horizontaler Beschleunigung des Untergrundes aus, der Wert betrug etwa 0,75 g (normale Erdbeschleunigung 1 g = 9,8 m/s^2). Diese horizontale Bewegung entspricht einem heftigen Schaukeln; der Boden unter den Füßen schwankt. Während jedoch die vertikale Beschleunigung in Seddon bei 0,25 g lag, erreichte sie in Christchurch Spitzenwerte von 2,2 g! Das erklärt, warum sich die Menschen fühlten, als würden ihre Häuser auf und ab katapultiert, und wer sich an ei-

nem Pfosten oder an anderen stabilen Strukturen (zum Beispiel Türrahmen) festklammerte, um nicht umzufallen, kam sich vor, als hielte er sich an einem außer Kontrolle geratenen Presslufthammer fest. Je höher die Untergrundbeschleunigung (Peak Ground Acceleration = PGA), desto schlimmer die Zerstörung, die wiederum in den subjektiv festgelegten Werten der Mercalli-Skala am besten reflektiert wird.

Zum Vergleich: Das Seebeben vor Japan am 11. März 2011 – Stärke M_W 9,0 – hatte in der Provinz Miyagi eine PGA von 2,7 g, obwohl das Beben 700 Mal stärker war als das Beben der Stärke 6,3 in Christchurch. Die immense Zerstörung – 129 Kilometer vom Epizentrum entfernt, das wiederum 30 Kilometer über dem Bebenherd lag – wurde jedoch nicht von dem Beben, sondern dem folgenden Tsunami angerichtet. Die Untergrundbeschleunigung des stärksten jemals gemessenen Erdbebens – M_W 9,5 vor Valdivia in Chile 1960 – lag lediglich bei 0,25 bis 0,3 g.

Die immensen Beschleunigungskräfte erklärten die GNS-Wissenschaftler mit einem sogenannten „Trampolineffekt", der vom Zusammenwirken der Untergrundschichten unter der Stadt verursacht wurde. In diesem Zusammenhang lernten die Bürger von Christchurch, die tonnenweise schweren, gummiartigen grauen Schlamm von ihren Grundstücken schaufelten, den Begriff der Untergrund- oder Bodenverflüssigung (auf Englisch: liquefaction) kennen.

Ein Wohngebiet in Christchurch einen Tag nach dem Beben vom 22. Februar 2011: Was aussieht wie eine Überschwemmung, ist durch Bodenverflüssigung mobilisiertes und nachher wieder verfestigtes Erdreich

Verursacht wird sie durch verschiedenartige Bodenschichten, die bei Erschütterungen unterschiedlich reagieren und gegeneinander schwingen, und dies wiederum liegt daran, dass Christchurch auf instabilem Untergrund – feinsandigem Schwemmland – errichtet wurde. Der wasserhaltige Boden, insbesondere in den meeresnahen Vororten mit niedrigem Grundwasserspiegel, wurde vor der Bebauung trotz der bekannten Gefahr fahrlässigerweise nicht stabilisiert.

Wenn die Erde bebt, verdichtet sich trockener Boden – so wie man mit einem Vibrationsstampfer einen neu angelegten Straßenuntergrund kompaktiert, damit die Konstruktion nicht einsinkt. Das ist bei wasserhaltigem Boden nicht möglich, weil Wasser – im Gegensatz zu Sand – sein Volumen nicht ändern kann. Zudem trennen sich durch das andauernde Gerüttel die leichteren oberen von den schwereren tieferen Bodenschichten und bewegen sich in einem unterschiedlichen Rhythmus. Sie schlagen heftig gegeneinander und entwickeln dabei hohe Energie. Der Druck auf das oberflächennahe Wasser wird letztlich so groß, dass es sich aus dem Sand/Sediment löst. Die stabileren tieferen Schichten drücken das Wasser an die Oberfläche.

Dadurch verliert die Sandschicht ihre Festigkeit und verhält sich fast so instabil wie eine Flüssigkeit. Darauf stehende Gebäude versinken oder werden zu schiefen Türmen wie das nach dem Beben abgerissene Hotel Grand Chancellor in Christchurch. Straßen verbiegen sich wie Wachs, werden zu Buckelpisten und Schlagloch-Alleen, brechen auf, verwandeln sich in dreckige Flüsse. Autos versinken im Schlamm, unterirdische Wasser- und Abwasserrohre zerbersten. Die betroffenen Leute berichteten, Sand und Wasser seien ähnlich wie Lava aus einem Vulkan geschossen – in Vorgärten oder durch gebrochene Fundamente direkt in die Häuser. Weil die instabile Schicht oft von einer stabileren Schicht (Kies, Asphalt, Beton) bedeckt ist, sucht sich das mobilisierte Sediment eine Schwachstelle, um an die Oberfläche zu dringen.

Sobald die Erschütterungen nachlassen, wird der wässrige Matsch an der Oberfläche wieder fest, stabil und so klebrig, dass das Wegschaufeln der 20 bis 30 Zentimeter dicken Schicht zur Tortur wird. Die küstennahen Vororte, vor allem Bexley, sahen aus wie nach einer Flutkatastrophe – und die Vorgärten wie Sandstrände. In der Zwischenzeit sind dort tausende Häuser abgerissen worden, das Gebiet wird der Natur überlassen und nicht mehr bebaut.

Der zweite Faktor, der die Erschütterungen verstärkte, war das Aufeinandertreffen unterschiedlicher Landschaftsformen. Das lockere Schwemmland wird in Richtung Banks-Halbinsel von den Port Hills begrenzt, unter denen das Hypozentrum lag. Diese Hügelkette besteht aus hartem Vulkangestein, das die seismischen Wellen mit Vehemenz in die weichen Erdschichten unter der Stadt transferierte. Während sich lockeres, unverfestigtes Sediment extrem verformt, bleibt der Fels relativ stabil und zerbricht allenfalls, vor allem in den Randzonen. Genau das geschah in den Küstenvororten Sumner und Redcliffs, wo Klippen über mehrere hundert Meter Länge kollabierten, Häuser abstürzten oder über dem Abgrund baumelten. Andernorts donnerten Felsbrocken zu Tal und durch Häuser; in den Port Hills starben zwei Menschen durch Steinschlag.

Der dritte Grund für die gewaltige Vertikalbewegung war der steile Winkel, den die Gesteinsblöcke der Verwerfung in Richtung Süden bildeten, in diesem Fall 65 Grad. Das ist weitaus steiler als bei vergleichbaren Aufschiebungen.

Eine Langzeitfolge der Beben in Christchurch ist das immens gestiegene Überschwemmungsrisiko. In Flussnähe ist zusätzlich das Phänomen der seitlichen Dehnung oder Ausweitung (Englisch: lateral spreading) zu beobachten. Durch die seitliche Dehnung der Sedimente rückten die Ufer näher zusammen und engten die Flussläufe ein. Das umliegende Land ist durch diesen Vorgang und die Untergrundverflüssigung bis zu einem halben Meter gesunken, denn die Unmengen des an die Oberfläche geschossenen matschigen Sandes wurden ja abgetragen und abtransportiert. Da der Boden nun auch noch verdichtet ist, läuft das Wasser nicht mehr oder nur unendlich langsam ab.

Erschwerend kommt hinzu, dass Avon und Heathcote gezeitenabhängige Flüsse sind, deren Pegel bei Flut steigen. Manche Straßen liegen nun aber unter dem Meeresspiegel. Das heißt bei Flut und/oder wenn es heftig regnet, herrscht Land unter – was die drei sogenannten Jahrhundert-Fluten im März und April 2014, bei denen manche Stadtteile hüfthoch unter Wasser standen, eindrucksvoll demonstriert haben. Auch deshalb – und weil es billiger war, Häuser abzureißen, als das Gelände zu stabilisieren – wurden ganze Vororte und idyllische Wohngegenden in Flussnähe dem Erdboden gleichgemacht. Vor allem der Avon wurde kilometerlang

mit provisorisch angehäuften Dämmen gesichert. Der Klimawandel wird das Problem weiter verschärfen, da der Weltmeeresspiegel in den kommenden Jahrzehnten und Jahrhunderten ansteigen soll und zusätzlich damit zu rechnen ist, dass Extremwetterlagen, inklusive Starkregens, häufiger vorkommen werden.

Fahrlässig war es angesichts des Erdbebenrisikos auch, in der Innenstadt Nebenflüsse des Avon und Heathcote einfach zuzuschütten und Hochhäuser darauf zu setzen. (Im Fall des sogenannten CTV-Gebäudes, bei dessen Einsturz allein 115 der insgesamt 185 Todesopfer zu beklagen waren, entsprach die Konstruktion nicht den geltenden Bauvorschriften.) Die Landschaftsarchitektin Di Lucas wies anhand alter Landkarten nach, dass die größten Schäden dort entstanden, wo einst Zubringerflüsschen existierten. Im Bereich des Pyne-Gould-Gebäudes (18 Tote) flossen gar mehrere Bäche in den Avon. Dass es mit weitblickender Planung auch anders geht, zeigt die neue Siedlung Pegasus nördlich von Christchurch, die keine größeren Schäden verzeichnete. Hier wurde vor der Bebauung für viel Geld der Boden verdichtet und auf diese Weise die Untergrundverflüssigung vermieden.

In Wellington sind aufgrund der akuten Erdbebengefahr die Bauvorschriften sehr viel stringenter als beispielsweise in Christchurch und erst recht in Auckland. Aber auch die Hauptstadt hat Zonen, in denen sich ein Erdbeben weitaus furchterregender anfühlt als anderswo. Das sind in erster Linie dem Meer abgerungene Landflächen, auf denen jetzt das Hauptgeschäftsviertel liegt. Seit 1850 wuchs Wellington auf diese Weise um mehr als 155 Hektar. Wo heute der Lambton Quay verläuft, befand sich einst die Küste. Das Parlamentsgebäude und der „Beehive", in dem der Regierungschef und einige Ministerien ihre Büros haben, sitzen direkt über diesem Landstreifen.

Das Wairarapa-Erdbeben, mit der Stärke 8,2 das heftigste jemals in Neuseeland registrierte Beben (Stand Mai 2017), trug 1855 zur Erweiterung der Hauptstadt bei, denn es hob die Bucht im Nordwesten um bis zu eineinhalb Meter an (in der Nähe des Epizentrums um sechseinhalb Meter) und schuf ein Sumpfgebiet, das für die Schifffahrt nicht mehr geeignet war. Folglich wurde auch dieses Land aufgeschüttet und bebaut.

Solange Wellington noch unter dem Eindruck dieser Katastrophe und des vorangegangenen Marlborough-Bebens (1848, Stärke 7,5) stand, wurden die meisten Gebäude und Wohnhäuser aus Holz gebaut, so wie das Alte Regierungsgebäude von 1876, das gegenüber dem neuen Parlament liegt. Doch mit der Zeit verblassten die Erinnerungen. Mehr und mehr löste Stein das Holz als Baumaterial ab, zum Teil auch aus Feuerschutzgründen. Die nächsten Wairarapa-Erdbeben 1942, eine Doublette (M_W 7,2 und fünf Wochen später M_W 6,8) mit Epizentrum bei Masterton, erschütterten Wellington erneut in den Grundfesten. Die Schäden waren immens; sämtliche Ziegel- und Steingebäude fielen in sich zusammen.

Steinerne Grandeur vor und nach den Beben 2011: die Westfassade der neugotischen Christchurch Cathedral

Auch in der von neugotischen Bauwerken geprägten Stadt Christchurch ging steinerne Grandeur über hölzerne Sicherheit. Obwohl so schwere Beben wie jene von 2010 und 2011 nur alle paar tausend Jahre vorkommen, ist die Region keine erschütterungsfreie Zone. Die anglikanische Kathedrale, Herz und Namensgeber der Stadt, wurde schon in der Bauphase vier Mal durch Erdbeben beschädigt. Im Umkreis von 150 Kilometern wurden zwischen 1869 und 1988 zwölf schwere Erschütterungen von mindestens Stärke 6 registriert, zwei davon sogar mit Stärke 7 (Lewis Pass 1888 und Arthur's Pass 1929). Bei dem Beben 1888 stürzte die komplette Turmspitze ab. Das Cheviot-Beben von 1901 (Stärke 6,8) löste gar nördlich von Christchurch, in Kaiapoi, wie auch 110 Jahre später die gefürchtete Bodenverflüssigung aus.

Auch Christchurch selbst war Zentrum größerer Erschütterungen gewesen. Am 5. Juni 1869 zum Beispiel stürzten Steingebäude ein, und die Kirche St. John's verlor ihren Turm, als der Küstenvorort New

Brighton Epizentrum eines Bebens der Stärke 5,8 war. Das führte dazu, dass St. Michael and All Angels – die älteste anglikanische Kirche der Region – aus Holz gebaut wurde. Sie überstand die jüngsten Katastrophen, von der abgestürzten Orgel abgesehen, nahezu unversehrt.

In Vorträgen wurde immer wieder auf die Risiken von lokalen Erdbeben mit Untergrundverflüssigung hingewiesen, es gab sogar Poster mit den am stärksten gefährdeten Zonen. Aber irgendwie konnte sich niemand wirklich vorstellen, dass Christchurch direkt getroffen würde und nicht Wellington. Und wenn von „The Big One" die Rede war, dachte jeder an den Bruch der Alpinen Verwerfung entlang der Südalpenkette, bei dem Christchurch auch mächtig wackeln würde.

Die meisten Toten bei Erdstößen in Neuseeland waren bei dem zweieinhalb Minuten dauernden Beben am 3. Februar 1931 in der Hawke's Bay zu beklagen. 256, vielleicht sogar 258 Menschen kamen ums Leben, als eine Erschütterung der Stärke 7,8 die Städte Napier und Hastings zerstörte. Das Epizentrum lag 15 Kilometer nördlich von Napier. Die meisten Opfer starben unter einstürzenden Fassaden und Gebäuden, denen ein unkontrollierbares Feuer, das in drei Apotheken ausbrach, den Rest gab. Zehn Tage später schüttelte ein Rumpler der Stärke 7,3 die Region.

Es ist das Beben, das Neuseeländern und auch den Touristen bis zu den Katastrophen von Christchurch und Kaikoura 2016 am geläufigsten war, denn in der Folge wurden die Zentren der Schwesterstädte im damals modernen Art-Déco-Stil neu aufgebaut. Seither feiert sich Napier selbst und sein neues Gesicht mit dem jährlichen Art-Déco-Festival.

Durch diese fürchterliche Laune der Natur wuchs die Region um rund 40 Quadratkilometer, die Küstenabschnitte wurden bis zu 2,70 Meter angehoben. Wo früher die Ahuriri-Lagune Heimat von Seevögeln und Fischen war, befinden sich heute der Flughafen der Hawke's Bay, Wohn- und Gewerbegebiete sowie Farmland. Weiter südlich in Hastings senkte sich der Boden.

Die Hawke's Bay liegt auf der Australischen Platte, nur 150 Kilometer westlich des gefürchteten Hikurangi-Grabens (auch: Hikurangi-Trog). Dort beginnt die Reibungszone der beiden Kontinentalplatten, wobei sich ja vor der Nordinsel – wie im Haupttext über die Naturkatastrophen Neuseelands beschrieben – die schwerere Pazifische unter die leichtere Australische Platte schiebt (solch ein Streifen einander überlappender Platten wird Subduktionszone genannt). Diese Reibung erzeugt Brüche, die sich an der Oberfläche als nicht immer sichtbare Verwerfungslinien manifestieren. Die Napier-Hawke's-Bay-Verwerfung war bis zu dem folgenschweren Erdbeben 1931 verborgen. Die offensichtlichsten Verwerfungen sind aufgerissene Furchen in der Landschaft und um mehrere Meter versetzte Baumreihen.

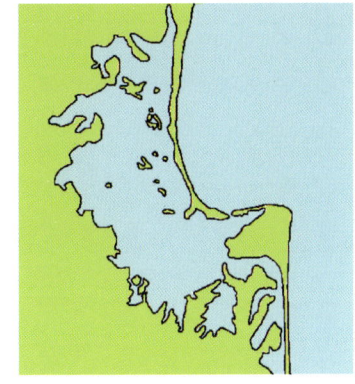

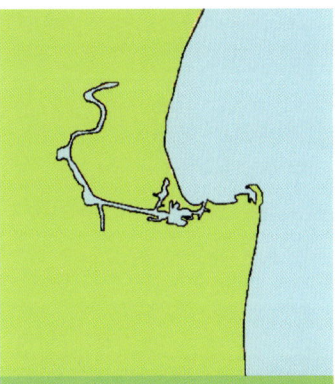

Die Lagune von Ahuriri vor und nach dem Erdbeben in der Hawke's Bay 1931

Am 20. Dezember 2007 löste der Bruch des Hikurangi-Trogs 50 Kilometer südöstlich von Gisborne – vor der Mahia-Halbinsel, in rund 40 Kilometern Tiefe – ein Beben der Stärke 6,8 aus und ließ die Bürger in höher gelegene Regionen flüchten, denn starke Beben vor der Küste können bekanntlich Tsunamis auslösen. Die Gisbornites hatten Glück, dass der Bruch in der Erdkruste nicht den Meeresboden erreichte, denn sonst wäre die Welle ohne oder mit nur 15-minütiger Vorwarnung in die 150 Kilometer nördlich von Napier gelegene Stadt gerollt. Prinzipiell geht eine Tsunami-Gefahr von Seebeben der Stärke 7,0 und höher aus. Diese Seebeben sind bis hinunter in den tiefen Süden, in Dunedin und Invercargill, zu spüren.

Der Hikurangi-Graben vor der Ostküste der Nordinsel Neuseelands ist die südliche Fortsetzung des Kermadec-Grabens und endet vor

Verwerfung

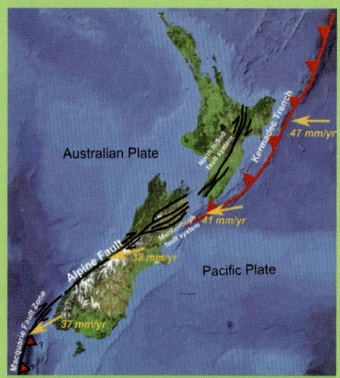

Beispiel für ein großes Verwerfungssystem an der Grenze von Australischer und Pazifischer Platte

Eine Verwerfung (Englisch: fault) ist ein Bruch im Gestein, der zwei Gesteinsblöcke gegeneinander versetzt. Sie kann ganz unterschiedliche Dimensionen haben, der Versatz kann Zentimeter, aber auch hunderte von Kilometern betragen, und er kann horizontale und vertikale Anteile aufweisen. Beispiele für die Auswirkungen einer großen Verwerfung in der Erdkruste sind in Neuseeland die aufgeschobenen Gebirgsketten der Südalpen sowie die Gebirgszüge nördlich von Wellington (Rimutaka Range, Tararua Range).

Verwerfungen werden anhand der Schubrichtung und des Winkels der Bruchfläche mit einer Vielzahl von Fachausdrücken klassifiziert (Ab-, Auf-, Überschiebung, Blattverschiebung, Transformstörung etc.). Auch wird zwischen spröden und duktilen Verwerfungen unterschieden. Diese Adjektive beziehen sich auf die Eigenschaften des Gesteins, das unter tektonischem Stress entweder zerbirst oder sich plastisch verformt.

Eine Verwerfungs-, Bruch- oder Störungszone (fault zone) ist ein Gebiet, in dem mehrere parallele oder verzweigte Verwerfungen vorkommen, so wie beispielsweise in der Region der Kaikoura Ranges und des Nelson-Lakes-Nationalparks.

Ein Bruch, der keine Verschiebung aufweist, wird Dehnungsbruch genannt. Er kann ein mehr oder weniger breites Tal schaffen. Die besten Beispiele dafür sind in der Taupo-Vulkanzone zu beobachten. Im Maßstab von rund zehn Metern spricht man von einer Kluft (joint).

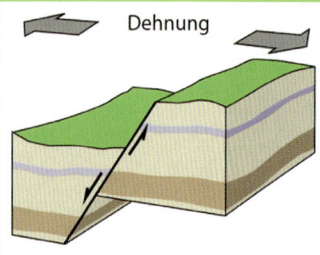

Abschiebung (Englisch: normal fault) entsteht durch Krustendehnung

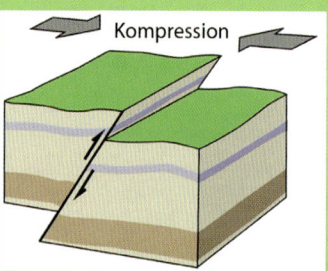

Aufschiebung (Englisch: reverse fault) ist typisch für Stauchungsgebiete bei der Gebirgsbildung; bei flachem Winkel wird sie zur Überschiebung

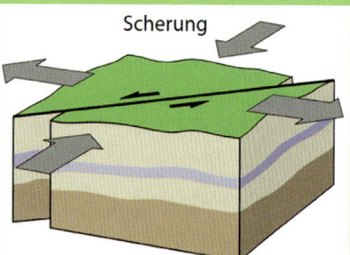

Blattverschiebung (Englisch: strike-slip-fault) entsteht an meist steil einfallenden Verwerfungsflächen, in der Regel mit zusätzlichem vertikalen Versatz

der Nordostküste der Südinsel. Er erreicht eine maximale Tiefe von 3.750 Metern. An Land verläuft die Plattengrenze entlang der Hope-Verwerfung weiter.

Die gigantische Bruchlinie der Südinsel ist die Alpine Verwerfung (Englisch: Alpine Fault), wo sich die beiden Plattenkanten nicht mehr überlappen, sondern überwiegend seitlich gegeneinander drücken, aneinander reiben und Druck aufbauen (Transpression). Sie verläuft ungefähr vom Milford Sound im Südwesten an der Westseite der Südalpenkette entlang und führt dann landeinwärts, nördlich von Arthur's Pass, in die sogenannte Marlborough-Störungszone. Dieses „Marlborough Fault System" ist verzweigt. Die Hope-Verwerfung ist die Hauptlinie, die Awatere-, Clarence- und Wairau-Verwerfung bilden die weiteren Zweige. Sie sind alle nach den Flüssen benannt, an deren Terrassen man die Anhebung des Landes durch Erdbeben ablesen kann.

Der Awatere River mündet bei Seddon, dem Zentrum der Erdbeben-Serie Mitte 2013, ins Meer. Der Clarence River führt nördlich von Hanmer Springs durch das Gebiet der Molesworth Station, Neuseelands größter Farm, die nur wenige Monate im Sommer für den Verkehr geöffnet ist, und von dort nach Osten. Zu beiden Seiten dieses Flusses erheben sich die jeweils rund 100 Kilometer langen Hauptkämme der Kaikoura Ranges, deren höchster Gipfel der 2.885 Meter hohe Tapuae-o-Uenuku ist.

Auch an anderen Flüssen in der spektakulären Gebirgslandschaft (Guide und Acheron Rivers) sind die Zeichen von Erdbeben zu erkennen. Aber ohne erfahrene Führer oder entsprechende Hinweisschilder wäre es ein schier unmögliches Unterfangen, diese Naturphänomene richtig zu deuten. In der Realität trifft man nämlich selten auf reine Brüche. Viele sind überhaupt nicht sichtbar, weil sie unter angeschwemmtem Sand und Geröll verborgen sind. Andere wurden im Lauf der Zeit durch Erosion verändert. Und nicht jede Klippe an einem Berghang oder jeder klassische dreieckige Abbruch an einem Flusslauf ist das Resultat eines Erdbebens.

Wer aber zum Beispiel bei den Clay Cliffs bei Omarama genau hinschaut, sieht in den steil aufragenden Felsspitzen dieser sogenannten Badlands die übereinanderliegenden Sedimentschichten, unter anderem weichen Lehm und Flussschotter, die durch den mehrmaligen Bruch der Ostler-Verwerfung angehoben und später zerschnitten worden sind. Eine Traumlandschaft südwestlich davon ist von unzäh-

Die Alpine Fault zeichnet sich deutlich im Relief der Südinsel ab (links ist Nordwesten, eingefärbtes Radarbild der NASA)

39

Ein Teil der Ostler Fault in Süd-Canterbury; die Störung verläuft nicht geradlinig, sondern weit über das Gelände verteilt

Die Alpine Fault, wie sie im Milford Sound zutage tritt

ligen Verwerfungen durchzogen, nämlich das Gebiet des Lindis Pass, das die nördliche Grenze der Schieferebene von Central Otago bildet und nicht vergletschert war. Diese Verwerfungen haben Einfluss auf die Entwicklung der Täler ausgeübt. Die Hebung und Zerschneidung der Region steht in direktem Zusammenhang mit der Entstehung der Südalpen. Verwerfungen wie die Ostler- und die Longslip-Verwerfung (westlich des Lindis Pass) übernehmen den Teil der plattentektonischen Bewegung, der nicht durch die Alpine Fault abgedeckt wird.

Das National Institute of Water and Atmospheric Research (NIWA) erforscht mit seinem High-Tech-Schiff Tangaroa den Meeresgrund und kartographiert unterseeische Verwerfungen. Auf diese Weise haben die NIWA-Wissenschaftler zwischen der Küste der Bay of Plenty und White Island rund 300 Verwerfungen identifiziert. Diese Arbeit ist wichtig, um das Risiko unterseeischer Erdrutsche und die damit verbundene Tsunami-Gefahr zu erkennen. In einer im September 2013 veröffentlichten Studie listete das NIWA zehn Untersee-Brüche an der nördlichen Westküste der Südinsel, zwischen dem Farewell Spit und Hokitika, auf. Sie sind zwischen 10 und 120 Kilometern lang. Der Kongahu-Bruch hat das Potential für Beben der Stärke 6,5 bis 7,8, die alle 7.500 bis 30.000 Jahre auftreten, Tsunami inklusive. Der Zeitpunkt der letzten Katastrophe ist unbekannt. Und im Osten droht dem schmalen Landstreifen Ungemach von der Alpinen Verwerfung!

Beim gemäß Richterskala 6,3 starken Edgecumbe-Erdbeben 1987 in der Bay of Plenty öffnete sich ein zwei bis drei Meter breiter Riss in der Erdoberfläche. Christchurch war nach dem Katastrophenjahr durchzogen von Gräben, die Blicke ins Erdinnere gewährten. Sie entstanden in Flussnähe, wo die Ufer nachgaben und das Land seitwärts „wanderte", sowie über zugeschütteten alten Bachläufen. Die sichtbaren Spuren der Greendale-Verwerfung befanden sich 40 Kilometer vom Stadtzen-

trum entfernt auf Farmland in der Nähe von Darfield. Die Port-Hills-Verwerfung blieb im Untergrund verborgen.

Aber so wie nicht jede Furche in der Landschaft ein Hinweis auf eine Verwerfungslinie ist, gibt es auch solche, die harmlos wirken, aber gefährlich sind. Ein Buckel im Asphalt an der Tankstelle im Gletscherort Franz Josef fällt nur denen auf, die wissen, was sich darunter verbirgt, und wenn man die Ursache kennt, braucht man nicht viel Phantasie, um sich ein Katastrophen-Szenario vorzustellen: Direkt unter der Tankstelle befindet sich nämlich die Alpine Verwerfung! Nicht weit davon entfernt, und nur ein kleines Stück abseits der Hauptstraße nahe dem Ort Fox Glacier, verläuft sie dann am Hare Mare Creek gut sichtbar an der Oberfläche.

In der Buller Gorge westlich von Murchison ist von einem Parkplatz aus eine beeindruckende Schneise an einer steilen Bergflanke zu sehen, die durch einen Erdrutsch beim Inangahua-Erdbeben 1968 entstand. Diese mächtige Erschütterung (7,1) an der Westküste ließ auch Christchurch so heftig wackeln, dass, wie sich ein Zeitzeuge erinnert, sein Bett quer durchs Schlafzimmer rutschte. Jenes Beben wurde durch einen der zahlreichen kleineren Brüche entlang der Alpinen Verwerfung ausgelöst, ebenso wie die Beben in Marlborough (1848), Arthur's Pass (1929), Murchison (1929, Stärke 7,8) und Fiordland

(2009). Wobei „klein" natürlich relativ ist. Das Maß aller Dinge ist das Potential, das in der 450 Kilometer langen Alpinen Verwerfung schlummert.

Eigentlich ist „The Big One" – ein Beben der Stärke plus/minus 8,0 – überfällig. Oder auch nicht. Die Experten gehen davon aus, dass die Verwerfung alle 100 bis 350 Jahre in Bewegung gerät. Durch Radiokarbondatierung mithilfe organischen Materials, das entlang der Verwerfung aus Bodenproben gewonnen wird, haben sie herausgefunden, dass dies zuletzt im Jahr 1717 passierte und ein Beben der Stärke 8,1 auslöste. (Die Jahre des Schreckens zuvor waren 1100, 1450 und 1620.) Dabei wurde sie nach neuesten Studien der Universität von Canterbury auf einer Länge von mindestens 380 Kilometern mobilisiert. Die Distanz könnte auch länger gewesen sein, da das südliche Ende jenseits des Milford Sounds nicht bekannt ist.

Das Problem solch eines verheerenden Erdbebens wäre die Dauer. Egal, welcher Abschnitt der Verwerfung mobilisiert würde, Christchurch müsste wieder mit Untergrundverflüssigung rechnen. Aber das wäre das geringste Übel. Die Westküste wäre vermutlich monatelang vom Rest der Welt abgeschnitten, da Felsstürze und Erdrutsche sämtliche Verbindungsstraßen blockieren würden. Das Szenario zeigt auch, wie irrational viele Menschen in Christchurch reagierten, als sie nach den großen Beben nach Queenstown, Wanaka, Nelson, Blenheim, Wellington, Napier oder Tauranga flüchteten. All diese Städte liegen entweder direkt auf der Alpinen Verwerfung oder in anderen höchst aktiven Erdbeben-Zonen. Selbst nach Seddon sind einige wenige Leute gezogen – als wollten sie ja keine Katastrophe auslassen.

Womit wir bei der Unmöglichkeit wären, Erdbeben vorherzusagen. Die Wahrscheinlichkeit wird aus dem Mittelwert von Jahrhunderten und Jahrtausenden berechnet. Wenn eine Gegend im Schnitt alle hundert Jahre von einem schweren Erdbeben getroffen wird, heißt das nicht, dass exakt alle hundert Jahre eins stattfindet. Die Abstände der „Big Ones" auf der Alpinen Verwerfung belegen dies eindrucksvoll. Es ist so ähnlich wie mit der Jahresdurchschnittstemperatur eines Ortes, die auch keine Auskunft über das tägliche Wetter liefert.

Das nächste Problem besteht darin, dass längst nicht alle Verwerfungen bekannt sind. So wussten die Seismologen vor den Christchurch-Beben zwar von einem Netzwerk von Verwerfungen unter der fruchtbaren Ebene von Canterbury, aber die Greendale- und die Port-Hills-Verwerfung schlummerten unerkannt unter dem Schwemmland. Und die große Frage nach einem Beben ist, ob vielleicht noch größere Verwerfungen im Untergrund liegen, die durch die Erdbewegung aktiviert werden könnten. Verwerfungen sind keine Einzelphänomene, sondern miteinander vernetzt. Die meisten Verwerfungen sind Nebenprodukte von Erdbeben auf Hauptlinien wie der Alpinen Verwerfung. Nach einem schweren Beben gerät das ganze System in Unordnung. Die Folge sind weitere Beben über anderen Verwerfungen, durch die das Gleichgewicht wiederhergestellt wird.

In einem Artikel in der in Christchurch erscheinenden The Press vom 15. Dezember 2006 („Faultline shows signs of rupturing") hatten die Seismologen ihr Augenmerk auf eine Verwerfung unweit von Springfield gerichtet, weil sie dort Veränderungen an einem Flussbett beobachtet hatten, das etwa alle 2.000 Jahre zwei bis drei Meter einbricht. Die Vorhersage

für ein bevorstehendes Erdbeben umfasste allerdings einen Zeitraum von 200 Jahren. Aber wenigstens die Gegend stimmte: Springfield und Darfield, Epizentrum des Bebens von September 2010, sind nur 23 Kilometer voneinander entfernt.

Auch die Beben von Seddon trafen die Geologen unvorbereitet. Zwar nicht die Region, denn die wackelt so regelmäßig wie das Zentrum und die Ostküste der Nordinsel, aber die Verwerfungen, die letztlich aktiv waren, schlummerten unerkannt vor sich hin. Hinterher können die Phänomene und Folgen eines Erdbebens, die Landschaftsveränderungen und die wahrscheinliche Sequenz der Nachbeben gut erklärt werden, doch der Blick in die Zukunft ist von so vielen Unbekannten geprägt, dass die Frage nach dem Wo und Wann stets unbeantwortet bleibt. Nur eine Vorhersage lässt sich immer machen: Das nächste Beben kommt bestimmt.

Wie fühlt sich ein Erdbeben an?

Ein Gerät zur Messung der Bodenbeschleunigung

Die meisten Menschen in Christchurch hatten bis zum 4. September 2010 kein schweres Erdbeben in unmittelbarer Nähe erlebt, sondern lediglich die auslaufenden Wellen von heftigen Erschütterungen in größerer Ferne. Das fühlt sich an, als würde das Sofa, auf dem man gerade sitzt, von einem leichten Wellengang erfasst und der Boden unter den Füßen scheint zu verrutschen. Gläser klirren in den Schränken, vielleicht auch die Fensterscheiben, aber nach einigen Sekunden ist es vorbei. So fühlen sich auch leichtere Nachbeben an, verbunden mit ruckartigeren Bewegungen wegen der Nähe.

Die großen Beben direkt vor der Haustür beginnen mit einem unterirdischen Grollen, das so laut ist, als rausche ein Schnellzug heran. (Die mit rund 20.000 Stundenkilometern herannahenden P- oder Primärwellen können tatsächlich in Schallwellen umgewandelt werden und sind deshalb hörbar.) Danach ein Schlag und ein Wackeln, das einfach nicht aufhören will, und je länger es dauert, desto stärker werden die Schwingungen. Der Boden wackelt wie bei einem Rütteltest für Stoßdämpfer, das Haus hüpft auf und ab. Die langsameren S- oder Sekundärwellen richten die Zerstörung an.

Egal, woran man sich festklammert, es ist, als hielte man einen außer Rand und Band geratenen Presslufthammer in den Händen. Es klirrt und kracht. Schranktüren öffnen sich wie von Geisterhand, Teller, Tassen, einfach alles, was nicht niet- und nagelfest ist, segelt durch die Luft und zerschellt auf dem Boden. Schränke schwingen und stürzen um, krachen auf Tische und Stühle, Bilder lösen sich von den Schrauben an den Wänden und fliegen wie Geschosse durch den Raum.

Wer im Freien steht, spürt, wie der Boden Wellen schlägt. Mehrstöckige Häuser schaukeln von einer Seite zur anderen, so weit, dass sie eigentlich einstürzen müssten. Doch manche Materialien, vor allem Holz, sind wundersam. Sie verbiegen sich und schnellen wie Sprungfedern in ihre ursprüngliche Form zurück, reißen den Menschen, die in ihnen wohnen, den Boden unter den Füßen weg oder schleudern sie aus dem Bett. Aber nicht alle haben so viel Glück.

Die meisten Leute, die die Erdbeben in Christchurch überlebten, und es waren fast alle bis auf jene 185 Todesopfer, haben sich im Lauf der Zeit an die Nachbeben gewöhnt. Sie sind bei Beben der Stärke 5,0 auf dem Sofa sitzengeblieben, sind Experten im Schätzen der Magnitude geworden. Zwei Jahre später, als die Erschütterungen abebbten,

erschraken sie bei harmlosen 3,0-Wacklern, gewöhnten sich aber auch an dieses Gefühl der Unsicherheit.

Die einzigen Begleiterscheinungen, an die sich niemand gewöhnt hat, sind das Schneckentempo von profitgierigen Versicherungen, die Bürokratie, Inkompetenz und Herzlosigkeit von Behörden und Reparatur-Managern, die das Leben für viele erst nach den Schockerlebnissen zur Tortur gemacht haben. Auch sechs Jahre nach dem ersten großen Beben hausten zahlreiche Menschen in Christchurch noch immer in zugigen Bruchbuden, Garagen, Wohnmobilen und auf Campingplätzen.

Küste von Kaikoura

Kaikoura-Erdbeben 2016

Das schwere Erdbeben der Stärke 7,8 (M_w), das am 13. November 2016 die Region Nord-Canterbury erschütterte und in der Wissenschaft als Kaikoura-Erdbeben geführt wird, war ein seltener Doppelschlag. Das heißt zwei Beben mit unterschiedlichen Epizentren wurden fast gleichzeitig, innerhalb weniger Sekunden, ausgelöst. Bei Culverden/Waiau handelte es sich um eine Kompression, bei der ältere Schichten der Erdkruste bewegt und nach oben geschleudert wurden, und wenige Sekunden später bei Kaikoura um eine Scherung; das ist eine Verwerfung, bei der sich eine vertikale Verwerfung seitwärts bewegt. Teile der Südinsel rückten fünf Meter in Richtung Nordinsel. Der Meeresboden

Zahlreiche Menschen wurden aus den betroffenen Regionen evakuiert

entlang der Ostküste bei Kaikoura wurde mehrere Meter angehoben, es entstanden neue Riffe. Die Küstenstraße und die Eisenbahnlinie wurden zerstört, zwei Menschen starben. Ein 100 Quadratkilometer

Der Bürgermeister Winston Gray (links) bei einem Erkundungsflug über die Küste von Kaikoura

großes Gebiet wurde acht Meter in die Höhe katapultiert, entlang des nördlichen Endes der Bruchlinie an der Kekerengu-Verwerfung wurde eine horizontale Verschiebung von zwölf Metern gemessen.

Das Parallelereignis führte dazu, dass das Beben unendliche zwei Minuten mit fünfzig Sekunden extremer Erschütterungen dauerte, bis zu fünf Meter hohe Tsunami-Wellen und eine Serie von Beben im halben Land auslöste. Bei dem extrem komplexen Ereignis brachen mindestens 21 Verwerfungen über eine Länge von 180 Kilometern.

Die Hauptstadt Wellington im Süden der Nordinsel, wo mehrere Hochhäuser schwere Schäden erlitten und abgerissen werden mussten, erlebte das seltene Phänomen des Erdbebenleuchtens, der Himmel färbte sich mitten in der Nacht blau. Es gibt unterschiedliche Theorien über die Entstehung, eine davon ist, dass es durch die elektronischen Eigenschaften bestimmter Gesteinsarten unter tektonischem Druck entsteht.

Vulkane

Explosive Schwächezonen

Neuseeland sitzt – wie im Eingangskapitel beschrieben – auf einem Pulverfass, und alles, was auf natürliche Weise in die Luft fliegen kann, nämlich Asche, Felsbrocken und Geröll, befindet sich auf der Nordinsel. Die Vulkane der Südinsel sind samt und sonders erloschen, und zwar seit ein bis zwei Millionen Jahren. Der letzte aktive Vulkan der Südinsel war der Mount Horrible westlich von Timaru.

Doch egal, ob aktiv, schlummernd oder erloschen, hier wie dort kann man faszinierende Phänomene des Vulkanismus studieren. Das ist kein Wunder, denn Vulkanismus ist – wie auch Erdbeben – an geologische Bruch- und Schwächezonen der Lithosphäre (= Erdkruste + äußerster Erdmantel) geknüpft. Die Förderprodukte bahnen sich den Weg an die Oberfläche durch Zerrüttungszonen.

Manche Gesteinsformen und -formationen sehen für Laien so künstlich aus, dass sie glauben, es seien von Menschen gemachte Wände, Mauern oder Böden. Einige dieser Flächen sind Erscheinungsformen von Karstlandschaften, wie zum Beispiel der „gefliese" Boden in der Crazy-Paving-Höhle im Oparara Basin bei Karamea. Andere sind das Produkt von Vulkanausbrüchen, bei denen Magma aus dem Erdmantel bis an die Erdoberfläche drang und sich dort ausbreitete.

Die ausfließende geschmolzene Masse wird Lava genannt – und je nachdem, wie heiß diese Lava ist, mit wie viel Druck sie ausgeschleudert wird und in welcher Weise die Lava abkühlt, entstehen unterschiedliche Formen in der Landschaft. (Ist die Schmelze sehr gasreich, kommt es oft zu reinen Ascheausbrüchen, bei denen keine Lava ausfließt.) Allgemein bekannte Vulkangesteine sind Basalt, Bimsstein, Andesit und Rhyolith. Unterschieden wird, je nachdem, wie hoch ihr Gehalt an Siliziumdioxid (SiO_2) ist, zwischen sauren und basischen Gesteinen, die einen hohen Anteil an eisen- und magnesiumhaltigen Mineralen haben und deshalb dunkel sind. Saure Gesteine sind hell (wegen des hohen Quarz- und Feldspatgehalts).

Auf Schritt und Tritt erblickt man in Neuseeland Spuren vulkanischer Aktivität, ohne sich dessen bewusst zu sein. Man muss nicht im Tongariro-Nationalpark campieren oder nach White Island schippern, um Vulkanismus zu erleben – schon gar nicht, wenn man den Abenteuertourismus nicht auf die Spitze treiben will.

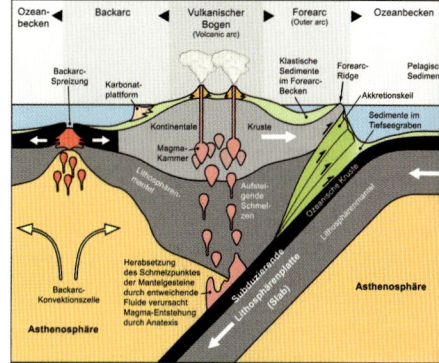

Der Zusammenhang zwischen der Subduktion der Pazifischen Platte unter die Australische Platte und dem Vulkanismus auf der neuseeländischen Nordinsel

Linke Seite: Der Mt. Taranaki ist ein 2.518 Meter hoher Vulkan am Ostzipfel der Nordinsel

Vulkane und Zeugnisse von Vulkanen

Magma, Lava – Vulkanit, Plutonit

Magma ist das geschmolzene Gestein im Erdinneren. Es enthält viele gelöste Gase und ist aufgrund der hohen Temperaturen im Erdmantel zähflüssig. Sobald diese Masse, die sich in einer sogenannten Magmakammer sammelt, aus einem Vulkan an die Oberfläche gelangt und die meisten Gase entweichen, wird sie Lava genannt. Sobald die Lava abkühlt und erstarrt, entsteht ein vulkanisches Gestein (Vulkanit). Schafft es das Magma nicht an die Oberfläche und erstarrt langsam in der Kruste, entsteht ein Tiefengestein (Plutonit). Ein gut sichtbares Beispiel dafür sind in Neuseeland die halbkugelförmigen Ausbuchtungen auf dem Bluff Hill in Bluff (siehe auch Kapitel Graue Berge, grüne Täler). Unten: Bezeichnungen, Korngrößen und Tönung (hell-dunkel) magmatischer Gesteine

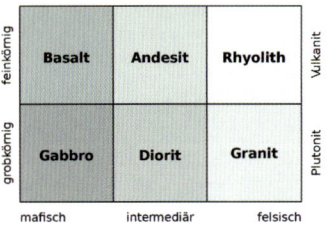

Rangitoto Island existiert erst seit 600 Jahren und ist der jüngste der 55 Vulkane des Hauraki Gulf vor Auckland. Er ist ein relativ flacher Schildvulkan und ein klassisches Beispiel eines monogenetischen Vulkans, also eines Vulkans, der nur einmal ausgebrochen ist. Die Insel ist mit scharfkantiger schwarzer Lava bedeckt und besitzt wunderbar symmetrische Flanken. Die Nachbarinsel Motutapu, mit Rangitoto von Menschenhand verbunden, besteht hingegen aus mehr als 160 Millionen Jahre alten Grauwacken und 20 Millionen Jahre altem Sandstein. (Der neuseeländische Begriff „Greywacke" ist übrigens petrographisch und chronologisch weiter gefasst als der deutsche Begriff „Grauwacke". Er wird nicht wie dieser nur auf vor-/paläozoische graue Sandsteine angewendet, sondern auch auf jüngere.) Die fast baumlose Brown's Island, die man auf einer Bootstour zwischen Auckland, Rangitoto, Motuihe und Waiheke erblickt, ist hingegen wieder vulkanischen Ursprungs, mit einem schüsselförmigen, grünen Krater ähnlich jenem des Mount Eden.

Mount Eden ist der beste Aussichtsberg von Auckland. Er bietet einen perfekten Blick auf zahlreiche Hügel der Vulkanzone, auf der Neuseelands größte Stadt errichtet worden ist, inklusive Rangitoto und des geschichtsträchtigen One Tree Hill. Der grasbewachsene Krater, aus dem einst die Lava schoss, ist wie eine Schüssel geformt, man umrundet den Berg auf dem Kraterrand. Geschätzte 90 Eruptionen haben in der Region Auckland in den zurückliegenden 90.000 Jahren stattgefunden.

Der Mount Taranaki (Mt. Egmont) ist ein Stratovulkan mit der klassischen Spitzkegelform. In geringerer Höhe hat sich ein Nebengipfel, ein sogenannter parasitärer Krater, namens Fanthams Peak gebildet. Stratovulkane, auch Schichtvulkane genannt, verdanken ihre Entstehung der chemischen Zusammensetzung des Magmas. Es ist wegen des hohen Gehalts an Kieselsäure (SiO_2) relativ zähflüssig und enthält viel Gas, das beim Aufstieg der Schmelze explosionsartig entweicht. Das Resultat dieser Eigenschaften sind dicke und nicht sehr weit fließende Lavaströme (meist Andesit und Rhyolith) sowie spektakuläre Auswürfe von Lockermaterial (Bomben, Lapilli, Aschen). Im Wechsel gelagerte Lava- und Schuttschichten bauen die steil abfallenden und hohen Flanken des Feuerberges auf. Auch der Mt. Ruapehu, Mt. Tongariro, Mt. Ngauruhoe – die drei Riesen des Tongariro-Nationalparks – sowie White Island und Little Barrier Island sind Stratovulkane. Sie

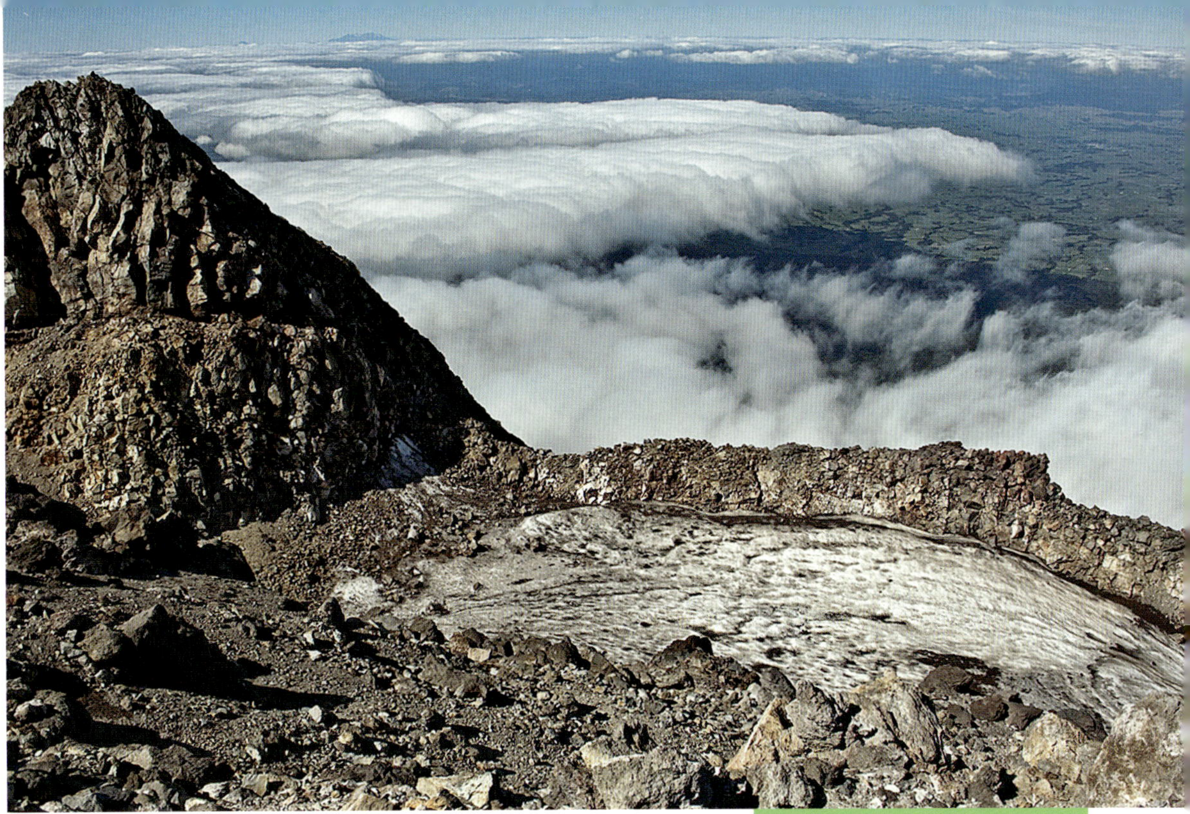

Aussicht vom Krater des Mt. Taranaki Richtung Osten. Am Horizont ragt der etwa 130 Kilometer entfernte Vulkan Ruapehu über die Wolken

sind typisch für Subduktionszonen, wo in den Erdmantel abtauchende ozeanische (basaltische) Kruste aufgeschmolzen wird, das dabei entstehende Magma aufsteigt, kontinentale Kruste absorbiert – daher die besondere chemische Zusammensetzung – und schließlich die Oberfläche erreicht.

Der 1.754 Meter hohe Mount Hikurangi südlich des East Capes ist der höchste nicht-vulkanische Gipfel der Nordinsel. Der Berg ist für die Maori heilig – und er ist der erste Fleck in Neuseeland, den die aufgehende Sonne küsst. Bevor einige Südpazifik-Inseln vor der Jahrtausendwende ihre Zeitzonen veränderten, um als erste das Jahr 2000 begrüßen zu können, war der Mt. Hikurangi auch der erste Platz der Welt, an dem jeder Tag begann.

Die Region Taranaki sitzt mehr oder weniger auf den Resten dreier alter Vulkankomplexe im Nordwesten. Die ältesten Überbleibsel sind einige Schlotpfropfen (= Gesteine, die im Vulkanschlot erstarren), die als Felsbrocken in der Landschaft stehen. Dazu gehören der Paritutu Rock (156 m) im Hafen von New Plymouth und die küstennahen Sugar Loaf Islands, deren Alter auf 1,75 Millionen Jahre datiert wur-

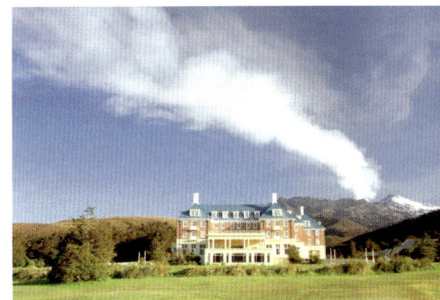

Das Hotel Chateau Tongariro vor dem qualmenden Mt. Ruapehu, dem höchsten Vulkan Neuseelands

de. Von dem einst 2.500 Meter hohen Kaitake-Vulkan, der zuletzt vor 500.000 Jahren aktiv war, sind lediglich die nicht einmal 700 Meter hohen Kaitake Ranges übrig geblieben. Der Großteil des Pouakai-Vulkans wurde bei der Entstehung des Mt. Taranaki begraben.

Der Lake Taupo und der Lake Rotorua sind, ebenso wie die Seen Maroa und Okataina, das Produkt rhyolithischer Eruptionen. Die Vulkane, genauer die Magmenkammern unterhalb der Vulkane, kollabierten nach der Eruption und der damit einhergehenden Leerung und bildeten Einbruchkrater, sogenannte Calderen, die sich mit Wasser füllten. Den besten Blick über den Lake Taupo hat man vom Gipfel des erloschenen Vulkans Mt. Tauhara (1.099 Meter).

Die Ignimbrit-Klippen von Hinuera sind grau-grünliche Felswände 30 Kilometer östlich von Cambridge. Sie markieren die Ufer des ursprünglichen Flussbettes des Waikato vor dem Ausbruch des Taupo-Vulkans vor mehr als 1.800 Jahren. Damals mündete der einst verflochtene Waikato in die Bay of Plenty, während er heute im Westen ins Meer fließt. Auch die orange-braunen und weißen Klippen der Coromandel-Halbinsel bestehen aus Ignimbrit. Besonders malerisch anzusehen sind die hellen Felsen am Cathedral Cove, ebenso die Kaimanawa Wall (20 Kilometer östlich von Taupo), deren Gesteinsquader von der Explosion des Maroa-Vulkans vor 330.000 Jahren stammen.

Die fein-säuberlich angeordneten horizontalen und vertikalen Risse sind entstanden, als sich die heiße Masse beim Abkühlen zusammenzog.

Ignimbrit – der lateinische Begriff für Feuerregen – bezeichnet bims- und aschereiche Ablagerungen von pyroklastischen Dichteströmen; das sind Gas-Flüssigkeitsgemische, die bei einer Eruption entstehen und wegen ihrer Dichte am Boden fließen können. Sie werden erst locker abgelagert und dann zu Schmelztuff verbacken. Manche Ignimbrite lagern sich nur in Tälern ab, andere bilden flache Tafeln. Unter diesen Plateaus können alte Landschaftsreliefs verborgen sein. In Neuseeland bedecken Ignimbrit-Decken Areale von 25.000 Quadratkilometern. Die Taupo-Vulkanzone ist an zahlreichen Stellen mit dem Auswurfmaterial solcher Gasvulkane überzogen. Ignimbrite sind übrigens ein beliebtes Baumaterial.

Erloschene Heißsporne

Nordöstlich von Taranaki schließt sich eine andere große Vulkanzone an, von der keine Gefahr mehr ausgeht. Der 17.000 Hektar große Pirongia Forest Park mit seinen fünf Vulkangipfeln dominiert den Westen der Region Waikato. Er liegt zwischen den Zugangsstraßen zum Kawhia und Raglan Harbour. Die Berge sind zwischen 2,7 und 1,6 Millionen Jahre alt; die Basaltfläche des Mt. Pirongia (959 m) und seines zweiten Gipfels The Cone (945 m) hat einen Durchmesser von 17 Kilometern. Südlich von dieser Gegend beginnt die Karstlandschaft von Waitomo mit ihren berühmten Höhlen.

Erosion hat den Waitakere-Vulkan westlich von Auckland, der vor 23 bis 16 Millionen Jahren aktiv war, zum größten Teil abgetragen. Aber Sedimente, genauer Konglomerate, die das Ergebnis der Abtragung dieses Vulkans sind, haben die Waitakere Ranges gebildet, an deren Fuße sich die berühmten drei schwarzen Strände Piha, Bethell's und Karekare befinden. Etwas weiter nördlich spie zur gleichen Zeit der Kaipara-Unterseevulkan Gift und Galle. Er hinterließ an den Klippen von Muriwai, Heimat einer berühmten Tölpel-Kolonie, Kissenlava und andere Zeichen vulkanischer Aktivität. Durch den braun-grauen Tuff dieser Eruptionen brachen später die wesentlich jüngeren Auckland-Vulkane.

Die Wairere Boulders, eine Touristenattraktion in Northland, bestehen aus riesigen Basaltbrocken, die sich lösten, als sich ein Bach den Weg unter einer 30 Meter dicken Basaltschicht in Richtung Meer bahnte. Durch die Kraft des Wassers weitete sich das Tal, der Lavastrom zerbrach, Regenwasser wusch den weichen Lehm rund um die Felsstücke weg, und die einzelnen Basaltbrocken kullerten den Hang hinunter und füllten das Tal. Tausende dieser Boulders, manche 30 Meter hoch, liegen hier aufeinandergestapelt. Die Lava stammt von einem Vulkan, der vor 2,8 Millionen Jahren aktiv war. Ein einzigartiges Merkmal ist die Rinnenbildung (Englisch: fluting) auf den Steinen, geschaffen vom abfließenden Wasser. Dass die Rinnen nicht in einer Richtung verlaufen, zeigt, dass sich die Steine im Lauf der Jahrtausende fortbewegt und gedreht haben.

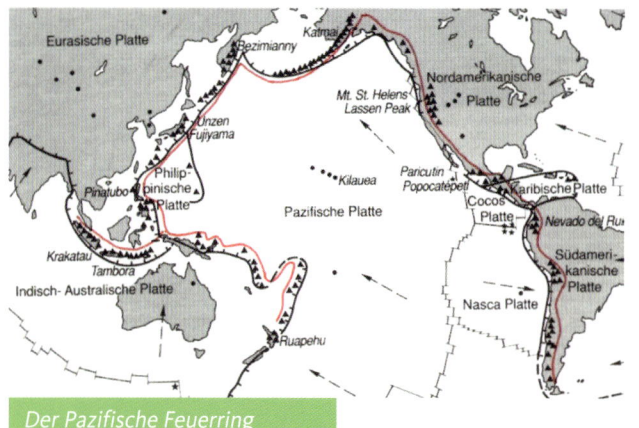

Andere Vulkane in Northland schufen das Plateau, auf dem der berühmte Waipoua Forest mit seinen Kauri-Riesen liegt, und die Felsdome an der Ostküste zwischen Kaitaia und Kerikeri. Sie sind Teil eines doppelten Vulkanbogens, der vor 20 bis 15 Millionen Jahren entstand, als die Pazifische unter die Australische Platte gedrückt wurde. Die Felskuppel über dem Ort Whangaroa, St. Paul, ist nach der Kathedrale in London benannt, und nördlich des weitverzweigten und spektakulären Whangaroa Harbour widersetzen sich einige Vulkankerne hartnäckig der Kraft der Erosion. Die Küste ist hier von felsigen Lavaströmen, Lahars (Schlamm- und Schuttströmen) und erodierten Kraterzipfeln geprägt. Die 100 Kilometer lange Landzunge des hohen Nordens, die Aupouri-Halbinsel, endet in einer Gruppe 60 Millionen Jahre alter (Meeres-)Vulkane (siehe auch Kapitel Strand-Sand).

Die Bergzüge der Coromandel-Halbinsel sind vor 18 bis 12 Millionen Jahren durch Vulkanismus entstanden. Sie setzen sich unterseeisch in der Colville Ridge fort. Dieser Vulkanbogen entstand, als sich der lokale Abschnitt des Pazifischen Feuerrings, der einige Millionen Jahre vorher den Northland-Vulkanbogen geschaffen hatte, nach Osten verlagerte. Im Kauaeranga-Tal sind aus jener Zeit einige Schlotpfropfen erhalten geblieben. Am 846 Meter hohen Table Mountain mit seiner flachen Gipfelregion und den steilen Flanken sind die zahlreichen Eruptionsphasen anhand der Gesteinsschichten (Rhyolith über Andesit über Grauwacken) gut dokumentiert. Während der aktiven Zeiten gab es auch Geothermalgebiete wie heute rund um Rotorua. In dieser Zeit bildeten sich die Gold- oder Silberlagerstätten, die man später während des Goldrauschs ausbeutete und dadurch die Coromandel-Halbinsel in eine durchlöcherte, fragile Landschaft verwandelte. Great Barrier Island ist die Fortsetzung der Coromandel-Halbinsel jenseits des Colville Channels.

Vom Mount Maunganui, einem 232 Meter hohen Vulkan am Eingang der Hafenbucht von Tauranga, der in der Maori-Sprache Mauao heißt, geht keine Gefahr aus. „The Mount", wie ihn die Einheimischen nennen, ist erloschen. Das Gestein ist 2,35 Millionen Jahre alt. Der

Hügel war einst eine Insel. Doch durch Wellenbrechung im flachen Wasser rund um die Insel wurde ständig Sediment angespült und abgelagert, bis ein Dünenstreifen sie mit dem Festland verband. Solche Dünenstreifen können auch bei entsprechenden Küstenströmungen entstehen und sich ans Festland anlagern. Das bekannteste Beispiel dafür ist in Neuseeland der Farewell Spit am Nordwestzipfel der Südinsel (siehe Kapitel Strand-Sand).

Die einst als unruhige Insel im Südpazifik sitzende Banks-Halbinsel, die durch die Anschwemmung von Sand und Kies über die Gletscherflüsse Waimakariri und Rakaia aus den Südalpen mit dem Festland verbunden wurde, ist das beeindruckendste Zeugnis des Vulkanismus auf der Südinsel. Sie entstand durch die gewaltigen Eruptionen zweier basaltischer Schildvulkane, die später zu einer Einheit verschmolzen, sowie die Aktivitäten zahlreicher kleinerer Zentren. Da die Maori die Wälder der Halbinsel durch Brandrodung dezimierten und europäische Siedler das abholzten, was noch stand, um den Boden landwirtschaftlich zu nutzten, sind die Spuren und Strukturen des Vulkanismus auf den samtigen Hügeln auch heute noch weithin sichtbar und ein Dorado für Profi- und Hobby-Geologen.

Die Zentren der beiden gigantischen Schildvulkane vor der Küste der Stadt Christchurch waren die heutigen Hafenbuchten von Lyttelton und Akaroa. Der Lyttelton-Vulkan brach erstmals vor rund 12 Millionen Jahren aus, Charteris Bay war das Zentrum. Vor 9,5 Millionen Jahren rumpelte es weiter südöstlich. Die dritte Phase begann vor 8,5 bis 8 Millionen Jahren in der Nähe des Gipfels des Mount Herbert, heute mit 920 Metern der höchste Berg der Banks-Halbinsel. Der Schlot dieses Vulkans ist als „The Monument" bekannt und besteht aus senkrecht aufeinandergestapelten, eckigen Basaltsäulen (siehe Exkurs Gesteinsformen und -formationen des Vulkanismus).

Die erste Explosion des Akaroa-Vulkans ereignete sich vor neun Millionen Jahren. Der Kegel war weitaus größer als jener von Lyttelton und 1.800 Meter hoch. Als die Aktivität nachließ, erwachte die Gegend um Lyttelton wieder zum Leben. Neue Lavaströme ergossen sich aus Schloten innerhalb des Kraters und an dessen Flanken. Die letzte Phase in der Gegend des heutigen Diamond Harbour, direkt gegenüber der Ortschaft Lyttelton, begann vor 7 bis 5,8 Millionen Jahren. Sie führte zur Vereinigung der beiden Vulkankegel.

Als sich alles beruhigte, schrumpften die Berge durch Erosion auf ungefähr die Hälfte ihrer ursprünglichen Höhe, tiefe Täler bildeten sich aus. Nach dem weltweiten Anstieg des Meeresspiegels am Ende der letzten großen Eiszeit flutete das Meer die Täler rund um die Halbinsel und verwandelte sie in türkisblaue, romantische Buchten. Die ozeanseitigen Kraterwände wurden am stärksten erodiert und vom Meer geflutet. So verwandelten sich die einstigen Krater der beiden Hauptvulkane in fjordartige Buchten, die viele Kilometer ins Landesinnere reichen. Wanderungen entlang der Kraterränder (Crater Rim Walkway) bieten einen Traumblick nach dem anderen. Wie eine Wand zwischen der Bucht von Lyttelton und Christchurch stehen die Port Hills.

Die zweite populäre Vulkanzone des Miozäns ist die Otago-Halbinsel vor den Toren der Stadt Dunedin. Sie entstand lange vor der Banks-Halbinsel, vor 16 bis 10 Millionen Jahren, und ebenfalls durch den Ausbruch basaltischer Schildvulkane. Dabei handelte es sich um Eruptionen innerhalb einer Kontinentalplatte (Intraplatten-Vulkanismus) auf sogenannten Hotspots („heiße Stellen").

Die meisten Vulkane der Welt sind entlang der tektonischen Plattengrenzen aufgereiht (bestes Beispiel: der Pazifische Feuerring). Ausnahmen von dieser Regel sind in Neuseeland die Vulkane an der Ostküste der Südinsel, die auf einer Platte sitzen, in diesem Fall der Pazifischen Platte. Hier dehnt sich die Erdkruste und wird dünner, weil die (ozeanische) Australische Platte die (kontinentale) Pazifische Platte anhebt. Die Plattenaktivität führt zudem zur Entstehung von Verwerfungen. All dies erleichtert es dem Magma, an die Oberfläche zu dringen. Außer den Vulkanen der Banks- und Otago-Halbinsel gehört auch der Oamaru-Vulkan (sichtbar an den Klippen bei der Pinguin-Kolonie) dazu, der vor rund 40 Millionen Jahren entstand. Ähnlichen Alters sind vulkanische Gesteine bei Kakanui und Enfield. Demgegenüber sind die Lavagesteine von Timaru und Geraldine erst 2,5 Millionen Jahre alt.

Die bekanntesten Hotspot-Vulkane weltweit sind die Hawaii-, Galápagos- und Kanarischen Inseln. In Ozeanen ist die Erdkruste am dünnsten (im Schnitt nur 6 km) und am leichtesten zu durchdringen. Deshalb ist Hotspot-Vulkanismus im Ozean und in der Nähe von Plattengren-

zen am weitesten verbreitet. Die kontinentale Kruste ist dagegen 30 km dick – was Hotspot-Vulkanismus aber natürlich nicht ausschließt.

Jenseits der beiden Hauptinseln Neuseelands sind auch die 1.000 Kilometer östlich der Südinsel gelegenen Chatham Islands die Überreste eines großen Untersee-Vulkans. Dieser Chatham-Vulkan, ein flach auslaufender Schildvulkan, hatte einen Durchmesser von mindestens 50 Kilometern und war damit der größte Vulkan des ursprünglichen Kontinents Zealandia, der sich vor rund 83 Millionen Jahren von Gondwana löste. Lediglich die Nordflanke dieses Bergs, der weitaus älter ist als die Banks- und Otago-Halbinsel, ist erhalten.

Da die Chatham Islands weit von der Kollisionszone der Kontinentalplatten entfernt liegen, sind die aus den Lavaflüssen hervorgegangenen Felsen von zerstörerischen Erdbeben verschont geblieben und nicht deformiert worden. Die Inselgruppe wurde lediglich in ihrer Gesamtheit aus dem Meer gehoben. Sprich: Sie sieht noch fast so aus wie zu der Zeit, als Zealandia von Gondwana abgespalten wurde, jenseits der tektonischen Kollisionszonen vor sich hintrieb – und schließlich unterging. Es war ein relativ flaches Hügelland, dessen höchste Erhebung auch heute nur 300 Meter über dem Meeresspiegel liegt, mit einer ähnlichen Topographie wie der des heutigen Australiens.

Die ursprünglichste Region auf den Hauptinseln ist Central Otago, das erst später und weniger dramatisch als zum Beispiel die Südalpenkette angehoben wurde (siehe Kapitel Graue Berge, grüne Täler).

Gesteinsformen und -formationen des Vulkanismus

Versteinerter Wald: Das Paradebeispiel dieses Phänomens ist an der Curio Bay in den Catlins zu bewundern. Hier ist zudem eine Kolonie Gelbaugenpinguine zu Hause. Im späten Jura (vor 201,3 bis 145 Millionen Jahren) war dieser Landstrich eine weitläufige, bewaldete Ebene, die von aktiven Vulkanen umgeben war. Bei deren Eruptionen wurden die Bäume durch die Druckwelle entwurzelt oder geknickt und mit heißen Auswurfmaterialien bedeckt. Die darin enthaltene Kieselsäure sorgte in den folgenden Jahrmillionen für die Versteinerung (Fossilisation) der Pflanzen. Der Vorgang wird auch Verkieselung oder Silifizierung genannt. Dabei werden Porenräume durch Siliziumdioxid (SiO_2) ausgefüllt. An der Curio Bay sind außer den Bäumen auch die Abdrücke von Farnen erhalten geblieben.

Kissen- oder Pillowlava entsteht, wenn das geschmolzene Gestein ins Meer oder in Seen abfließt. Ihre Formen sind rundlich oder schlauchartig. Um diese „Kissen" bildet sich eine Haut, das Magma im Inneren bleibt zunächst formbar. Nachfließende Lava schiebt die „Kissen" zu größeren Anhäufungen zusammen und deformiert sie. Wird das Land angehoben, wird die raue Oberfläche erodiert und faszinierende Wände mit deformiertem konzentrischem Ringmuster werden sichtbar. Besonders farbenprächtige Kissenlava wurde an der Südküste von Wellington in der Gegend der Red Rocks Reserve (westlich von Owhiro Bay) durch das Wairarapa-Erdbeben 1855 an die Erdoberfläche katapultiert.

Wenn die „Kissen" unter Wasser platzen, weil der Innendruck größer ist als der des Wassers von außen, spricht man von Pillow-Brekzien (auch Breccien) oder Pillow-Schutt. Die Mischung besteht aus kleineren Lavakissen und kantigem Basaltschutt, die von Calcit (Kalkstein) zusammengehalten werden.

Eine Wechsellagerung von fein- und grobkörnige Ascheschichten mit Schichten von Kissenlava und Pillow-Brekzien dokumentiert mehrmalige Eruptionen. Im Lauf der Jahrmillionen vereinigen sie sich unter Druck von oben zu einem attraktiven Streifenmustergebilde. Am Winkel der Streifen kann man ablesen, wie sich das Land bei Erdbeben und Plattenverschiebungen gehoben, gedreht, gewunden und verbogen hat. Calcit-Adern deuten darauf, dass sich die Formation eine Zeitlang unter dem Meeresspiegel befand.

Stricklava (Fladenlava) entsteht, wenn die Lava viele Gasblasen enthält. Beim Abkühlen entwickelt sie ein Muster, das verknoteten Seilen gleicht. Fladenlava kühlt schnell ab, bildet eine relativ glatte Oberfläche, auf der die Fließrichtung noch zu erkennen ist.

Gesteinsgänge (dikes) entstehen, wenn eine Schmelze sich ihren Weg durch Spalten und Risse eines bereits existierenden Gesteins bahnt, diese Spalten füllt und dann erstarrt. Es gibt aber auch Gesteinsgänge, die über die Erdoberfläche hinaus ragen, weil sie durch Erosionsvorgänge freigelegt wurden und nun wie eine abschüssige schmale Mauer die Bergflanke zieren. Schließlich entstehen auch nicht-vulkanische Gesteinsgänge, wenn beispielsweise durch ein

Erdbeben verursachte Risse im Vulkangestein durch Sediment aufgefüllt werden, das sich im Lauf der Jahrmillionen verhärtet.

Tephra (griech. Asche) ist der Überbegriff für unverfestigte vulkanische Ablagerungen wie z.B. Asche, Bimsstein und Bomben, also für in die Luft geschleuderte und dort wenigstens zum Teil erstarrte Lavafetzen, sogenannte Pyroklastika. Rund um den Tongariro-Nationalpark kann man auch viele Jahre nach den Eruptionen noch durch graue Asche marschieren, und man riecht auch, dass es sich um Asche und nicht um feinen Sand handelt. Als im September 2007 am Mount Ruapehu eine Schlammlawine niederging, war am Kraterrand ein Tephra-Damm gebrochen, der sich bei früheren Eruptionen gebildet und den natürlichen Abfluss des Kratersees blockiert hatte.

Tuff ist im Gegensatz dazu verfestigt und besteht haupsächlich aus Lava-Partikeln unterschiedlicher Größe, die in der Luft erstarrt sind (Pyroklasten). Den weitaus größten Anteil, mehr als 75 Prozent, bilden weniger als zwei Millimeter große Ascheteilchen, zwischen denen größere Bruchstücke eingebettet sind. Bis zu 64 Milimeter große Pyroklasten heißen Lapilli (Italienisch für „Steinchen"). Sind die Bruchstücke größer, spricht man von Bomben. Je nach Oberfläche haben sie so aparte Namen wie „Basalt-Bombe" und „Brotkrusten-Bombe". Auch Fragmente des bei einer Eruption durchbrochenen Gesteins können im Tuff enthalten sein.

Bei **Bimsstein** handelt es sich um glasig erstarrte, poröse Fetzen sehr viskoser (zähflüssiger) und gashaltiger Lava. Die Poren nehmen den größten Teil des Gesamtvolumens ein und reduzieren die Dichte des Gesteins so sehr, dass es schwimmt.

Schlacken sind Lavabrocken von unregelmäßiger Form und blasig-poröser Beschaffenheit, die nicht schwimmen und auf denen man schlecht laufen kann. Gut zu sehen sind sie beim ersten Anstieg des Tongariro Crossing Tracks und auf Rangitoto Island. Schlacken bilden sich an der Ober- und Unterseite eines Lavastroms oder werden aus dem Vulkanschlot geschleudert.

Spektakuläre **Basaltsäulen** entstehen, wenn die Abkühlung verzögert stattfindet. Das Gestein zieht sich zusammen und bildet oft meterlange eckige Säulen, die senkrecht zur Abkühlungsfläche stehen. Skurrilerweise entspricht der Querschnitt meist einem regelmäßigen Sechseck (Hexagon). Basalt ist ein basisches Gestein von dunkelgrauer bis schwarzer Farbe. Beispiele sind „The Monument" auf der Banks-Halbinsel und die Gesteinshügel auf der Otago-Halbinsel etwa bei den Pyramides.

Ein **Lahar** ist ein Schlamm- und Schuttstrom an einem Vulkan. Voraussetzung für die Entstehung ist die Beteiligung von viel Wasser, das z.B. bei einem Ausbruch durch plötzliche Schneeschmelze entsteht oder aus einem Kratersee stammt. Auch starke Regenfälle können Auslöser sein. In der Neuzeit ist der Mount Ruapehu berüchtigt für solche Ströme. Andernorts, wie in Northland, stolpert man vielerorts über ältere Lahare.

Postvulkanische Erscheinungen, vulkanische Gastätigkeit, geothermische Phänomene

Während die Südinsel durch die Plattentektonik und die Tätigkeit von Gletschern verändert worden ist, hat die Nordinsel ihr Aussehen der Tektonik, in vielen Gebieten ihre bloße Existenz aber dem Vulkanismus zu verdanken. Die Erde lässt hier im vulkanisch aktiven Zentrum, dem Central Plateau zwischen Rotorua und dem Tongariro-Nationalpark südlich von Taupo, Dampf ab. Rotorua, in der Maori-Sprache „zweiter See", ist dank seiner zischenden Geysire, blubbernden Schlammlöcher, brodelnden Pools und 15 fischreichen Seen das touristische Zentrum der mit postvulkanischen Phänomenen gespickten Taupo-Vulkanzone. Die vulkanische Gastätigkeit und Erdwärme (Geothermie) zieht jährlich 1,6 Millionen Besucher an, die sich dann beschweren, wenn der Wind aus den Thermalquellen in ihre Motelzimmer weht und die Luft mit dem Gestank fauliger Eier füllt …

Oben: Farbige Mineralausfällungen in Waiotapu

Linke Seite: Die Künstlerpalette im Thermalgebiet Waiotapu

Bis 1998 war das Thermalgebiet von Whakarewarewa eine Einheit, für die man nur einmal Eintritt zahlen musste. Nach Streitigkeiten um die Besitzrechte wurde das Areal geteilt. Seither gibt es direkt in Rotorua zwei Attraktionen, in die permanent ganze Busladungen Touristen strömen: das „Thermal Village" und „Te Puia". Das „Village", das den Namen Whakarewarewa behielt, aber der Einfachheit halber nur „Whaka" genannt wird, erstreckt sich über ein Drittel der Fläche, hat blubbernde Schlammlöcher und nach Schwefel stinkende Sumpfgebiete, dampfende Wasserquellen, Maori-Schnitzereien, ein Maori-Versammlungshaus und eine Bühne, auf der Maori-Gruppen zwei Mal täglich tanzen und singen.

Das Schöne an dem „Village" ist, dass es seinen ursprünglichen Dorfcharakter bewahrt hat. Und den Pohutu-Geysir, der jetzt im Konkurrenzunternehmen Te Puia heißes Wasser spuckt, kann man auch von hier aus sehen. Der Pohutu, auf Deutsch: „Großer Spritzer", ist Neuseelands aktivster Geysir. Zehn bis zwanzig Mal am Tag zischt seine Fontäne bis zu 20 Meter in die Höhe. Im Jahr 2000 spie er 329 Tage ohne Unterbrechung. Offiziell ist Te Puia das Maori-Institut für Kunst und Kunsthandwerk. Gratis qualmt und blubbert es im städtischen Kuirau Park.

Nordöstlich von Rotorua liegt Hell's Gate, das „Tor zu Hölle". Die Werbung verspricht das aktivste (aber auch kleinste) Thermalgebiet der Region. Das mag sein, und der heiße Kakahi-Wasserfall ist in der Tat eindrucksvoll. Ansonsten ist Hell's Gate, wo man im Schlamm ba-

den und sich Gesichtspackungen verabreichen lassen kann, allerdings ziemlich grau in grau.

Dem Vergleich mit dem grandiosen Waiotapu („Heiliges Wasser"), das am Rande der Taupo-Caldera entstanden ist, kann es in keiner Weise standhalten. Dieses 70.000 Jahre alte Gebiet mit seinen unzähligen kollabierten Kratern, Schlammtümpeln, bunten Seen, Dampfschwaden und dem Lady-Knox-Geysir, der mithilfe eines Stückchens Seife jeden Tag pünktlich um 10:15 Uhr heißes Wasser bis zu 20 Meter in die Luft spuckt, ist ein Wunderland der Geothermie. Die Pools in diesem Park schimmern in allen Farben, und einer ist bemerkenswerter als der andere. Der eindrucksvollste ist der mit einer orangefarbenen Kruste eingefasste smaragdgrüne Champagne Pool, der seinen Namen von den kristallklaren Blubberblasen hat, die an der Oberfläche des konstant 74 °C heißen Wassers schwimmen. Dieser See ist die größte Quelle der Gegend. Durchmesser und Tiefe betragen 60 Meter. Kohlendioxid treibt die Blasen an die Oberfläche. Das Wasser enthält nicht nur Antimonsulfid, das für die spektakuläre Orangefärbung der Uferzone verantwortlich ist, sondern auch Gold, Silber und Quecksilber. Der Pool entstand vor 900 Jahren durch eine hydrothermale Explosion.

Legendär ist auch die Artist's Palette: Dieses Areal mit seinen heißen und kalten Tümpeln leuchtet in surrealen Farben und dampft aus

Farben der Mineralien

- Gelb: Schwefel
- Orange: Antimonsulfid (Stibnit) und Rubinschwefel (Realgar)
- Weiß: Siliziumsulfid
- Gelb-Orange: Arsensulfid (Auripigment)
- Violett/Purpur: Permanganat
- Rot und Braun: Eisenoxid und Eisenoxidhydroxid
- Schwarz: Schwefel (oxidiert) und Kohlenstoff

zahlreichen Erdspalten. Dunkelblaue, gelbe und grüne Kleckse direkt
nebeneinander tupfen den See, der tatsächlich wie die bunte Palette
eines Künstlers aussieht – im Großformat natürlich.

Einen noch atemberaubenderen Anblick bietet das großartige und
längst nicht so überlaufene Thermalgebiet Orakei Korako nördlich
von Taupo. Bereits vom Boot aus, mit dem man den Ohakuri-See, eine
Staustufe des Flusses Waikato, überquert, erblickt man die spektakulären orange, weiß und schwarz gestreiften Sinterterrassen, die bis zur
Anlegestelle hinunterreichen. Die Stufen sind durch Erdbeben im Jahr
131 v. Chr. entstanden. Sie sind mit schwarzen, grünen und gelben
Algen bedeckt, die bei Temperaturen zwischen 35 und 49 °C wachsen.

Von hier führt die Wanderung durch einen Urwald voller Silber-
farne. Am Fuße der Ruatapu, der Heiligen Höhle, befindet sich ein
kristallklarer, lauwarmer Spiegelsee. Es heißt, wenn man seine linke
Hand ins Wasser taucht, geht ein Wunsch in Erfüllung. Die Farben
der Regenbogen- und Kaskaden-Terrasse werden von Heißwasser-Al-
gen verursacht, die bei Temperaturen über 60 Grad Celsius gedeihen.
Die in allen Farben schimmernde Künstlerpalette ist mit 120 blauen
Klecksen getupft.

Bis zu 23 Geysire sprühen und dampfen um die Wette. Nirgendwo
in Neuseeland sind diese Heißwasserspeier aktiver als hier. Das Schau-

Waiotapu: kochender Schlamm

spiel könnte noch grandioser sein, hätte Orakei Korako durch die Aufstauung des Waikato nicht 250 heiße Quellen und Geysire verloren. Sie wurden überflutet, als der Wasserpegel um 18 Meter angehoben wurde. Der Waikato fließt in dieser Gegend durch mehrere Seen, die Huka Beds, die einst durch geothermische Aktivität entstanden sind.

Die Gesteine leuchten in den knalligsten Farben, abhängig davon, welche Mineralien das Wasser und der Wasserdampf – die sogenannten Fumarolen – ausfällen. Wasserdampf wirkt oxidierend. Der Schwefeldampf der Solfataren hat demgegenüber einen hohen Gehalt an Schwefelwasserstoff (H_2S) und eine Temperatur unter 200 °C. Durch die Reaktion des Schwefelwasserstoffs mit dem Luftsauerstoff (Oxidation) bildet sich freier Schwefel, der das Gestein herrlich färbt.

Blubbernde Schlammtöpfe (auch als Schlammsprudel bezeichnet), besonders schön anzusehen, wenn sie konzentrische Kreise bilden, sind ein weit verbreitetes Phänomen. Sie sind nichts anderes als heiße Quellen, die sich bei schwachem Grundwasserzufluss bilden. Der Großteil des Wassers verdampft, der Rest steigt mit überhitztem Wasserdampf und vulkanischen Gasen an einer Stelle zur Oberfläche auf, wo der Boden reich an vulkanischer Asche, Ton oder anderen feinen Partikeln ist. Diese vermischen sich mit dem Wasser zu Schlamm. Je geringer der Wasserzufluss, desto dicker und zähflüssiger der Schlamm. Aufsteigende Dampfblasen platzen und verspritzen den Schlamm. Geysire wiederum sorgen für die Erwärmung des Grundwassers.

Neben den Heilquellen sind Säuerlinge – Mineralwässer, die natürlicherweise mehr als 250 mg/l Kohlendioxid enthalten und keiner weiteren Behandlung bedürfen – ein lukratives Nebenprodukt der vulkanischen Gastätigkeit.

Das Waimangu Valley entstand 1886 durch die Eruption des Mount Tarawera, die die weltberühmten Sinterterrassen (Pink and White Terraces) zerstörte und den Lake Rotomahana schuf, und hatte zeitweise den spektakulärsten Geysir der Erde, der bis zu 460 Meter hohe schlammige, schwarze Fontänen in den Himmel schoss. (Waimangu heißt „schwarzes Wasser".) Er war allerdings nur von 1900 bis 1904 aktiv, da durch einen massiven Erdrutsch der Wasserspiegel stieg und dem Geysir den Druck raubte.

Das Waimangu-Tal ist ein klassisches Beispiel für ein durch einen Vulkanausbruch entstandenes Thermalgebiet. Genau gesagt ist es ein Grabenbruch, weil der Vulkan gleichzeitig aus mehreren Kratern

Dieser grüne Tümpel in Waiotapu heißt Devil's Bath, das Bad des Teufels

spuckte und einen 17 Kilometer langen Riss in der Landschaft hinterließ. Wie Waiotapu und Orakei Korako ist auch dieses junge Tal farbenfroh, mit algenbewachsenen Sinterterrassen, steilen Kratern und bei schönem Wetter blau und grün schimmernden Seen. Es reicht aber an die surreale Pracht der beiden anderen Gebiete nicht heran. Die letzten der insgesamt 22 Krater, die allerdings unter der Wasseroberfläche des Raupo Ponds schlummern, entstanden erst 1981. Die Marble Terrace besteht aus ähnlichem Gestein wie die 1886 zerstörten Pink and White Terraces.

Obwohl die meisten geothermisch aktiven Gebiete Neuseelands im Bereich der Calderas liegen, sind auch andernorts unzählige heiße Quellen zu finden. Es gibt mehr als 150 registrierte heiße Quellen. Mehr als 100 sind auf der Website www.nzhotpools.co.nz aufgelistet, inklusive der kommerziellen Einrichtungen in und um Rotorua, Hanmer Springs, Maruia Springs, Lake Tekapo, Franz Josef und Mount Maunganui, um nur einige zu nennen. 80 Prozent dieser Quellen befinden sich auf der Nordinsel.

An der Westküste der Südinsel, entlang der Alpinen Verwerfung, der sich im Osten der durch magmatische Tätigkeit entstandene „Median Batholith" anschließt, reihen sich die Quellen wie an einer Perlenschnur aneinander. Die bekanntesten und jene mit dem grandiosesten

Südalpen- und Gletscher-Blick sind sicherlich die vier unterschiedlich warmen Welcome Flat Hot Pools, in denen man sich allerdings erst suhlen kann, wenn man einen fünf- bis siebenstündigen Marsch auf dem Copland Track – Start 20 Kilometer südlich von Fox Glacier – bewältigt hat.

Vulkanische und nicht-vulkanische Hotspots

Der berühmte Hot Water Beach auf der Coromandel-Halbinsel, an dem sich jeden Abend Touristen Pools schaufeln und heißes Quellwasser mit kühlem Meerwasser mischen, ist übrigens eine nicht-vulkanische heiße Quelle. Ihre Existenz wird mit dem Phänomen der Hotspots erklärt: Aus großer Tiefe dringt das heiße Wasser durch Verwerfungen an die Oberfläche. Die bekanntesten nicht-vulkanischen heißen Quellen auf der Südinsel sind jene von Hanmer Springs. Weit weniger bekannte heiße Quellen an einem Strand, an dem sich Besucher Pools graben können, befinden sich in Kawhia an der Westküste der Region Waikato. Das leicht schwefelige Wasser im schwarzen Sand verdankt seine Temperatur von 45 Grad jedoch dem Vulkanismus.

Wer den Tongariro (Alpine) Crossing Track in Angriff nimmt, kommt beim letzten langen Abstieg an den dampfenden Ketetahi Hot Springs vorbei. Man sieht zwar immer wieder, dass Wanderer sich ihrer Kleidung entledigen und ihre schmerzenden Muskeln im heißen Wasser entspannen, doch die Quellen sind den Maori heilig, so dass man sich aus Respekt zurückhalten sollte. Es ist ein kleiner Preis für all die spektakulären An- und Einblicke in die Entstehungsgeschichte der dynamischen Landschaften Neuseelands, die man während dieser grandiosesten aller Tagestouren ständig vor Augen hat.

Die Magie des aktiven Vulkanplateaus, das durch unzählige Eruptionen vor 275.000 Jahren entstand, nimmt einen schon gefangen, bevor die Wanderung beginnt. Allein der Anblick des wunderschönen Trios – der perfekte Kegel des Ngauruhoe (2.287 m), der langgezogene Tongariro (1.967 m) mit seinen zahlreichen Kraterzipfeln und der schneebedeckte Ruapehu (2.797 m) – inmitten einer eigentlich furcht-erregenden Landschaft ist berauschend. Das Gebiet ist von solch einer unwirklich-phantasievollen Aura umgeben, dass es als Kulisse für die Film-Trilogie „Der Herr der Ringe" wie geschaffen war – Mordor, der Schicksalsberg, und die Ebene von Gorgoroth.

Natürliche Badewannen: Jeden Abend schaufeln Touristen am Hot Water Beach auf der Coromandel-Halbinsel Pools, in denen sie heißes Quellwasser mit kühlem Meerwasser mischen

Auf der Devil's Staircase, der „Treppe des Teufels", geht es 250 Höhenmeter im Zickzack über holprigen, felsigen Untergrund, erstarrte schwarze und braune Lavaströme verschiedener Vulkanausbrüche. Der Südkrater ist eine endlos weite Ebene, in der Menschen so winzig wie Ameisen wirken – und doch: Es geht mitten durch den Schlund eines weiteren Vulkans, des Südkraters, am Fuße des Mt. Ngauruhoe entlang.

Die Flanken dieses Kegels schimmern schwarz und – von eisenhaltigen Dämpfen gefärbt – braun und weinrot. Wer Zeit (rund zwei Stunden) und Muskelkraft (600 Höhenmeter) hat, kann von hier aus den zweithöchsten Vulkan des Tongariro-Nationalparks erklimmen – bergauf am besten auf dem alten Lavastrom, denn durchs Geröll geht es drei Schritte vor und zwei Schritte zurück. Bergab empfiehlt sich natürlich die flotte Rutschpartie durch die Schlacke – eine rasante und staubige Angelegenheit.

Der Ngauruhoe, der als jüngster Krater vor rund 2.500 Jahren entstand, hat solch eine ebenmäßige Kegelform, weil er regelmäßig ausgebrochen ist, im Schnitt alle sechs Jahre – bis er nach 1975 eine lange Pause einlegte. Ngauruhoe und Tongariro (den man vom Ende des Südkraters aus besteigen kann) sehen eindeutig wie zwei Berge aus, sind letztlich aber doch nur Ausbruchskanäle eines einzigen viel mäch-

Tongariro Crossing: Red Crater und Ngauruhoe

tigeren Vulkans. Der Ruapehu rumpelt ständig vor sich hin.

Nach der Durchquerung des Südkraters ist der höchste Punkt des Tracks nicht mehr weit. Es geht hinauf zum Rand des 3.000 Jahre alten, 1.886 Meter hohen Red Crater, des Roten Kraters, auf dessen überwältigenden Anblick trotz des Namens kaum ein Wanderer vorbereitet ist: Umgeben von hellgrauem und ockerfarbenem Geröll sieht dieser Schlund aus, als wäre er mit rotem Samt überzogen, in allen Schattierungen von purpur- bis ziegelrot. Die Farbe rührt von der Oxidation des im Gestein enthaltenen Eisens bei hoher Temperatur her.

An der Seitenwand lässt die aufgesprengte und nach außen gestülpte Kruste des Ausbruchskanals nur erahnen, mit welcher Zerstörungskraft dieser Vulkan einst grollte. Manchmal zischen Dampfwolken aus diesem Loch; an anderen Tagen dampft es nur aus kleineren Rissen im brüchigen Boden. Es stinkt nach fauligen Eiern – ein sicheres Indiz für den hohen Schwefelgehalt der Dämpfe.

Am Fuße des Roten Kraters sind drei spektakuläre Farbkleckse zu erkennen: die Emerald Lakes („Smaragdseen") und – weiter im Hintergrund – der Blue Lake, ein kristallklarer blauer See. Ein mit Schlacke übersäter, schmaler Grat führt zu den Emerald Lakes hinunter. Mineralien aus dem Roten Krater – Schwefel und Arsensulfid – haben sie türkisblau und -grün gefärbt. Ein Bad darin ist nicht unbedingt gut für die Gesundheit – außerdem ist das Wasser eher kalt.

Weiter geht es durch den Zentralkrater, der wie schon der Südkrater eine nackte, weite Ebene ist, in der sich Menschen ihrer Zwergenhaftigkeit bewusst werden. Der Blue Lake ist ein heiliger Ort der Maori. Deshalb wäre es unpassend, dort belegte Brote auszupacken oder gar zu baden. Aber den Blick zu genießen, ist erlaubt. Er reicht weit in den Norden, über zahlreiche Bergketten bis zum Mt. Tauhara, dem Haus-

Die Farben der Emerald Lakes variieren zwischen Türkisblau und Smaragdgrün

vulkan von Taupo, über den nahe gelegenen Rotoaira-See und den Taupo-See am Horizont. Der Grund des Taupo-Sees ist mit 2,3 Millionen Tonnen Asche von den Ausbrüchen des Mt. Ruapehu 1995 und 1996 bedeckt.

Am Blue Lake endet die nackte Stein- und Geröllwüste. Am Ufer wachsen Gebirgspflanzen, weiße und gelbe Dotterblumen, und die Hügel sind von den für Neuseelands Trockengebiete so typischen gold- und ockerfarbenen Tussock-Grasbüscheln überzogen. Plötzlich ist wieder Gezwitscher zu vernehmen, Vögel flattern in den dichten Wäldern, durch die ein schier endloser Abstieg zum Endpunkt der Wanderung führt.

Die Ketatahi-Hütte auf 1.450 m im hohen Tussock-Gras ist ein willkommener Zwischenstopp. Wie schon gesagt, die heißen, dampfenden Schwefelquellen sind dem Maori-Stamm Ngati Tuwharetoa heilig und deshalb tabu.

Der Tongariro Crossing Track, Teil des 42 Kilometer langen Northern Circuit (drei bis vier Tage), ist der beste Weg, einen unvergesslichen Eindruck von der faszinierenden Vulkanlandschaft des Tongariro-Nationalparks zu bekommen – und auch der Beweis dafür, dass selbst nach den verheerendsten Naturkatastrophen das Leben weitergeht. Irgendwann.

Zeugnisse des Meeres aus der Land-unter-Zeit „Down Under"

Die grandiosen, wie die Ruinen einer alten Burg anmutenden Fels-skulpturen von Castle Hill (Kura Tawhiti) an der Strecke von Christ-church nach Arthur's Pass gäbe es ohne Naturkatastrophen nicht. Aber tektonische Hebung allein schafft nicht die spektakulären Formen, die heute die Landschaft dominieren.

Ihr Gestein – hauptsächlich Kalkstein, kalkhaltiger Tonstein, Sand-stein (und Tuff) – ist Beweis dafür, dass diese Senke im Hochland einst unter einem Binnenmeer lag, dessen Becken sich vor rund 30 Millio-nen Jahren mit Wasser füllte. Tektonischer Druck hob das Land enorm an, faltete es und schuf auf diese Weise die Gebirgsketten der Torlesse und Craigieburn Ranges, zwischen denen sich Castle Hill befindet. Wasser erodierte den weichen Kalkstein und formte diese einzigartige Karstlandschaft mit ihren phantasieanregenden Felsskulpturen. (Die Fassade der Anglikanischen Kathedrale von Christchurch war übri-gens mit Gestein von Castle Hill erbaut worden.)

Auch andere typische Phänomene der Verkarstung in dieser Ge-gend – Schlucklöcher (Ponore), in denen Flüsse in den Untergrund verschwinden, Sinklöcher (Dolinen), breite Furchen (Karren, Schrat-ten), Schächte, Spalten und Höhlen – stammen aus dieser Zeit. Der Cave Stream beispielsweise, der durch eine begehbare Höhle in der Cave Stream Reserve fließt, versickert in größerer Höhe, wo er in die Karstlandschaft eintritt. In seinem alten Bett verläuft ein Trampel-pfad zwischen mächtigen Felsbrocken. Der Cave Stream taucht in der 362 Meter langen Höhle wieder auf und fließt am Höhlenausgang an der Oberfläche weiter und kurz danach in den Broken River. Eine mit Sinklöchern geradezu durchschossene Landschaft findet man westlich von Timaru an der Ostküste der Südinsel.

Ein großartiges Zeugnis aus der Zeit, als weite Teile Neuseelands unter dem Meeresspiegel lagen, sind auch die Elephant Rocks im Waitaki-Tal und einige weitere geologisch bedeutsame Stätten in der Umgebung des urigen Nests Duntroon, wo der Vanished World Fossil Trail beginnt. In punkto Größe können die aus dem späten Oligozän stammenden Elefanten-Felsen zwar nicht mit den riesigen Formati-onen von Castle Hill mithalten, aber sie sind wie in einem Amphi-theater malerisch auf Farmland mit grasenden Schafen verteilt. In

Flachwasser-Rippel am Castle Hill

Linke Seite: Castle Hill, eine einzigartige Karstlandschaft, am Great Alpine Highway von Christchurch nach Arthur's Pass gelegen

Die Senke im Hochland von Canterbury, in dem der Castle Hill mit seinen phantasievollen Felsskulpturen Einheimische und Touristen in seinen Bann zieht, lag einst unter einem Binnenmeer

unmittelbarer Nähe befindet sich die Anatini-Fundstätte, wo einst das Skelett eines kleinen Bartenwals sowie Spuren von Delfinen und anderen Meeresbewohnern gefunden wurden. Die meisten Fossilien werden mittlerweile in Museen aufbewahrt, lediglich ein paar Walknöchelchen sind an Ort und Stelle in einer Plexiglasbox ausgestellt, umringt von sehenswerten Felsskulpturen und -bögen. Das Gestein in dieser Region ist als Otekaike-Kalkstein bekannt.

Der berühmte helle und ziemlich feste Kalkstein von Oamaru heißt Ototara Limestone. Er entstand im Unteroligozän (vor 33,9 bis 28,1 Millionen Jahren). Nicht nur zahlreiche Gebäude in der Region wurden damit erbaut, sondern auch das Rathaus in Auckland. Und beim Bau des spektakulären Bahnhofsgebäudes von Dunedin und im Arts Centre in Christchurch wurde der von cremeweiß bis ocker gefärbte Oamaru Stone als Kontraststein zu dem dunkelgrauen Basalt (Bluestone) verwendet. Der Stein ist allerdings nicht sehr widerstandsfähig, in einer Erdbeben-Nation wie Neuseeland also nicht wirklich empfehlenswert. Deshalb wird er meistens nur noch zur Fassadenverkleidung und als Schmuckelement eingesetzt.

Am Ende des Oligozäns lag die Landmasse, die heute als Neuseeland bekannt ist, fast vollständig unter Wasser. Der Beginn des folgenden Miozäns (vor 23 bis vor 5,3 Millionen Jahren) war von erhöhter tektonischer Aktivität geprägt, die das Land hob, wellte, verbog, krümmte und brach (siehe Kapitel Graue Berge, grüne Täler). Die Putangirua Pinnacles, an der Südostküste der Region Wairarapa gelegen, sind ein fabelhaftes Beispiel für ein in dieser Zeit entstandenes sogenanntes Badland: ein von tiefen Rinnen durchzogenes Trockengebiet, dessen oft spektakuläre Formen wie Canyons, Schluchten und Hoodoos sowie Säulen aus Sandstein, durch Wind- und Wassererosion geschaffen wurden. Während die durch ein Erdbeben gehobenen Clay Cliffs am Ahuriri-Fluss bei Omarama – ebenfalls eine Badlands-Formation – durch gelbe und rötliche Lehmablagerungen spektakuläre Farben angenommen haben, sind die Putangirua Pinnacles eher grau und bestehen vornehmlich aus hohen, schmalen Felsnadeln, ähnlich den Hoodoos im Bryce Canyon in den USA, das Ganze jedoch ein paar Nummern kleiner.

Die Pinnacles stehen am Eingang eines Tals in den Aorangi Ranges an der Küstenstraße zum Cape Palliser. Sie waren ursprünglich jahrmillionenalte Schwemmkegel. Als der Meeresspiegel während der Eiszeit sank – damals, vor rund 20.000 Jahren, lag er rund 130 Meter tiefer als jetzt – wurden diese Schwemmkegel wieder freigelegt, und Wasser- und Winderosion trugen das aus Kies und Geröll entstandene Sedimentgestein (Konglomerat, Brekzie) ab.

An manchen Stellen ist dieses Sedimentgestein jedoch an der Oberseite durch zementierten Lehm oder eine Felsschicht geschützt, so dass herablaufendes Regenwasser und Wind lediglich die Seitenflächen bearbeiten können. Auf diese Weise entstanden die Hoodoos der Putangirua Pinnacles, die Starregisseur Peter Jackson so spektakulär fand, dass er sie in der Trilogie „Der Herr der Ringe" verewigte. Die Erosion des Sediments findet vermutlich seit weniger als 125.000 Jahren statt, verstärkt seit 7.000 Jahren und beschleunigt in den letzten tausend Jahren durch die Abholzung der Wälder. Nach Norden hin erinnern großartige Klippenlandschaften, von Cape Palliser über Castlepoint bis hinauf zur Tölpelkolonie am Cape Kidnappers, an diese marine Vergangenheit. Das Sediment in der Hawke's Bay, gut sichtbar in tiefen Flusstälern und Straßeneinschnitten, ist mehr als neun Kilometer dick.

Die Putangirua Pinnacles in der Region Wairarapa sind ein sogenanntes Badland, ein von tiefen Rinnen durchzogenes Trockengebiet mit Canyons und Hoodoos

Die Elephant Rocks bei Duntroon im Waitaki Valley

Kugeln am Strand

Die Moeraki Boulders wittern aus paläozänen Tonsedimenten aus den Klippen heraus; ihr Inneres besteht aus konzentrischen Schichten

Während die Putangirua Pinnacles abseits der ausgetretenen Touristenpfade liegen, versäumt kaum ein Besucher der Südinsel, die Moeraki Boulders zu bewundern. Diese riesigen „Murmeln des Teufels", die an einem Strand rund 30 km südlich von Oamaru liegen, entstanden aus Schlamm, feinem Lehm und Ton. Diese Materialien sammelten sich rund um kleine Muschelschalen, Knochen- und Holzstückchen an. Das Bindemittel, das diese von Rissen (Septarien) durchzogenen Steinkugeln zusammenhält, ist Kalkspat (Calcit). Geologen bezeichnen solche Gesteinsbrocken als septarische Konkretionen. Die nahezu perfekt runden Kugeln haben einen Durchmesser zwischen 50 cm und 2,20 m.

Die Moeraki Boulders entstanden über eine Zeitspanne von 4 bis 5,5 Millionen Jahren aus Sedimenten des Paläozäns (Zeitintervall vor ungefähr 66 bis 56 Millionen Jahren) in einer zehn bis fünfzig Meter dicken Schlammschicht am Meeresgrund, die von Bodenorganismen ständig aufgewühlt wurde. Im aussickernden Porenwasser gelöstes Calcit kristallisierte aus und bildete den Zement, der alles zusammenhält. Um den festen Kern sammelte sich weiteres Material an.

Die Kugeln sind so perfekt rund gewachsen, weil sie in den lockeren Schlammschichten nirgendwo an Hindernisse stießen oder durch Sedimentstrukturen in ihrem Wachstum beeinflusst worden wären.

Die Gesteinsschichten mit den Boulders gerieten, als der Meeresspiegel sank, an die Erdoberfläche, das belegen die wabenartigen Risse an der Oberfläche, die nur durch Trocknung entstanden sein können, zumal Calcit weicher ist als Quarz und Feldspat und leicht verwittert. Die Risse wurden durch eine zweite Generation Kalkspat – daher auch die andere Farbe – während eines viel späteren Zeitraums aufgefüllt, höchstwahrscheinlich durch Calcit, das im Grundwasser enthalten war. Einmal aus der schützenden Gesteinsschicht durch die Kraft der Wellen am Strand freigelegt, brechen die Risse wieder auf und die Kugeln zerfallen im Lauf der Jahre in ihre Bestandteile.

Die größte Überraschung für Nicht-Wissenschaftler ist jedoch, dass die Moeraki Boulders nicht (etwa als versteinerte Aalkörbe der frühen Maori) am Strand angespült wurden, sondern dass sie aus der anderen Richtung kommen. Wer die Mudstone-Klippen genau studiert, wird immer wieder mal Steinkugeln erblicken, die durch Erosion freigelegt werden. Je mehr weiches Klippengestein vom Meer weggefressen wird, desto mehr Boulders landen am Strand.

So berühmt die Moeraki Boulders auch sind, sie sind nicht einzigartig. Gleich am nächsten Strand in Richtung Süden, dem Katiki Beach, zwischen dem Leuchtturm am Katiki Point und dem Shag Point, liegen zahlreiche Konkretionen, die als Katiki Boulders bekannt sind. Sie sind kleiner, manche länglich. Einige dieser glatten Steinbrocken, die älter als die Moeraki Boulders sind, haben Wissenschaftler in helle Begeisterung versetzt, denn sie hatten sich um die Knochen ausgestorbener Meeressaurier gebildet. In der Nähe des Shag Points wurde das komplette Skelett eines sieben Meter langen Pleiosauriers ausgegraben, der von 15 Tonnen Gestein umgeben war.

Ähnliche Kugeln gibt es auch an der Küste des Hokianga Harbour auf der Nordinsel, aber kaum jemand kennt sie, obwohl sie um ein Vielfaches größer sind als die Moeraki Boulders und ebenso perfekt rund. Die Koutu Boulders, die bis zu drei Meter Durchmesser haben, liegen in großer Anzahl an einem Arm der fjordartigen Bucht (die wie die Marlborough Sounds und die Bay of Islands ein vom Meer geflutetes Flusssystem ist) zwischen Opononi und Rawene, erreichbar auf der Koutu Loop Road von dem Ort Whirinaki aus. Bei Ebbe gelangt man am leichtesten zu den Boulders. Je weiter man marschiert, desto größere Steinkugeln bekommt man zu sehen.

Pfannkuchen-Felsen

Detailaufnahme der Pancake Rocks

Sind die Koutu Boulders ein Geheimtipp, so übertreffen die Pancake Rocks bei Punakaiki an der Westküste der Südinsel in punkto Popularität sogar die Moeraki Boulders. Allzu spektakulär stapeln sich die Pfannkuchen-Felsen an der Küste, eingebettet in saftigen Regenwald, vor der tiefblauen Tasmansee. Wer bei stürmischer Brise und Flut eintrudelt, bekommt das volle Repertoire geboten. Wenn eine Brandungswelle heranrauscht, werden gewaltige Wassermassen durch ein Labyrinth unterirdischer Passagen und Meereshöhlen gepresst und schießen am Ende, wie durch einen Trichter, als Gischt spritzende geysir-ähnliche Fontänen durch die Löcher und Kamine (blowholes; Blaslöcher) zwischen den Felstürmen in die Luft.

Die Pancake Rocks am Dolomite Point, einer Landzunge zwischen Greymouth und Westport, sind Teil der Landschaft des Paparoa-Nationalparks, eines bis zu 1.500 Meter hohen Gebirgszugs aus Granit, Gneis und eben auch Kalkstein. Dieses weiche Gestein (siehe Kapitel Kugeln am Strand) ist nicht nur bei den Pfannkuchen-Felsen leicht zu identifizieren. Vielmehr ist der jüngste Nationalpark Neuseelands mit seinem milden Mikroklima durchsetzt von Kalkstein-Klippen, -Canyons, -Senkgruben, Höhlen und im Nichts verschwindenden Flüssen. Eine klassische Karstlandschaft. Ganze Bergflanken weisen Pfannkuchen-Streifen auf, nicht bloß die Touristen-Attraktion Nummer eins. (Das Phänomen ist auch an den Klippen bei Raglan, Aotea und Kawhia an der Westküste der Nordinsel zu beobachten.)

Die Pancake Rocks, oder eigentlich die Sedimente, aus denen sie entstanden sind, ruhten einst auf dem Meeresgrund; jede Kalkschicht besteht aus winzigen Partikeln von zermalmten Muschelschalen und Skelettknochen urzeitlicher Meerestiere. Diese Schichten sind durch feine Siltsteinschichten (auch: Schluffstein, Mudstone) voneinander getrennt. Zunächst nahm man an, dass diese Schichten im Wechsel abgelagert wurden. Heute gehen die Wissenschaftler jedoch eher davon aus, dass sich die Strukturen nach der Sedimentation einwickelten. Unter dem enormen Druck, der entsteht, wenn eine Sedimentmasse mehrere hundert oder gar tausend Meter in der Tiefe unter anderem Material begraben ist, werden Silt und Kalk kompaktiert, und der Calcit löst sich teilweise auf – nämlich an den Kontaktpunkten zu den umgebenden Mineralien. Dadurch ändert sich das Sedimentgefüge und senkrecht zur Druckachse entstehen Fugen, sogenannte Stylo-

Pancake Rocks im Paparoa-
Nationalpark an der Westküste
der Südinsel

lithen, die im Fall der Pancake Rocks wie eine Schichtung anmuten (stylobedding). Nach der tektonisch bedingten Hebung aus dem Meer erodierte die Kraft von Wasser und Wind im Lauf der Jahrtausende die dünnen Siltsteinschichten stärker als die Kalksteinschichten und verstärkte so den Pfannkuchen-Effekt.

Was mit den berühmten Felsen einmal passieren wird, ist an der nördlichen Flanke des Dolomite Points schon längst abzulesen. Dort hat die Erosion den Pfannkuchen-Look bereits großflächig weggradiert. Die nächste Landzunge in Richtung Norden ist völlig blank. Hier sieht man auch, dass dieser extrem karstige Abschnitt zwischen dem Hauptkamm der Paparoa Ranges und den Pancake Rocks – die Paparoa-Mulde (Paparoa Syncline) – in mehreren Phasen angehoben wurde und nicht auf einen Schlag.

Die Blowholes entstanden durch die ätzende Wirkung von Regenwasser, das zunächst aus der Luft und dann aus dem verrottenden Laub des Waldbodens Kohlendioxid (CO_2) aufnimmt. Die dadurch entstehende Kohlensäure ist in der Lage, das Calciumkarbonat aufzulösen, aus dem der Kalkstein größtenteils besteht. Das saure Wasser sickert durch feine Risse, löst den Kalkstein und höhlt das Gestein aus; dadurch entsteht ein unterirdisches Röhrensystem, das mit der Zeit immer mehr ausgespült wird. Im Fall der Pancake Rocks erledigt die

Brandung den Rest, indem sie im Lauf der Jahrtausende Passagen an der Oberfläche freilegt. Im Binnenland – wie am Castle Hill – folgt das Wasser der Erdanziehungskraft und gräbt sich immer tiefer ins Erdreich. In den oberen Bereichen entstehen Freiräume – die Höhlen.

Höhlen

Wabenverwitterung (Tafoni), Maori Rock, Waitaki Valley

In dieser regenreichen Gegend gelangen durch die schnelle Zersetzung organischen Materials viele organische Säuren (z.B. Huminsäure) ins Wasser und damit in den Untergrund und in Flüsse, so dass sich die Karstlandschaft auch heute noch stark verändert. Die Farbe des Flusswassers wird durch diesen chemischen Prozess ebenfalls beeinflusst, es ist orangefarben bis rotbraun.

Die ganze Küste bis hinauf zum Nordende der Südinsel – der Gegend um Takaka – und auch östlich davon (Buller-Region) ist durchsetzt von Höhlensystemen, von denen einige für den Abenteuertourismus (Caving, Tubing, Abseiling etc.) genutzt werden. Nördlich von Karamea, im Oparara Basin, befinden sich außer einem 43 Meter hohen Kalksteinbogen (Oparara Arch) einige leicht zugängliche Höhlen (unter anderem Crazy Paving, Box Canyon, Honeycomb Hill) mitten im prachtvollsten Regenwald, in denen man nicht nur Verkarstungen zu sehen bekommt, sondern auch Glühwürmchen, Höhlenspinnen und die besondere ausschließlich in Höhlen lebende Tierwelt (Troglobionten).

Die bekanntesten Höhlen in Neuseeland sind die Waitomo Caves in der Region Waikato auf der Nordinsel, rund 200 Kilometer südlich von Auckland, und die Te Anau Caves in Fiordland. Sie werden von den Tourismusbehörden als Nonplusultra der Höhlenwelt gepriesen, können es an Alter und Größe ihrer Tropfsteine allerdings mit den meisten europäischen Tropfsteinhöhlen nicht aufnehmen. Die durch einen rauschenden Fluss und einen tosenden Wasserfall ausgefrästen Te Anau Caves sind erdgeschichtlich noch relativ jung und erst vor rund 12.000 Jahren entstanden. Jene in Waitomo sind deutlich älter, nämlich zwischen 50.000 und 100.000 Jahre; die weltberühmten Stalagmiten und Stalaktiten in Postojna im namensgebenden slowenischen Karst etwa sind demgegenüber mehrere Millionen Jahre alt.

Die Region Waitomo ist von einem rund 45 Kilometer langen Höhlensystem mit ungefähr 300 Höhlen durchzogen. Die wenigsten sind

gefahrlos frei zugänglich. Die drei großen Schau- und Abenteuerhöhlen – Glowworm, Ruakuri und Aranui – werden als Waitomo Caves vermarktet. Wasser kann in diese Höhlen leicht eindringen, da sie auf einer fragilen geologischen Verwerfung liegen. Aus diesem Grund sind die Höhlendecken übersät mit dünnen Strohhalm-Stalaktiten.

Tropfsteine entstehen, wo sich der in oberflächennahen Gesteinsschichten gelöste Kalk etwas tiefer in Spalten und Höhlen wieder abscheidet – allerdings nur dort, wo langsame Verdunstung oder Erwärmung garantiert sind. Der größte Stalaktit in der prächtigen Aranui-Höhle ist fünf Meter lang, wiegt eine Tonne und ist vermutlich 40.000 Jahre alt. Die Tropfsteine in der meistbesuchten Haupthöhle sind weniger beeindruckend.

Was diese Höhle – wie auch jene in Te Anau – so reizvoll macht, sind die in einigen Grotten von den Decken hängenden „Glowworms", die wie ein prächtiger Sternenhimmel über den in Booten dahingleitenden Besuchern schimmern. Diese Leuchttierchen dürfen nicht mit

Unter der Mount-Arthur-Kette im Nordwesten der Südinsel befinden sich die tiefsten und längsten Höhlen Neuseelands

den in Deutschland vorkommenden Glühwürmchen verwechselt werden. Die „Glowworms" in Neuseeland sind wurmförmige Pilzmückenlarven (Lateinisch: *Arachnocampa luminosa*) während es sich bei den Glühwürmchen um Leuchtkäfer (Lateinisch: *Lampyridae*) handelt.

Wie schnell Stalaktiten und Stalagmiten wachsen, hängt unter anderem vom Kalk- und CO_2-Gehalt des Regenwassers sowie von der Menge des Tropfwassers und der Temperatur in der Höhle ab. Acht bis 15 mm in 100 Jahren ist ein grober Richtwert, das heißt ein einen Meter langer Stalaktit ist ungefähr 10.000 Jahre alt. Stalagmiten wachsen langsamer, da das tropfende Wasser auf eine größere Fläche fällt.

Die tiefsten und längsten Höhlen Neuseelands liegen im Kahurangi-Nationalpark am Nordwestzipfel der Südinsel, nördlich des Paparoa-Nationalparks. Die Nettlebed Cave am Mount Arthur ist 889 Meter tief und 24,2 Kilometer lang, die 749 Meter tiefe Bulmer Cavern am Mount Owen ist 38,8 Kilometer lang; das unterirdische Netzwerk misst insgesamt 64 Kilometer. An diesen beiden Bergen befinden sich acht der zehn längsten und tiefsten Höhlen der Nation, die übrigen zwei gleich in der Nachbarschaft am Takaka Hill. Dort liegt auch das berühmte Harwood's Hole, mit 360 Metern Neuseelands tiefstes Sinkloch. Der Takaka Hill, ein mit verwitterten Marmoraufschlüssen übersäter Berg, ist auch als „Marble Hill" bekannt. Marmor ist nichts anderes als umgewandelter (metamorpher) Kalkstein und deshalb ebenso der Verkarstung ausgesetzt.

Eine Sonderstellung in der Liste der eindrucksvollen Meereszeugnisse nehmen der Nugget Point und die vorgelagerten Nuggets an der Küste der Catlins im Südosten der Südinsel ein. Sie sind weder Vulkangesteine noch reine Kalksteine, sondern Mudstones (auch: Schluffstein, Siltstein). Dieses feinkörnige Sedimentgestein stammt aus der Ursprungszeit der Catlins und weist ähnliche Erscheinungsformen (Felsstapel, Bögen, Höhlen, Blaslöcher) wie die wesentlich jüngeren Karstlandschaften auf. Der Mudstone ist eines der ältesten Sedimentgesteine Neuseelands. Er stammt aus der späten Trias-Zeit (vor 252,2 bis 201,3 Millionen Jahren). In den an der Küste liegenden Gesteinsformationen lassen sich gut marine Fossilien aus diesem Zeitraum erkennen.

Das Gestein wurde in horizontalen Schichten (stacks) am Meeresgrund abgelagert und durch tektonische Aktivität angehoben, gefaltet und gekippt. Dabei entstanden in den Felssäulen Verwerfungen, die an den steilen Klippen – und ebenso an den benachbarten Cathedral Caves – als Einschnitte zu erkennen sind. Risse im Gestein, die sich immer an den Grenzen der einzelnen Sedimentschichten bilden, weil das die natürlichen Schwachstellen für Verwitterung und Erosion sind, sowie konstante Wassererosion führten zur Abspaltung größerer Felsblöcke vom Festland. Im Lauf der Zeit zerbrachen auf diese Weise größere Gesteinseinheiten zu Felsnadeln und -inseln – den heutigen Nuggets. Bei entsprechendem Licht sehen diese tatsächlich wie Goldklumpen im Meer aus.

Graue Berge, grüne Täler

Das älteste Gestein und Klein-Australien

Die ältesten Gesteine der Erde sind mehr als 4,6 Milliarden Jahre alt. Verglichen damit sind die ältesten Gesteine Neuseelands unglaublich jung, gerade mal 510 Millionen Jahre. Dabei handelt es sich sowohl um Sedimentgesteine als auch um Vulkanite, die Neuseeland mit Australien gemeinsam hat.

Wie aber kann es sein, dass in Australien vorkommende Gesteine auch in Neuseeland zu finden sind? Ganz einfach. Zu Zeiten des Gondwana-Superkontinents, den Zealandia zusammen mit Südamerika, Afrika, Madagaskar, Indien, der Antarktis, Australien und Papua-Neuguinea gebildet hatte, lag Zealandia eingezwängt zwischen Ostaustralien und der westlichen Antarktis an der Südostküste Gondwanas. Mächtige Flüsse spülten über Millionen von Jahren Sedimente vor diese Küste, die in langen Zeiträumen zu Gestein verfestigt wurden. Dadurch, dass hier plattentektonische Prozesse stattfanden – Ozeankruste wurde unter den Kontinent subduziert –, wurden diese Gesteine angehoben und ein vulkanischer Inselbogen gebildet. Diese Vorgänge wiederholten sich mehrmals, bis die aus dem Meer gehobenen Gesteinsmassen mit dem aktiven Kontinentalrand Gondwanas verschweißt wurden. Der Urkontinent erhielt neue Küstengebirge. Dieses Anwachsen einer Plattenkruste durch tektonische Prozesse wird als Akkretion bezeichnet. Als Gondwana zerbrach, zerbrach auch die neue Landmasse, so dass sich Teile davon in den Küstenregionen Australiens, Zealandias und der Antarktis befinden.

Die Akkretion erklärt also das gleichzeitige Vorhandensein von marinen Sedimentgesteinen, die typisch für kontinentale Platten sind, und von bestimmten Vulkaniten, die auf ozeanische Kruste hinweisen. Diese Gesteine sind im heutigen Neuseeland im Cobb Valley und in der Anatoki Range im Nordwesten der Region Nelson zu sehen – als spektakulär gefaltete Schichten.

Schon lange vor dem Zerbrechen Gondwanas hatten sich vor rund 480 Millionen Jahren (Kambrium) aus dem Abtragungsschutt von Granitgestein unter Einfluss von Druck und Temperatur die ältesten Grauwacken Neuseelands gebildet. Daneben gibt es weitverbreitete jüngere, ebenfalls Grauwacken genannte Sedimentgesteine, die erst im Mesozoikum entstanden sind und den Untergrund von rund 60

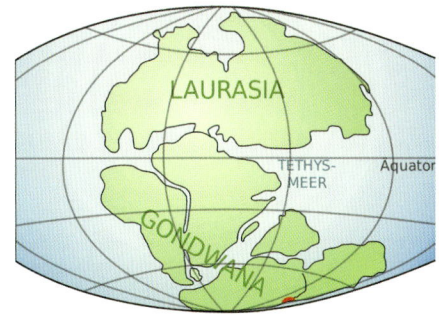

Die Lage Zealandias (roter Fleck unten rechts) am Rand des Superkontinents Gondwana zwischen Arctica und Australia

Linke Seite: Landschaft in Central Otago

Prozent der Landmasse Neuseelands bilden. Damit unterscheidet sich neuseeländische von europäischer Grauwacke, die nur Gesteine aus dem Erdaltertum (Paläozoikum) umfasst und auch etwas anders zusammengesetzt ist.

Der Kreislauf der Gesteine

Die geschilderten Umwandlungsprozesse sind ein durchaus normaler Vorgang. Sie lassen im Laufe der Jahrmillionen immer wieder neue Gesteine entstehen. So kann man von einem regelrechten Kreislauf der Gesteine sprechen, der sich auch in Neuseeland auf eindrucksvolle Weise manifestiert.

Gebirge werden durch tektonische Prozesse über den Meeresspiegel gehoben, ihre imposanten Felsen verwittern und werden abgetragen, der Schutt – zu Körnchen zerkleinert – wird wieder im Meer abgelagert, wo er sich durch den Druck von immer mehr hinzukommendem Sediment schließlich zu Gestein verfestigt. Vielleicht werden die Bestandteile des so entstandenen Sediments erneut aus dem Meer gehoben – oder aber durch Faltung oder Subduktion in große Tiefen verfrachtet, wo sie unter enormen Drücken und hohen Temperaturen neue Gesteine bilden. Diesen Vorgang nennt man Metamorphose (Griechisch: Umwandlung); er kann bis zur Gesteinsschmelze führen. Die Schmelze kann nach ihrem Aufstieg in obere Krustenschichten wieder erkalten und zu plutonischem Gestein erstarren, das durch Verwitterung freigelegt und abgetragen wird, oder sie findet durch einen Vulkanschlot direkt ihren Weg an die Erdoberfläche, wo das Material als Vulkanit der Erosion ausgesetzt ist und auf diese Weise ebenfalls wieder einen neuen Zyklus beginnt.

Nahe der Erdoberfläche wird eine Gesteinsmetamorphose durch Vulkanismus (Hitze) ausgelöst. Meteoriteneinschläge lösen durch enorme Druckwellen ebenfalls Umwandlungsprozesse aus. Bei der Metamorphose entsteht beispielsweise aus Kalksteinen Marmor, aus tonigen Sedimenten Schiefer und aus sedimentären und magmatischen Gesteinen der ultrametamorphe Gneis. So bilden Metamorphite neben Magmatiten (also Plutoniten und Vulkaniten) und Sedimentgestein eine der drei Hauptgesteinsgruppen.

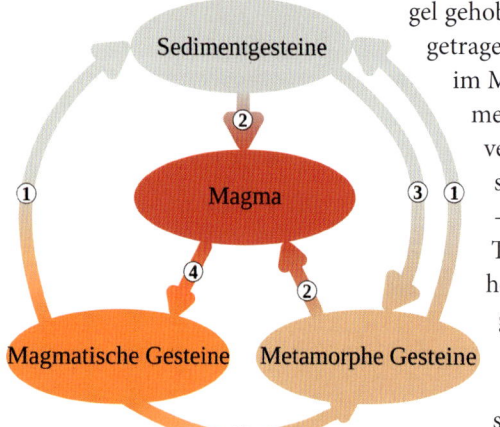

Der Kreislauf der Gesteine:
1: Erosion, Transport, Sedimentverfestigung (Diagenese)
2: Aufschmelzen
3: Druck und Temperatur
4: Erstarrung

Felsburgen bei Middlemarch
in Central Otago

Central Otago

Bei der Gebirgsbildung und -faltung führt die Kompression zur Ausbildung von Schieferungen, das heißt von einem dichten Gefüge ebener Schichten, deren Merkmal die exzellente Spaltbarkeit entlang dieser parallelen Flächen ist. (Das Produkt ist nicht zwingend reiner Schiefer!)

Womit wir bei den faszinierenden Felsburgen (Englisch: tors) von Central Otago wären, die aufgrund ihrer Erscheinung ziemlich einzigartig in Neuseeland sind. Sie bedecken flache Gipfelregionen und Bergflanken, sind mal bis zu zehn oder gar zwanzig Meter hohe Säulen aufeinander geschichteter Platten oder niedrigere Gebilde aus mehreren nebeneinander stehenden Brocken, die aufgrund der Erosion eine kantige Oberflächenstruktur aufweisen und ganz entfernt an Ritterburgen erinnern. Die Schichtung der einzelnen Platten erinnert an die Pancake Rocks („Pfannkuchenfelsen") von Punakaiki, aber sie bestehen aus Schiefer, nicht aus Kalk- und Siltstein.

Auch an der nördlichen Grenze dieses Schiefergebirges, auf dem Gebiet des Lindis-Passes, sind noch einige Felsburgen zu sehen. Der Lindis Pass war nicht vergletschert, allenfalls einige hochgelegene Gipfel, und ist deshalb von Verwitterung und fließendem Wasser geformt

Eingeebnete Gebirgszüge säumen durch Erosion entstandene Täler in Central Otago

Schrägstehende Schiefer am Dansey's Pass im nördlichen Central Otago

worden; die großen eiszeitlichen Gletscher blieben nördlich davon; das vorherrschende Gestein ist die Torlesse-Grauwacke.

Central Otago ist aus kristallinen Schiefern, z.B. Glimmerschiefer (Englisch: schist) aufgebaut, die während einer alten Gebirgsbildungsphase entstanden und nun, unabhängig von ihrer ursprünglichen Faltenstruktur, weitgehend eingeebnet sind; man spricht bei diesem Phänomen von Fastebene. Vorhandenes Relief ist meistens das Resultat langandauernder, tiefer chemischer Verwitterung und fluvialer Abtragung (also durch Flüsse) sowie jüngerer Gebirgsbildung in der Nachbarschaft, hier der Entstehung der Südalpen. Deren tektonische Hebung hatte auch Auswirkungen auf die Gebiete östlich der Gebirgskette: Einzelne eingeebnete Krustenblöcke wurden verstellt und angehoben. Beispiele für solche Landschaftsformen sind auch die deutschen Mittelgebirge, die allerdings aus Tonschiefer bestehen.

Manche Gebirgsketten Central Otagos sehen geradezu aus, als wären ihre Gipfel mit einer gigantischen Machete abgesäbelt worden. Beispiele sind die Dunstan Mountains, die Raggedy Range, Pisa Range sowie die Rock and Pillar Range, die durch Blockfaltung im späten Tertiär und Pleistozän entstanden sind (geologisch gesehen also vor kurzem), ebenso wie die in den Landschaftsbildern des Malers Grahame Sydney immer wieder auftauchende Hawkdun Range, die als Barriere am Horizont auftaucht, wenn man beispielsweise von St. Bathans oder Ranfurly nach Osten blickt.

Die Bergzüge sind so flach, weil sie Reste einer alten Landoberfläche sind, die, wie schon gesagt, erst später gefaltet beziehungsweise teilweise gehoben wurde. Diese Oberfläche war zunächst intensiver chemischer Verwitterung ausgesetzt. Später, während der pleistozänen Eiszeiten, wurde sie durch die sogenannte Solifluktion (Bodenfließen) überformt: Als in diesen unvergletscherten Gebieten im Sommer die Permafrostböden (die oberste bis zu zwei Meter dicke Bodenschicht) auftauten und stark wasserhaltiges Sediment bergab floss, verwitterten weichere und stärker geklüftete Schieferschichten bis zum Basisgestein. Härtere, kompakte und widerstandsfähige Schiefer trotzten der Erosion und wurden als Felsburgen und -auswüchse freigelegt. Dieser Vorgang wird als periglaziale Denudation bezeichnet.

Die Faltung und Metamorphose der ersten Gebirgsbildungsphase fand in Central Otago im Spätjura und während der frühen Kreidezeit statt. Der Schiefer lag gegen Ende der Kreidezeit (vor 145 bis 66 Millionen Jahren) frei. Die Täler der Region wurden nicht etwa von Gletscherschmelzwasser geformt, sondern existierten bereits vorher und sind deshalb so tief und steil wie zum Beispiel der Taieri River (mit seiner berühmten Schlucht, der Taieri Gorge) und der Clutha River. Die einstigen Wälder liegen heute als Braunkohle unter der Oberfläche. In Seen und langsam fließenden Flüssen enthält der Schiefer Gold aus Quarzadern.

Fast 200 Millionen Jahre lang hatten sich Asche von Vulkanausbrü-

chen und Erosionssedimente auf dem Meeresboden angesammelt, aus denen die Grauwacken und später der Schiefer entstanden. Einige Gesteine innerhalb der Erdkruste wurden so heiß, dass sie komplett schmolzen. Diese Masse drang an die Oberfläche und erstarrte. Dabei entstand vor 125 bis 105 Millionen Jahren der Granit, aus dem die graue Felslandschaft und spektakulären Felsskulpturen des Abel-Tasman-Nationalparks bestehen.

Der junge Granit verwittert leicht unter tropischen und subtropischen Bedingungen und bildet dabei oft sphärische Formen wie den Split Apple Rock, der vor der Küste bei Marahau im Meerwasser sitzt. Dieser runde Felsbrocken zerbrach aufgrund chemischer Verwitterung entlang einer Klüftung (Risse und Sprünge) in zwei Teile, der Vorgang heißt Kernsprung. Den Bruch auf Vorgänge während der Eiszeit zurückzuführen, verwirft der auf Geomorphologie und Gletscherkunde spezialisierte Geologe Stefan Winkler nachdrücklich. „Die Gegend war nicht vergletschert", sagt er, „und selbst wenn dies der Fall gewesen wäre, ist es unmöglich, denn dann müsste der Kernsprung 20.000 Jahre alt sein. Aber bei dem Verwitterungsgrad und in der exponierten Position wäre nach so langer Zeit nichts mehr vom Split Apple Rock übrig."

Zealandia

Nur wenige Millionen Jahre später, als die Kruste des Gondwana-Superkontinents aufbrach, drang Magma an die Oberfläche, das heute als Vulkangestein im Awatere- und Clarence-Tal in Marlborough zu sehen ist, und ebenso weiter südlich in Canterbury (Mount Peel, Mount Somers, Malvern Hills). Als vor ungefähr 83 Millionen Jahren das Meer in diesen Spalt eindrang, war die Loslösung Zealandias von Gondwana vollendet. Zealandia wurde zu einem eigenen Kontinent, halb so groß wie das heutige Australien. Es dauerte 30 Millionen Jahre, bis die Tasman-See, die Australien und Neuseeland trennt, ihre heutige Breite erreicht hatte.

Grauwacken und Schiefer sind nicht nur die Basisgesteine weiter Teile Neuseelands. Aus ihnen sind wiederum – logischerweise – jüngere Sedimentgesteine entstanden, aus denen andere Regionen bestehen. Dazu gehören der im Süden der Nordinsel weitverbreitete Papa, ein graublauer Sandstein, für den eine Topographie mit steilen Hängen und scharfkantigen Bergkämmen charakteristisch ist, und die riesigen Geröllmassen der Canterbury Plains auf der Südinsel. Flüsse be- und verarbeiten also die Grauwacken und Schiefer und transportieren die aus ihnen entstehenden Produkte meerwärts. Das bedeutet, dass die meisten Flussbetten und Strände aus Grauwacken-Derivaten bestehen – allerdings nicht alle! (Siehe Kapitel Strand-Sand.)

Die westlichen Gebiete sind hauptsächlich aus Granit und Gneis aufgebaut, aus denen die Grauwacken und Schiefer des Ostens entstanden sind. Neuseeland hat – noch als Teil Gondwanas – seine Landmasse kontinuierlich Richtung Osten erweitert. Parallele Gebirgsketten sind Zeichen dafür, dass vor der großen Alpine Fault andere ähnliche Verwerfungen existierten, die das Land anhoben.

Grauwacke-Felsen am Great Alpine Highway zwischen Christchurch und Arthur's Pass

Grauwacke-Gesteinsbrocken liegen in der Region Canterbury in jedem Fluss, der Wasser aus den Südalpen transportiert

Plutonite und der Median Batholith

Zwischen den Basisgesteinen des Westens und des Ostens lagert ein relativ schmaler Streifen anderer Gesteine, die hier – am ehemaligen Rand Gondwanas – von magmatischer Aktivität zeugen, die lange vor der Abspaltung Neuseelands stattfand. Dieses Gebiet ist ein sogenannter Batholith (Griechisch: Bathos = Tiefe, Lithos = Stein), ein weiträumiger und über einen langen Zeitraum (Karbon – Kreide) ent-

Subvulkanismus

Nicht alle Magmen, die in der Erdkruste erstarren, werden zu Plutoniten. Zwischen dem Plutonismus und dem Vulkanismus (also dem Magma, das mittels Eruption an die Oberfläche dringt) gibt es als Übergangsform den sogenannten Subvulkanismus. Diese Schmelzkörper bleiben nicht in großer Tiefe stecken wie Plutonite, sondern erstarren direkt unter der Erdoberfläche in weniger als zwei Kilometern Tiefe und bilden Subvulkane. Diese Materialien sind an der Oberfläche als Lagergänge, Beulen, Wölbungen und Quellkuppen sichtbar.

standener Komplex aus tief in der Kruste erstarrten Magmatiten, sogenannten Plutoniten, vor allem Granitgesteinen.

Plutonite entstehen, wenn das Magma aus dem Erdmantel nicht bis an die Oberfläche kommt, sondern langsam in der Erdkruste erstarrt. Die Gesteinsschmelze dringt bei ihrem Aufstieg in andere Gesteine ein, verdrängt sie oder verändert ihre mineralische Zusammensetzung (Kontaktmetamorphose) und bildet einen großen Intrusivkörper, den Pluton. In dem Buch „In Search of Ancient New Zealand" werden Plutone mit den Heißwachsklumpen in einer Lavalampe verglichen, die ihre Form verändern und nahe der Oberfläche erstarren. Nach tektonischen Ereignissen einmal den Elementen ausgesetzt, erledigt Erosion durch Wind und Wasser den Rest. Ein bekannter Pluton in Deutschland ist übrigens der Brocken im Harz.

Die plutonischen Gesteine sind oft grobkörnig, weil die Kristalle aufgrund der langsamen Abkühlung viel Zeit hatten zu wachsen, während Vulkanite aufgrund der kurzen Abkühlungs- und Kristallisationszeit an der Erdoberfläche eher feinkörnig oder sogar glasig sind.

Der sogenannte „Median Batholith" (Batholith-Mittelstreifen) ist im Westen der Südinsel gut sichtbar. Er umfasst ein weites Gebiet im Nordwesten der Region Nelson (Takaka, Kaiteriteri, Abel-Tasman-Nationalpark, Heaphy Track), an der nördlichen Westküste (Karamea, Kahurangi- und Paparoa-Nationalpark) und dann wieder weiter im Süden in Fiordland (inklusive Milford Sound) sowie auf Stewart Island. Wissenschaftler des Nationalen Instituts für Geologie- und Nuklearwissenschaften (GNS Science) haben herausgefunden, dass dieser „Median Batholith" am Ostrand des ehemaligen Gondwana-Superkontinents mehr als 3.000 Kilometer lang ist und auch unter den jüngeren Gesteinen der westlichen Nordinsel vorhanden sein muss. Aber nur auf der Südinsel sind die Felsen dank der massiven Anhebung des Landes – Folge der immensen Auswirkungen der Plattentektonik – und der anschließenden Erosion freigelegt worden.

Dazu gehören auch weite Teile der Gebirgslandschaft von Fiordland, deren Plutonit-Gestein bei der Gebirgsbildung und -faltung am südwestlichen Ende der Alpine Fault in die Höhe katapultiert und von Gletschern in ihre heutige Form geschliffen worden ist. In ihrer Nachbarschaft sind größtenteils Westfiordland-Orthogneis (Orthogneise sind metamorphe Umwandlungsprodukte aus feldspat- und quarzreichen Magmatiten) und Darran-Diorit zu finden (Diorit ist dem Granit ähnlich, enthält aber mehr dunkle Mineralien). Wer auf der Mil-

Darran Mountains, Blick vom Key Summit

Der aus Orthogneis bestehende Mitre Peak im Milford Sound, der kein Sund, sondern ein Fjord ist, Fiordland

ford Road von Te Anau zum Milford Sound fährt, ist mittendrin. Den großartigsten Blick auf die kristallinen Felsen der Darran Mountains hat man vom Key Summit am westlichen Ende des Routeburn Tracks, leicht zu erreichen nach einer kleinen Wanderung, die am Parkplatz „The Divide" beginnt.

Der berühmteste und der höchste Berg Fiordlands bestehen aus Orthogneis: der 1.692 Meter hohe Mitre Peak – der im Milford Sound thronende und von jedem, aber auch wirklich jedem Touristen abgelichtete „Bischofshut" mit seiner dreieckigen Frontfläche, sowie der Mount Tutoko (2.723 Meter). Auch der Fels, durch den der Homer Tunnel führt, ist aus Orthogneis.

Der vermutlich älteste Plutonit des „Median-Batholith" ist nördlich von Karamea zu finden, am befahrbaren Ende der Westküste, in einer Gegend, die für ihre Karstlandschaft berühmt ist. Der hier vorkommende und 375 Millionen Jahre alte Granit ist – bei neuseeländischen Plutoniten eher selten – farbig, nämlich rosa, weiß und schwarz, und besteht aus großen Feldspat-, Quarz- und Dunkelglimmer-Kristallen. Ein massiver Brocken dieses attraktiven Granits mit seinen auffälligen rosafarbenen Einsprenkelungen, der aus dem Tal des Oparara Rivers stammt, ist vor dem Nationalmuseum Te Papa in Wellington zu sehen, zusammen mit zwei dunklen Andesit-Brocken der Eruptionen des Mount Taranaki vor 75.000 Jahren.

Nördlich von Karamea, im Oparara Basin, findet man 375 Millionen Jahre alten bunten Granit

Wasserfälle im Doubtful Sound: Das Wasser kann kaum in das aus Granit bestehende Grundgebirge eindringen und sucht sich seinen Weg auf der Grenzfläche zwischen der Bodenauflage und dem Fels

Auf Stewart Island gibt es eine Vielzahl einzelner Plutone, die allesamt mit Namen verzeichnet sind. Auf der nördlichen Seite der Foveaux Strait, in Bluff, kann man rund um die Aussichtsplattform auf dem Bluff Hill zahlreiche relativ kleine halbkugelige Plutone bewundern. Der nördliche Teil von Stewart Island und der Bluff Hill sind geologisch verbunden; im Norden findet die plutonische Entstehungsgeschichte ihre Fortsetzung in der Longwood Range. All diese Gebiete waren Teil eines vulkanischen Inselbogens in einer Subduktionszone.

Die Plutone variieren nicht nur in Größe (1 bis 100 km³) und Form (rund bis unregelmäßig), sondern auch in der Dichte ihrer Gesteine. Diese hängt davon ab, in welchem Verhältnis dunkle und helle Mineralien vorhanden sind. Dunkle Minerale (z.B. Hornblende, Augit) haben in der Regel eine höhere Dichte als helle (Feldspat, Quarz). Angefangen beim dunklen schwarzgrünen Peridotit über Gabbro, Diorit und Granit bis hin zum Alkalifeldspatgranit reicht das Spektrum von fast schwarz bis hellgrau, und alle sind gesprenkelt; nur wirklich farbig sind die wenigsten dieser Gesteine.

Plutonite, vor allem der Granit, finden Verwendung als Schotter- und Pflastersteine; jene in Bluff sind aus Norit (einer Form des Gabbro), der auch als Bluff-Granit bekannt ist. Bis Mitte des 20. Jahrhunderts wurde er in Steinbrüchen abgebaut und zum Bau des Hafens verwendet. Aufgrund seiner guten Haltbarkeit und weil er sich leicht schleifen und polieren ließ, war Norit ein beliebtes Material zur Herstellung von Grabsteinen. Auch das Kriegsdenkmal in Bluff besteht aus lokalem Norit. Der Bluff Hill ist im übrigen der erodierte Stummel eines Vulkans, der vor rund 265 Millionen Jahren entstand, als weite Teile Neuseelands unter der Meeresoberfläche lagen. Vor 25 Millionen Jahren hob sich neues Land aufgrund der Rotationsbewegung der beiden großen tektonischen Platten aus dem Meer und die vulkanische Aktivität nahm zu. Davon blieb der Bluff Hill, der viele Millionen Jahre als Insel existierte, unberührt. Auf der 100 Kilometer westlich liegenden Solander Island fanden hingegen vor ein bis zwei Millionen Jahren heftige Eruptionen statt.

Gebirgsbildung und Erosion

Während die Alpine Fault seit 45 Millionen Jahren existiert und vor 25 Millionen Jahren eine Phase gewaltiger Kollisionen stattfand, begann eine intensive Phase der Gebirgsbildung in Neuseeland erst vor fünf Millionen Jahren. Und wie bei der Entstehung der europäischen Alpen und des Himalaya prallten dabei Kontinente aufeinander. Das Tempo war und ist atemberaubend. Würde die rasche Erosion nicht das von der rasanten tektonischen Hebung verursachte jährliche

Fast so schnell wie die Südalpen gehoben werden, verlieren sie an Substanz: Schuttfächer am Rande des Godley River nördlich des Lake Tekapo

93

Pounamu/Greenstone

Pounamu, Greenstone oder
Neuseeland-Jade, unbearbeitet
im Canterbury Museum

Der Pounamu, Neuseelands Jade oder „Greenstone", kommt nur an einem schmalen, nicht durchgängigen Streifen am westlichen Rand des „Median Batholith" vor. Deshalb trägt die Südinsel den Namen „Te Wai Pounamu" (meistens zusammengeschrieben: Te Waipounamu), „das Land des Grünstein-Wassers". Er ist, vermutlich in mehr als zehn Kilometern Tiefe, bei großer Hitze durch Kontaktmetamorphose dort entstanden, wo magmatisches und sedimentäres Gestein aufeinanderstießen. Bei der Gebirgsbildung wurden diese schmalen Pounamu-Streifen an die Oberfläche gehoben und später durch die Aktivität von Flüssen und Gletschern aufgebrochen und talwärts transportiert.

Das Gestein lagert jetzt in Geröllfeldern, Flusskies und Moränenmaterial und ist mit bloßem Auge gar nicht so leicht zu erkennen. Erst wenn es zerschnitten wird, kommt die Jade wirklich zum Vorschein. Der auf der Südinsel beheimatete Maori-Stamm Ngai Tahu, für den das Gestein heilig und weitaus wertvoller als Gold ist, hat das alleinige Recht, Pounamu abzubauen und kommerziell zu nutzen.

Hokitika ist die Jade-Hauptstadt Neuseelands. Die wichtigsten Abbaugebiete sind der Taramakau und der Arahura River in Westland, die Südküste von Westland sowie die Gegend um den Lake Wakatipu in Otago. Dort gibt es drei Hauptarten von Jade, nämlich Kawakawa, Kahurangi und Inanga. Es handelt sich dabei um Nephrite, also Hornblende-Varietäten. Am Milford Sound kommt eine vierte Art, der Bowenit (Tangiwai), vor, ein Schichtsilikat der Serpentingruppe. Alle unterscheiden sich durch ihre vom Chrom- und Eisengehalt bestimmte hell- bis schwarzgrüne Farbe und durch ihre Durchsichtigkeit bzw. Dichte. Den Schmuckstein Jadeit, eine Pyroxenvariante, gibt es in Neuseeland nicht.

Der Maori-Häuptling Wiremu
Kingi mit einem Pounamu-
Gegenstand, Gemälde von
Gottfried Lindauer, 1915

Wachstum abtragen, wäre der Mount Cook, mit 3.724 Metern Neuseelands höchster Berg, heute 20 Kilometer hoch. Man stelle sich vor: Das Felsgestein, aus dem der Topgipfel der Südalpen besteht, lag vor weniger als einer Million Jahren noch unter dem Meeresspiegel.

Die Südalpen, die bereits vor 2,5 Millionen Jahren ein Hochgebirge ähnlicher Ausmaße waren und 23 Gipfel über 3.000 Meter Höhe zählen, sind noch immer in der Hebungsphase und deshalb ständig Erdbeben ausgesetzt (siehe Kapitel Erdbeben). Die Anhebung erfolgt auf der Ostseite, weil die Australische Platte ihre Position hält und die Pazifische Platte in die Höhe zwingt.

Nicht jede Form der Erosion verläuft im gleichen Tempo. Es kommt vielmehr zu unvorhersehbaren Veränderungen, wie am 14. Dezember 1991, als der Mount Cook zehn Meter seiner Höhe verlor. Damals brachen 12 bis 14 Millionen Kubikmeter Fels ab und rissen beim Absturz weitere 40 Millionen Kubikmeter Fels und Eis mit, die auf dem Tasman-Gletscher landeten. Die Wucht des Aufpralls wurde als Erdbeben der Stärke 3,9 registriert.

Ungeachtet der Zerstörungs- und Schaffenskraft der Plattentektonik hat die Landschaft Neuseelands, wie wir sie heute kennen, erst in den zurückliegenden 1,8 Millionen Jahren ihre heutige Gestalt angenommen. Das ist der Schürfarbeit der Gletscher während der Eiszeiten zu verdanken (siehe Kapitel Gletscher).

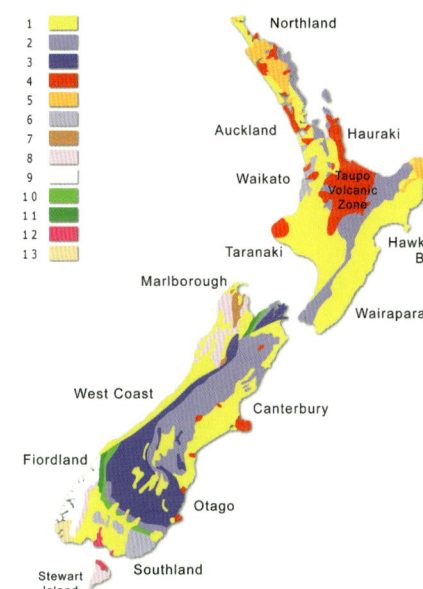

Legende zur geologischen Übersichtskarte

Nr.	Gesteinsarten	Erdzeitalter	Alter (Millionen Jahre)
1	Sedimente	Kreide Känozoikum	145,5 – 65,5 und 55,8 – 0
2	Grauwacken	Perm bis Trias	299 – 199,6
3	Glimmerschiefer	Karbon bis Kreide	359,2 – 65,5
4	vulkanisches Gestein	Kreide und Känozoikum	145,5 – 65,5 und 55,8 – 0
5	Sedimente und Ophiolithe Northland- und East Coast-Einheiten	Kreide und Oligozän	145,5 – 65,5 und 33,9 – 23,03
6	Pyroklastika	Trias bis Jura	251 – 145,5
7	Kalkstein, Klastika und vulkanisches Gestein (Zentrale- und Östliche Sedimentzone)	Kambrium bis Devon	542 – 359,2
8	Granitoide	Paläozoikum und Kreide	542 – 251 und 145,5 – 65,5
9	metamorphe Zonen (Western-Fiordland-Zone)	Paläozoikum und Kreide	542 – 251 und 145,5 – 65,5
10	Ophiolith und Pyroklastika	Perm	299 – 251
11	Pyroklastika und vulkanisches Gestein	Perm	299 – 251
12	mafische Komplexe, wie Ultramafitite	Paläozoikum und Kreide	542 – 251 und 145,5 – 65,5
13	Grauwacken (Western-Sedimentzone)	Kambrium bis Ordovizium	542 – 443,7

Gletscher

Vollendeter Feinschliff

Plattentektonik, Vulkanismus, Plutonismus, Erdbeben, Erosion durch Wind und Wellen und welche Katastrophen auch immer haben die Grundlage für die spektakulären Landschaften Neueelands gelegt. Aber die Gletscher, unterstützt von Flüssen und der Schwerkraft, haben die Arbeit in den letzten 2,5 Millionen Jahren vollendet. Und sie haben nicht bloß Täler in Gebirgslandschaften gefräst, Felsschutt transportiert und Moränen abgelagert, jene leicht auf Gletscherbewegung zurückzuführenden Zeugnisse. Auch die Sanddünen, das Sediment in Flussbetten, Geröll an Berghängen und die vom Wind angewehten kilometerdicken ockerfarbenen Löss-Schichten, die zehn Prozent der Landmasse Neuseelands bedecken, sind den dynamischen Vorgängen der Kalt- bzw. Eiszeiten zu verdanken.

Touristentraumziele wie die türkisblauen Seen des Mackenzie Countrys gäbe es nicht ohne die Macht der Gletscher und die ebenso magisch gefärbten Verflochtenen Flüsse (braided rivers) von Canterbury nicht ohne die Schmelzwasserdurchbrüche. Es gäbe keinen so perfekt gerundeten Mount Sunday, auf den Regisseur Peter Jackson in der „Herr der Ringe"-Filmtrilogie ein Schloss setzte – das er nach den Dreharbeiten wieder abbaute. Und die 14 Fjorde im tiefen Südwesten, allen voran der Milford, Doubtful und Dusky Sound, wären nicht so wunderschön ausgeprägt, wie sie es sind.

Die Gletscherforschung in Neuseeland reicht nicht wirklich weit zurück. In manchen Fällen ist trotz der Datierung mittels Radiokarbonmethode noch nicht einmal klar, ob es sich bei bestimmten Geröllbergen um Moränenschutt handelt oder ob sie das Produkt von Erdrutschen und Felsstürzen sind. Immerhin gibt es über die Positionsveränderungen des Franz-Josef-Gletschers seit 1893 detaillierte Aufzeichnungen, und es existieren Zeugnisse für bedeutende Gletscherhochstände vor rund 2.500 Jahren. Die umfangreichsten Moränen stammen aus der Spätphase der Otira-Eiszeit, die vor 30.000 Jahren begann und vor 18.000 Jahren endete.

Auf der Nordinsel umfasste die Vergletscherung die höchsten Gipfel des Zentralplateaus und die Tararua Ranges im Süden. Auf der Südinsel waren die von Nordost nach Südwest verlaufenden Südalpen weithin von Gletschern bedeckt. Sie schürften auf beiden Seiten des Ge-

Der Fox-Gletscher schafft es fast bis zum Regenwald, Foto von 2010

Blaues Eis im Inneren des Fox-Gletschers

birgskamms (Fluss-)Täler aus und flossen entweder nach Osten oder Westen ab – wie auch heute noch. Lediglich die Zahl und Fläche der Gletscher hat sich dramatisch verringert. Der Hauptkamm der Südalpen über der Alpinen Verwerfung, der im höchsten Bereich „Main Divide" genannt wird, ist nicht nur eine Wasser-, sondern auch eine Wetterscheide. Im Westen regnet es zehn bis dreißig Mal so viel wie im Osten. Allerdings erhalten auch die Gletscher auf der Ostseite noch recht hohe Niederschläge, das trockenere Klima setzt erst einige Kilometer weiter im Osten ein (siehe Kapitel Klima und Wetter).

Während der Eiszeiten waren auch die niedrigen Nachbargebirge und -gebiete des Nordens (Richmond Range, Nelson-Lakes-Region mit den Gletscherseen Lake Rotoiti und Rotoroa) und des Westens (nach Südwest gerichtete Kare und vereinzelte U-förmige Täler der Paparoa Range in Küstennähe) unter Gletschern begraben. Selbst auf Stewart Island gab es Gletscher. Der Osten blieb mit Ausnahme der Inland Kaikoura Range, wo kar- und moränen-ähnliche Formen vorhanden sind, weitestgehend eisfrei.

Nach dem letzten Höhepunkt der Eiszeit verschwanden die großen Gletscher Neuseelands allmählich. Eine der heutigen Eisfläche vergleichbare Ausdehnung gab es vor gut 12.000 Jahren, einige Jahrhunderte früher als in den europäischen Alpen und rund 3.000 Jahre

früher als in Skandinavien. Nach dem Abtauen der eiszeitlichen Gletscher folgte bis vor 6.000 Jahren eine Phase der Erwärmung mit der geringsten Ausdehnung der Gebirgsgletscher weltweit. Seitdem wuchsen die Gletscherflächen langsam wieder an.

Die Gletscherforschung in Neuseeland begann sich eigentlich erst nach 1970 wirklich zu entwickeln, da in einem Land, in dem Erdbeben an der Tagesordnung sind und immer wieder einmal Vulkane ausbrechen, andere geologische Fachgebiete Priorität genießen. Die wichtigsten Daten über Gletscherlängen, Fluktuation und offizielle Vermessungen sind beim World Glacier Monitoring Service (WGMS) zu finden, der alle Gletscher mit einer Fläche von mehr als einem Hektar erfasst.

Laut einer auf der WGMS-Website veröffentlichten Statistik gab es in Neuseeland 1978 exakt 3.144 Gletscher, die eine Fläche von 1.160 Quadratkilometern bedeckten und ein Gesamteisvolumen von 53 Kubikkilometern hatten. Nur rund 300 haben Namen. Mit dem Schmelzwasser von Gletschern werden unter anderem Wasserkraftwerke betrieben, die zwei Drittel des Strombedarfs der Nation erzeugen. Womit wir wieder bei den Traumseen des Mackenzie Countrys wären, die am Südende alter Gletscherbecken ihre Pracht entfalten, nämlich die Türkiswunder Lake Tekapo, Lake Pukaki und Lake Ohau.

Ihre Abflüsse und Kanäle führen in den Waitaki River, dessen ebenso farbiges Band aufgrund zweier Staustufen drei weitere Seen, nämlich Benmore, Aviemore und Waitaki, verbindet.

Sie sind, außer im Winter, so surreal milchig-türkisblau gefärbt, weil das Wasser ihrer Zubringerflüsse mit Gletschermehl (Englisch: rock flour) – feinen Partikeln aus dem Abrieb des Gletscheruntergrundes (Silt, Schluff) – durchsetzt ist. Bei bedecktem Himmel schimmert das Wasser in unterschiedlichen Grüntönen. In kalten Wintern, wenn aufgrund der Vereisung und geringeren Fließgeschwindigkeit der Gletscher kaum Felsabrieb in die Seen transportiert wird, sind die Seen dunkelblau, von royal- bis marineblau – und im Sommer wie hingemalt, vor allem bei Windstille, wenn kein Lüftchen die wie ein Tuch ausgebreitete Oberfläche stört.

Die gletschernäheren Seen verbreiten keinen Hauch dieser Magie. Sie sind trüb und hellgrau wie Beton. Dafür schwimmen Eisberge auf ihnen – wobei der Tasman Lake am Fuße des Tasman-Gletschers mit der Menge der riesigen Eisbrocken, deren größter Teil sich ja unter der Wasseroberfläche befindet, unerreicht ist. Die Färbung ist auf die hohe Konzentration des Gletschermehls zurückzuführen. Sobald die Konzentration in einigen Kilometern Entfernung geringer wird, kommt's zu der wundersamen, aber leicht zu erklärenden Verwandlung hin zum Türkis.

Dramatischer Schwund

An der Größe der grauen Seen an den Gletscherzungen lässt sich der Klimawandel und das damit verbundene Gletscherschrumpfen genauer ablesen als an der Länge der Gletscher. Der Tasman-Gletscher, mit 22 Kilometern (Stand: 2016, lt. Purdie et al.) längster Gletscher der Südalpen, endete beispielsweise viele Jahre lang an derselben Stelle am Fuße des Mount Cook, Neuseelands höchstem Berg. Aber er verlor 130 Meter seiner einstigen Mächtigkeit von 600 Metern; dieses Dünnerwerden wird als vertikales Abtauen bezeichnet. Durch das abfließende Schmelzwasser hat sich vor der Zunge ein See gebildet, auf dem aufgrund des natürlichen Kalbens des Gletschers fast das ganze Jahr über Eisberge schwimmen, und solange sich das Wasser des Tasman-Sees nicht in Eis verwandelt, sind geführte Kajaktouren mit Gletscherberührung eine der neueren Attraktionen im Mount-Cook-Nationalpark.

Fotos und Grafiken zeigen, dass die Gletscher des Mount Cook 1982 noch keine Seen gebildet hatten, aber es gab bereits einige Schmelzwasserpfützen auf dem Eis. Jetzt existieren drei Seen: Außer dem Tasman Lake gibt es den Hooker Lake unter dem Hooker-Gletscher und den Mueller Lake unter dem Mueller-Gletscher, der die westliche Flanke des Hooker Valleys bedeckt. Tendenz aller Seen: wachsend. Allerorten sind aufgrund der dünner werdenden Eisschicht die Seitenmoränen kollabiert, Ski- und Wanderhütten werden dabei mitgerissen.

Pfützen auf den Gletschern sind Anzeichen für die bevorstehenden beschleunigten Schmelzvorgänge. Sobald diese Tümpel sich zu einem stetig größer werdenden See vereinigen, beginnen Kalbungsprozesse, das heißt die Gletscherfront kollabiert und verliert auf diese Weise weitaus mehr Eis als durch normales Abtauen. Der Vorgang wiederholt sich regelmäßig, weil die Gletscherfront nicht mehr festen Boden berührt, sondern – wie auch Gletscher, die in einen Fjord münden – auf dem Wasser schwimmt und abbricht. Diese enormen Verluste durch Kalbung können in temperierten Breiten wie in Neuseeland durch Schneeakkumulation im oberen Bereich nicht wettgemacht werden.

Einst war der Tasman-Gletscher 27 Kilometer lang – und in grauer Vorzeit, vor rund 20.000 Jahren, 115 Kilometer. 1990 waren es 26 Kilometer und 2011 nur noch 24 Kilometer. Die jährliche Rückzugsrate lag bei 480 bis 820 Metern. Das lässt bis 2027 eine Länge von nur noch 20 Kilometern erwarten. Proportional dazu wird der See größer. 2007 war der bis zu 100 Meter tiefe Tasman Lake fünf Kilometer lang, 2008 waren es sieben Kilometer, und sollte der Trend anhalten, wird er 2030 rund 16 Kilometer messen. Es wird zu Bergstürzen kommen, ähnlich dem – allerdings nicht durch den Rückzug des Gletschers bedingten – Höhenverlust des Mount Cook 1991, als 14 Millionen Kubikmeter Gestein vom Gipfel abbrachen. Die Berge werden so instabil werden, dass die ohnehin schon extrem schwierige Besteigung von Neuseelands höchstem Gipfel noch gefährlicher oder gar unmöglich werden könnte. Bergführer sprechen von „Klimawandel in Aktion".

Das ist am Mueller-Gletscher besonders gut sichtbar. Er reichte einst bis zur anderen Seite des Hooker Valleys, bis zur Westflanke des Mount Wakefield. Jetzt ist nur noch ein trauriger Rest in großer Höhe übrig geblieben. Sobald sich ein See an der Gletscherzunge bildet, wird der Schrumpfungsprozess des Gletschers beschleunigt. Der Eisverlust kann dann selbst in schneereichen Wintern nicht mehr ausgeglichen werden. Andere Gletscher rund um den Mount Cook sind unter anderem der Murchison- und der Ball-Gletscher, der in den Tasman-Gletscher mündet. Am Murchison-Gletscher ist ein noch verrückteres Phänomen zu beobachten: Während die Gletscherzunge schrumpft, wächst der obere Teil des Gletschers. Dass der Tasman-Gletscher seine Länge über viele Jahrzehnte hielt, aber dünner wurde, lag daran, dass der untere Teil von einer dichten Schuttdecke bedeckt war. Das sind Gesteinsschichten, die auf der Gletscheroberfläche liegen und isolierend wirken, so dass sich das Abtauen verzögert.

Wissenschaftler des Nationalen Instituts für Wasser und Luft (NIWA), angeführt von Trevor Chinn, haben anhand der Daten von 50 sogenannten Index-Gletschern hochgerechnet, wie viel Volumen Neuseelands Gletscher zwischen 1976 und 2008 insgesamt verloren

Franz-Josef-Gletscher in den Jahren 2001 (oben) und 2011 (unten)

Winter- und Sommerfarben der Seen im High Country: Dunkelblaues Wasser im Lake Tekapo (oben) und türkisfarbenes Wasser im Lake Pukaki (unten)

haben. Dazu wurden jedes Jahr am Sommerende die Schneegrenzen (Länge und Höhe) der Gletscher notiert; das ist die jährliche Massenbilanzmessung.

Dabei werden die Gletscher in zwei Gruppen eingeteilt, nämlich kleine bis mittelgroße Gletscher, die schnell auf klimatische Veränderungen reagieren, und zwölf große Gletscher, die langsam auf den weltweiten Klimawandel reagieren. Das sind jene Eisriesen wie der Tasman-Gletscher, deren Länge in den vergangenen hundert Jahren ziemlich konstant geblieben ist, die aber in jüngerer Vergangenheit substanzielle Eisverluste erlitten haben und immer dünner werden. Die Schrumpflinien sind als eine Art Höhenmesser an den Felswänden der Täler deutlich zu erkennen.

Demnach ist die Eismenge der Südalpen-Gletscher zwischen 1976 und 2008 von 54,5 auf 46,1 km³ geschrumpft. Das entspricht 0,3 km³ pro Jahr – was allerdings beträchtlich weniger ist als in den vorangegangenen hundert Jahren. Die Statistik zeigt ebenfalls, dass die mehr als 3.000 kleinen bis mittelgroßen Gletscher 29 Prozent des Gesamtverlusts erlitten haben und die zwölf großen Gletscher die übrigen 71 Prozent.

Diesem Trend haben die beiden großen Westküsten-Gletscher Franz Josef und Fox lange Zeit widerstanden. Dank hohen Schneefallvolumens in den Gipfelregionen wuchsen sie sogar entgegen dem weltweiten Trend. Doch 2009 begannen sie rapide zu schrumpfen. Vor allem der trostlose Anblick des einst stolz ins Waiho-Tal rutschenden Franz Josef war unfassbar. Wo einst Touristen auf geführten Touren über ins Eis gehauene Stufen den Gletscher erklommen, war 2013 nur noch ein Haufen aus Moränenschutt und eingeschlossenen Brocken von sogenanntem Toteis (vom Gletscher abgetrenntem Eis) vorzufinden. Ein begehbarer Schotterberg und in großer Entfernung die Gletscherzunge.

Der Rückzug der Front um 500 Meter, verbunden mit einem Verlust von 70 Höhenmetern, innerhalb von vier Jahren überraschte selbst Experten - und stellte die Tourismus-Industrie vor große Probleme, denn plötzlich war der Zugang nicht mehr über die Gletscherfront, sondern nur noch per Hubschrauber möglich. Das führte aufgrund der wesentlich höheren Kosten natürlich zu einem Kundenrückgang. Nicht so schlimm war es am Nachbargletscher, denn der Fox war schon vorher nicht über die Front, sondern von der Seite bestiegen worden. Seit 2015 erreicht man aber auch den Fox-Gletscher nur noch per Helikopter. Im Jahr 2012 hatte der Franz-Josef-Gletscher 330.000 und der Fox-Gletscher 184.000 Besucher.

Nur an wenigen Orten in der Welt gab es bis zu dem dramatischen Wandel so leicht zugängliche Gletscher wie den Fox, der nach dem ehemaligen Premierminister William Fox benannt ist, und Franz Josef, dem der deutsche Geologe Julius von Haast den Namen des damals regierenden österreichischen Kaisers gab. Und noch seltener sind Gletscher, die wie die beiden weißen Riesen an der regen- und in größeren Höhen schneereichen Westküste direkt durch den Regenwald fast bis auf Meereshöhe hinunterreichen. Einst berührten ihre Eiszungen tatsächlich den Ozean, der aufgrund des niedrigeren Meeresspiegels noch weiter entfernt war als heute. Jetzt enden sie 240 Meter über dem Meeresspiegel, mitten in einer grünen Landschaft mit Baumfarnen und Vogelgezwitscher.

Zwischen 1893 und 1983 hatte sich die Gletscherfront des Franz Josef rund drei Kilometer zurückgezogen. Doch dann stieß sie dank heftiger Schneefälle mit kurzer Unterbrechung von 2000 bis 2005 zusammengerechnet wieder rund 1,5 Kilometer vor. Das war hier dem Klimawandel sowie El Niño zu verdanken. Da es durch dieses Wetterphänomen an der ohnehin schon feuchten Westküste Neuseelands noch mehr regnete als sonst und die Niederschläge in höheren Lagen als Schnee fallen, manchmal 30 Meter im Jahr, schoben diese nachrückenden Massen den Gletscher mit noch höherer Geschwindigkeit ins Tal. Das heißt der Nachschub im Winter (Akkumulation) war höher als die Menge, die im Sommer abschmolz (Ablation). Gletschereis ist nichts anderes als umgewandelter Schnee, dessen voluminöse Kristalle eine Metamorphose zu körnigem Firn und dann zu Eis durchmachen.

Der ungefähr zehn Kilometer lange Franz Josef und der zwei Kilometer längere Fox reagieren auf die Niederschläge im Firngebiet mit nur acht bis zehn Jahren Verzögerung – zehn Mal so schnell wie Gletscher in höheren Lagen, die meist auch nicht so steil abfallen und sich dementsprechend langsamer vorwärts bewegen. Das Eis an der Gletscherfront ist rund 100 Meter dick und nur wenige hundert Jahre alt. Dieses Eis schimmert milchig-hellblau bis türkis. Das liegt zum einen daran, dass das Eis im Lauf der Jahre durch den Druck neuer

Schnee- und Eismassen zusammengepresst wird und durch abwechselndes Schmelzen und Gefrieren kaum noch Luftblasen enthält. Zum anderen absorbiert Wasser die Farben des roten Endes des Lichtspektrums, so dass lediglich das Blau reflektiert wird. Gletschertouren führen durch Eisröhren und -spalten, durch Schmelzwassertöpfe und Gletschermühlen, in denen dieses Phänomen auf eindrucksvolle Weise sichtbar wird.

Dynamische Flüsse aus Eis

Die Mittelmoräne des Franz-Josef-Gletschers ist deutlich als dunkler Streifen zu erkennen. Mittelmoränen enstehen beim Zusammenfließen von zwei oder mehr Gletscherzungen

Gletscher sind keine fest sitzenden Eisberge, sondern dynamische Flüsse aus Schnee, Firn und Eis, die unter ihrem eigenen Gewicht und der Schubkraft nachrückenden Eises auf einem durch Reibung erzeugten Wasserfilm über Geröll und Fels zu Tale gleiten. Da der Untergrund zudem oft stufenförmig ist, wird das Eis auf dem Weg nach unten aufgebrochen und bildet Risse, Spalten und Zacken. Im Gletscherbett liegendes Festgestein oder lockere Sedimente – je nach Relief der Landschaft – kann durch Anfrieren talwärts transportiert werden.

Manchmal verstopft solches Geröll den Abfluss des Schmelzwassers unter dem Gletscher, oder ein Teil des Schmelzwassertunnels unter dem Gletscher selbst kollabiert. Der Druck des Wassers wird dann so hoch, dass es zu einem Durchbruch kommt, bei dem die Felsbrocken, Steine und der feinere Felsabrieb fontänenartig in die Luft geschleudert werden. Dieser Schutt bedeckt dann den Gletscher unterhalb der Durchbruchstelle und stört das prächtige Bild des weißen Riesen. Oft bricht der Gletscher bei seiner Rutschpartie auch Gesteinsbrocken aus den Felswänden, an denen er entlangschrammt. Ebenso landet der Schutt von Steinschlag, Murenabgängen, Fels- und Bergstürzen auf dem Gletscher, der das Material dann talabwärts transportiert.

Da die Gletscher aus der Ferne so majestätisch-ruhend aussehen, unterschätzen die meisten Menschen die Gefahr, die von solch einem mit ungeheurem Druck bergab rutschenden Koloss ausgeht. So kletterten im Februar 2007 zwei Touristen über die letzte Absperrung vor dem Franz-Josef-Gletscher, und einer marschierte auch noch in das Gletschertor – das ist der höhlenartige zentrale Schmelzwasseraustritt an der Gletscherfront. Just, als er sich vermutlich wie der Größte fühlte, krachten drei Tonnen Eis von der Decke – das sind nur drei Kubikmeter – und begruben zum Glück nur sein Bein. Er konnte sich

Der Waiho River und der Ort
Franz Josef Glacier links im
Hintergrund

befreien, rannte nach draußen – und stürzte in den ein Grad kalten Fluss. Alarmiert durch die Hilferufe seines Begleiters, rannten einige Gletscherführer zur Unfallstelle und zogen den Mann aus dem Wasser. Aus der Eishöhle hätte ihn niemand retten können. „Da geht kein Mensch mit Verstand hinein", sagte ein Gletscherführer, „wir sind ja nicht lebensmüde." Weniger Glück hatte im Januar 2009 ein australisches Brüderpaar, das am Fox-Gletscher über Absperrungen kletterte, um den Gletscher zu berühren. Just in diesem Augenblick kollabierte die Gletscherfront und begrub die beiden unter 100 Tonnen Eis.

Abgesehen vom Leichtsinn der Touristen sind Überflutungen die größte Gefahr in diesen Tälern. Sie sind die Folge eines Schmelzwasserstaus unter den Gletschern, ähnlich wie die oben beschriebenen Blockaden in größerer Höhe. Auch die Gletscherzunge kann den normalen Abfluss verhindern und als Eisdamm fungieren. Wenn dann die Gletscherfront bricht oder eine Endmoräne dem Druck des Wassers nicht mehr standhalten kann, wird auch der in Island in Zusammenhang mit vulkanischer Aktivität gebräuchliche Begriff „Jökulhlaup" (Gletscherlauf) verwendet. 1989 hat solch eine Flut des Waiho River, der das Wasser des Franz-Josef-Gletschers zum Meer transportiert, die Brücke der einzigen Westküsten-Straße, des Highway 6, zerstört. Um ein ähnliches Unglück zu verhindern, wurde die Brücke in der Zwischenzeit deutlich höhergelegt.

Eine Wanderung auf dem Fox-Gletscher, die Tourenführer schlagen mit ihren Pickeln Stufen ins Eis

Auf der Nordinsel ist nur ein Berg vergletschert: der 2.797 Meter hohe Vulkan Mount Ruapehu. Für den Mount Taranaki ist kein Beweis für die Existenz von Gletschern gefunden worden. Das schließt nicht aus, dass es dort irgendwann Gletscher gegeben haben könnte; falls ja, hätten die vulkanischen Eruptionen die Zeichen von Vereisung zerstört. Die Te-Ara-Enzyklopädie erläutert anhand zweier dramatischer Beispiele die unterschiedliche Geschwindigkeit, mit der sich diese Flüsse aus Eis fortbewegen: Das Wrack eines Flugzeugs, das 1943 am Franz-Josef-Gletscher abstürzte, wurde sechs Jahre später 3,6 Kilometer weiter unten gefunden. Ein Flugzeug, das 1952 auf dem Mangatoetoenui-Gletscher auf dem Mount Ruapehu zerschellte, tauchte 31 Jahre später 600 Meter weiter unten auf. Das heißt, dass sich der Franz Josef 600 Meter pro Jahr vorwärts bewegte, während der Mangatoetoenui im selben Zeitraum nur 20 Meter vorankam.

Hooker Lake, Aoraki/Mount Cook

Wie in den europäischen Alpen, ja, auf der ganzen Welt, gibt es in Neuseeland die üblichen Gletscherkategorien, wobei die bekanntesten Gletscher (Franz Josef, Fox, Tasman, etc.) allesamt typische Talgletscher mit langgestreckten Gletscherzungen sind. Die Kargletscher (cirque glaciers), die in halbkreisförmigen Karen sitzen, sind am besten auf Rundflügen zu sehen, Gletscher, die quasi an Berggipfeln und Talflanken kleben, hingegen bei den meisten alpinen Wanderungen.

Vor rund 120.000 Jahren war der Meeresspiegel zuletzt ungefähr so hoch wie heute. Dies war die wärmste interglaziale Phase, also der Zeitraum zwischen einzelnen Eiszeiten. Danach kühlte das Klima auf der Erde kontinuierlich ab, allerdings nicht linear, sondern in mindestens fünf Abkühlungsphasen. Vor 22.000 Jahren war es am kältesten. Damals waren die Nord- und Südinsel Neuseelands miteinander verbunden und bedeckten eine größere Fläche als heute. Größere Wäl-

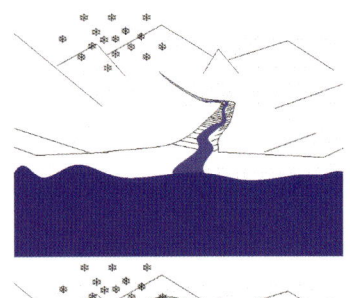

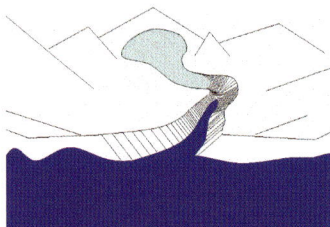

Entstehung eines Fjordes am Beginn, während und nach der Eiszeit. Während der Vereisung ist der Meeresspiegel wegen des im Eis gebundenen Wassers deutlich niedriger (Mitte) als in den Warmzeiten

der gab es nur im Norden der Nordinsel; die Küstenebenen bestanden aus Gras- und Buschland. Wenn Gletscher wachsen, sinkt der Meeresspiegel, da sie große Mengen des auf der Welt vorhandenen Wassers binden. Die Höhe des Meeresspiegels lässt sich in Neuseeland besonders gut ablesen, weil das Land durch die Plattentektonik vielerorts angehoben wurde und quasi Höhenmesserlinien sichtbar sind.

Glaziale Landformen

Außer den Gletschern sind natürlich auch die von Gletschern geprägten Landformen für jeden Neuseeland-Reisenden von großem Interesse – wobei die Fjorde des Südwestens, insbesondere der Milford Sound, die Endstation Sehnsucht sowohl für einheimische als auch für ausländische Besucher sind. Der deutsche Gletscherspezialist Stefan Winkler, der im Mai 2010 „pünktlich zu den Erdbeben" in Christchurch ankam und seine Dozentenstelle am Geologischen Institut der Universität von Canterbury antrat, weist in seinem Buch „Gletscher und ihre Landschaften" zu Recht darauf hin, dass diese spektakulären Regionen nicht von Gletschern geschaffen worden sind. Vielmehr überformten und überprägten die Gletscher existierende Landschaften und akzentuierten das Ausgangsrelief.

Der gebürtige Düsseldorfer verdeutlicht auch, dass Gletscher die Hochgebirge am stärksten umgestaltet haben. Hingegen formen sie ebene Flächen kaum um, da sie keine Täler eintiefen. Meistens bewegen sie sich durch vorhandene Flusstäler, die in der Regel V-förmig waren (Kerbtäler). Diese wurden von den Gletschern zu parabelförmigen bzw. U-förmigen Trogtälern umgestaltet. Üblicherweise wurden die V-förmigen Täler während der Vergletscherung breiter, weil das Eis Gesteinsmaterial abschürfte und die Hänge im Verlauf weiter erodierte. Die Talbasis wurde mit Moränenmaterial, Felsabrieb sowie Hangschutt und nach dem Rückzug der Gletscher mit anderen Sedimentablagerungen aufgefüllt. Dadurch nahmen die Täler die typische U-Form an. Winkler unterscheidet auch zwischen echten Trogtälern in ehemals vergletscherten Gebirgsregionen und Fjordtälern.

An den Fjorden in Fiordland sind auf jeder Bootstour - egal, ob auf dem Milford Sound oder dem Doubtful Sound - vielfältige glaziale Formen zu beobachten.

Die Marlborough Sounds tragen ihren Namen zurecht, denn sie sind im Gegensatz zum Milford Sound (der ein Fjord ist) keine glazial geprägte Landschaft

Ein Sound ist ein Sund und die Sounds in Fiordland sind Fjorde

Ein walisischer Kapitän namens John Grono, der eine Robbenfänger-Flotte anführte, gab dem Milford Sound, in Anlehnung an seinen Geburtsort Milford Haven, seinen unpassenden Namen. Unpassend, weil der Milford Sound, wie auch alle anderen „Sounds" in Fiordland, kein „Sound" ist, sondern ein Fjord.

Ein Fjord ist eine enge, steile Meeresbucht an einer ehemals vergletscherten Küste gebirgigen Charakters, wo ein Gletscher in einem bereits existierenden Flusstal abwärts geflossen ist. Ein „Sound" ist ein Sund und damit eine Meeresstraße oder ihre engste Stelle, sowohl zwischen einer Insel und dem Festland als auch zwischen Inseln. Deshalb tragen die Marlborough Sounds, überflutete ehemalige Flusstäler im Norden der Südinsel, ihren Namen zu Recht.

Andere bekannte Landschaften, die durch das Ansteigen des Meeresspiegels geschaffen wurden, sind die Bay of Islands mit ihren rund 150 Inseln und der Hauraki Gulf, der den Firth of Thames zwischen der Auckland-Landzunge und der Coromandel-Halbinsel sowie das Gebiet nördlich davon umfasst. Einige dieser mehr als hundert Inseln, wie Rangitoto, Brown's und Little Barrier Island, sind die Spitzen von Vulkanen einer gefluteten alten Landschaft.

Das fängt bei den fast senkrecht aufsteigenden Seitenwänden der Täler an und umfasst Hängetäler, Hängefjorde, Wasserfälle und – noch immer – Gletscher. Am Beispiel des Milford Sound seien einige dieser Phänomene erläutert.

Der Milford Sound – Piopiotahi („Ort der singenden Drossel") in der Maori-Sprache – reicht 16 Kilometer ins Landesinnere und ist bis zu 265 Meter tief. Die größte Tiefe wird im Inneren des Fjords gemessen, der aus mehreren, von Schwellen (Riegeln) unterteilten Becken (Wannen) besteht. Diese Abfolge wird Treppung genannt. Auch zum Meer hin wird der Fjord von einer sogenannten Mündungsschwelle begrenzt. Die Meerestiefe außerhalb des Fjords ist wesentlich geringer als im Inneren. Die Treppung entstand durch den Eiszufluss aus einmündenden Tälern und Eisabfluss in andere Talsysteme.

Der Cleddau und der Arthur River münden in den Milford Sound. Dieser wurde zum Fjord, als die Gletscher am Ende der letzten Eiszeit (die vor 15.000 Jahren begann) schmolzen, der Meeresspiegel stieg und das Meer die Gletschertäler flutete. Die immense jährliche Niederschlagsmenge (6,80 Meter!) sorgt dafür, dass die Meerwasseroberfläche dauerhaft von einer Süßwasserdecke überzogen ist. Unter dieser Schicht, die von eingespülten organischen Kompostierungsmaterialien aus den Wäldern die Farbe von Schwarztee hat, befindet sich ein 40 Meter tiefer Streifen, in dem außergewöhnliche Meereskreaturen leben, die man andernorts erst in weitaus größeren Tiefen findet. Diese dunkle Wasserschicht ist typisch für die Fjorde des Südwestens; es handelt sich um dasselbe Phänomen wie im Norden der Westküste, wo das Wasser der Flüsse rotbraun bis orange gefärbt ist.

Die Lady Bowen Falls stürzen aus einem Hängetal des Darran-Gebirges 160 Meter in die Tiefe. Sie sind, neben den Stirling Falls, einer von nur zwei permanenten Wasserfällen im Milford Sound; die anderen entstehen nur, wenn es regnet. Hängetäler sind Seitentäler, die vom Haupttal durch eine Schwelle abgetrennt sind und über die gedachte senkrechte Linie nach vorne hängen. Die Ursache dafür ist die unterschiedliche Erosionskraft des Haupt- und einmündenden Seitengletschers, der aufgrund der Macht des Hauptgletschers abrupt endet und langsamer erodiert. Auch unterhalb des Gipfels des Mitre Peak befinden sich zwei solche Hängetäler, die sich als muldenförmige Einkerbungen manifestieren. Hängefjorde sind in den Fjord reichende Hängetäler.

Der Mount Pembroke, vom Ufer aus gesehen rechts vom Fjord, ist mit 2.000 Metern der höchste Berg am Milford Sound und ständig

schneebedeckt. Der Gletscher am Gipfel – bis zu 27 Meter dick – ist der Überrest eines viel größeren Gletschers, der sich einst den Weg durch den Fjord bahnte. Das Schmelzwasser aus mehreren Abflüssen vereinigt sich zum Harrison River, der an der Harrison Cove – Ort des Unterwasser-Observatoriums – in den Milford Sound mündet.

Ein typisches Phänomen in den Fjorden sind die sogenannten Baumlawinen (Englisch: tree avalanches). Das sind glattrasierte breite Schneisen inmitten von Scheinbuchenwäldern, an denen der von den Gletschern glattgeschliffene nackte Fels der Fjordwände sichtbar wird. Die Felswände sind nur von einer dünnen Schicht von Humus und Moos bedeckt, und wenn sich Regenwasser staut, verlieren die Bäume ihren Halt und rutschen lawinenartig ins Wasser.

Sölle, Moränen, Sander

Wer auf dem Weg zum Milford Sound die Wanderung zum Key Summit unternimmt, kommt an zahlreichen Söllen (kettle holes) vorbei. Diese Tümpel und Feuchtstellen mitten in der Pampa bezeichnet Stefan Winkler in seinem Buch als Zeugnis von Eiszerfallslandschaften – ganz einfach deshalb, weil diese Hohlformen entstehen, wenn ein vom Gletscher abgetrennter Toteisbrocken im Untergrund auftaut. Größe-

Auf dem Weg zum Key Summit sieht man zahlreiche Wasserlöcher, die aus Toteiskomplexen entstanden sind

Baumlawinen, wie hier am Doubtful Sound, sind glattrasierte Schneisen inmitten von Scheinbuchenwäldern

re Toteiskomplexe können die Grundlage von oft abflusslosen Seen sein. Überall im Gebirge trifft man auf solche Sölle, nicht nur hier am Ende des Routeburn Tracks. Ein eindrucksvoller See, dessen Existenz vor 9.000 Jahren als Eisbrocken begann, ist der Lake Wombat, den man zu Fuß von der Zufahrtsstraße zum Franz-Josef-Gletscher erreichen kann. Ebenfalls in dieser Gegend liegt der Peter's Pool, der vor 200 Jahren auf dieselbe Weise entstand.

Wo Gletscher sind und waren, gibt es natürlich auch reichlich Moränen. Das sind Wälle an den Gletscherrändern aus abgelagertem Schutt, den ein Gletscher auf seiner langen Reise transportiert hat. Oft lässt sich daran sehr gut das Leben und Sterben eines Gletschers rekonstruieren. Ufer- und Endmoränen entstehen durch aktive Aufpressung (Bulldozing) oder durch passive Ablagerung (Dumping). Da Gletscher beim Vorstoß Vegetation zerstören, sind ihre jeweiligen Höchst- und Zwischenstände auch an den Linien unterschiedlicher Waldformationen an den nun eisfreien Bergflanken zu erkennen, denn nach dem Rückzug der Gletscher keimen neue Pflanzen. Unter den Moränenhügeln auf dem Weg zum Fox-Gletscher verbargen sich bis vor kurzem noch riesige Brocken Toteises, das in den 1960er-Jahren vom sich zurückziehenden Gletscher brach und sich zum Teil in Tümpel verwandelt hat.

Vor den Moränen liegen oft die Sander, flache Schwemmkegel aus Kies, Schotter oder Sand. Sie entstehen an Eisrändern mächtiger Inlands- und Vorlandgletscher. Eine Sonderform sind die Talsander – sie stellen ein grandioses Landschaftsmerkmal Neuseelands, vor allem der Region Canterbury, dar: Sie sind von spektakulären Verflochtenen Flüssen (Englisch: braided rivers) durchzogen. Ihr Wasser ist so türkisblau wie jenes der Gletscher- bzw. Zungenbeckenseen. Diese Flüsse sind die Schmelzwasserkanäle, die sich mit häufig verlagernden Einzelkanälen durch diese sandigen Ebenen ziehen. Sie bilden die Zone nach dem Gletschertor, durch das das Schmelzwasser an der Gletscherfront bricht. Die Sandebenen sind oft mehrere hundert Meter breit.

In manchen Gegenden folgt diesen „braided rivers" talabwärts eine Zone, in der sich die Arme vereinigen und das Flussbett schmaler wird, aber in Canterbury mäandern die Flüsse auch durch die schotterigen Ebenen der Canterbury Plains in verflochtenen Bahnen bis in die Nähe ihrer Mündungen an der Küste. Die großartigsten Beispiele sind der Rangitata, der Rakaia und der Waimakariri. Der Waimakariri entspringt im Arthur's-Pass-Nationalpark am Zusammenfluss der Gletscherflüsse White und Crow River. Ein früher Waimakariri-Gletscher reichte 55 Kilometer weit nach Osten, dorthin, wo heute Springfield liegt, und überformte dabei eine spektakuläre Landschaft, die einen auch noch bei der hundertsten Fahrt von Christchurch nach Arthur's Pass ob ihrer puren Magie in schieres Staunen versetzt. Aus demselben Akkumulationsgebiet floss ein anderer Gletscher in die entgegengesetzte Richtung bis Kumara, das nur neun Kilometer von der Westküste entfernt ist.

Auch das breite Tal unterhalb des Lewis Pass weiter nördlich wurde von mehreren Gletschern überformt, der Maruia River (nach Osten) und der Lewis River (nach Westen) transportieren das Schmelzwasser ab. Doch längst nicht alle Spuren an den Bergflanken sind hier Zeugnisse der Vergletscherung, im Gegenteil. In dieser Gegend verläuft die Hope-Verwer-

Farbspiele eines Verflochtenen Flusses: der Godley River, der Schmelzwasser in den Lake Tekapo transportiert

fung, und die Spuren der tektonischen Aktivität sind an den Bergflanken ebenfalls gut zu sehen.

Besonders beeindruckend sind die echten Sander-Abschnitte zwischen dem Schmelzwasserdurchbruch und den türkisblauen Seen des Mackenzie Country, weil das helle Wasser mit dem dunklen Sand einen unglaublichen Kontrast bildet. Das Farbenspiel mutet schon von einer Anhöhe fast überirdisch schön an, aber beim Anblick von einem Kleinflugzeug aus stockt einem der Atem. Es sieht tatsächlich so aus, als hätte ein verrückter Landschaftsmaler tonnenweise Farbe in die Rinnen gekippt.

Auf solch einem Rundflug (zum Beispiel mit Air Safaris vom Lake Tekapo aus) erfasst man das ganze Spektrum der wundersamen Welt der Gletscher innerhalb einer Stunde: die surrealen Gletscherseen Tekapo und Pukaki, die Eisberge des Tasman Lake, die steil in den Regenwald abstürzenden Westküsten-Gletscher, die Magie der Verflochtenen Flüsse, Moränen, Schutt, schneebedeckte Täler mit einsamen Gletscherseen, und das gar nicht so ewige Eis des Mount Cook und seiner Nachbargipfel ist so nah, dass man glaubt, man könnte den höchsten Berg der Südalpen berühren, wenn man den Arm ausstreckt.

Das glitzernde Zauberband des Rakaia und Waimakariri und einiger schmalerer „braided rivers" präsentiert sich am besten, gutes Wetter und klare Sicht vorausgesetzt, bei einem Flug von Christchurch nach Wellington oder Auckland. Und bei einem Flug nach Auckland erscheint – um das Bild von Neuseelands Landschaften aus Feuer und Eis abzurunden – das kreisrunde Umland des Mount Taranaki (meistens) links und das Vulkan-Trio des Tongariro-Nationalparks rechts in der Ferne.

Ein filmreifer Rundhöcker

Der Mount Sunday thront über einem Blumenmeer einsam im weiten Rangitata-Tal

Der Mount Sunday, der fast ein bisschen verloren als einzige Erhebung im schier endlos weiten Tal des verflochtenen Rangitata River liegt, inmitten zum Himmel ragender schneebedeckter Bergriesen, ist ein außergewöhnlicher Anblick. Wie kommt solch ein Buckel mitten in diese Ebene? In vielen Reiseführern, inklusive jenes über die Drehorte der „Herr der Ringe"-Filmtrilogie, steht, der Schauplatz von Tolkiens Edoras sei eine Endmoräne. Aber ein genauerer Blick und eine Wanderung auf diesen Hügel am Rande der Mount Potts Station in Canterbury zeigt sehr schnell, dass es sich hier um keinen aus Moränenschutt bestehenden Haufen handelt, sondern um einen Fels, der schon lange vor der Eiszeit existierte.

Es ist ein stromlinienförmiges Gestein, ein sogenannter Rundhöcker, auf Französisch und Englisch: Roche moutonnée, benannt nach den im 18. Jahrhundert bei französischen Adligen beliebten Perücken, die mit Hammelfett eingerieben wurden. Solche Formen entstehen beim Vorrücken eines Gletschers, der auf ein felsiges Hindernis trifft. Der Druck des Eises erzeugt Reibungswärme, die einen Gleitfilm zwischen Gletscher und Fels entstehen lässt. Der Gletscher verrichtet seine Schleifarbeit an der Front und den Seiten des Felsbrockens; feine Partikel polieren die Oberflächen, aber es entstehen auch Gletscherschrammen, denn ein Gletscher transportiert an seiner Unterseite ja auch festgefrorene größere Gesteinsbrocken, die die Oberfläche der im Wege stehenden Gesteine ankratzen. (An der Richtung der meist parallel verlaufenden Schrammen sowie an Rissen, Narben und Brüchen lässt sich die Gleitrichtung des Gletschers ablesen.)

An der Seite des Felsens, die vom Druck abgewandt ist, friert die Gletscherbasis fest und reißt entlang von Klüften Gesteinsbrocken ab; durch das Gefrieren kann zusätzlich Frostsprengung auftreten. Diese Seite des Gesteins ist deshalb steil, rau und stufenförmig. Am Mount

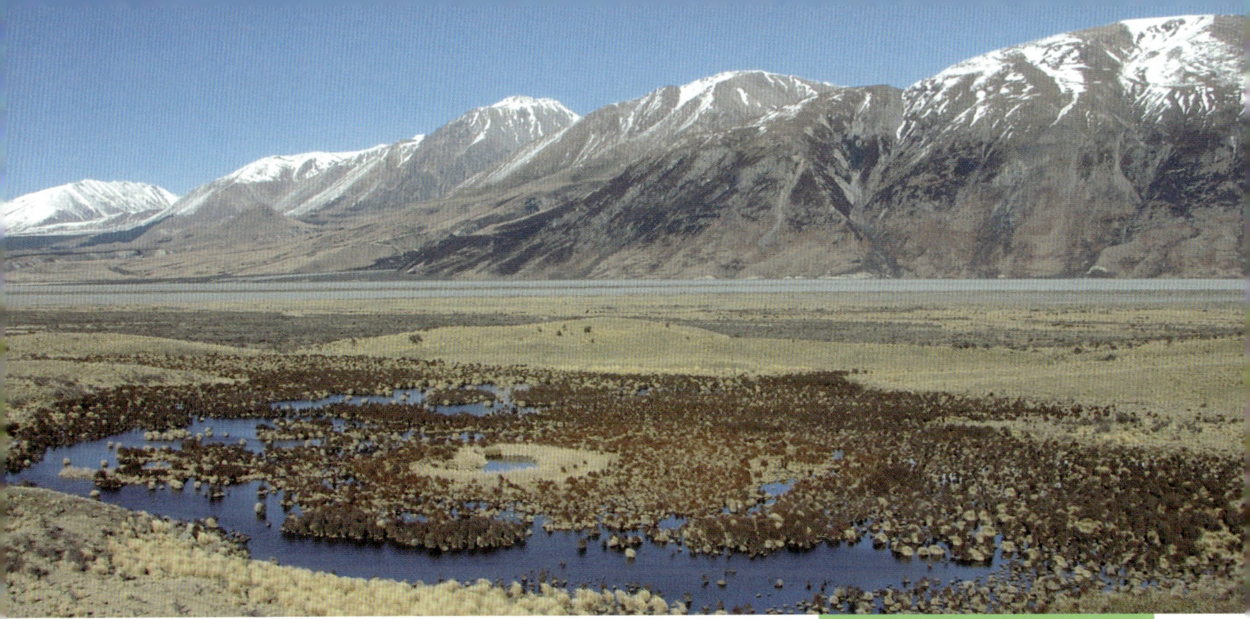

Rangitata Valley, am Fuß der Berge die Sander des Flusses

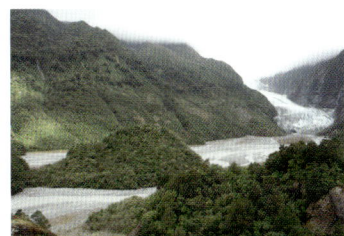

Sunday sieht es so aus, als hätte der Gletscher an dieser Seite beim Rückzug Moränenmaterial abgeworfen.

Meistens kommen Rundhöcker in Gruppen vor – so wie im Waiho-Tal des Franz-Josef-Gletschers. Einer davon ist der Sentinel Rock, der einige Kilometer vor der Gletscherfront einen großartigen Blick auf das Tal bietet. Er tauchte 1865 unter dem sich zurückziehenden Gletscher auf. Noch bis 1909 berührte das Eis den vor dem Sentinel Rock stehenden Harper Rock. Auch ein Zeichen dafür, welchen Masseverlust der Franz-Josef-Gletscher erlitten hat, der vor 18.000 Jahren bis zum Ozean reichte.

Der Harper Rock, vom Sentinel Rock aus gesehen, ist ein Rundhöcker im Tal des Franz-Josef-Gletschers

Ein anderes eindrucksvolles Zeugnis der unerbittlichen Abrasionskraft dieses Riesen ist eine sogenannte Sichelwanne auf dem Weg zur Front dieses Gletschers, das ist ein wellenförmiger steil stehender Fels an der Südseite des Tals (rechts, wenn man in Richtung Gletscher marschiert). Er ist so glatt poliert, dass er sich wie ein Handschmeichler anfühlt. Seine dramatisch wechselnde Position - die Nähe oder Ferne zum Gletscher - ist aber auch Synonym und Gradmesser für die wechselnden Launen der Natur.

Sanddünen und Löss

Sanddünen und Löss sind die oft ziemlich mächtigen Überbleibsel einer Eiszeit und gleichzeitig Zeichen eines sinkenden Meeresspie-

Akaroa Harbour auf der Banks-Halbinsel: Die niederen Hänge bestehen weitgehend aus Löss

gels. Sie sind nichts anderes als vom Winde verwehter Staub, der vom Gletscherabrieb und von den von Gletscherflüssen bearbeiteten und transportierten Sedimenten stammt. Und Wind gibt's in Neuseeland ja reichlich und er weht meistens heftig.

Der Löss wird auf zwei Arten ausgeweht. In Neuseeland – und auch anderswo – stammt der meiste Löss direkt aus den Gletschervorfeldern oder aus den weiten Schwemmlandebenen und Flussbetten der verflochtenen Gletscherflüsse. Die andere Variante ist der Umweg übers Meer. Hier wird der Gletscherabrieb vom Wind aufs Meer hinausgetragen und auf dem Meeresboden abgelagert. Zieht sich das Meer dann während der Phasen niedriger Meeresspiegel zurück, wird das Kontinentalschelf trockengelegt und die Partikel werden in noch feinerer Form – als Löss – an Land zurückgeweht.

Löss bedeckt, wie schon eingangs erwähnt, zehn Prozent der Landfläche Neuseelands und wird in mehr oder weniger dicken Schichten abgelagert, die sich im Lauf der Zeit zu Lehm verdichten. In der Gegend um Timaru, das zwischen dem Rangitata und dem Waitaki River liegt, sind diese Schichten bis zu zwanzig Meter dick. Außer den östlichen Regionen der Südinsel ist auch die Gegend um Wellington lössreich. Besonders gut zu sehen sind die übereinander gelagerten Schichten dort, wo Straßen durch den Lehm geschnitten werden.

Blick vom Sentinel Rock ins Waiho-Tal und auf den Franz-Josef-Gletscher

Strand-Sand

Schwarze Strände im Nordwesten

Neuseeland hat 19.883 Kilometer Küste. Aber Küste ist nicht gleich Küste – und Strand ist nicht gleich Strand. Jene im Osten sind feinsandig und weiß und werden von sanften Wellen umspült. Der Westen ist wild, die Strände sind schwarz und grau. Und dazwischen, im Nordwesten der Südinsel, ist der Sand golden.

Die schwarzen Sandstrände der Westküste der Nordinsel sind den Eruptionen von Vulkanen zu verdanken. Die Farbe rührt vom hohen Eisenanteil der Auswurfprodukte, die hauptsächlich vom Mount Taranaki stammen und größtenteils durch den Stony River abtransportiert werden. Dieser Fluss, begünstigt durch oft sintflutartigen Regen, spült jährlich rund 40.000 Kubikkilometer Sand und Schotter an die Küste. Die nördlich davon mündenden Flüsse Tongaporutu, Mokau und Awakino liefern ebenfalls dunkle Materialien.

Am schwarzen Strand von Piha

Linke Seite: Totaranui Beach, der am spektakulärsten gefärbte Strand des Abel-Tasman-Nationalparks im Nordwesten der Südinsel

Das Sediment wird durch die von der küstenparallelen Brandungsströmung erzeugten und schräg auf den Strand treffenden Wellen nach Norden transportiert und zerrieben. Ein Prozess, der Jahrhunderte oder gar Jahrtausende dauern kann. An manchen Stellen ist diese Sedimentschicht mehrere hundert Meter dick und bedeckt auch das kontinentale Schelf, das zu vulkanisch aktiven Zeiten vor mehr als 10.000 Jahren noch nicht unter dem Meeresspiegel lag. Damals lieferten auch Nachbarvulkane Asche und Gestein in dieses System.

Das vorherrschende dunkle Mineral in den Sanden ist der eisenreiche Titanomagnetit. Die übrigen dunklen Mineralien sind Hornblende und Augit; ein weiteres Mineral ist der meist farblose Plagioklas (Kalknatronfeldspat). Diese Sandablagerungen sind mitunter so wertvoll, dass sie industriell abgebaut und zu Stahl verarbeitet werden. Die Abbaugebiete befinden sich in der Nähe der Mündung des Waikato River, am Waikato North Head, und südlich des Kawhia Harbour bei Taharoa; die Stahlfabrikation erfolgt südlich von Auckland in Glenbrook.

Die berühmtesten schwarzen Strände befinden sich westlich von Auckland: das gefährliche Surf-Dorado Piha Beach sowie Bethell's Beach, Karekare Beach (Drehort des Films „The Piano") und Muriwai Beach, der für seine Tölpelkolonie bekannt ist.

Diese schwarzen Strände, an denen man sich im Sommer die Füße besonders leicht verbrennt, reichen über 150 Kilometer von Taranaki

Karekare Beach südwestlich von Auckland

bis hinauf zum Kaipara Harbour. Aber eine Wissenschaftler-Gruppe des Nationalen Forschungsinstituts für Wasser und Luft (NIWA = National Institute of Water and Atmospheric Research) hat selbst am 750 Kilometer nördlich gelegenen North Cape noch Eruptionssedimente des Mount Taranaki gefunden. Die Küste in ihrer jetzigen Form entstand vor 6.500 Jahren, als sich der rasante Anstieg des Meeresspiegels nach dem Ende der letzten Eiszeit deutlich verlangsamte und sich die heutige Küstenlinie ausbilden konnte.

Dass die Schwarzfärbung der Sandstrände in Richtung Norden nachlässt, hängt mit der Zusammensetzung der vulkanischen Gesteine und der verfestigten, zu Klippen verwitterten Ablagerungen der Schlammlawinen (Lahare) zusammen, insbesondere mit der unterschiedlichen Erosionsanfälligkeit dieser Bestandteile. Dass die schwarzen Partikel so weit nach Norden getragen werden, ist auf eine küstenparallele Brandungsstömung zurückzuführen. Sie kommt durch eine im Südpolarmeer erzeugte starke Dünung zustande. Diese Wellen treffen im Regelfall schräg auf die West- und Südwestküste, lösen Material von Meeresboden und Uferbereich, laufen dann jedoch quer zur Küstenlinie ab. Die mit ihnen transportierten Teilchen werden auf diese Weise nach und nach an der Küste entlang Richtung Norden befördert, es entsteht eine Art Transportband.

Mangawhai Beach nördlich von Auckland an der Pazifikküste

Auf dem Weg nach Norden werden die Materialien abgeschliffen. Die feineren und leichteren Bestandteile trägt es weit ins Meer hinaus. Schwerere Sande und Kiese werden in Ufernähe transportiert. Der Titanomagnetit ist zwar eigentlich ein Schwermineral, trotzdem müsste er wegen des geringen Gewichts seiner kleinen Bruchstücke, die zudem weich und schnell abgeschliffen sind, fortgespült werden, aber weil er aufgrund seiner magnetischen Eigenschaften größere Einheiten bilden kann, bleibt er in Küstennähe. Hornblende, Augit und Plagioklas verändern ihre Form kaum.

Mit der Zeit werden die schwarzen Sandpartikel mit dem hellen Abrieb lokaler Küstenerosion (Klippen) und dem von Flüssen angespülten Material quasi verdünnt. Auch die Auswurfmaterialien des einstigen Waitakere-Vulkans werden hinzugemischt. Deshalb sind die Strände nördlich von Muriwai viel heller als weiter südlich. (Die Kissenlava an den Klippen von Muriwai stammt übrigens von den Ausbrüchen des gewaltigen Kaipara-Untersee-Vulkans, der vor 23 bis 16 Millionen Jahren aktiv war.) Das Hinterland der schwarzen Strände ist oft eine Dünenlandschaft, entstanden durch die Kraft des Windes, der die leichten, hellen Sedimente des Meeresbodens über die Strände hinwegweht. Die Dünen sind teilweise mehr als 100 Meter hoch und bewegten sich zeitweise 20 Meter pro Jahr landeinwärts, ehe diese

121

Wanderung mit Dünenbepflanzung gebremst wurde. Die schwarzen Strände des Westens wären noch heller, würden die zahlreichen Dämme am Oberlauf des Waikato Rivers nicht den Sandtransport des mit 425 Kilometern längsten Flusses der Nation dramatisch verringern. Der Flusssand des Waikato ist reich an weißem Quarz und Feldspat, und, einmal bis zur Küste gelangt, würde ihr Transport von Süd nach Nord nur unwesentlich aufgehalten, da die Westküste extrem energiegeladen ist. Die Brandungszone ist mehr als 500 Meter breit. NIWA-Forscher Terry Hume vergleicht sie mit einem Highway, auf dem der Sand an Hindernissen, zum Beispiel Landzungen, vorbeitransportiert wird.

Der Waikato River, der das Sediment der Taupo-Vulkanzone wegspült, ist übrigens ein höchst interessanter Fluss bezüglich der Strandbildung. Als im Zentrum der Nordinsel eine Eruption auf die andere folgte und riesige Mengen Vulkanauswurf in den Flüssen landete, floss der Waikato nach Norden und mündete in den Firth of Thames. Er lieferte den hellen Sand der weißen Strände nördlich von Auckland (Omaha, Pakiri, Mangawhai, Bream Bay). Der Fluss müsste damals wie die Verflochtenen Flüsse der Südinsel ausgesehen haben, meint Hume. Auf seinem neuen Kurs, den er nach dem Ausbruch des Taupo-Vulkans vor 1.800 Jahren einschlug, fließt der Waikato durch ein klar definiertes eingeschnittenes Tal in Richtung Westen, wo er südlich des Manukau Harbour (Süd-Auckland) in die Tasman-See mündet.

Die Strände noch weiter nördlich, genauer an der Ostküste von Northland, sind noch weißer, weil sie einen besonders hohen Quarz-Gehalt haben. Das rührt laut NIWA-Forscher Terry Hume daher, dass sich die Böden in dieser Gegend unter Kauri-Wäldern entwickelten, wo es zu einer sogenannten Säurelaugung kam. Dabei werden sämtliche dunklen Mineralien und Feldspat aus dem Boden gelöst und ausgespült und lediglich der Quarz bleibt zurück. Der blendend weiße Strand von Parengarenga, an der weit verzweigten Parengarenga Bay nördlich von Te Kao gelegen, ist das herausragende Beispiel dieses Phänomens. Früher wurde dieser puderfeine Sand zur Glasherstellung abgebaut. Heute lohnt es sich nicht mehr.

Orange-goldene Strände

Besonders spektakulär sind die grobsandigen orangefarbenen Strände des Abel-Tasman-Nationalparks und des Küstenabschnitts zwischen Takaka und dem Separation Point, wo die Golden Bay endet und der Abel-Tasman-Nationalpark beginnt. Viele Broschüren schwärmen von diesen „goldenen Stränden". Die Golden Bay ist allerdings nicht nach Strandfarben benannt, davon abgesehen, dass die Strände immer weißer werden, je weiter man nach Westen fährt, sondern nach dem Gold, das Mitte des 19. Jahrhunderts in Collingwood gefunden wurde.

Der am intensivsten gefärbte Goldstrand ist der Totaranui Beach im Norden des Abel-Tasman-Nationalparks. Die Farbe wird von einer Variante des Feldspatminerals Orthoklas hervorgerufen, eines häufig vorkommenden gesteinsbildenden Silikats, das dem verwitterten Granit dieser Gegend entstammt. Die andere Gruppe von Stränden besteht aus Karbonatsan-

den; das vorherrschende Mineral ist Calciumcarbonat, das aus dem Meer stammt. Der Sand ist üblicherweise jüngeren Datums als die Silikatsande.

Der graue Westen der Südinsel

Die grauen, oft mit Schottersteinen übersäten (Sand-)Strände, Terrassen und Sandebenen der zentralen Westküste der Südinsel haben sich durch die Erosion der durch Plattentektonik angehobenen Küstenstreifen gebildet, die früher bewaldet waren. In diesem Abschnitt kommen Kies, Schotter, Moränenschutt und Gletscherabrieb hinzu, den die kraftvollen Flüsse aus den Südalpen bis an die Küste transportieren. Der Vorgang wird beschleunigt durch die riesigen Wassermassen der Schneeschmelzen und die enormen Regenmengen, die die West Coast zur „Wet Coast" machen. Die Küstenströmung aus dem Süden transportiert auch unglaubliche Mengen Treibholz an die Strände; das wird in Hokitika jedes Jahr im Januar mit dem „Driftwood & Sand Beach Sculpture"-Festival gefeiert.

Wie alle anderen Kommunen kämpft die Gemeinde jedoch mit der dramatischen Küstenerosion durch die unbarmherzigen wilden Wellen, die nicht nur die Strände und die dahinter liegenden niedrigen (ein bis fünf Meter hohen) Dünenlandschaften frisst, sondern auch

Grundstücke und Häuser bedroht. Von den Lebensräumen bedrohter Tierarten, inklusive der weiter nördlich verbreiteten Zwergpinguine, mal ganz abgesehen.

Die Uferregionen von einigen grauen Stränden haben beachtliche Eisensand-Lagerstätten, ähnlich den schwarzen Stränden des Nordens. Mit der Farbe der Strände hat dies jedoch nichts zu tun.

Weite Strecken der Westküste sind mehr oder weniger unzugänglich, das Meer peitscht unbarmherzig gegen die felsigen Klippen. Im Norden, nördlich des Wanganui River, besteht die Küste aus endlosen Sandstränden und Dünenlandschaften, an die sich meistens ausgedehnte Feuchtgebiete anschließen. Andernorts, besonders in der Nähe von Flussmündungen, bestehen die Strände oft komplett aus Kies, lediglich der Brandungsstreifen zeigt bei Ebbe feinen Sand. Je weiter man nach Norden fährt, desto heller werden die Strände.

Die orangefarbenen Flüsse des Oparara Basins, deren Farbe vom Verrottungsmaterial vornehmlich von Baumrinde herrührt, überziehen manche Strände mit einem Hauch von Orange. Entlang dem Heaphy Track sind die Strände dann weiß(lich). Grandioser Höhepunkt ist der hinter einer gigantischen Dünenlandschaft auftauchende Wharariki Beach, der von stark erodierten Karstfelsen und den vorgelagerten Archway Islands eingefasst ist. Auch an schönen Tagen weht hier meistens ein rauer Wind. Daran schließt sich der Farewell Spit an, jene 32 Kilometer lange, sichelförmig die Golden Bay einschließende Landzunge, die schon für so viele Wale zur Todesfalle geworden ist (siehe Kapitel Walstrandungen). Das Meer kann sich bei Ebbe bis zu sieben Kilometer nach Osten zurückziehen.

Sandhaken und Tombolos

Der Farewell Spit, der aus der Luft wie ein Kiwi mit seinem langen Schnabel aussieht, verdankt seine Existenz nicht nur der extremen Brandungsströmung der Cook Strait. Der Sand ist durch die Erosionsarbeit der Westküsten-Gletscher und durch Felsstürze entstanden und von den Flüssen an die Küste gespült worden. Die Westland-Strömung treibt diesen Sand nach Norden, bis sie in einem gigantischen Kehrwasser (Strudel) am Rande der Golden Bay ihren Schwung verliert und der Sand abgelagert wird. Im Wind- und Strömungsschatten setzt sich das transportierte Material in Form von Küstenhörnern und Sandhaken ab. Der Sand kann täglich um bis zu 450 Meter weit verfrachtet werden, das heißt der Farewell Spit wächst weiter in Richtung Osten.

Der weiße Sandstrand der Oriental Bay in Wellington ist nicht das, was er zu sein scheint. Er ist kein Naturstrand, sondern wurde angelegt. Der Sand stammt nicht einmal aus dem Hafenbecken der Hauptstadt oder aus dem Umland, denn die Strände dort sind dunkel, sondern von der Südinsel. Um die Gegend 2003 attraktiver zu gestalten, wurden 17.500 Kubikmeter Sand aus der Golden Bay in diese Bucht transportiert und erfreuen seither die Wellingtonians.

Ein anderer berühmter Sandhaken ist der Streifen, der den aus dem Meer geborenen Mount Maunganui mit dem Festland bei Tauranga in der Bay of Plenty verbindet. Solche Sandgebilde, die eine Insel zur Halbinsel machen, werden auch Tombolo genannt. Nordwestlich davon schließt sich die Insel Matakana Island – nichts anderes als eine Sandbank von enormer Länge – an. Sie macht den Tauranga Harbour, zu dem es lediglich zwei schmale Durchfahrtsrinnen gibt, fast zu einem Binnensee. Auch der Ohope Beach östlich von Mount Maunganui liegt auf einer Landzunge. In Northland verbindet ein Sandstreifen, der Tokerau Beach, den Vulkanhügel Puheke Hill, der einst als Insel im Meer saß, mit dem Festland. Zusammen bilden sie die Karikari-Halbinsel.

Daran schließt sich im Norden eine Sandanhäufung an, von der die meisten Leute denken, sie würde schon seit ewigen Zeiten existieren. Tatsache ist jedoch, dass die nördlichste Landmasse Neuseelands, die Aupouri-Halbinsel, und der berühmte, wenn auch „nur" rund 90 Kilometer lange Ninety Mile Beach geologisch betrachtet unglaublich jung sind. Nach dem Ende der letzten großen Eiszeit, als der Meeresspiegel stieg, wurde die Gegend um das Cape Reinga und die Aupouri-Hügel zu einem winzigen Archipel im weiten Ozean. Die Küstenströmung beförderte jedoch unglaubliche Sandmengen nach Norden und es häufte sich so viel Sand an, dass die Inseln im Lauf von vielen tausend Jahren mit dem Festland – der rund 60 Kilometer breiten Auckland-Landzunge – verbunden wurden. Die vorherrschenden Westwinde türmten zudem mächtige Dünen auf. Captain James Cook bezeichnete diesen zehn Kilometer schmalen Landstreifen als „Desert Coast" (Wüstenküste). Heute wachsen die Dünen von Osten und Westen, Strandhafer und gelbe Buschlupinen halten den Boden zusammen.

Wird eine Bucht komplett abgeschnürt, entsteht ein vom Meer abgetrennter Strandsee. Genau solch ein Phänomen ist der Lake Ellesmere am Übergang der Canterbury Plains zur

Farewell Spit: Dünenlandschaft und Strand am Nordwest-Zipfel der Südinsel

Banks-Halbinsel, in der Nähe von Christchurch. Der 25 Kilometer lange Kaitorete Spit, der aus rötlichem Kies vulkanischen Ursprungs besteht, trennt den fünftgrößten See Neuseelands vom Pazifischen Ozean. An seiner weitesten Stelle ist dieser Streifen 3,5 Kilometer breit.

Fließen ein oder mehrere Flüsse in solch ein Becken, kann ein vorgeschobener Strandwall – auch Nehrung oder Lido genannt – es nicht völlig schließen. Ein Beispiel dafür ist die lange, schmale Halbinsel Southshore (The Spit) in New Brighton, einem Vorort von Christchurch. Hier fließen der Avon und der Heathcote in den Pazifik, so dass immer ein schmaler Durchlass zum Meer bleibt. Andernfalls wäre New Brighton mit dem Küstenvorort Sumner längst zusammengewachsen.

Mehr oder weniger eindrucksvolle Sandbänke und unzählige Lagunen sind Kennzeichen fast der kompletten Westküste der Südinsel. Traurige Berühmtheit hat die Sandbank vor der Mündung des Grey Rivers in Greymouth, die bei hoher See extrem gefährliche Strömungen erzeugt. Regelmäßig geraten hier (Fischerei-)Boote in höchste Not, manchmal auch Touristenkajaks, es kommt immer wieder zu tödlichen Unglücksfällen.

Wer Glück hat, findet an den Westküsten-Stränden Halbedelsteine. Wer mehr Jade findet und einsteckt, als in seine Hosentasche passt, kann jedoch Probleme wegen der Schürfrechte der Maori bekommen. Die buntesten Steine gibt es aber nicht hier, sondern im tiefen Süden der Region Southland, am Gemstone Beach. Dort kann man unter ei-

Rauer Westküsten-Strand nördlich von Hokitika

Ruakaka: weißer Strand im hohen Norden

ner Vielzahl von Steinen, die zu Schmuck verarbeitet werden, sogar Saphire finden, ebenso gelben, grünen und roten Jaspis sowie grünen Epidot.

Der weiße Osten

Die Strände der Ostküsten beider Hauptinseln Neuseelands sind weiß und feinsandig, abgesehen von der Felsküste von Kaikoura, wo vor allem auf der Halbinsel (einst eine Insel) eine faszinierende Ansammlung unterschiedlichster Felsformationen zu bewundern ist, und die Wellen sind im Vergleich zu den Westküsten sanft.

Welcher der schönste Strand von allen ist, darüber lässt sich trefflich streiten. Aber wenn um die Weihnachtszeit die Pohutukawas blühen und die Küsten mit einem roten Blütenband säumen, sind die Coromandel-Halbinsel und die Bay of Plenty schwer zu schlagen. Auf der Südinsel sind die feinsandigen Strände der Otago-Halbinsel mit ihren wunderbaren Dünen eine Klasse für sich, die steilsten an der Sandfly Bay, von der erholsamen Einsamkeit und der grandiosen Tierwelt gar nicht zu reden.

Was Neuseeland nicht zu bieten hat, sind romantische Traumstände wie in der Karibik mit schräg über dem Wasser baumelnden Kokospalmen. Und das Wasser hat nirgendwo Badewannen-Temperatur. Dafür watscheln hier und dort Pinguine durch den Sand.

Klima und Wetter

Vom subtropischen hohen Norden in den rauen, antarktis-nahen Süden, dazwischen ein eisiger alpiner Streifen: Neuseeland erstreckt sich über mehrere Klimazonen, die nicht nur durch die Nord-Süd-Richtung bestimmt werden, sondern auch durch eine Ost-West-Wetterscheide, die auf der Südinsel der Gebirgskette der Südalpen zu verdanken ist. Aber auch auf der Nordinsel schützen zahlreiche, wenn auch längst nicht so massive Bergkämme die östlichen Regionen vor großen Niederschlagsmengen.

Sonnenuntergang über den östlichen Feuchtgebieten von Christchurch

Linke Seite: Regenbogen am Mount Herbert

Die Südalpen bilden eine Barriere für die vorherrschenden Westwinde, die Feuchtigkeit aus der Tasmansee aufnehmen und für heftigen Regenfall sorgen. Die Westküste und Fiordland sind die regenreichsten Regionen des Landes, mit einer jährlichen Niederschlagsmenge von mehr als 5.000 und im Gebirge bis zu 15.000 Millimetern. Sagenhafte 18.413 Millimeter wurden 1997 im Quellgebiet des Cropp River östlich von Hokitika gemessen. Die Gebiete jenseits der Südalpen sind dagegen die trockensten Regionen Neuseelands.

Während es im Osten im Winter (Mai bis September) am meisten regnet, ist es während dieser Zeit im Westen (und oft auch in Southland) am trockensten. Das bedeutet beispielsweise für Gletschertouren, dass im Winter die Chance am größten ist, nicht pitschnass zu werden. Es regnet seltener und das Eis schmilzt langsamer bis gar nicht. Hinzu kommt, dass es an der Westküste so gut wie nie schneit.

Für andere Regionen ist der Winter jedoch die schlechteste Reisezeit, weil es mitunter heftig regnet oder schneit und es dadurch zu Überschwemmungen, Erdrutschen und Lawinenabgängen kommt. Immer wieder müssen deshalb Straßen gesperrt werden. Berühmt-berüchtigt dafür ist die Milford Road, für die aus diesem Grund eine eigene Website (http://www.nzta.govt.nz/projects/milfordroad/) und ein Telefonansagedienst eingerichtet worden sind, um Reisende rund um die Uhr mit aktuellen Informationen über den Straßenzustand versorgen zu können.

Die Passstraße zwischen Haast und Wanaka wird regelmäßig von Erdrutschen blockiert; im September 2013 starb ein kanadisches Touristenpaar unter solch einer Schlamm- und Felslawine, die den Campervan der beiden in den Abgrund schleuderte. Die anderen großen und großartigen Passstraßen der Südinsel – Arthur's, Lewis und Lindis Pass – sind fast jeden Winter zwei, drei Mal wegen heftigen Schneefalls

Winter am Castle Hill

unpassierbar, ebenso wie die Desert Road östlich des Tongariro-Nationalparks. Andere klassische Schneefallgebiete sind der SH1 nördlich von Dunedin, die Region Southland und die Banks-Halbinsel. Meistens dauern die Sperrungen aber nur einen Tag oder eine Nacht, so dass individuelle Reisepläne nicht völlig über den Haufen geworfen werden. Aber erst am Tag des Heimflugs oder am Tag zuvor in den Abflugort zurückzufahren, ist im Winter nicht wirklich empfehlenswert.

Schneefall bedeutet in Neuseeland ganz schnell Chaos, weil Winterreifen weitestgehend unbekannt sind. Für Passstraßen und Skigebiete sind Schneeketten das Allheilmittel. In den Städten der Südinsel werden dann ruckzuck die Flughäfen geschlossen oder Dutzende Flüge gestrichen, so dass hunderte oder gar tausend Passagiere festsitzen. Der Busverkehr wird eingestellt, Schulen, Universitäten, Büros und Läden schließen, Straßen in hügeligen Gegenden werden gesperrt. Das normale Leben kommt zum Stillstand. In ländlichen Regionen fällt oft der Strom aus, wenn Versorgungskabel unter der Schneelast reißen. Aber, wie gesagt, der Spuk dauert meistens nicht lange. Auch nicht in Auckland, wo es am 15. August 2011 zum ersten Mal seit 1939 schneite; Wellington lag erstmals seit 1976 unter einer Schneeschicht.

Im Frühjahr (September bis Dezember), wenn jeder denkt, das Schlimmste sei überstanden, fegen mit unschöner Regelmäßigkeit

antarktische Kaltfronten übers Land und lösen tageweise Chaos aus; tausende neugeborene Lämmchen sterben im Schnee. Wenn dann tags darauf der Wind dreht und aus Nordwest bläst, schmilzt der Schnee so schnell, dass in vielen Gebieten Hochwassergefahr droht. Im Sommer 2012/2013 war eine Brücke bei Harihari an der Westküste eine Woche lang unpassierbar, als der Wanganui River aufgrund heftiger Regenfälle die Zufahrt weggespült hatte.

Der Juli ist üblicherweise der kälteste Monat. Im Januar und Februar ist es am wärmsten und beständigsten. Neuseeland ist aufgrund seiner Insellage für seine extrem schnellen Wetterwenden bekannt; der Spruch der „Four Seasons in a Day" - dass man innerhalb eines Tages vier Jahreszeiten erleben kann - trifft hundertprozentig zu. Deshalb müssen Reisende zu jeder Jahreszeit auf jede Art von Wetter vorbereitet sein, vom schweißtreibenden Sonnenschein bis zu eisigen Winden und Kälteeinbrüchen.

Central Otago rühmt sich der heißesten Sommer und der kältesten Winter (bis -10 °C oder gar -20 °C), wobei der Ort Ophir für seine Temperatur-Superlative in beide Richtungen bekannt ist. Die Luft ist trocken und die Sonne scheint auch im Winter ausdauernd. Die jährliche Niederschlagsmenge in Alexandra liegt beispielsweise bei nur 338 Millimetern. Das Mackenzie Country nördlich davon ist ebenfalls

Jährlicher Niederschlag in mm	
Nordinsel	
Auckland	1211
Wellington	1215
Hamilton	1108
Rotorua	1359
New Plymouth	1398
Taupo	955
Napier	776
Gisborne	979
Tauranga	1177
Whangarei	1318
Kaitaia	1349
Südinsel	
Christchurch	618
Dunedin	726
Alexandra	338
Lake Tekapo	592
Mt. Cook Village	4491
Kaikoura	696
Te Anau	1092
Milford Sound	6715
Hokitika	2901
Nelson	951
Queenstown	741
Invercargill	1147

Hier einige Wetterdaten [http://www.niwa.co.nz/education-and-training/schools/resources/climate]

ein Schönwetter-Gebiet. Am Lake Tekapo fallen 592 Millimeter Regen oder Schnee. Generelle Wettervorhersagen sind unmöglich, da an der Küste völlig andere Bedingungen herrschen können als ein Stück weiter im Landesinneren. Selbst die abendlichen TV-Wettervorhersagen für den nächsten Tag sind mit Vorsicht zu genießen.

Wirklich brüllend heiß wird es in Neuseeland selten. Lediglich Central Otago hat im Hochsommer regelmäßig Temperaturen über 30 °C, bei geringer Luftfeuchtigkeit. Aber es gibt durchaus Tage mit mehr als 40 °C. Die Ostküsten beider Inseln erfreuen sich ähnlicher Bedingungen, wobei diese Gebiete zuletzt immer häufiger von besorgniserregenden Dürren heimgesucht worden sind. Süd-Canterbury wurde von Juni 2015 bis Dezember 2016 sogar offiziell zur Dürrezone erklärt. Das hat die Landwirtschaft vor extreme Probleme gestellt.

Im Westen der Nordinsel, und je weiter man nach Norden vordringt, desto schwüler ist es in den warmen Monaten; im Gegensatz zu Christchurch, wo eine Meeresbrise die trockene Hitze erträglich macht, bleiben einem zum Beispiel in Auckland die Kleider am Leibe kleben. Der schwül-warme Sommer geht auf der Nordinsel meist in einen nasskalten Winter über, während auf der Südinsel vier ausgeprägte Jahreszeiten zu erkennen sind und auch im Winter die Sonne ausgiebig vom blauen Himmel scheint. Von den herrlichen Schneelandschaften ganz zu schweigen.

Die klimatischen Unterschiede sind auch ohne meteorologisches Wissen leicht festzustellen: Wo es grünt und blüht und viele Baumfarne wachsen, regnet es mehr als in Gegenden, die mit ockerfarbenem Tussockgras überzogen sind. In Wellington und Auckland regnet es doppelt so viel wie in Christchurch. Im Schnitt verzeichnen die höchst unterschiedlichen Regionen Neuseelands einen jährlichen Niederschlag zwischen 600 und 1.600 Millimetern. Zum Vergleich: München hat 920, Köln 830, Hamburg 740, Berlin 570, Halle 475 und Deutschland einen Mittelwert von 830 Millimetern. Hier wie dort bedeutet Regen nicht zwingend, dass dort die Sonne am meisten scheint, wo es am wenigsten regnet.

Wie überall auf der Welt gilt jedoch, dass Jahresmittelwerte nicht für die Urlaubsplanung taugen, langfristige Wettervorhersagen, besonders aufgrund der Insellage, unmöglich sind und von keinem Jahr auf die nächste Saison geschlossen werden kann. Die jährlichen Niederschlagsmengen sind jedoch nie weit von der Realität entfernt. Das Problem ist bloß, dass niemand weiß, wann sie fallen.

Um den Titel der Sonnenscheinhauptstadt Neuseelands streiten sich regelmäßig Nelson, Blenheim, Tauranga und Whakatane. Spitzenreiter 2016 war Richmond bei Nelson mit 2.840 Stunden vor Blenheim (2.582), Takaka (2.534) und New Plymouth (2.503). Sonnenreichste Großstadt war Auckland (2.033), im Jahr zuvor Christchurch (2.214).

Aufgrund der großen Nord-Süd-Erstreckung des Landes über zwei Inseln variieren Sonnenauf- und -untergangszeiten zwischen Nord und Süd erheblich. Im Winter geht die Sonne in Auckland 40 Minuten früher auf als in Dunedin und entsprechend später unter, aber im Sommer hat Dunedin fast eine Stunde länger Tageslicht. Was an dieser Stelle festgehalten werden sollte, ist, dass die Sonne wie überall auf der südlichen Hemisphäre im Norden am höchsten steht und der Süden die Schattenseite ist. Aber wie überall auf der Welt geht sie im Osten auf und im Westen unter.

Wilder Wind und Schweinerücken

Neuseeland, das die Maori Aotearoa, das Land der langen, weißen Wolke nennen, ist ein sehr windiges Land. Grund dafür ist die Lage auf den „Roaring Fourties", einem für seine heftigen Winde bekannten Band, das zwischen dem 40. und 49. Grad südlicher Breite verläuft.

Und natürlich spielt auch die relativ geringe Größe der Hauptinseln eine wichtige Rolle. Extreme Unwetter sind jedoch relativ selten, und Tornados, Zyklone oder Hurrikane, die in anderen Gegenden der Welt große Gebiete zerstören, kommen nicht vor.

Neuseeland wird jedoch von den Ausläufern von Zyklonen aus dem Norden getroffen, so wie Anfang 2017 gleich zwei Mal die Bay of Plenty, wo der Ort Edgecumbe wegen Überschwemmungen komplett evakuiert werden musste. Auch die Zahl lokaler Tornados hat sich in den vergangenen Jahren erhöht. Im Landesinneren von Canterbury wüten regelmäßig Stürme, die Wälder und Windschutzstreifen – das sind dichte Baumreihen um Weiden und Felder herum – verwüsten. 2013 wurden auf den Farmen so viele fahrbare Bewässerungsanlagen schwer beschädigt, dass Ersatzteile und Fachleute aus dem Ausland eingeflogen werden mussten, um die kilometerlangen Geräte vor Sommerbeginn zu reparieren.

Wenn der Himmel grau in grau ist und sich am Horizont eine Wolkenwand aufbaut, heißt das noch lange nicht, dass schlechtes Wetter

droht. Aber es könnte ein umwerfender Tag werden. Wobei „umwerfend" wörtlich zu nehmen ist, wenn man sich im Freien aufhält. Die berühmt-berüchtigte heftige Luftbewegung ist ein Nor'wester, das ist ein brühwarmer Wind aus Nordwest, ähnlich dem aus Süden wehenden Föhn im Alpenvorland. Im Flachland ist er als eine mächtige graue oder weiße Wolkenwand am Himmel zu erkennen, die von West nach Ost geschoben wird. Über der Südalpenkette ist der Himmel strahlend blau, und darüber bildet sich in Richtung Osten ein perfekter flacher Wolkenbogen (Nor'west arch), der auch am östlichen Horizont einen Fetzen blauen Himmels frei lässt. Wer's nicht weiß und drinnen sitzt, denkt, draußen ist es kalt, weil der Himmel trüb und die Sonne nicht zu sehen ist, aber es ist nur stürmisch. So stürmisch, dass man jegliches Haarstyling vergessen kann.

An den Südalpen-Kämmen kündigt sich ein Nor'wester mit der Bildung hoher Cirrus-Wolken an. Dem folgen dunkle Kumuluswolken, die sich dann wie ein Wasserfall über die Berge ergießen. Diese sogenannten „Hogsbacks"-Wolken haben ihren Namen von der sanften

135

Rundung eines Schweinerückens. Rollen sie über die höchsten Gipfel, regnet es nicht unbedingt, aber wenn sie über die niedrigeren Berge walzen und der heftige Wind in den Flusstälern und Ebenen Staub aufwirbelt, ist Regen unvermeidlich. Er kann innerhalb von zwei Stunden, aber auch erst nach zwei Tagen niederprasseln. Weiter im Osten, beispielsweise in Christchurch, bleibt es trocken, aber der warme Wind bläst alles um und weg, was nicht niet- und nagelfest ist.

Mit Hogsbacks kündigt sich auch ein Southerly an. Das ist allerdings ein eisiger Südwind aus der Antarktis, der Regen und Schnee bringt. Auf der Südhalbkugel bedeutet Süd kalt und Nord warm.

Die windigsten Jahreszeiten sind das Frühjahr und der Frühsommer mit pfeifenden Nor'westers, die gelegentlich von einem Southerly unterbrochen werden. Auch ein Easterly ist kalt und unangenehm. Egal, welche Jahreszeit gerade herrscht, es pfeift einem fast ständig irgendein Wind um die Ohren, weil die beiden Hauptinseln Neuseelands nicht wirklich groß sind und ziemlich einsam im Südpazifik liegen.

Besonders wild geht es in der Hauptstadt zu, die nicht von ungefähr den Beinamen „Windy Wellington" hat. Wenn's dazu noch regnet,

Federwolken über dem Lyttelton Harbour

bleibt man am besten zu Hause, denn der Regen fällt waagrecht, der Wind zerfetzt den Schirm. Gelegentlich werfen die Windböen sogar Fußgänger um oder diese halten sich krampfhaft an Ampeln fest, um nicht vom Winde verweht zu werden. Diese Bilder kommen dann im Fernsehen, weil der Kampf gegen die Elemente so amüsant ist, wenn man nicht selbst davon betroffen ist.

Die Neuseeländer finden die Stürme aber so normal, dass sie Fremdlinge für Spinner halten, wenn diese in Reiseforen jammern, dass der ewige Wind sie nervt. „Als gäbe es in ihren Heimatländern keinen Wind!", antworten sie abfällig – und das hat nur bedingt damit zu tun, dass Kritik an Neuseeland unerwünscht ist.

Doch Reisen bildet selbst den stolzesten Kiwi. In einer Serie der Sonntagszeitung „Sunday Star Times" berichten im Ausland lebende Neuseeländer, sogenannte „Expats", über ihre Wahlheimatorte, und darin erzählte eine Kiwi-Frau, warum München so wunderbar ist. Natürlich schwärmte sie vom Englischen Garten, dem Viktualienmarkt und der Frauenkirche. Aber am tollsten fand sie, „dass es in München keinen Wind gibt, es ist windstill". Der nächste Föhn kann kommen. Unbemerkt von Kiwis.

Winter-Zyklon über der Nordinsel im Juli 2008. Er brachte schwere Regenfälle, 70.000 Haushalte waren zeitweise ohne Strom

Nicht alles ist schlecht am stürmischen Wind. Weil die Südalpen nahezu im rechten Winkel zu den Westwinden stehen, bildet die Bergkette exzellente Bedingungen fürs Segelfliegen. Omarama ist zu einem Mekka für diesen Sport geworden, hier haben 1995 und 2007 Weltmeisterschaften stattgefunden. „The Wave" – die Welle – zieht die Piloten nach Omarama. Das sind die Winde, die an der Westseite der Südalpen aufsteigen und beim Abdriften an der Ostseite diesen Föhn-Effekt erzeugen. Damit kann man vortrefflich an den Kanten der Bergketten entlang segeln, auch wenn die Brisen viel unberechenbarer sind als in den europäischen Alpen.

Wer nur aus Spaß an der Freude fliegt, hat die Muße, um die grandiose Gebirgslandschaft in den Nationalparks um den Mt. Cook und den Mt. Aspiring zu bewundern. Die schwarzen, tiefen Täler erfordern jedoch höchste Konzentration, denn wenn man hier zu tief gerät, hat man keine Chance, wieder herauszukommen, und man benötigt eine Hubschrauber-Bergung. Der deutsche Pilot Herbert Weiß verunglückte bei der Grand-Prix-Weltmeisterschaft im Dezember 2007 in dieser Gegend tödlich.

Tornados

Tornados können sich in Neuseeland als Ausläufer tropischer Gewittersysteme, aber auch unbeeinflusst davon bilden und eine eng begrenzte Fläche verwüsten.

Einer der jüngeren Tornados, begleitet von einem mächtigen Gewitter, forderte Anfang Dezember 2012 im Westen von Auckland drei Menschenleben und hinterließ eine Schneise der Verwüstung. Sieben Schwerverletzte wurden in Krankenhäuser eingeliefert. 100 bis 150 Menschen wurden heimatlos. Das von Nordwest nach Südost ziehende Unwetter und ein Tornado wüteten später in einem Vorort von Rotorua, das 250 Kilometer südöstlich von Auckland liegt.

Die Orkanböen fegten mit ohrenbetäubendem Geheul und angsteinflößendem Donnergrollen durch die Region. Der zerstörerische Wind zerrte Wellblechdächer – in Neuseeland weit verbreitet – von den Häusern, fällte Strommasten, entwurzelte Bäume. Kamine kollabierten, Baugerüste stürzten um. Als eine Betonplatte von einem im Bau befindlichen Gebäude fiel, starben drei Bauarbeiter. Riesentrampoline, hierzulande auf vielen Grundstücken zu finden, flogen durch die Luft. In dem am schwersten betroffenen Vorort Hobsonville schossen Mülltonnen wie Granaten durch die Straßen. Schilderbrücken und Lärmschutzwände stürzten auf die Autobahn, die das Zentrum von Auckland mit den westlichen und nördlichen Vororten verbindet. Die Hauptverkehrsader zwischen Nord- und West-Auckland wurde wegen Überflutung gesperrt. Auch der im Süden der einzigen Millionenstadt Neuseelands gelegene Flughafen wurde aus Sicherheitsgründen für einige Stunden geschlossen.

Als vorübergehend Ruhe nach dem Sturm einkehrte, wurde das Ausmaß der Verwüstung offenbar. Nicht nur Garagen, Autos und Boo-

Tief hängende Wolken über Lyttelton

te waren in Hobsonville nur noch Schrott, sondern auch viele Häuser. Die 100 bis 150 heimatlos gewordenen Bewohner wurden in einer Notunterkunft an dem nur einen Kilometer entfernten und ebenfalls vom Sturm getroffenen Luftwaffenstützpunkt Whenuapai untergebracht.

Extrem starker Wind aus Nordwest ist, wie schon weiter oben beschrieben, um diese Jahreszeit in Neuseeland normal. Auckland kann außergewöhnlich schnelle Wetterwenden erleben, weil die Stadt an einem Isthmus liegt. Die Gegend erlebt immer wieder Tornados. Im Mai 2011 kam bei solch einem Sturm ein Mensch ums Leben. Auch die Region Taranaki weiter im Süden der Nordinsel (zwei Tote im Juli 2007) und der Nordwesten der Südinsel, wo die Stadt Greymouth (2005 und 2006 zwei Tornados innerhalb von 15 Monaten) besonders anfällig ist, werden regelmäßig von Wetterbomben heimgesucht. Jedes Jahr bilden sich in Neuseeland 20 bis 30 Tornados, die meisten richten jedoch nur relativ geringen Sachschaden an.

Der folgenschwerste Tornado, der das Land in den vergangenen 50 Jahren traf, war jener, der beim Untergang der von Lyttelton nach Wellington reisenden Fähre Wahine im April 1968 in der Hafenbucht von Wellington 53 Menschenleben forderte. Dieser Sturm war ein Ausläufer des tropischen Zyklons Gisele.

Neuseeland auf einen Blick

Die beiden Hauptinseln Neuseelands (Nord- und Südinsel), die südlich der Südinsel liegende Stewart Island sowie rund 700 kleinere Inseln sind die sichtbaren Spitzen des Kontinents Zealandia, der halb so groß ist wie Australien und sich vor rund 83 Millionen Jahren vom Gondwana-Superkontinent löste. Das große unterseeische Terrain beschert dem Land eine extensive Fischereizone.

Landfläche: 268.021 km² (Nordinsel 113.729 km², Südinsel 150.437 km², Stewart Island 1.680 km²), ungefähr so groß wie die Bundesrepublik Deutschland vor der Wiedervereinigung.

Länge: ungefähr 1.500 km.

Küstenlinie: 19.883 km.

Lage: zwischen dem 34. und 47. Breitengrad im Südpazifik, von den Subtropen bis in die Subantarktis, rund 2200 km südöstlich von Australien und ebenso weit südlich von den südlichsten polynesischen Inseln Neukaledonien, Fidschi und Tonga.

Einwohnerzahl: geschätzte 4,79 Millionen (Stand 1. Mai 2017), basierend auf dem Zensus vom 5. März 2013. Die Südinsel übertraf 2013 erstmals die Millionenmarke. Größte Städte (Stand Juni 2016 laut Statistics NZ): Auckland 1,614 Millionen, Christchurch 375.000, Wellington 207.900, Hamilton 161.200, Tauranga 128.200, Dunedin 127.000. – Hauptstadt: Wellington. – Anmerkung: In den Großräumen Christchurch und Wellington wohnen ungefähr gleich viele Leute.

Extrempunkte

Wenn Neuseeländer die Länge ihres Landes definieren und Anfangs- und Endpunkt der 1500 Kilometer langen Durchquerung festlegen, sagen sie, die Reise geht von Cape Reinga bis Bluff. Es sind die Extrempunkte, die jeder kennt. Oder zu kennen glaubt. Denn beides ist falsch.

Das **Cape Reinga** ist nicht, wie die meisten glauben, der nördlichste Punkt der Hauptinseln Neuseelands, sondern die **Surville Cliffs am North Cape** 30 Kilometer weiter im Osten, am Ende der Aupouri-Halbinsel. Diese Klippen liegen drei Kilometer nördlicher als das Cape Reinga, das für die Maori ein heiliger Ort ist. Sie glauben, dass ihre Toten von hier die spirituelle Rückreise in ihr Heimatland Hawaiki antreten. Am Cape Reinga prallen die Wellen der Tasman-See und des Pazifiks, sichtbar an einer schaumgekrönten beweglichen Linie, aufeinander.

Der südlichste Punkt ist **Slope Point**, der fünf Kilometer weiter südlich liegt als der Stirling Point in Bluff. Der falsche Eindruck entsteht oft, wenn man auf Landkarten schaut, auf denen die Nord-Süd-Achse nicht als Vertikale ausgerichtet ist. Die Hauptrichtung von Neuseelands Hauptinseln ist nicht Nord/Süd, sondern Nordost/Südwest.

Landschaft auf der subantarktischen Campbell-Insel

Das auf der Nordinsel gelegene **East Cape** ist tatsächlich der östlichste Punkt des Festlands.

Der westlichste Punkt, das **West Cape**, liegt in der Nähe des Dusky Sound in Fiordland.

Der östlichste Punkt der Nordinsel ist das **Cape Palliser**, östlich von Wellington, der westlichste Punkt das **Cape Maria van Diemen**, das südwestlich des Cape Reinga liegt – also weiter westlich als der Westzipfel der Region Taranaki mit dem gleichnamigen Vulkan.

Der östlichste Punkt der Südinsel heißt verwirrenderweise **West Head,** weil er die westliche Seite des Eingangs zum Tory Channel in den Marlborough Sounds markiert. Der nördlichste Punkt ist das **Cape Farewell** auf dem Farewell Spit.

Die **äußeren Grenzen** neuseeländischen Territoriums liegen allesamt auf Inselgruppen.
Nord: Nugent Island (Kermadec Islands)
Süd: Jacquemart Island (in der Gruppe der Campbell Islands)
West: Cape Lovitt (Auckland Islands)
Ost: Forty-Fours/Motuhara (östlich der Chatham Islands)

Die Chatham Islands liegen rund 800 Kilometer östlich der Südinsel und die unbewohnten Kermadec Islands 1.000 Kilometer nordöstlich von Auckland. Südlich der Hauptinseln befinden sich die subantarktischen Inseln: die Bounty Islands (690 km südöstlich von Christchurch, bestehend aus 22 kleinen Granit-Inseln), die Snares Islands (200 km südlich der Südinsel), die aus den Überresten zweier Vulkane bestehenden Auckland Islands (465 km südlich von Bluff) und die Campbell Islands (700 km südlich des Festlands und 2.000 km nördlich der Antarktis). Die nächstgelegene „Insel" westlich der beiden Hauptinseln ist Australien …

Kapitel 2
Flora und Fauna

Flora und Fauna

Neuseelands einzigartige Lebewelt

Der Anteil endemischer Pflanzen und Tiere, also Arten, die es nur hier und nirgendwo anders gibt, ist in Neuseeland außergewöhnlich hoch. Von den 2.500 Spezies einheimischer Koniferen (Podocarpaceen, Steineiben), Laubbäume und Farne kommen mehr als 80 Prozent nur hier vor.

Der Grund für den Reichtum an außergewöhnlichen Lebewesen ist die Tatsache, dass Zealandia - ein überwiegend unter Wasser liegender kleiner Kontinent, zu dem Neuseelands Inseln gehören - vor langer Zeit vom Gondwana-Urkontinent getrennt wurde und seit rund 83 Millionen Jahren vom Rest der Welt isoliert ist. Flora und Fauna passten sich beim Übergang von tropischem zu gemäßigtem Klima an die neuen Bedingungen an und entwickelten Arten, die einzigartig sind.

Lediglich drei Wirbeltiergruppen schafften es nicht bis in die Gegenwart: die Säugetiere, deren Existenz nach neueren Erkenntnissen wahrscheinlich im Miozän endete, die Landschlangen, die sich nicht an eiszeitliche Bedingungen anpassen konnten, und die Saurier, die, wie auch in anderen Teilen der Erde, zum Ende der Kreidezeit vor rund 65 Millionen Jahren ausstarben. Der letzte entfernte Verwandte der Dinosaurier, die Tuatara (Brückenechse), wird als lebendes Fossil gefeiert - was nicht ganz richtig ist, denn diese Reptilienart mag zwar uralt sein, aber wenn sie sich wie ein Fossil im Lauf der rund 240 Millionen Jahre ihrer Existenz den wechselnden Bedingungen nicht immer wieder angepasst hätte, würde auch sie nur noch als Gesteinsabdruck existieren.

Heute ist die Tuatara, wie so viele Pflanzen und Tiere, vom Aussterben bedroht bzw. kann nur auf Inseln überleben, weil zunächst die

Endemische und vom Aussterben bedrohte Takahe auf Tiritiri Matangi. Sie sind flugunfähige, nahe mit dem australasischen Purpurhuhn verwandte Rallen

Maori, dann die englischen, später auch die anderen europäischen Einwanderer mit den unberührten Ökosystemen, die sie vorfanden, Schindluder getrieben haben. Die Maori, die sich heute als Hüter der Natur sehen, brannten auf der Jagd nach dem Moa viele Wälder nieder. Die Europäer, die den größten Laufvogel der Welt schon nicht mehr erlebten, holzten große Teile dessen, was noch übrig war, ab, um die Inseln in Farmland zu verwandeln – das Neuseeland der Schafe und, jetzt in steigendem Maße, der Milchkühe entstand.

Vor der Ankunft des Menschen waren die Hauptinseln zu 78 Prozent mit Wald bedeckt, heute sind es nur noch 24 Prozent, plus sechs Prozent Nutzwälder, die aus tristen Monokulturen der Monterey-Kiefer bestehen – und zu Mondlandschaften werden, wenn alle Bäume einer Plantage gleichzeitig geschlagen werden. 14 Prozent der Landfläche waren und sind alpine Zonen. Seen, Flüsse, Sümpfe, Dünen und Strauchlandschaften sowie baumlose Trockengebiete der Südinsel machen jeweils vier Prozent aus. Diese „Drylands" sind aus Eisfeldern entstanden.

Mit seinem abweisenden Wüstencharakter hat sich vor allem das Mackenzie Country um die Seen Tekapo und Pukaki zu einer Neuseeland-typischen Traumlandschaft entwickelt, die Besucher in ihren Bann zieht. Doch um ihre Existenz kämpfende Farmer und multinationale Farmkooperativen sind darauf versessen, diese für Ackerbau und Viehzucht völlig ungeeignete Region mittels kilometerlanger Bewässerungsanlagen in grünes Weideland zu verwandeln.

Mit den Einwanderern kamen Säugetiere, als erstes die Polynesische Ratte (Kiore) und der polynesische Hund (Kuri), sowie dominante Vogelarten und invasive Schädlingspflanzen ins Land, die vielen außergewöhnlichen Arten den Garaus bereiteten. Seit der Ankunft der ersten Einwanderer vor 800 bis 1.000 Jahren sind 48 Prozent von mehr als 60 nur in Neuseeland vorkommenden Vogelarten ausgestorben. Die Naturschutzbehörde DOC stufte in ihrer Statistik von 2012 von den 473 in Neuseeland vorkommenden Vogelarten 77 als „vom Aussterben bedroht" und 92 Arten als gefährdet ein. Bei der Zählung von 2008 wurden auf der Südinsel das letzte Mal Neuseeland- oder Grünohrenten (Pateke) gefunden, deshalb gilt sie dort jetzt als ausgestorben. Insgesamt erging es 20 Spezies ähnlich. Erfreulicherweise erholten sich die Bestände von zwölf Arten.

Prof. Dave Kelly von der Universität von Canterbury in Christchurch, der ein Experte auf dem Gebiet der Befruchtung von Bäumen

Blühende Keulenlilien (Englisch: Cabbage Tree = Kohlbaum) der endemischen Art Cordyline australis

Ein Schwarzdelfin vor der Küste Kaikouras

durch Vögel ist, zitiert den US-Evolutionsbiologen und Biogeographen Jared Diamond, der schon 1984 sagte: „Neuseeland hat keine Vogelwelt, sondern lediglich die Überreste davon." Andere Wissenschaftler sprechen von Neuseelands „stillen Wäldern", die nicht mit Vogelgezwitscher erfüllt sind wie zum Beispiel tropische Regenwälder, und die meisten Vögel hierzulande sind auch nicht knallbunt, sondern gut getarnt.

Das hilft arglosen, flugunfähigen Vögeln im Überlebenskampf mit den rund 60 Millionen Possums (Fuchskusu – die Zahlen variieren je nach Quelle zwischen 35 und 90 Millionen), dem Staatsfeind Nummer eins, den Marder-Arten Hermelin, Frettchen und Mauswiesel sowie Ratten, Katzen und Hunden jedoch nicht wirklich. Und der schlimmste Schaden, den beispielsweise das Possum anrichtet, ist nicht einmal dessen Appetit auf Vogelküken, sondern der auf die frischen Sprosse jener Bäume, die eigentlich den Vögeln Nahrung bieten sollen. Nacht für Nacht fressen Possums Millionen Bäume kahl. Jede Nacht verschlingen sie insgesamt rund 20.000 Tonnen Blätter, Beeren, Früchte und junge Triebe. Deshalb sind auch viele Pflanzenarten verschwunden oder zu Raritäten geworden, wie zum Beispiel die einheimischen Misteln.

Viele Bäume sind auf die Bestäubung und Samenverteilung durch Vögel angewiesen, und zwar mehr als in jedem anderen Land der Welt. Das Szenario ist klar: Zu viele vierbeinige Feinde verursachen geringere Vogelbestände, das wiederum führt zu einem Rückgang jener Baumarten, die zur Fortpflanzung Vögel benötigen. In der Folge wird es mehr Bäume geben, deren Bestäubung mittels Insekten und Wind vonstatten geht. „Die Zusammensetzung der Wälder wird sich allmählich verändern, wenn wir unsere Vogelbestände nicht halten können", sagt Prof. Kelly.

Bevor die ersten Menschen vor 800 bis 1.000 Jahren einen Fuß in das Land der langen, weißen Wolke setzten, war Neuseeland tatsächlich das Naturparadies, von dem die Tourismuswerbung schwärmt. Außer drei kleinen Fledermaus-Arten waren die Inseln frei von Landsäugetieren und -schlangen. Dafür gab und gibt es außergewöhnlich viele Arten von Skinken (Glattechsen) und Geckos, die durch die Berichterstattung über erstaunlich viele ertappte deutsche Reptilienschmuggler in jüngerer Vergangenheit ins Bewusstsein der Bevölkerung gerückt sind. Sie legen, von einer Ausnahme abgesehen, keine Eier, sondern bringen ihren Nachwuchs lebendig zur Welt. Die

Zahl riesiger fleischfressender Schnecken, die auch nicht davor halt-machen, ihre Verwandten zu verspeisen, ist ebenfalls beeindruckend. Einige Froscharten entwickeln sich ohne Kaulquappen-Stadium und quaken nicht, sondern piepsen.

Mangels natürlicher Feinde entwickelten sich flugunfähige Vögel mit Säugetier-Merkmalen, allen voran der skurrile Kiwi mit seinen Katzenschnurrhaaren, der unerschrockene Weka, der noch größe-re Takahe und der extrem seltsame Kakapo, die jetzt allesamt ohne Schutzmaßnahmen kaum eine Überlebenschance hätten. Sie füllten die ökologischen Nischen bodenbewohnender Säugetiere. Selbst vie-len fliegenden Vögeln scheint eine Art Angst-Gen im Lauf der Jahr-millionen abhandengekommen zu sein, so zutraulich sind sie. Man-che, wie der Pukeko, der in freier Wildbahn relativ scheu ist, fliegen nur in extremen Gefahrensituationen.

Die weitgehende Abwesenheit von Fressfeinden erklärt auch die vie-len Arten großer, flugunfähiger Käfer und anderer Insekten. In dieser Kategorie gilt der Weta, der wie eine große, aber flügellose Heuschre-cke aussieht, als Dinosaurier unter den Insekten. Seine Fossilgeschich-te kann fast 200 Millionen Jahre zurückverfolgt werden; seine Lebens-weise entspricht jener von Ratten und Mäusen. Sprich: Der Weta ist ein klassischer Vertreter der säugetier-freien Zeit Neuseelands.

Über die Herkunft zahlreicher Pflanzen rätseln die Botaniker auch heute noch. Es herrscht jedoch Konsens darüber, dass zu den vor-handenen gondwanischen Spezies andere, vornehmlich subtropische Arten hinzugekommen sind, zum Beispiel die Nikaupalme, Neusee-lands einzige endemische Palme. Versteinerte Wälder, wie jener von Curio Bay in den Catlins, beweisen, dass es einige Podocarpaceen wie Kauri und Rimu, Farne und Südbuchen schon zu Zeiten des Su-perkontinents vor mehr als 100 Millionen Jahren gab. Es muss also ähnliche Arten in anderen Weltgegenden geben, die Teil Gondwanas waren. Tatsächlich ist der Kauri mit Araukarien-Arten in Australien, Südamerika, Neukaledonien und Malaysia verwandt, und ähnlich ist es im Tierreich: Selbst der Kiwi steht nicht ganz alleine da. Er ge-hört mit den Straußen, Emus, Kasuaren und Nandus zur Ordnung der Laufvögel.

Es ist ein täglicher Kampf, die Einzigartigkeit der neuseeländischen Flora und Fauna zu bewahren und eine Balance zwischen Natur-schutz und wirtschaftlichen Interessen von Individuen und Staat zu finden (siehe Kapitel Naturschutz und Umweltwandel).

Brachyglottis bellidoides am Porters Pass

Flora

Die Wälder

Vier Passstraßen und eine vom TranzAlpine touristisch genutzte Bahnstrecke verbinden die Ost- und Westküste auf der Südinsel. In der Nordhälfte sind dies die Kawatiri Junction (SH 6 von Nelson und Blenheim), Lewis Pass (SH 7) und Arthur's Pass (SH 73) sowie im Süden der Haast Pass (SH 6). Wer die Augen offen hält, nimmt auf einer Fahrt von Ost nach West – und natürlich auch umgekehrt – einen dramatischen Wechsel der Vegetation wahr, die zahlreiche typische Erscheinungsformen des neuseeländischen Waldes und der Graslandschaften repräsentiert.

Es geht durch die trockenen Gebiete des Ostens, deren einziger Bewuchs oft nur anspruchslose Kanuka-Bäume, struppige, dornige Büsche, Keulenlilien und Gräser sind, inklusive den mit Tussockgrasbüscheln getupften Ebenen und Berghängen, die für Neuseeland so typisch sind, aber immer seltener werden. An die ockerfarbenen Hochebenen, deren einziger Farbtupfer bisweilen die von Touristen geliebten, aber von Naturschützern gehassten Lupinen am Straßenrand und in Flussbetten sind, schließen sich die einfach strukturierten Südbuchenwälder und Gebirgsmoore der höheren Regionen an.

Die Südbuchen werden abrupt durch die extrem artenreichen, feuchten Mischwälder abgelöst, die aus kleinblättrigen, uralten Steineiben-Arten sowie (Baum-)Farnen, Myrtengewächsen, Palmen, Kletter- und Schmarotzerpflanzen bestehen. Die Baumfarne wirken wie hellgrüne Kleckse in einem von Dunkelgrün dominierten Landschaftsbild. Diese dichten Wälder haben mit den Mischwäldern der nördlichen Hemisphäre nicht viel zu tun. Vielmehr ähneln sie mit ihrem fünfschichtigen Aufbau den tropischen Regenwäldern. Dies trifft auch auf die legendären Kauri-Wälder des Nordens zu, deren mittlerweile streng geschützten Bestände von abholzungswütigen Einwanderern schwer dezimiert und in jüngerer Vergangenheit von einer tödlichen Kaurikrankheit heimgesucht worden sind.

Neben dem Silberfarn und der Keulenlilie (Cabbage Tree), die Touristen oft fälschlicherweise für eine Yucca-Palme halten, ist der auf der Nordinsel weit verbreitete Pohutukawa ein Symbol für das Land der

Ein rot blühender Rata neben einer Nikaupalme, Kohaihai River, Südinsel

Linke Seite: Blätter, männliche und weibliche Zapfen eines Kauris

Baumfarne von oben gesehen bei Hokitika (oben)
Herbstfarben wie am Lake Hayes sind für Neuseeland untypisch (Mitte)
Baumgrenze, Craigieburn Range, Arthur's Pass National Park (unten)

Kiwis geworden. Da die knorrigen Riesen aus der Familie der Myrtengewächse rund um die Weihnachtszeit die Küsten mit einem roten Blütenband schmücken, werden sie auch „Neuseelands Christbaum" genannt. Eigentlich passend, wenn man bedenkt, dass viele Leute Weihnachten hierzulande am Strand verbringen. Das farbliche und zudem eng verwandte Pendant auf der Südinsel ist der Rata.

Ein wichtiges Merkmal aller neuseeländischen Wälder ist, dass sie immergrün sind. Nur wenige sommergrüne Büsche und Bäume, zum Beispiel die Baumfuchsie und der Kowhai, werfen im Herbst ihr Laub ab wie europäische Eichen, Buchen, Birken oder Ulmen. Einheimische Pflanzen eignen sich deshalb besonders gut für Hecken, die das ganze Jahr über sowohl guten Sichtschutz als auch Vögeln Unterschlupf und Nahrung bieten. Das Grün hat zudem therapeutische Wirkung im Kampf gegen den Winterblues.

Auf der anderen Seite bedeutet es, dass die Farbenpracht eines „Indian Summer" in Neuseeland nur punktuell zu bewundern ist, üblicherweise in Städten und Botanischen Gärten, wo exotische, sprich europäische Laubbäume angepflanzt wurden. Hier ragt Christchurch mit seinem englischen Erbe sicherlich heraus. Auckland und Wellington werden von natürlich vorkommenden Pohutukawas dominiert und bleiben im Herbst grün.

Ebenso untypisch für Neuseeland ist auch der Goldene Herbst, der Ende April/Anfang Mai in Arrowtown mit einem Festival gefeiert wird. Die ursprünglich nackten Berge und Täler rund um den idyllischen Goldgräber-Ort nahe Queenstown wurden vornehmlich mit Pappeln bepflanzt, die sich im Herbst gelb färben. Dazu noch einige Bäume mit rotem und orangefarbenem Laub, fertig ist der Romantik-Look. Die perfekten Spiegelungen des gelb-gefärbten Laubs der invasiven Trauerweiden und der imposanten Remarkables im angrenzenden Lake Hayes suchen ihresgleichen. Auch die Seepromenade in Wanaka und die Strecke vom Lake Dunstan nach Roxburgh bieten einen herbstfrohen Anblick, ebenso wie die Ufer von einigen Seen und Flüssen im ansonsten baumfreien Mackenzie Country zwischen Fairlie und dem Lindis Pass. Aber all das sind natürlich Farbtupfer, die nichts mit der einzigartigen Pflanzenwelt Neuseelands zu tun haben.

Die Baumgrenze in den alpinen Gebieten sinkt aufgrund der klimatischen Unterschiede von Nord nach Süd. Während die Südbuchenwälder am Mt. Ruapehu und in der Kaweka Range bis auf etwa 1.500 Meter Höhe reichen, wachsen sie in der Tararua Range nur noch

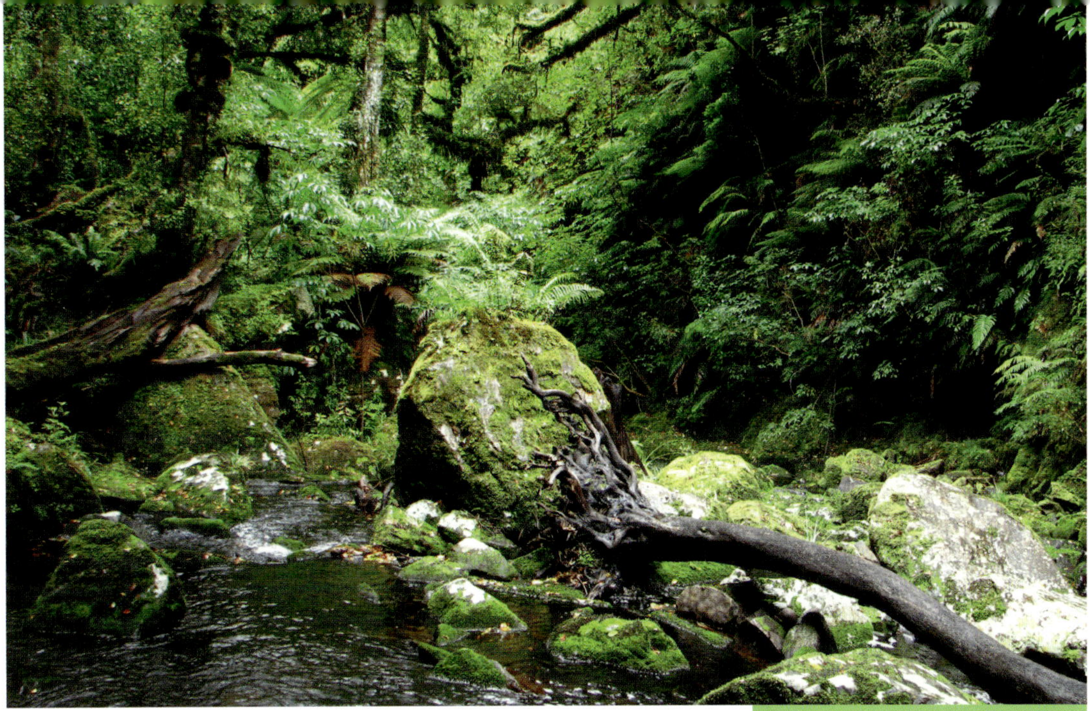

Regenwald am Mount Fox auf der Südinsel

bis 1.200 Meter und in den Bergen Fiordlands lediglich bis 900 Meter. Die alpine Flora Neuseelands umfasst laut Alan F. Mark („Above the Treeline") mehr als 750 Arten. 93 Prozent dieser Pflanzen sind endemisch. Die Blumen haben fast ausnahmslos weiße oder gelbe Blüten.

Mischwälder und Regenwald – Sinfonie in Grün

Die englische Bezeichnung „Podocarp-broadleaf forest" bezeichnet die vielschichtigen, artenreichen Regenwälder Neuseelands. Die Podocarpaceen oder Steineiben sind die Koniferen der südlichen Hemisphäre. Sie ragen über das Kronendach der schattentoleranten, immergrünen Laubbäume (broadleaf), Farne und niedrigeren, größtenteils blühenden Büsche hinaus. Die bekanntesten Arten dieser Harthölzer sind Kauri, Rimu, Kahikatea und Totara.

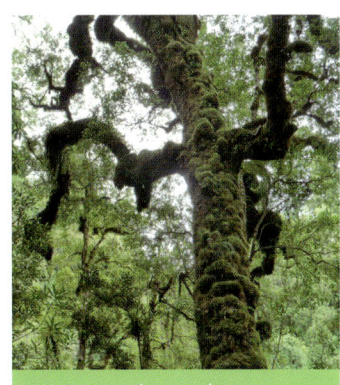

Mit Moos überwucherter Baumstamm, Oparara Basin

Ein feucht-warmes bis temperiertes Klima mit reichlich Regen ist die Voraussetzung für die Existenz dieser Wälder, die in Northland, an der Westküste der Südinsel und auf Stewart Island am prominentesten vertreten sind. Während in Northland der Kauri die dominierende Podocarpaceen-Art ist, sind die von Rimu beherrschten Wälder im ganzen Land verbreitet.

Warzeneiben (Kahikatea) über-ragen die Kronendächer der Regenwälder

Giant Totara im Peel Forest

Da die Westküste seit jeher eine entlegene Gegend gewesen ist, blieb der dortige Regenwald jahrhundertelang unberührt. Viele der himmelhoch über die Kronendächer ragenden Kahikateas (Warzeneiben, in Neuseeland auch „White pine"/Weißkiefer genannt) sind 700 oder gar 800 Jahre alt. Sie sind im zentralen Abschnitt der Westküste am weitesten verbreitet. Oft sieht man kleine Gruppen von Kahikatea und andere dieser langsam wachsenden Harthölzer einsam auf den Viehweiden entlang der Küste stehen. Sie sind Überlebende der Urwälder, die für die Landwirtschaft abgeholzt wurden.

Die natürlichen Gegebenheiten der Westküste sind ein Glücksfall für den Erhalt dieser einzigartigen Wälder. Zum einen ist der Landstrich zwischen dem Meer und dem Fuß der Südalpen schmal, zum anderen ist der harte Boden mit seinem hohen Eisengehalt von minderer Qualität, so dass er für den Ackerbau ungeeignet ist. Er taugt allenfalls für die Viehwirtschaft, und das auch nur, wenn mit Dünger großzügig nachgeholfen wird (siehe Kapitel Milchwirtschaft).

Der typische Aufbau eines Misch- bzw. Regenwalds ist vier- bzw. fünfschichtig (wobei beim vierschichtigen Aufbau lediglich die Strauch- und die Bodenschicht als Einheit zusammengefasst werden):

1. Überständer: Das sind die höchsten Exemplare der Podocarpaceen/Steineiben, meist 30 bis 40 Meter hohe Kauri (im hohen Norden), Kahikatea, Totara, Rimu und gelegentlich Nordinsel-Rata, die über das Kronendach hinausragen.
2. Kronendach: Es besteht aus 20 bis 25 Meter hohen Steineiben wie Totara, Rimu, Rata, Matai und Miro, die mit ihren dichten Kronen das direkte Sonnenlicht zurückhalten. 17 der 20 einheimischen Koniferenarten wachsen in diesen Wäldern.
3. Untere Kronenschicht: Hier dominieren – 10 bis 15 Meter hoch – blühende Laubbäume wie Neinei (*Dracophyllum langifolium*), Araliengewächse, Kowhai, Baumfuchsie, Nikaupalme und zahlreiche Baumfarne.
4. Strauchschicht: Sie ist 3 bis 8 Meter hoch und umfasst Pflanzen wie Kawakawa, viele der mehr als 100 Koprosma-Arten, mittelhohe Baumfarne, kleine Bäume und künftige Baumriesen im Frühstadium.
5. Bodenschicht: Diese setzt sich aus einer Unzahl niedriger Farne sowie Moosen, aber auch Bodenorchideen zusammen – und natürlich von nachsprießenden Pflanzen.

Diese Schichtung nach Wuchshöhe wird durchbrochen von Kletter-, Aufsitzer- und Schmarotzerpflanzen sowie Kriechfarnen, die für die Ähnlichkeit von Neuseelands Mischwäldern mit tropischen Regenwäldern sorgen. Die moosüberwucherten Baumstämme, Ratas, die ihre Luftwurzeln um ihre Wirtsbäume schlingen, die wie Schleier von Ästen hängenden Moosbärte (die auch in Buchenwäldern vorkommen) und die aufgerollten Farnwedel verleihen diesen dichten Baumkommunen den geheimnisvollen und märchenhaften Touch, der Wanderern und Spaziergängern das Gefühl gibt, sie marschierten direkt durch die Zauberwälder der „Herr der Ringe"-Trilogie. Es ist eine Sinfonie in Grün, in der kein Farbton eines überladenen Malkastens fehlt.

Podocarpaceen (Steineiben) und andere Koniferen

Wer im oder am Rande des Regenwalds lebt, ist sicherlich irgendwann in der Lage, sämtliche Arten zu erkennen, ohne auf den Baum zu steigen und Blätter bzw. Nadeln mit Fotovorlagen in Büchern zu vergleichen. Das Problem ist, dass Bäume aus der Ferne fast nie die gezeichnete Idealform besitzen. Und ein Baum, der bis zu 30 Metern hoch werden kann, ist natürlich fast nie genau 30 Meter hoch, damit man ihn besser von einem Baum unterscheiden könnte, der höchstens 20 Meter hoch wird. Aus der Nähe wird es schon einfacher, denn dann kann man die Blätter bzw. Nadeln, die Blattunterseiten und die manchmal typischen Stämme studieren. Wenn man Glück hat, blüht ein Baum oder hängt voll mit knallbunten Scheinfrüchten.

Der Kauri aus der Araukarien-Familie sowie die einheimischen Zypressen Kaikawaka und Kawaka haben echte Samenzapfen. Die Samen der 17 Steineiben-Arten haben keine Hüllen, sondern lediglich einen sogenannten Samenmantel und sitzen an der Spitze von bunten Scheinfrüchten. Diese locken Vögel an, die wiederum am Ende des Verdauungsvorgangs die Samen verbreiten. Die Samen von Kauri und Co. werden durch den Wind transportiert. Je nach Art sitzen Pollen- und Samenzapfen auf demselben oder unterschiedlichen Bäumen.

Auf detailliertere fachliche Beschreibungen sei an dieser Stelle verzichtet. Wer jeden Baum oder Busch am Wegesrand identifizieren möchte, benötigt einen Naturführer, der so großartig bebildert ist wie der „Nature Guide to the New Zealand Forest" von John Dawson und Rob Lucas (Godwit-Verlag) oder das mehrere Kilo schwere Stan-

Eine verwirrende Namensvielfalt

Aufgrund der hohen Zahl einheimischer Arten ist die Maori-Bezeichnung vieler Bäume und Sträucher der geläufigste Name. Oft aber haben die Maori – je nach Stamm (Iwi) – für ein- und denselben Baum mehrere Namen oder nur einen Namen für unterschiedliche Bäume. Dasselbe ist mit einigen englischen Bezeichnungen der Fall. Für eine Unzahl neuseeländischer Pflanzen gibt es keinen deutschen Begriff. Deshalb ist der botanische, also lateinische, Name die einzige absolut verlässliche Bezeichnung. Im Folgenden ist der gebräuchlichste Name vorangestellt, sei es nun Maori oder Englisch – und in einigen wenigen Fällen Deutsch, sofern der Name in der deutschsprachigen Literatur geläufig ist.

Die Rimu-Harzeibe: feine Nadeln an hängenden Zweigen

dardwerk „The Native Trees of New Zealand" von J.T. Salmon. Alpine Pflanzen sind in „Above the Treeline" von Alan F. Mark aufgelistet, und in Souvenirläden und Buchhandlungen gibt es dünne Büchlein, in denen die wichtigsten Bäume, Farne und Blumen abgebildet sind.

Ein wichtiger Hinweis zu den englischen Beinamen einiger Bäume. Der Rimu wird beispielsweise als „Red Pine" (Rotkiefer) und der Kahikatea als „White Pine" (Weißkiefer) bezeichnet. Diese Namen sind irreführend, da die Nadelbäume Neuseelands keine Kiefern sind, sondern Steineibengewächse. Die Trivialnamen werden jedoch höchst selten verwendet, die meisten Bäume sind mit ihren Maori-Namen bekannt. Die meisten Steineiben-Arten haben keine Nadeln im ursprünglichen Sinne, sondern lederartige lanzettliche (längliche) Blätter, die meist auch einen Mittelnerv besitzen.

Rimu (*Dacrydium cupressinum*; Rimu-Harzeibe)

Eine Steineibenart, die man immer – auch aus der Ferne – erkennt, ist der Rimu mit seinen winzigen, extrem feinen Nadeln, die spiralförmig angeordnet sind. Die Äste und auch die Zweiglein hängen zudem nach unten und sehen aus wie ein tiefgrünes, kaskadenförmiges Schleiergebilde. Das ist besonders bei jungen Bäumen ganz stark ausgeprägt. Rimus können bis zu 60 Meter hoch und 800 bis 900 Jahre alt werden, meistens sind sie aber bis zu 35 Meter hoch. Sie sind die am weitesten verbreitete Koniferen-Art Neuseelands.

Recyceltes Rimu-Holz ist in Häusern stark verbreitet, als Möbel, Wandpaneele, Sockelleisten, Türen sowie Tür- und Fensterrahmen. Das Holz ist rötlich, ähnlich der honigfarben gebeizten europäischen Kiefer, daher auch der Trivialname „Red Pine" (Rotkiefer). Das Fällen von Rimu in öffentlichen Wäldern ist verboten.

Der vom Aussterben bedrohte Kakapo liebt die roten „Früchte" des Rimu und in sogenannten Mastjahren – wenn die Bäume sie massenhaft produzieren – ist der flugunfähige Eulenpapagei besonders fortpflanzungsfreudig.

Kahikatea (*Dacrycarpus dacrydioides*; Neuseeländ. Warzeneibe)

Kahikateas, auch „White Pine" (Weißkiefer) genannt, erkennt man am besten aus der Ferne und daran, dass sie über das Kronendach hinausragen. Oder man sitzt im McCafé der Riccarton Mall in Christchurch, denn von dort blickt man direkt auf die Baumriesen im Riccarton/Deans Bush, wo auch noch das aus Kauriholz bestehende

Junger Rimu-Stamm

eisig-kalte Cottage der Gründerfamilie Deans steht. Die ansehnliche Baumgruppe ist ein kleines Wunder, denn diese Kahikateas sind die einzigen überlebenden Exemplare des Urwalds im trockenen Osten der Südinsel, noch dazu mitten in einer Stadt und in einem Klima, das völlig ungeeignet für diese feuchtigkeitsliebende Spezies ist. Ohne regelmäßige Bewässerung würden die Riesen denn auch sang- und klanglos eingehen.

Die winzigen, fleischigen Nadeln des Kahikatea sind schuppenförmig um den Zweig verteilt; lediglich im Jugendstadium erinnern sie an Tannenbäume. Die Beeren sind rot. Die Spezies ist der dominante Baum in den Feuchtgebieten des Tieflands, wo er eine Gemeinschaft mit Pukatea (*Laurelia novae-zelandiae*; neuseeländischer Lorbeerbaum) und dem ebenfalls immergrünen *Syzygium maire* (Englisch: Swamp Maire) bildet. Kahikateas – inklusive jenen im bewässerten Riccarton Bush - haben weit verzweigte mächtige ondulierte Luftwurzeln, die ihnen auf dem schwammigen Untergrund guten Halt geben. Am Rande der Sumpfgebiete und an den angrenzenden Hängen dominiert dann wieder der Rimu.

Kahikateas können bis zu 60 Meter hoch werden. Als Überständer über dem Kronendach sehen sie windzerzaust aus. Der höchste Kahikatea Neuseelands steht anscheinend im Pirongia Forest Park (West-Waikato) und ist mehr als 55 Meter hoch.

Wie Kauri und Rimu dürfen Kahikateas nur mit Sondergenehmigung geschlagen werden. Die Art wurde nach der Besiedlung des Landes im Übermaß gefällt, weil das Holz leicht, sauber und geruchslos ist. Es eignete sich deshalb besonders gut als Material für Transport-

Nadeln und männlicher Zapfen eines Totara

Matais haben weiche, flache Blätter, deren Unterseiten weiß sind und die Spitzen abgerundet (oben)
Ihre Rinde sieht aus wie gehämmert (unten)

kisten, in denen Ende des 19. Jahrhunderts große Butterblöcke nach England exportiert wurden.

Totara (*Podocarpus totara*)

Die ledrigen Nadeln des Totara, der üblicherweise 20 bis 30 Meter hoch wird und eine ausladende Form hat, sehen aus wie eine Zwergform der Kauriblätter. Der Stamm hat bis zu zwei Meter Durchmesser und ist damit dicker als der von Kahikatea und Rimu. Die Rinde ist dick und schnurartig, die einzelnen Bahnen lösen sich leicht ab; die Farbe ist rotbraun bis ocker. Die „Früchte" sind rot. Die Rekordbäume stehen in der Region Waikato, sind um die 50 Meter hoch, und die Stämme haben einen Durchmesser von mehr als vier Metern. Da das Holz verwitterungsbeständig und leicht zu bearbeiten ist, benutzten es die Maori gerne zur Herstellung von Kanus.

In höher gelegenen Regionen und auf unfruchtbareren Böden gibt es die Totara-Unterarten *Podocarpus hallii* (Hall's Totara; Mountain Totara) und *Podocarpus acutifolius*. Letzterer ist oft nur ein Busch. Da seine Nadeln kürzer und dünner als jene des Totara sind, wird der Strauch auch „Needle-leaved totara" genannt. Der Hall's Totara wird bis zu 20 Meter hoch und unterscheidet sich vom Totara vornehmlich durch die Rinde, die dünn und papierartig ist.

Matai (*Prumnopitys taxifolia*)

Die Blätter dieses bis zu 25 Meter hohen Baumes sehen aus wie Tannennadeln, sind aber weicher, flacher und in zwei von einem dünnen Zweig ausgehende parallele Reihen angeordnet. Die Unterseiten sind weiß und die an der Spitze gerundeten Blätter gerade. Die Scheinfrüchte sind schwarzblau und rund, fast wie Heidelbeeren. Die Stämme haben bis zu zwei Meter Durchmesser und die Rinde sieht aus wie gehämmert, wenn große Flocken abfallen und rotbraune Flecken hinterlassen. Das Holz ist hart und resistent gegen Holzwurm. Matai wird auch „Black Pine" (Schwarzkiefer) genannt und kommt überall vor, bloß nicht auf Stewart Island, bevorzugt im Tief- und Schwemmland sowie auf Vulkanasche in Tiefebenen.

Miro (*Prumnopitys ferruginea*)

Dieser Baum kann leicht mit Matai verwechselt werden, aber die ebenfalls weichen, jedoch spitzig endenden Blätter sind geschwungen und die Unterseiten hellgrün. Die Scheinfrüchte sind oval, rot und groß

Ein imposanter Totara bei Auckland

und ein von den einheimischen Fruchttauben geliebtes Futter. Die Rinde ist zwar ähnlich wie jene des Matai, aber die abfallenden Flocken sind dünner und die „Hammerflecken" nicht so ausgeprägt und farbenprächtig. Am einfachsten ist es, die Blattunterseiten als wichtigstes Unterscheidungsmerkmal heranzuziehen. Junge Matai- und Miro-Bäume haben völlig anderes Blattwerk, das eher an Farne als an Steineiben erinnert. Im Gegensatz zu Matai kommt Miro auch auf Stewart Island vor und auf dem Festland vornehmlich in leicht hügeligen und nicht allzu hoch liegenden Wäldern.

Blatteiben (*Phyllocladus*)

Die Blatteiben unterscheiden sich von den anderen Steineiben vornehmlich durch ihre Blätter, die tatsächlich wie Laubblätter und nicht

Der Miro hat weiche, spitzig endende Blätter, die geschwungen sind und eine hellgrüne Unterseite besitzen

157

wie nadelartige Blätter aussehen. Der Witz daran ist, dass diese Blätter gar keine Blätter sind, sondern flache grüne Zweige (Phyllokladien), und dass die eigentlichen Blätter zu kleinen Schuppen reduziert sind! Alle Arten haben auffällig große und bunte Pollenzapfen. Diese Bäume, die bis zu 30 Meter hoch werden, haben glatte und sehr dunkle Rinden, die sich in großen, dünnen Stücken ablösen.

Blatteiben-Arten

Tanekaha (*Phyllocladus trichomanoides*): Sie wird aufgrund ihrer Phyllokladien, die wie Sellerieblätter aussehen, auch „Celery Pine" genannt. Sie wird bis zu 20 Meter hoch und der Stamm bis zu einem Meter dick.

Sellerieartige Blätter des Tanekaha, der deshalb auch „Celery Pine" genannt wird

Toatoa (*Phyllocladus toatoa*): Kommt von Northland bis zum Zentrum der Nordinsel, und hier in größeren Höhen als Tanekaha, vor. Bis zu 15 Meter hoch, Stamm-Durchmesser lediglich bis zu 60 cm. Die Rinde ist glatt und grau. Die Blattform erinnert entfernt an jene der Silbernen Südbuche.

Mountain Toatoa (*Phyllocladus alpinus*; Gebirgsblatteibe): Diese Art kommt im ganzen Land vor und wird auch „Mountain Celery Pine" genannt. In subalpinen Wäldern wird sie bis zu neun Meter hoch und gedeiht selbst auf extrem unfruchtbaren Böden wie in Westland. Oft trifft man diese Toatoa als Strauch oberhalb der Baumgrenze an. Die unteren Zweige bilden Wurzeln, sobald sie den Boden berühren. Die Phyllokladien sind ringförmig an normalen Zweigen angeordnet und die Form ist rhombisch und mit den gezahnten Rändern unverwechselbar.

Schuppenzedern (*Cupressaceae*)

Die beiden einheimischen Schuppenzedern, die zur Familie der Zypressengewächse gehören, sehen aus wie eingeführte Arten. Die dünne Rinde blättert in rund zehn Zentimeter breiten Streifen ab. Die beiden Arten sind Kawaka und Pahautea.

Am Stamm des Kawaka blättert die dünne Rinde in Streifen ab

Kawaka, Kaikawaka (*Libocedrus plumosa*): bis zu 25 Meter hoch, Stammdurchmesser bis zu 1,20 Meter. Standorte sind Wälder im Tiefland, vornehmlich auf der Nordinsel und am Nordrand der Südinsel. Pahautea (*Libocedrus bidwillii*): Wächst in größerer Höhe bis zum Südzipfel der Südinsel, aber nicht auf Stewart Island. Wird bis zu 20 Meter hoch, der Stamm bis zu einem Meter dick.

Der Simpson Kauri im Parry Kauri Park

Kauri (*Agathis australis*) – Die gefährdeten Riesen des Nordens

Die Kauri-Riesen des Nordens sind nicht nur die ältesten, höchsten und größten Bäume Neuseelands, sondern auch Teil der Maori-Identität. Sie haben den Status eines wertvollen Schatzes und Kulturgutes (taonga). Aber neuerdings sind sie durch die Ausbreitung einer Krankheit namens PTA akut gefährdet.

In der Legende wurden der Himmelsvater Ranginui und die Erdmutter Papatuanuku aus dem Nichts zum Leben erweckt. Rangi und Papa hielten einander eng umschlugen und machten auf diese Weise ihre Kinder, die sie in einem Land der Dunkelheit geboren hatten, zu Gefangenen. Das kräftigste Kind, Tane Mahuta, der Gott des Waldes und Schöpfer der im Wald lebenden Kreaturen, löste die Umarmung seiner Eltern, um das Land mit Licht zu erfüllen und die Kinder gedeihen zu lassen. Die Maori des Waipoua Forests, der Stamm Te Roroa, glauben, dass die mächtigen Stämme der Kauri Tane Mahutas Beine sind.

Entsprechend diesem Glauben haben die Kauri, die einzige Spezies der Familie der Araukarien (*Araucariaceae*) in Neuseeland, seit jeher eine enorme kulturelle Bedeutung für die Maori. Die Baumriesen

Tane Mahuta, der größte Kauri Neuseelands. Er ist etwa 52 Meter hoch und hat in Bodennähe einen Stammdurchmesser von 4,20 Metern

sind die Verbindung zu der spirituellen Welt und dem Leben ihrer Vorfahren. Einige uralte Bäume bekamen Namen und wurden als Götter des Waldes verehrt. Nur zu besonderen Anlässen wurde ein Kauri gefällt, um ein Kriegs- oder anderes großes Kanu (waka) zu schnitzen.

Die mächtigen Stämme dieser Bäume sind einzigartig, weil sie kerzengerade wachsen und im fortgeschrittenen Alter die unteren Äste abwerfen und in großer Höhe ausladende, buschige Kronen bilden. Die Astlöcher verschwinden wie von Zauberhand. Und da sich die Baumrinde in Flocken abschält, können sich am Stamm keine Aufsitzer- und Schmarotzerpflanzen ansiedeln; diese sind lediglich in den Kronen zu finden. Dadurch sind die Stämme ideal für Schnitzwerke riesiger Ausmaße. Junge Kauri wachsen kegelförmig und tragen Äste bis zum Boden.

Kauri sondern große Mengen von Harz ab, aus dem die Maori Kaugummi herstellten, indem sie das Harz in Wasser tränkten und dann mit der Milch von Gänsedisteln (puha) mischten. Sie verbrannten es, um Insekten von ihren Süßkartoffel-Feldern (kumara) fernzuhalten. In Flachs eingewickelt, diente es als Brennmaterial in Fackeln. Angezündet und dann mit Fett gemischt wurde es zur „Tinte" für Gesichtstätowierungen (moko).

Zu jener Zeit bedeckten Kauri-Wälder noch eine Gesamtfläche von 1,2 Millionen Hektar (= 12.000 km²). Heute sind lediglich 80.000 Hektar (= 800 km²) davon übriggeblieben. Das entspricht 6,6 Prozent der ursprünglichen Fläche; manche Quellen sprechen gar von nur vier Prozent.

Bis vor rund zwei Millionen Jahren, als das Klima abkühlte und wärmeliebende Pflanzen sich nach Norden zurückzogen, waren Kauri selbst in Southland heimisch. Aufgrund der klimatischen Veränderungen kommen die Urwald-Riesen, deren Vorläufer es schon vor mehr als 130 Millionen Jahren zu Zeiten der Dinosaurier auf dem Gondwana-Urkontinent gab, nur noch nördlich des 38. Breitengrades vor. Diese Südgrenze entspricht der Linie Kawhia – Hamilton – Te Puke (südöstlich von Tauranga). Grob gesagt wächst der Kauri also zwischen der Bay of Plenty und Cape Reinga, wobei die Coromandel-Halbinsel neben der Region nördlich von Auckland das Hauptverbreitungsgebiet ist.

Der Anfang vom Ende der Kauri-Pracht des Nordens kam in Form der ersten europäischen Einwanderungswelle Anfang des 19. Jahrhun-

READY FOR WORK. MAORI GUMDIGGERS. NORTHWOOD PHOTO

„Gumdiggers" bei der Arbeit in einem Sumpf, 1914

derts. Die frühen englischen Siedler fällten sie in einem Tempo und Ausmaß, als würden die extrem langsam heranreifenden Bäume über Nacht nachwachsen. Da das Holz stabil und fäulnisresistent ist, wurde es für Schiffsrümpfe und -masten sowie den Hausbau verwendet, die Wurzeln und die Kronen außerdem für Möbel, Wandpaneele, Schüsseln, Stützpfosten und dekorative Schnitzereien.

Um die Nachfrage in Europa nach hochwertigen Farben und Lacken zu befriedigen, wurden Kauri auch vorsätzlich eingeschnitten, um die Absonderung des wertvollen Harzbalsams zu beschleunigen. Bald rollte eine zweite Einwanderungswelle vornehmlich dalmatinischer Siedler an, die in den Böden verrotteter prähistorischer Sumpfwälder (Gumlands) und abgeholzter Flächen nach fossilen Harzklumpen gruben, die als Neuseeland-Bernstein (Englisch: amber) eine gewisse wirtschaftliche Bedeutung erlangten. Dadurch wurden weite Landstriche des hohen Nordens in stark erodierte Dünenlandschaften verwandelt, auf denen nur noch windresistente Sträucher Halt finden. Die fast unheimlich einsamen „Gumfields" oder „Gumlands" bei Ahipara, am südlichen Ende des Ninety Mile Beach, ist solch eine windzerzauste,

Stamm eines jungen Kauris

Die Blütenstände des Kauris:
Männlicher Zapfen (oben)
Weiblicher Zapfen (unten)

abgeschiedene Landschaft. Zur Hochzeit der Harzgräberei von 1870 bis 1920 wühlten in Northland rund 20.000 sogenannte „Gumdiggers", davon 7.000 Vollzeit-Beschäftigte, die Erde um.

In den vergangenen Jahrzehnten schädigten Vandalen und gelegentlich auch Buschfeuer die Bestände. Und seit einigen Jahren versuchen Naturschützer und Wissenschaftler verzweifelt, eine Krankheit in den Griff zu bekommen, die ausschließlich Kauri jedweden Alters befällt und unwiderruflich zum Exitus führt. Das Phänomen wurde in den 1970er Jahren erstmals auf Great Barrier Island beobachtet und erfasste dann auch Wälder nordwestlich von Auckland, inklusive der vielbesuchten Waitakere Ranges, die mittlerweile am schwersten betroffen sind, des Waipoua Forests und des Trounson Kauri Parks. Nach der Jahrtausendwende sind tausende dieser Bäume eingegangen.

2008 wurde ein bis dahin unbekanntes Bakterium als Auslöser der tödlichen Infektion identifiziert. Es erhielt bis zum Abschluss weiterer Studien den temporären Namen Phytophthora taxon Agathis (PTA). Man geht davon aus, dass es sich wie ein Pilz verbreitet. Mikroskopisch kleine Sporen im Boden infizieren die Wurzeln des Baums, die den Kauri folglich mit verunreinigter Nahrung versorgen. Das führt zur Gelbfärbung des Laubs, Blattverlust, Ausdünnung der Krone, Absterben von Ästen und Narben am Ansatz des Stammes, durch die Harzbalsam ausläuft. Auch ohne dieses „Ausbluten" (Gummose, Gummifluss) sterben die Bäume, weil die Wurzeln verfaulen.

Die Regierung stellte zwar 4,7 Millionen NZ-Dollar zur Verfügung, aber es scheint ausgeschlossen, die Killerkrankheit zu besiegen. Bei Redaktionsschluss war kein Heilmittel gefunden. (Ein Ansatz bestand darin, die Kauri mit Phosphorsäure zu behandeln, die von Avocado-Farmern bei einer ähnlichen Krankheit erfolgreich eingesetzt wurde.)

Aus diesem Grund wurden folgende Vorbeugeregeln das wichtigste Mittel, um die Ausbreitung zu verhindern:

- Schuhwerk und Fahrradreifen vor und nach dem Besuch eines Kauri-Waldes reinigen.
- Reinigungsstationen nutzen, die an bekannten Wanderwegen eingerichtet wurden (sofern sie nicht von Vandalen heimgesucht worden sind). Schuhsohlen und Reifen bürsten und desinfizieren.
- Die Wanderwege und Plankenwege nicht verlassen und jede Berührung mit Kauri-Wurzeln vermeiden. Sie liegen an oder direkt unter der Oberfläche und sind extrem empfindlich.

- Nicht über Absperrungen klettern, um für ein Foto zu demonstrieren, wie riesig Tane Mahuta und andere Urwald-Giganten sind, denn dabei beschädigt man die Wurzeln.
- Hunde an der Leine führen oder am besten zu Hause lassen.

Wenn von Kauri-Wäldern die Rede ist, bedeutet dies nicht, dass hier nur Kauri wachsen. Im Gegenteil. Wie eingangs erwähnt, zählen auch die Kauri-Wälder zu den in allen Grüntönen schillernden Misch- und Urwäldern. Während andernorts Kahikatea oder Rimu über das Kronendach hinausragen, sind hier die Kauri die eindrucksvollen Überstände. Welche und wie viele andere Baumarten wachsen und ob die Kauri dicht an dicht stehen oder eher sporadisch verteilt, hängt vom Standort, dem Boden und der Lufttemperatur, also dem Klima, ab. Im Puketi Forest, westlich von Kerikeri, wurden beispielsweise 370 unterschiedliche Pflanzenarten gezählt. Die Leuchtkraft der hellgrünen Baumfarnwedel im dunkler getönten Dickicht entlang der wenigen Straßen ist berauschend. Ein typischer Mitbewohner in der Bodenschicht ist das Kaurigras (*Astelia trinervia*) mit seinen lilienartigen Blättern. Es gehört zur Familie der Spargelartigen (*Asparagales*).

Steckbrief: Kauri

Wenn es sich nicht gerade um mehr als 1.000 Jahre alte Rekordbäume handelt, werden Kauri (*Agathis australis*) – im Deutschen auch Kauri-Fichte genannt – 30 bis 50 Meter hoch. Ihre Stämme haben einen Durchmesser von 3 bis 5 Metern. Der höchste Baum, der in der Neuzeit gefällt wurde, war der „Giant Kauri Ghost", dessen Stamm 8,54 Meter Durchmesser und einen Umfang von 26,83 m hatte. Prähistorische Kauri waren wesentlich massiver. Ein Baum namens Kairaru, der 1886 einem Feuer zum Opfer fiel, war vermutlich 4.000 Jahre alt. Als er 1860 vermessen wurde, war allein der Stamm bis zum ersten Ast 30,5 Meter hoch und hatte einen Durchmesser von 20,1 Metern.

Kauri unter 100 Jahren gelten als jung. In diesem Stadium sind sie kegelförmig. Ihre ledrigen, lanzettlichen Nadeln, oft nicht grün, sondern rotbraun, sind 5 bis 10 cm lang und 0,5 bis 1 cm breit. Erst im höheren Alter verlieren die Kauri die unteren Äste und der Stamm wird im Lauf der Jahrhunderte völlig astfrei. Die Baumkrone ist dann weit ausladend und buschig. Die Nadeln sind nur noch 2 bis 3,5 cm lang, aber 1 bis 2 cm breit.

Pollen- und Samenzapfen, befinden sich auf demselben Baum (dies wird in der Botanik monözisch genannt, im Gegensatz zu diözisch, wenn die Zapfen auf unterschiedlichen Bäumen wachsen) und sind leicht zu unterscheiden. Die männlichen Pollenzapfen – erst grün, dann braun – sitzen auf einem Stiel und sind fingerdick und länglich, die grünen weiblichen Samenzapfen haben annähernd Kugelform und einen Durchmesser von 5 bis 7,5 cm.

Während Kauri natürlich nur nördlich der Bay of Plenty vorkommen, so gedeihen sie angepflanzt auch weit im Süden – sowohl in Botanischen als auch privaten Gärten und in Parks. Besonders interessant ist es, die Bäume von Frühjahr bis Herbst zu studieren, denn dann entwickeln sich die höchst unterschiedlichen Pollen- und Samenzapfen direkt nebeneinander.

Kauri sind anspruchsvoll, was Licht, nicht aber, was die Bodenqualität angeht. Sie gedeihen selbst auf nährstoffarmen Böden, auf denen kaum etwas anderes richtig wächst. Dort sind sie dominant, und die niedrigeren Koniferen wie Rimu, Miro und Totara sowie die Laubbäume Tawa, Taraire und Towai wirken leicht verkümmert. Im Lauf der Zeit können sich hier sogar reine Kauribestände entwickeln, weil diese Bäume dem Boden noch mehr Nährstoffe entziehen und dadurch so gut wie jede Konkurrenz vernichten. In dichten Wäldern auf fruchtbaren Böden ist es umgekehrt. Hier werden Kauri-Sämlinge oft von anderen Arten verdrängt – ganz einfach deshalb, weil Kauri sehr langsam wachsen und die flotter sprießende Konkurrenz ihnen das lebenswichtige Licht stiehlt.

Die Aufsitzerpflanzen in den riesigen Baumkronen, die dem Baum den Lebenssaft nicht rauben, bieten seltenen Vogelarten reiche Nahrung. Der Kokako (Graulappenvogel), der Maorischnäpper, der Kaka sowie der Ziegen- und Springsittich gehören dazu. Andere Tiere, die den Kauri-Wald mit Leben erfüllen, sind der Streifenkiwi und mehrere Froscharten.

Der höchste Kauri Neuseelands ist jener berühmte Tane Mahuta, der „Gott des Waldes", mit rund 52 Metern. Der Umfang des Stammes, der bis zu den ersten Ästen allein 17 Meter misst, liegt bei 14 Metern. Der dickste Baum ist Te Mahuta Ngahere, der „Vater des Waldes", mit einem Durchmesser von fünf Metern und mehr als 15 Metern Umfang. Knapp 14 Meter Umfang hat der 41 Meter hohe McGregor-Kauri, der nach einem Botaniker der Universität von Auckland benannt ist, der die Schaffung von Schutzgebieten zur Rettung des Kauri erkämpfte.

Diese drei Urwald-Riesen stehen im Waipoua Forest, dem berühmtesten Wald Neuseelands, an der Westküste von Northland. Fast so hoch wie Tane Mahuta sind Te Tangi o te Tui (51 Meter) im Puketi Forest und Moetangi (49 Meter) im Warawara-Gebiet, nördlich des Hokianga Harbour. Wie alt all diese Riesen sind, weiß niemand genau, die Schätzungen reichen von 1.200 bis 2.000 Jahren.

Viele andere Bäume, vor allem im Waipoua Forest, sind mehr als 1.000 Jahre alt und können in punkto Alter und Größe mit den Riesen-Sequoias in Kalifornien – wenn auch nicht ganz mit deren Höhe – mithalten. Eine vielbesuchte Vierer-Gruppe sind die Four Sisters. Der Wanderweg, an dem sich Te Mahuta Ngahere befindet, führt auch zu einem Riesen namens Yakas Kauri (mehr als 12 Meter Umfang und 44 Meter hoch). Vom Waipoua Forest Lookout hat man einen guten Überblick über die 11.000 Hektar (110 km²) des Waldes. Der Rickers Track führt durch einen jungen Kauri-Bestand („ricker" = junger Baum).

Dank einer von Barney McGregor initiierten Petition, die tausende Unterstützer fand, und des ursprünglichen Zustandes des Waldes wurde der damals lediglich 80 km² umfassende Waipoua Forest am 2. Juli 1952 zu einem Waldschutzgebiet erklärt. Drei Viertel aller Kauri Neuseelands stehen hier und in dem nördlich davon gelegenen Warawara State Forest.

Ein Stück südlich davon befindet sich der Trounson Kauri Park. Dessen Ursprung geht auf einen englischen Philanthropen namens James Trounson zurück, der im Jahr 1921 ein großes Waldstück mit 4.000 Kauri dem Staat verkaufte und ihm im Lauf der Zeit weiteres Land

164

schenkte. Heute umfasst das Areal fast sechs Quadratkilometer und ist nicht nur wegen seiner Bäume einen Besuch wert, sondern auch wegen seiner Fauna.

Der Park wurde eingezäunt und zu einer „Mainland Island" erweitert, in der Schädlinge wie Possums, Ratten, Marder und verwilderte Katzen ausgerottet wurden. Dadurch erholte sich vor allem die Vogelpopulation, und wer Glück hat, kann hier nachts Streifenkiwi sehen oder zumindest hören.

Das bekannteste Kauri-Gebiet auf der Coromandel-Halbinsel ist die Waiau Kauri Grove rund zehn Kilometer südwestlich von Coromandel Town an der 309 Road. Am bekanntesten ist hier der Siamesische Kauri, das sind zwei am Stamm zusammengewachsene Bäume. Auch die Twin Kauri Reserve an der Ostküste, nördlich von Tairua, hat schöne Bestände.

Kauri-Schutz

Die Kauri Grove würde nicht mehr existieren, wäre es nach der Regierung in Wellington gegangen, die den Wald während des Zweiten

Rekord-Baumriese
Der höchste Baum Neuseelands ist kein Kauri, sondern ein aus Australien stammender Riesen-Eukalyptus (auch: Königseukalyptus; *Eucalpytus regnans*) im Orokonui Ecosanctuary bei Dunedin. Anfang 2014 war er 81,26 Meter hoch, sein Stammvolumen betrug 43,3 Kubikmeter, und er hatte 88 Äste. Gegenüber der Messung im Jahr 2012 war er 76 Zentimeter gewachsen.

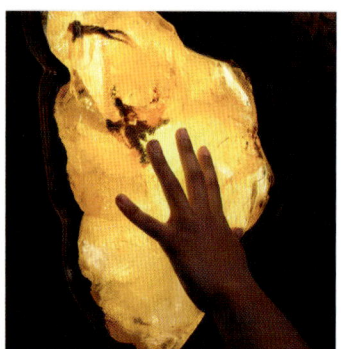

Ein Kauri-Harzbrocken im
Nationalmuseum Te Papa
in Wellington

Weltkriegs abholzen lassen wollte, um Neuseelands Kriegseinsatz zu finanzieren. Doch massive Proteste der Bevölkerung retteten den Wald.

Andere Regierungen haben in punkto Schutz der einzigartigen Wälder vollkommen versagt. Im 19. Jahrhundert, als die Menschen noch kein Bewusstsein für die einzigartige Natur hatten, wurde das wertvolle Holz so billig nach Australien und Großbritannien verkauft, dass lediglich die Kosten gedeckt wurden. Danach verscherbelte die Regierung die Wälder an Sägewerke, die unkontrolliert Bäume schlugen und die Wälder zerstörten.

Den schlimmsten Akt der Vernichtung im vergangenen Jahrhundert erlaubte die Nationalregierung Ende der sechziger Jahre im nahezu unberührten Warawara State Forest nördlich des Hokianga Harbours, dem zweitgrößten Kauri-Wald nach dem Waipoua Forest. Die Abholzung endete erst 1972 unter einer Labour-Regierung, die damit ein Wahlversprechen einlöste. Zwar blieb das Fällen von Kauri verboten, als Labour 1975 die Macht wieder verlor, aber dafür förderte die National Party aktiv das Schlagen von riesigen Totara und anderen Podocarpaceen auf der zentralen Nordinsel.

Die Aufregung um den irreparablen Schaden im Warawara Forest führte langfristig jedoch zum strikten Verbot, in die Natur von Kauri-Wäldern einzugreifen. Kauri dürfen heute nur noch zu rituellen Anlässen geschlagen werden. Neues Kauri-Holz, das lediglich für die Herstellung von Möbeln und Schnitzereien benutzt werden kann, stammt aus Sumpfgebieten, in denen prähistorische Kauri-Wälder seit zum Teil 50.000 Jahren begraben sind. Das geschah durch Vulkanausbrüche, Überschwemmungen und Veränderungen des Meeresspiegels. Außerdem wird Kauri recycelt.

Kauri-Schätze

Nichts ist so eindrucksvoll wie eine Fahrt oder ein Spaziergang durch einen Kauri-Wald, bei dem man sich so winzig vorkommt wie eine Ameise. Aber es ist auch höchst interessant, die Geschichte des Kauri in einem Museum zu studieren und einen Blick auf einige aus dem wertvollen Holz gefertigten Gebrauchs- und Kunstgegenstände zu werfen.

Im Kauri-Museum in Matakohe, zwischen Kaiwaka und Dargaville, 140 km nördlich von Auckland und 95 km südlich des Waipoua Forest am SH 1 gelegen, kann man so ziemlich alles über Kauri erfahren

und sehen, was man sich nur vorstellen kann. Dazu gehören Gebäude aus Kauri-Holz wie das ehemalige Postamt, das von 1909 bis 1988 als solches genutzt wurde, und die Pionier-Kirche von 1867, ein komplett eingerichtetes Klassenzimmer, ein 22,50 Meter langes Brett, Werkzeuge, eine dampfbetriebene Sägemühle, wunderschöne Möbelstücke und Schnitzereien, und das Ganze eingebettet in Räume, die mit Gegenständen des täglichen Lebens der frühen Siedler gefüllt sind. Auch dem Kauri-Harz ist eine umfangreiche Ausstellung gewidmet, vom versteinerten neuseeländischen Bernstein bis zu Klumpen neueren Datums.

Auch im Northern Wairoa Maori, Maritime and Pioneer Museum in Dargaville wird Kauri in all seinen Facetten präsentiert. In diesem Ort steht die Statue eines „Gumdiggers", so nennt man die Männer, die im 19. Jahrhundert die Böden der abgeholzten und verlorenen Kauri-Wälder auf der Suche nach Harzklumpen umgruben. Um Kauri geht es auch im winzigen Wagener Museum in Houhara auf der Aupouri-Halbinsel. Südlich von Warkworth befinden sich das Pioneer Museum and Kauri Park. Der Kauri vor dem Museum ist vermutlich 800 Jahre alt.

Das Far North Regional Museum (Te Ahu Heritage) in Kaitaia befasst sich ebenfalls mit Kauri und der Harzgräber-Geschichte. Und

Der Kauri-Stamm, aus dem diese Treppe im Ancient Kauri Kingdom geschnitzt wurde, lebte, wie die Jahresringe zeigten, exakt 1.087 Jahre. Der riesige Baum fiel laut Radiokarbondatierung vor 45.000 Jahren und lag dann bis Oktober 1994 im Sumpf. Wurzeln und Äste verrotteten, aber der Stamm wurde konserviert. Er wog 140 Tonnen, das Stück, aus dem die Treppe geschnitzt wurde, 50 Tonnen.

Junger Kauri (links) neben einem Rimu

25 Kilometer nördlich von Kaitaia befindet sich der Gumdiggers Buried Forest Park, in dem man 100.000 Jahre alte Kauri-Bäume anfassen kann. Sie waren all diese Zeit in einem Sumpfgebiet begraben, ehe sie von den „Gumdiggers" freigelegt wurden. In dem heruntergekommenen Ort Awanui befindet sich das Ancient Kauri Kingdom, in dem es um die kommerzielle Nutzung der prähistorischen Bäume geht.

Das großartigste Kauri-Gebäude in Neuseeland ist das im Italienischen Renaissance-Stil erbaute Old Government Building in Wellington, dem man auf den ersten Blick nicht einmal ansieht, dass es aus Holz ist. Man glaubt, es bestünde aus cremefarbenen Steinblöcken. Der vierstöckige ehemalige Regierungspalast, der gegenüber dem Beehive und dem aktuellen Parlamentsgebäude steht, war zur Zeit seiner Fertigstellung 1876 das größte Gebäude Neuseelands, und auch jetzt noch ist es das zweitgrößte Holzgebäude der Welt – nach dem Todai-ji in Nara, Japan. Für die Restaurierung wurde recyceltes Kauri-Holz verwendet, das aus abgerissenen Häusern stammte, ebenso Rimu und Matai. Heute beherbergt der innen und außen prächtige Bau die Rechtswissenschaftliche Fakultät der Universität Wellington. Er steht Besuchern zur Besichtigung offen.

Landauf, landab sind alte Kauri-Cottages zu finden, von alten Ein-Mann-Gefängnissen bis hin zum Deans Cottage, dem ältesten Siedlerhaus in Christchurch. In all diesen Hütten mit den wunderbaren Kauriböden und -wänden ist es eisig, denn an Isolierung dachte im 19. Jahrhundert noch niemand. (Bis heute hat sich an dieser Einstellung bei vielen Kiwis nichts geändert!)

Wo am 6. Februar der Waitangi Day gefeiert wird, ist vielerorts auch ein wundervoll geschnitztes Kriegskanu (waka) aus Kauri nicht weit. Das bekannteste – Ngatoki Matawhaorua – wird jedes Jahr in Waitangi zu Wasser gelassen und ist ansonsten auf den Treaty Grounds unter einem überlangen, mit reichen Schnitzereien versehenen Unterstand ausgestellt. Es ist direkt neben dem Stumpf des Baumes zu finden, aus dem es von Mitgliedern von fünf Maori-Stämmen des Nordens in zweijähriger Arbeit geschnitzt wurde. Das zeigt nachdrücklich die sagenhafte Dimension der Kauri-Stämme.

Ngatoki Matawhaorua, benannt nach dem Auslegerboot des Maori-Seefahrers Kupe, der die Maori einst nach Neuseeland führte, ist das größte Waka der Welt. Es ist 36,5 Meter lang und wird am Waitangi Day von achtzig Maori-Kriegern gepaddelt.

Laubbäume: Immergrüne Blütenwunder

Die großen Laubbäume Neuseelands werden rund 15 Meter hoch und die meisten haben kleine grüne oder weiße Blüten, die durch Insekten bestäubt werden. Die Ausnahmen von dieser Regel sind spektakulär. Rata, Pohutukawa, Puriri und Rewarewa haben rote Blüten, deren Pollen nicht nur von Insekten verteilt wird, sondern zu einem beträchtlichen Teil von Vögeln.

Die Vermehrung niedrigerer Bäume und Büsche ist, wie neuere Forschungsprojekte gezeigt haben, ebenfalls weitaus mehr auf Vögel angewiesen, als jahrzehntelang angenommen wurde. Dazu gehören der gelb blühende Kowhai, von dem einige Arten im Winter ihre Blätter verlieren, die ebenfalls sommergrüne Baumfuchsie (rot-violett, die Araliengewächse (Five-Fingers), *Griselinia* und *Pittosporum crassifolium* (Karo).

Ein anderes neuseeländisches Markenzeichen, die weiß blühende Keulenlilie (Cabbage Tree), ist von der Samenverteilung durch Vögel abhängig, die – wie zum Beispiel der höchst aktive Graurückenbrillenvogel – ganz wild auf die weißen Beeren sind. Die Nikaupalme, Neuseelands einzige einheimische Palmenart, trägt büschelartige weiße Blütenstände und gleichzeitig rote Beeren aus dem Vorjahr.

Silvereyes sind wichtige Pflanzenbestäuber

Silvereye an einer Pohutukawa-Blüte

Die Bestäubung der Baumblüten durch Vögel war bis vor kurzem als eine zu vernachlässigende Größe abgetan worden. Dann untersuchten Prof. Dave Kelly aus Christchurch und Kollegen von anderen neuseeländischen Universitäten die Aktivität von Vögeln an einheimischen Bäumen und kamen zu dem Schluss, dass die Vögel erstens nicht nur 30, wie erwartet, sondern 85 verschiedene native Gehölze besuchen, und zweitens die Verbreitung der Bäume dort geringer ist, wo bestimmte Vogelarten weniger verbreitet sind. Die Reproduktion von 48 Arten hängt ausschließlich von der Aktivität der Vögel ab.

Es war zwar klar, dass die Honigfresser – in erster Linie Tui und Bellbird/Glockenhonigfresser – quasi die Kolibris Neuseelands sind, aber die Forscher waren höchst erstaunt, dass diese beiden Arten sich nicht als einsame Spitzenreiter in punkto Fremdbestäubung erwiesen haben und dass die eingeführten Arten wie Amsel und Star diesbezüglich keine große Rolle spielen. Und schon gar keine Bedeutung haben Bienen und Hummeln. „Sie besuchen die Blüten nur, aber bestäuben sie nicht", sagt Prof. Kelly.

Die Krone gebührt – und das überrascht niemanden, der einen Pohutukawa, Kowhai, Flachs oder andere immergrüne Blühpflanzen im Garten hat – einem Winzling, der in grauer Vorzeit über die Tasmansee flog und sich selbst einführte: dem Graurückenbrillenvogel (*Zosterops lateralis*; Englisch: silvereye, waxeye). „Er wurde lange Zeit unterschätzt, weil er nicht endemisch ist", sagt Dave Kelly. Silvereye, Bellbird und Tui sind für 89 Prozent der Blütenbesuche verantwortlich. Fast alle Vogelarten besuchen insektenbestäubte Pflanzen.

Die Silvereyes, die außer Körnern so ziemlich alles fressen, was sie in ihre großen Schnäbel quetschen und mit ihren pinselartigen Zungen verarbeiten können, sind als leidenschaftliche Beerenfresser auch führend bei der Verteilung von Samen. Die Überraschung hier war, dass die Bedeutung der riesigen Maorifruchttaube überschätzt worden war, denn es gibt nur einen Baum, dessen pflaumenartige Früchte so groß sind, dass kein anderer Vogel sie in den Schnabel bekommt, nämlich das Lorbeergewächs Taraire (*Beilschmiedia tarairi*).

Unter Neuseelands Papageien tun sich lediglich Kea und Kaka als Samenverteiler hervor. „Sie stecken ihre Schnäbel ganz vorsichtig in offene Blüten und zerstören sie nicht", sagt Prof. Kelly. Der wesentlich kleinere Kakariki (Ziegen- und Springsittich) benimmt sich hingegen wie Übersee-Papageien, indem er die Blüten zerrupft. Ein Rätsel bleibt, warum auf einigen für Vögel feindfreien Inseln mit großem Vogelbestand die Bestäubung von Bäumen nicht viel besser ausfällt als andernorts, wo Vögel ums Überleben kämpfen. Selbst in Gebieten, in denen es dank Feindkontrolle aufwärts geht, folgen einem guten meistens zwei schlechte Jahre.

Dass (Halb-)Schmarotzerpflanzen wie die einheimische Mistel so selten werden, hat zwei Gründe. Zum einen müssen ihre Beeren durch einen Vogelmagen gehen, um die ledrige Beerenhülle aufzubrechen und mit dem darunter liegenden „Klebstoff" auszuscheiden. Zum anderen treiben die Samen nur aus, wenn sie auf einem Baum und dort auf einem kleinen Ast landen. Auf großen Ästen wachsen sie nicht an.

Wichtige und leicht erkennbare Laubbäume

Diese Auswahl beschränkt sich auf Bäume und Büsche, mit denen jeder Neuseeland-Reisende in Wald und Flur sowie in Parks ständig konfrontiert wird und die relativ leicht zu identifizieren sind.

Der gefährdete Christbaum Neuseelands: Pohutukawa, Rata &Co.

Der größte Christbaum Neuseelands ist vermutlich älter als 600 Jahre. Er steht nicht im Museum, sondern fast direkt am Meer, am Rande einer abgelegenen Siedlung namens Te Araroa an der einsamen Ostküste der Nordinsel. Er trägt sogar einen Namen: Te Waha o Rerekohu, der Mund des Rerekohu. Laut Legende war Rerekohu ein kleiner Junge, der später einmal Häuptling zweier Maori-Stämme werden sollte.

Te Waha o Rerekohu ist ein Pohutukawa, ein knorriger immergrüner Baum aus der Familie der Myrtengewächse (*Myrtaceae*), der in Neuseeland zu Hause ist. Er zählt zur Gattung der Eisenhölzer (*Metrosideros*), die so heißen, weil ihr Holz extrem hart ist. Da er im Sommer auf der Südhalbkugel von Dezember bis Januar und besonders um die Weihnachtszeit in voller Blüte steht, wird er auch „New Zealand Christmas Tree", Christbaum Neuseelands, genannt.

Die Pohutukawas mit ihren federpinselartigen Blüten säumen viele Küstenregionen der subtropischen Nordinsel mit einem spektakulären scharlachroten Blütenband, das unter einem azurblauen Himmel über dem türkisblauen Meer wie hingemalt wirkt. Auf der Coromandel-Halbinsel wird jedes Jahr das Pohutukawa-Festival gefeiert.

Hummel in einer Pohutukawa-Blüte (oben). Die Blütenfarbe des Pohutukawa variiert von hellem Scharlachrot bis Karminrot

Pohutukawa

Die Stiftung „Project Crimson" [www.projectcrimson.org.nz], die ein Stromkonzern 1990 in Zusammenarbeit mit dem Department of Conservation (DOC) ins Leben rief, kämpft für den Erhalt der wunderschönen Bäume, die kostenlos Neuseelands prächtigsten und natürlichsten Weihnachtsschmuck zaubern. Mittlerweile ist das Sponsoring auf mehrere Schultern verteilt. Prominente Neuseeländer machen sich stark für den Schutz und die Pflanzung von Pohutukawa, Rata und anderen einheimischen Arten. In Läden und auf der Project-Crimson-Website kann man Merchandising-Produkte erwerben, um die Aktionen finanziell zu unterstützen.

Einen schweren Rückschlag erlitt der Kampf für den Erhalt von Pohutukawa und Rata im Mai 2017, als in mehreren Gärtnereien in Northland und Taranaki der in anderen Ländern unausrottbare Guavenrost (*Puccinia psidii*, auch: *Austropuccinia psidii* und *Uredo ranglii*) festgestellt wurde. Der aus Südamerika stammende Rostpilz wurde höchstwahrscheinlich vom Wind angeweht. Er befällt Myrtengewächse (*Myrtaceae*), zu denen in Neuseeland ... (weiter auf Seite 173)

Die Bäume werden im Normalfall bis zu 15 Metern hoch. Der Te Waha o Rerekohu freilich hat bereits die 20-Meter-Marke überschritten, seine Krone überspannt 40 Meter. Das ist ein typisches Merkmal von alten Pohutukawas: Sie sind immer breiter als hoch.

So allein oder direkt am Wasser stehend bilden die Pohutukawas mächtige Luftwurzeln aus, um Standsicherheit zu gewinnen. Der verwandte Rata wächst auf der Nordinsel Neuseelands als Schmarotzer auf einer Wirtspflanze und kann auf diese Weise bis zu 25 Meter hoch werden, auf der Südinsel ist der bis zu 15 Meter hohe Rata-Baum weiter verbreitet. Vor allem die nördliche Westküste verwandelt er um die Weihnachtszeit in ein rotes Blütenmeer.

Doch die Pracht ist bedroht. Pohutukawa und Rata sind gefährdete Arten, weil Mensch und Tier ihnen schwer zusetzen: über die empfindlichen Wurzeln stapfende Wanderer, auf den Wurzeln parkende Autofahrer, grasende Schafe und Rinder oder – der Feind Nummer eins – die einst aus Australien eingeschleppten Possums, die einen ausgewachsenen Baum innerhalb von zwei Jahren zerstören können. Auch wenn das gigantische Luftwurzelwerk eines Pohutukawa wie ein überdimensionaler Klettergarten wirkt, sollte man tunlichst vermeiden, auf den uralten Riesen herumzuturnen.

Steckbrief: Pohutukawa (*Metrosideros excelsa*, auch: *M. tomentosa*; Eisenholzbaum)

Obwohl der Pohutukawa im ganzen Land zu sehen ist, liegt sein natürliches Verbreitungsgebiet im wärmeren Norden, oberhalb der Linie New Plymouth-Gisborne. Am besten wächst er in relativ trockenen Regionen in Meeresnähe. Der Baum passt auf der Suche nach Nährstoffen, Erde und Wasser sein (Luft-)Wurzelsystem den Bedingungen seines Standorts an.

Um Trockenphasen zu überstehen und weil er an der Küste extremen Wind- und Wetterbedingungen ausgesetzt ist, wächst der oft mehrstämmige Baum sehr langsam. Das Innere des Stammes besteht aus schwerem, dunkelrotem Kernholz, dessen Zellwände von phenolhaltigen Substanzen imprägniert sind und dadurch ihre Dauerhaftigkeit gewinnen. Es ist vom wesentlich helleren Splintholz umgeben. Man kann sich das Ganze im Querschnitt als einen dicken runden Kern mit einer dünnen Hülle vorstellen.

Die Rinde ist sehr rau. Daran finden die eigenen Luftwurzeln ebenso

Pohutukawa-Knospen

guten Halt wie Aufsitzerpflanzen, die im Gegensatz zu Schmarotzern ihren eigenen Wasserhaushalt haben und den Wirtsbaum nicht schädigen.

Die dicken, festen Blätter sind 4 bis 7 cm lang, wachsig-mattglänzend, schilfgrün und an der Spitze leicht gerundet. Die Unterseiten sind fast weiß und dicht behaart, um Flüssigkeitsverlust zu minimieren. Die Blüten entstehen an der Spitze der Zweige. Die Kelchblätter sind nur rudimentär vorhanden, der Blütenboden ist knallgelb. Die roten Blüten sind nichts anderes als fedrig-bürstenartige Büschel von freien Staubblättern. An der Spitze der Staubfäden sitzen körnchenförmige Staub- bzw. Pollenbeutel. Sobald der Pollen freigesetzt wird, leuchten die Fadenspitzen in der Sonne wie goldene Punkte.

Die Farbe dieser 4 bis 7 cm langen „Blütenhaare" variiert von hellem Scharlachrot bis Karminrot. Aber es gibt auch gelbe und orangefarbene Pohutukawas und entsprechende Zwischentöne. Die Blüte beginnt, je nach Standort und Wetter, im November und kann bis Februar dauern. Danach entwickeln sich Trauben sehr harter Samenkapseln, die sich öffnen, damit der Wind die Samen verbreiten kann. Zwischen den einzelnen Kapseln sprießen neue Zweige. Tui, Bellbird und Graurückenbrillenvogel (Silvereye) lieben den Pollen von Pohutukawa-Blüten und übernehmen die Bestäubung.

(Fortsetzung von Seite 172)
... auch Manuka und Kanuka gehören. Die Sporen bilden, meistens an den Blattunterseiten, gelbe Pusteln und verursachen Verletzungen an jungen Blättern, Trieben, Knospen und Früchten. Entlaubung, Kümmerwuchs und Absterben der Pflanzen sind die Folgen.
Im Nachbarland Australien wütet der Guavenrost schon seit April 2010.

173

Während der Norden der Nordinsel während der Blütephase praktisch mit einem roten Blütenband gesäumt ist, gibt es auch innerhalb von Städten und an südlicheren Standorten wunderbare Pohutukawa-Alleen und -Promenaden, zum Beispiel am Fußweg zwischen dem nationalen und dem internationalen Flughafen in Auckland, in ganz Wellington, an der Küstenpromenade von Kaikoura und Sumner (Christchurch) sowie in Greymouth. Ein malerischer kleiner Küstenort namens Gore Bay, westlich von Cheviot an der Strecke von Christchurch nach Kaikoura gelegen, wird im Sommer ebenfalls von roten Pohutukawa-Blüten gesäumt und hat den Bonus eines herrlichen Strandes und der Cathedrals; das sind spektakulär erodierte Klippen, die wie Kirchtürme und Orgelpfeifen aussehen.

Im Nordwesten der Südinsel gibt es eine nicht ganz so eindrucksvolle Sorte in Busch- oder Baumform namens *Metrosideros parkinsonii*, deren Blätter und Blüten wesentlich kleiner sind. In Parks sind auch Gärtnerei-Züchtungen zu finden, inklusive Exemplare mit gummiartigen gelb-grün gefleckten Blättern sowie Kreuzungen aus Pohutukawa und Rata, die meist die spitzige Blattform des Rata haben.

Steckbrief: Rata (Nord- und Südinsel-Eisenholz)

Es gibt Rata-Bäume (zwei weit verbreitete Arten) und -Kletterpflanzen mit roten und weißen Blüten.

Northern Rata (*Metrosideros robusta*) wächst als Baum in Küsten- und hügeligen Wäldern auf der ganzen Nordinsel sowie im Nordwesten der Südinsel (bis Hokitika). Er beginnt sein Leben fast immer als Aufsitzerpflanze, die ihre Wurzeln um den Stamm des Wirtsbaumes (oft Rimu oder Baumfarne) schlingt und sich so bis zum Waldboden vorarbeitet, um sich dort zu verwurzeln. Im Lauf der Jahre stirbt der Trägerbaum ab, weil ihm der Rata sowohl das Licht und später auch die Nährstoffe aus dem Erdreich entzieht. Deshalb hat dieser Rata einen hohlen Stamm.

Southern Rata (*Metrosideros umbellata*) ist auf der Nordinsel nur punktuell verbreitet, vom hohen Norden (Kaitaia) bis zur Tararua Range (bei Masterton). Auf der Südinsel kommt der Baum häufig vor, besonders an der Westküste, zu der auch die Strecke von Arthur's Pass nach Greymouth zählt, und er ist auch auf Stewart Island und sogar auf den Auckland Islands zu finden. Im Gegensatz zum Nord-Rata beginnt das Leben des Süd-Rata meistens als Baum und nicht als Aufsitzerpflanze.

Blütenstand des Northern Rata (oben) und des Southern Rata (unten)

Die Blätter des Northern Rata sind kürzer, rundlicher und breiter als jene der südlichen Variante und haben eine kleine Einkerbung zwischen zwei abgerundeten Spitzen. Pohutukawa-Blätter sind mehr als doppelt so groß wie Rata-Blätter. Dasselbe trifft auf die Blüten zu. Zudem sind die Rata-Blätter glatt und ihr Grünton ist dunkler; die Blätter des Süd-Rata haben spitzige Enden und neue Triebe sind rot.

Kletternde Rata-Arten unterscheiden sich nicht nur durch die Farbe ihrer Blüten, sondern vornehmlich durch die extrem unterschiedlichen Blattgrößen. Die folgende Auflistung erfolgt nach Blattgröße:

Metrosideros albiflora kommt vornehmlich in Kauri-Wäldern vor. Die Blätter sind bis zu 9 cm lang. Wie der Name vermuten lässt, sind die Blüten weiß.

Metrosideros fulgens wächst auf der Nordinsel sowie im Westen der Südinsel. Blätter bis zu 6 cm, die Blüten wachsen aus runden gelben Blütenblättern und sind leuchtend zinnoberrot.

Metrosideros carminea ist eine Pflanze des Nordens, deren Verbreitungsgebiet entlang einer gedachten Linie von Taranaki zum East Cape endet. Die Blätter (1,5 bis 3,5 cm) sind rundlich und glänzen stark. Blüten karminrot.

Metrosideros diffusa ist landesweit verbreitet. Blätter 1 bis 2 cm, Blüten weiß bis rosa. Besonderheit: Die Blüten setzen an den Zweigen an, nicht an den Zweigenden.

Die Rata-Art Metrosideros fulgens hat zinnoberrote Blüten

175

Die Rata-Art Metrosideros perforata hat weiße Blüten

Metrosideros colensoi kommt punktuell auf der Nordinsel und im Norden der Südinsel vor. Blätter 1,5 bis 2 cm; sie sind dünn und überlappen einander. Blüten klein und weiß.

Metrosideros perforata ist überall auf der Nordinsel zu finden und auf der Südinsel im Westen sowie auf der Banks-Halbinsel im Osten. Die Blätter sind winzig (6 bis 12 mm), die kleinen Blüten weiß. Da sie in Gruppen wachsen, ist die Blütenpracht besonders üppig.

Keulenlilie (*Cordyline australis;* Cabbage Tree; Ti Kouka)

Neuseeland-Neulinge halten dieses eigentlich unverwechselbare Gewächs meist für eine Yucca-Palme. Doch die Keulenlilie unterscheidet sich von dieser durch – eigentlich alles! Das fängt bei der Größe an (bis zu 12 Meter hoch, Stammdurchmesser bis zu 1,50 Meter). Die Rinde ist rau und zerfurcht. Das Grün der Blätter ist heller als bei Yuccas. Die weißen Blüten, die einen starken jasminartigen Duft verströmen, sind winzig und wachsen an riesenhaften verzweigten Wedeln (Rispen), die so üppig sind, dass in Mastjahren von den Blättern kaum etwas zu sehen ist. Daraus entwickeln sich Unmengen kleiner grüner Beeren, die im Herbst weiß werden und ganze Scharen von Graurückenbrillenvögeln anlocken.

Weder der deutsche noch der englische Name ist hilfreich, um diese für Neuseeland so typische Pflanze richtig einzuordnen. Seit der Neuordnung der Systematik vor einigen Jahren ist die Keulenlilie streng genommen kein Liliengewächs mehr; in dieser Familie war sie die größte Spezies der Welt. Vielmehr zählt sie jetzt zu den Spargelgewächsen (*Asparagaceae*) und hat damit sogar die Ordnung gewechselt. „Keule" stimmt noch, weil Cordyline keulenförmige Speicherknollen an den Wurzeln bilden. Ein Baum ist der „Cabbage Tree" auch nicht, obwohl er wie ein – oft sogar imposanter – Baum aussieht, sondern eine „verholzte Lebensform" der Spargelgewächse. Captain Cook gab der Pflanze den Namen, weil seine Crew die Blätter kochte und die Seefahrer fanden, dass sie wie Kraut schmeckten. Der Einfachheit halber sei der Cabbage Tree jedoch an dieser Stelle Baum genannt.

Die Keulenlilie, die vor rund 15 Millionen Jahren aus Asien angeweht wurde, wächst an Waldrändern, aber auch im offenen Feld und an Berghängen in bis zu 600 Metern Höhe, besonders üppig jedoch in und am Rande von Sumpfgebieten. Je älter sie ist, desto weiter verzweigt sie sich und wird zu einem eindrucksvollen Baum. Es dauert rund zehn Jahre, bis die erste Gabelung entsteht. Die unteren abge-

Blütenrispen und frühe Entwicklungsphase des Blütenstands der Keulenlilie

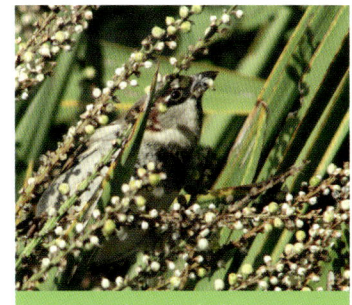

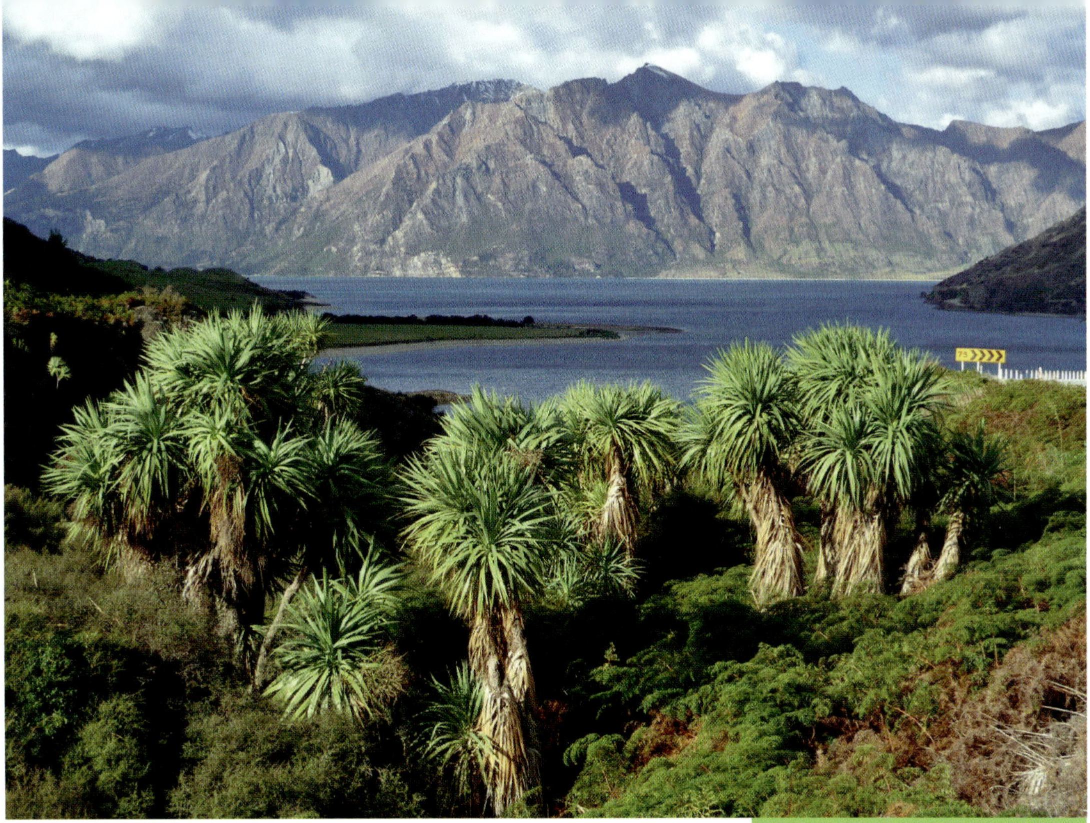

Keulenlilien oder Cabbage Trees am Lake Hawea

storbenen Blätter können recht lange am Baum haften bleiben, ehe sie abfallen; dann sind sie nahezu unkompostierbar. Die Blätter der Gartenpflanze müssen entweder verbrannt oder im Hausmüll entsorgt werden. Die Maori pflanzten die Keulenlilien einst in Reihen als Wegweiser.

Von den weltweit 14 Cordyline-Arten wachsen fünf in Neuseeland. Eine kleinere Spezies gedeiht an Waldrändern, Flussufern und Klippen: die *Cordyline banksii* (Forest Cabbage Tree), die maximal vier Meter hoch wird. Der Stamm ist lediglich 10 bis 15 cm dünn und verzweigt sich nur selten. Die *Cordyline indivisa* (Mountain Cabbage Tree) ist ebenfalls unverzweigt, wird bis zu acht Meter hoch, hat breitere Blätter als die anderen Arten, und die Blütenstände sehen aus wie riesige aus Pfeifenreinigern gefertigte Staubwedel.

Cordyline pumilio, die nur im Norden vorkommt, ist maximal zwei Meter hoch und entwickelt nur zögerlich einen Stamm. Sie erinnert an den australischen Grasbaum, der wie auch der Joshua Tree (*Yucca brevifolia*; Josua-Palmlilie) in Kalifornien und die Yucca-Palme oder Palmlilie (*Yucca*) aus Mittelamerika ein entfernter Verwandter ist.

Ein Spatz lässt sich die Beeren eines Cabbage Trees schmecken

Dracophyllum traversii aus der Familie der Australheidegewächse

Samenkapseln des Kowhais

Silvereyes sitzen im Kowhai

Neuseeland hat in den zurückliegenden Jahren ein rätselhaftes Keulenlilien-Sterben erlebt, das ganz besonders Northland erfasst hat. Auslöser ist vermutlich ein Bakterium, das durch die mottenartige australische Passionsblumen-Zikade (*Scolypopa australis*) übertragen wird.

Neinei

Diese Gewächse aus der Familie der Australheidegewächse (*Epacridaceae*) haben extrem unterschiedliche Erscheinungsformen und sind mit Ausnahme des *Dracophyllum strictum* nur lokal verbreitet.

Dracophyllum traversii; Mountain Neinei: Dieser bis zu zehn Meter hohe Baum erinnert aus der Ferne an die Keulenlilie, ist aber nicht zu verwechseln. Seine rotbraune Rinde löst sich in dünnen Streifen ab, die Blätter sind ledrig und gebogen. Die kegelförmigen Blütenrispen wachsen senkrecht nach oben. Die großen braunen Samenkapseln sehen aus wie eine vertrocknete Ananas, daher auch der volkstümliche Name „Pineapple Tree" (Ananasbaum). Dieser Neinei kommt im Norden der Südinsel meist in größerer Höhe über Buchenwäldern vor, zum Beispiel entlang den Wanderwegen im Arthur's-Pass- und Nelson-Lakes-Nationalpark sowie in den Höhenlagen am Rande der Westküsten-Gletscher. Im Norden der Nordinsel inklusive der Coromandel-Halbinsel wächst er auch in tiefergelegenen Gebieten.

Dracophyllum latifolium; Neinei: wird bis zu sieben Meter hoch und hat im frühen Stadium einen extrem dünnen Stamm; dann sehen die Blätter aus wie die eines in deutschen Wohnzimmern weit verbreiteten Drachenbaums.

Dracophyllum longifolium; Inanga: meistens nur ein Strauch, kann aber auch ein bis zu 12 Meter hoher Baum werden. Leicht zu erkennen an den dünnen, grasartigen Blättern, deren Spitzen oft rotbraun sind. Die glöckchenförmigen Blüten sitzen am Ansatz der Blätter.

Dracophyllum strictum: strauchartig, mit schmalen, länglichen grünen Blättern und dichten Blütenrispen.

Kowhai (*Sophora microphylla;* Schnurbaum)

Die knallgelben, glockenförmigen Blüten dieses Baums aus der Familie der Hülsenfrüchte gelten als Nationalblume Neuseelands. Es gibt immer- und sommergrüne Varianten des Kowhai. Die am weitesten verbreitete Sorte vermittelt den Eindruck, immergrün zu sein, verliert tatsächlich jedoch ihre Blätter – allerdings für so kurze Zeit, dass es kaum auffällt. Zunächst entfaltet der bis zu zehn Meter hohe Baum am

Winterende/Frühjahrsanfang seine Blütenpracht, erst danach sprießen die neuen Laubblätter nach. Diese gefiederten Blätter bestehen aus
20 bis 40 winzigen, ovalen und paarig angeordneten Blättchen. Die
Blütenglocken, die aus fünf Kelchblättern zusammengesetzt sind, hängen in unterschiedlich großen traubigen Rispen von den Ästen herab
und schaffen ein gelbes Blütenmeer, da der glattrindige Baum in dieser
Phase meist unbelaubt ist.

Kowhai-Blüten

Die Samenkapseln hängen wie braune Perlenschnüre, bestehend
aus deutlich voneinander getrennten Einzelhülsen, vom Baum. Es
dauert sehr lange, bis sie abfallen. Kaum einmal macht sich ein Vogel
die Mühe und versucht, die harten Schalen aufzupicken. Die meisten
Kowhai sprießen, wenn die Kapselschnüre auf den Boden fallen und
im Lauf der Zeit verrotten. Die Kapseln sind so widerstandsfähig, dass
man annimmt, dass die Samen der in Südchile wachsenden Kowhai
aus Neuseeland stammen und tausende Kilometer übers Meer getrieben sind. Bei Tests keimten einige Kowhai-Samen, nachdem sie zehn
Jahre in Salzwasserbehältern aufbewahrt worden waren.

Der Kowhai wächst landesweit an Waldrändern, Fluss- und Seeufern sowie in unzähligen Gärten.

Kakabeak (*Clianthus puniceus*; Kowhai-ngutu-kaka; Papageienschnabel, Ruhmesblume)

Dieser mit dem Kowhai verwandte immergrüne Strauch ist in freier Natur eine Rarität geworden und meistens in Parks und Gärten zu
finden. Die Blätter sind größer als jene des Kowhai, die großen Blüten
sind knallrot, und ihre gebogene Form erinnert an den Schnabel der
endemischen Papageienart Kaka, daher der Name. Die grüne Samen-
hülle ähnelt der Fruchthülse von Erbsen.

Papageienschnabel

Baumfuchsie (*Fuchsia excorticata*; Tree Fuchsia; Kotukutuku)

Wenn unter einer Baumfuchsie massenhaft kleine, rote Blüten liegen,
lohnt sich ein Blick nach oben, denn dann könnte es gut sein, dass
sich dort zwei, drei Tui vergnügen. Diese Honigfresser laben sich am
Blütenpollen und später an den ca. einen Zentimeter großen dunkelvioletten bis schwarzen Beeren. Die purpurroten Blüten sehen, ebenso
wie die Laubblätter, wie jene der kultivierten Fuchsien in deutschen
Balkonkästen aus, sie sind bloß wesentlich kleiner. Das tollste sind jedoch die Stämme dieser bis zu zehn Meter hohen Bäume: Sie sind auffällig hellbraun bis orangefarben und leuchten schon aus weiter Ferne.

Stamm einer Baumfuchsie, Mt. Thomas

Nikaupalmen im Oparara Basin, nördlich von Karamea

Die Rinde löst sich in papierdünnen Streifen ab. Diese Fuchsie ist einer jener wenigen sommergrünen Bäume, die im Herbst ihre Blätter verlieren. In Neuseeland gibt es drei Arten. Andernorts wachsen sie lediglich in Tahiti sowie in Mittel- und Südamerika.

Nikaupalme (*Rhopalostylis sapida*; Nikau palm)

Dieser tropische Baum ist die einzige einheimische Palme Neuseelands und die am südlichsten vorkommende Art weltweit. Sie ist kältetolerant, wächst auf der Südinsel aber nur im nördlichen Drittel. Dieses Gebiet reicht im Osten über die Banks-Halbinsel bis zu den fernen Chatham Islands.

Nirgendwo sind diese Palmen jedoch schöner als im Nordteil der Westküste, zum Beispiel rund um Punakaiki und entlang dem Spazierweg bei den Pancake Rocks. Die Baumgruppen an der Küste zwischen Karamea, dem Ort am Ende des State Highway 67, und dem Beginn des Heaphy Tracks am Kohaihai River, sind so fotogen, dass man sich gar nicht daran sattsehen kann. Wenn dann noch die bewaldeten Hügel während der Rata-Blüte rot leuchten, ist die Szenerie be-

Stamm einer Nikaupalme

rauschend. Direkt hinter der wackeligen Seilbrücke am Kohaihai River gibt es einen Nikau Walk.

Die Nikaupalme hat entfernte Ähnlichkeit mit der Kokospalme, wächst jedoch „nur" 10 bis 15 Meter in die Höhe und hat keine verdickte Stammbasis. Sämtliche abgestorbenen Wedel (2,50 bis 3 Meter lang) fallen ab. Die Narben bleiben als schöne horizontale Ringe auf dem glatten, grünen Stamm zurück. Dieser endet mit einer glatten Verdickung, aus der die Palmwedel sprießen. Die schmalen Teilblätter, die von einer zentralen Ader ausgehen, sind bis zu einem Meter lang.

Blütenstand einer Nikaupalme

Die herabhängenden Blütenrispen mit Unmengen winziger rosaweißer Blüten setzen in den oberen Narbenringen an. Sie sind von einer gelben Hülle umgeben, die im Sommer aufspringt. Gleichzeitig reifen nur einige Narbenringe tiefer die kleinen roten Beeren der Vorjahresblüte wie an Perlenschnüren. Manchmal ist auch noch die zwei Jahre alte abgestorbene Rispe vorhanden, die vornehmlich von Kererus, den riesigen neuseeländischen Fruchttauben, abgeerntet wird.

Pukatea (*Laurelia novae-zelandiae*)

Dieser Lorbeerbaum ist mit bis zu 35 Metern Höhe einer der größten Laubbäume Neuseelands. Er wächst in feuchten Regionen, gerne mit den Füßen im Wasser, und oft in einer Waldgemeinschaft mit überragenden Kahikatea. Der Stamm ist bis zu zwei Meter dick und wird oft von hohen, sternförmig angeordneten Brettwurzeln gestützt. Solche rippen- und plankenförmigen Wurzeln verleihen den Bäumen Standfestigkeit, da sie in Feuchtgebieten keine tiefen Wurzeln bilden können. Sie atmen über Atemwurzeln, sogenannte Pneumatophoren, die in der Entstehungsphase wie dicke Finger und später als mächtige Holzgebilde aus dem Boden ragen. Die Baumrinde ist glatt und hat korkfarbene Flecken.

Die paarig angeordneten Laubblätter sind dunkelgrün, stark glänzend, rundlich und regelmäßig gezähnt. Die kleinen Blüten sind grünlich. Wenn die tonnenförmigen Früchte reif sind, setzen sie die Samen ähnlich wie der Löwenzahn mit haarigen Flugschirmen frei, die vom Wind verbreitet werden.

Zahlreiche im Internet abgebildete Pukatea-Blätter stammen von einem anderen Baum, nämlich vom wesentlich kleineren Hutu (*Ascarina lucida*). Das einfachste Unterscheidungsmerkmal sind die Zweige, die beim Pukatea grün und beim Hutu dunkelviolett sind. Auch sind die Laubblätter des Hutu gelbgrün.

Der Pukatea wächst in feuchten Regionen

Neuseelands Malvengewächse: Lacebark, Hoheria angustifolia (oben) und Mountain Ribbonwood, Hoheria Iyallii (unten)

Malvengewächse (*Malvaceae*)

Die neuseeländischen Gattungen *Plagianthus* und *Hoheria* zeichnen sich dadurch aus, dass sich ihre innere Rinde in dünne Schichten trennen lässt, daher auch die Namen Ribbonwood und Lacebark; „ribbon" = Band, „lace" = Spitze. Ribbonwoods haben grünlich-weiße Blüten, Lacebark-Blüten sind schneeweiß. Die Blätter aller Arten sind gezähnt.

Ribbonwood (*Plagianthus regius*; Manatu) ist einer der wenigen endemischen Bäume, die im Winter ihre Blätter verlieren, und mit bis zu 15 Metern der höchste Baum in Neuseeland mit diesem Merkmal.

Lacebark (*Hoheria populnea*; Houhere) ist ein schnellwachsender, immergrüner Strauch oder kleiner Baum mit doldenartig angeordneten Blütenbällen. Jede Blüte hat fünf Kronblätter. Die ovalen Laubblätter sind 6 bis 10 cm lang, während sie bei *Hoheria angustifolia* (Houhi puruhi) wesentlich kürzer (4 bis 6 cm) sind.

Mountain Ribbonwood (*Hoheria lyallii*) hat die größten Laubblätter von allen (5 bis 14 cm), sie sind fast herzförmig und gezähnt. Die großen, weißen Blüten (gestielt und hängend) erinnern an Erdbeerblüten. Wie *Plagianthus regius* verliert dieser Baum im Winter seine Blätter.

Araliengewächse (*Araliaceae*)

Five-Fingers sind schnell wachsenden Sträucher, die als Baum je nach Sorte 5 bis 8 Meter hoch werden können, und bilden eine Familie in der Ordnung der Doldenblütlerartigen. Ihr Name ist höchst irreführend, denn die Zahl der handförmig angeordneten Laubblätter kann zwischen drei und neun variieren, völlig unabhängig vom Standort. Selbst nebeneinander stehende Pflanzen haben selten die gleiche Anzahl von Laubblättern, die an kürzeren oder längeren Stielen ansetzen. Zu den Five-Fingers gehört auch der Seven-Finger (*Schefflera digitata*), der fünf bis neun Blätter hat. Das macht die Aufgabe, Five- und Seven-Fingers voneinander zu unterscheiden, extrem schwierig. Mitglieder dieser Familie in Neuseeland sind die eine Schefflera-, fünf Pseudopanax- und zwei Raukaua-Arten.

Five-Finger (Pseudopanax arboreus; Puahou, Whauwhaupaku): Diese Art ist am weitesten verbreitet. Die Stiele sind bis zu 20 cm lang. Die doppelt gesägten Blätter – drei bis neun an der Zahl – sind rund 20 cm lang, 7 cm breit und haben einen 2 bis 5 cm langen grünen Stielansatz. Der Strauch/Baum blüht im Winter (braun-violett) und setzt dann üppige Dolden dunkelviolett bis schwarzer, samenhaltiger Beeren an. In höheren Lagen wird dieser Five-Finger durch den Mountain Five-Finger (Pseudopanax colensoi) abgelöst, der sich vornehmlich durch ganz kurze bis fehlende Stiele und dickere, ledrige Blätter unterscheidet.

Pate; Seven-Finger (*Schefflera digitata*; Strahlenaralie): Diese beliebte deutsche Zimmerpflanze liebt feuchte, geschützte Standorte. Sie ist ganz leicht zu erkennen, wenn sie blüht, denn die Rispen mit den winzigen weißen bis grün-gelblichen Blüten hängen trauerweidenartig nach unten. Die Früchte sind weiß. Die Stiele messen 25 cm, die Stielansätze der fünf bis neun handförmig angeordneten Laubblätter 1 bis 3 cm, und sie sind violett.

Raukawa (*Raukaua edgerleyi*): Die drei bis fünf an Stielen sitzenden Laubblätter sind dünn, glänzen wie frisch polierte Schuhe und verströmen einen starken Duft. Oft kommt Raukawa als Aufsitzerpflanze vor. Die Spezies Haumakaroa (*Raukaua simplex*) ist leicht an den Blättern zu erkennen, denn sie erinnern entfernt an die gebuchtete Form von Eichenlaub, sind allerdings wesentlich schmaler.

Lancewood, Horoeka (*Pseudopanax crassifolius*) – der Verwandlungskünstler

Der Lancewood wird oft als einzigartiger Wunderbaum beschrieben, weil er sein Aussehen in mehreren Phasen dramatisch ändert. Einzigartig ist dies allerdings nicht, denn zahlreiche Bäume – insbesondere in der Familie der Aralien- oder Efeugewächse (*Araliaceae*), zu der auch diese Spezies zählt – sehen in der Jugend völlig anders aus als in späteren Jahren. Aber zugegeben, der Horoeka ist in jedem Stadium einfach zu erkennen und aufgrund seiner Beliebtheit in heimischen Gärten, öffentlichen Grünanlagen und vor Bürogebäuden auch allgegenwärtig.

Seltsam ist allerdings, wie dicht nebeneinander Lancewoods oft gepflanzt werden – so, als würden sie ihr jugendliches Aussehen nicht nur einige Jahre, sondern ewig bewahren. Während dieser Frühphase sind ihre Stämme dünne Stecken mit wirr herabhängenden harten, extrem langen (0,50 bis 1 Meter) und schmalen (1 cm) Blättern. Sie sehen aus wie aufeinander gestapelte ungeöffnete und zerfledderte Regenschirme. Das hat schon so manchen unwissenden Hauskäufer dazu bewegt, die vermeintlich verkrüppelten Gewächse im neuen Garten als Unkraut zu entsorgen.

In der nächsten Phase ändern die Blätter ihre Wuchsrichtung himmelwärts, sie verlieren ihre tupfenartigen Flecken und scharfen Za-

Seven-Fingers besitzen fünf bis neun Blätter und sind daher schwer von den Five-Fingers zu unterscheiden (oben)
Die Beeren der Five-Fingers erinnern an Holunder (unten)

![Erwachsener Lancewood auf der Banks-Halbinsel](full-width photo)

Erwachsener Lancewood
auf der Banks-Halbinsel

Junge Lancewoods

cken, entwickeln einen glatten Rand, und die Länge sinkt auf nur noch 20 cm. Dafür sind die sattgrünen, ledrigen Blätter nun doppelt so breit und schön lanzettlich geformt. Plötzlich verzweigt sich die bis zum Boden beblätterte Rute und bekommt einen buschigen Kopf und die unteren, noch herabhängenden langen Blätter fallen ab, so dass ein nackter Stamm entsteht. Erst im Erwachsenenstadium sind die Blattoberflächen glatt und die dornigen Zacken an den Rändern verschwinden.

Der Lancewood kann 15 Meter hoch werden, seine Krone ist schön rund oder flach oval. Die kleinen, weißen und an Dolden wachsenden Blüten sind sternförmig und duften angenehm.

Es gibt unterschiedliche Theorien, die erklären, warum der Horoeka diese seltsamen Wuchsphasen durchmacht. Eine besagt, dass die nach unten gerichteten scharf gezackten Blätter ein Schutzmechanismus gegen die bis zu drei Meter großen Moas, die vor 750 Jahren ausgestorbenen Riesenlaufvögel, waren und dass sich die Wuchsrichtung änderte, sobald eine Höhe erreicht war, in der die vegetarisch lebenden Moas die Blätter nicht mehr erreichen konnten. Die dunklen, gefleckten Blätter dienten dann während der Zeit als niedrige Schösslinge der Tarnung auf dem Waldboden.

Eine andere Erklärung ist, dass der Baum in der Jugend seine ganze Energie in das Höhenwachstum legt, um die Schattenzone anderer Bäume zu durchbrechen. Wurzelsprosse, die unter dem erwachsenen Baum aus der Erde keimen, nehmen stets die Jugendform an.

Zwei andere Lancewood-Arten – *P. ferox* und *P. linearus* – unterscheiden sich vornehmlich durch die Zahnung der jugendlichen Blätter und die geringere Höhe (bis 5 bzw. 3 Meter).

Einen offiziellen deutschen Namen gibt es für den Lancewood übrigens nicht, auch wenn in der Literatur und im Internet gelegentlich die Bezeichnung Speerbaum zu finden ist.

Lancewood-Blüten haben einen angenehmen Duft

Koprosma (*Coprosma*)

50 bis 60 Koprosma-Arten (die detaillierteste Quelle spricht von 53) wachsen in Neuseeland. Sie gehören zur enorm großen Familie der Röte-, Krapp- oder Kaffeegewächse (*Rubiaceae*). Den nicht sehr schmeichelhaften Namen verdanken sie Captain Cooks Botanikern, die diese Pflanzenart in Neuseeland entdeckten und eine besonders unangenehm riechende Spezies *Coprosma foetidissima* nannten, auf Deutsch ungefähr: stinkende Mistpflanze, englische Bezeichnung: stinkwood (Maori: Hupiro). Das griechische Wort Copros bedeutet Exkrement und das lateinische Verb foetere stinken. Die Pflanze verbreitet den abstoßenden Geruch, wenn man die Blätter zerreibt.

Die paarigen Blätter der Coprosmas sind ungezähnt und rund bis oval. Während die Blätter von ungefähr einem Dutzend Arten groß und teilweise stark glänzend sind, haben 40 Sorten winzige Blätter, die bei vielen sehr luftig verteilt an hellbraunen, verholzten Zweigchen sitzen. Diese Zweige bilden in ihrer Gesamtheit ein nahezu undurchdringliches, oft auch noch dorniges Dickicht. Warum diese Pflanzen in Neuseeland derart stark verbreitet sind, darüber streiten sich die Experten noch. Eine Theorie ist, dass sie einst die Moas davon abhielten, die Blätter zu fressen – und wenn es doch passiert wäre, wären die Blättchen schnell nachgewachsen.

Coprosma grandifolia hat die größten Blätter aller Koprosmas in Neuseeland

Die meisten dieser kleinblättrigen Coprosmas sind extrem schwer voneinander zu unterscheiden. Ein Experte von Landcare Research hat auf einer Website (s. Anhang) versucht, die Identifizierung zu er-

185

Coprosma repens (Taupata) ist die am weitesten verbreitete Küstenpflanze Neuseelands und wächst in fast jedem Garten

leichtern. Was Amateuren natürlich nur gelingt, wenn sie die Datenbank abrufbereit neben einer zu bestimmenden Pflanze haben …

Typisch für die Blätter sind Nebenblätter (Stipeln); darunter sind kleine, verkrüppelt oder abgestorben aussehende Auswüchse am Blattgrund zu verstehen. Außerdem haben sie an den Blattunterseiten Domatien, das sind kleine Hohlräume, die Insekten Wohnraum bieten.

Die farbenfrohen kleinen Blüten, je nach Spezies gelb, orange, grün, violett oder gar gestreift, sind geschlechtsabhängig unterschiedlich und werden windbestäubt. Die Beeren der weiblichen Pflanzen sind ebenso bunt, von rot über orange, gelb und weiß bis blau. Graurückenbrillenvögel und Echsen sind besonders scharf darauf.

Die Sorte mit den größten Laubblättern ist *Coprosma grandifolia* (Kanono, Raurekau), sie sind 15 cm lang. Die Blätter sind dünn und gefleckt, die Zweige oft violett gesprenkelt und die Beeren orangefarben.

Coprosma tenuifolia und *C. macrocarpa* haben trockene, papierne Stipeln. Die Laubblätter von *C. tenuifolia* sind grün und gelblich-grün gefleckt, jene von *C. macrocarpa* dunkelgrün.

Die Stipeln von Karamu (*Coprosma robusta*) haben glänzende, schwarze Spitzen, jene von Shiny Karamu (*C. lucida*) sind schmal und grün. Taupata (*C. repens*) zeichnet sich durch stark glänzende Blätter aus. Die Pflanze ist eine der robustesten und am weitesten verbreiteten Küstenpflanzen überhaupt in Neuseeland.

Veilchengewächse (*Violaceae*)

Wer bei Veilchengewächsen (*Violaceae*) an das liebliche und wohlriechende Veilchen denkt, erkennt Neuseelands Pflanzen dieser Familie nicht. Sie umfasst nämlich sowohl krautige als auch verholzende Pflanzen, die als Halbsträucher, Sträucher, Bäume und Lianen vorkommen. Am irritierendsten ist, dass ein holziger Strauch mit winzigen Blättern keine Coprosma, sondern ein Veilchengewächs ist. Er trägt den botanischen Namen *Melicytus alpinus* (Synonym: *Hymenanthera dentata var. alpine*, *Hymenanthera alpina*) und ist als Porcupine Shrub – Stachelschweinstrauch – oder Mahoe Porcupine Shrub bekannt. Das Interessante daran ist, dass die Stacheln, im Gegensatz zu den meisten Coprosma-Arten, nicht stechen. Dank der guten Schutzfunktion des schwer durchdringlichen Ästchen-Dickichts leben Echsen in und unter diesen Büschen. Sie fressen die Beeren und verbreiten auf diese Weise die Samen.

Mahoeblüten: Ihre Verwandtschaft mit den Veilchen ist kaum zu erahnen

Ein völlig anderes Mitglied der Violaceae- oder Mahoe-Familie ist
der als Mahoe (*Melicytus ramiflorus*; Whiteywood) bekannte und im
ganzen Land verbreitete Baum. Seine 5 bis 15 cm langen und 3 bis
5 cm breiten Laubblätter sind unpaarig angeordnet und gesägt, die
winzigen cremefarbenen Blüten setzen an verholzten Ästchen zwischen den Blättern an und haben kurze Stiele. Die Beeren sind knallig
giftig-violett.

In etwas höheren Lagen wächst der Mountain oder Narrow-leaved
Mahoe (*Melicytus lanceolatus*; Mahoe wao). Die Blätter sind so lang
wie die des normalen Mahoe, aber wesentlich schmaler, nur 0,5 bis
3 cm, und stachelspitzig gezähnt. Die Blüten sind hellviolett, die Beeren dunkelviolett.

Drahtsträucher (*Muehlenbeckia*)

Einige Arten der Muehlenbeckien oder Drahtsträucher (*Muehlenbeckia*), die zur Familie der Knöterichgewächse zählen, kann man auf
den ersten Blick – wie auch den Porcupine Shrub – für eine kleinblättrige Coprosma halten. Dazu zählt die *Muehlenbeckia robusta*. Der
offensichtlichste Unterschied sind die stark verzweigten Ästchen, die
dünner sind als bei Coprosmas, und sie sind dunkelbraun, im Gegensatz zum äußerst hellen Holz der Coprosmas. Die Blättchen sind weit-

187

Die Griselinia lucida (oben) unterscheidet sich von der Griselinia littoralis (unten) durch einen asymmetrischen Blattansatz

aus dichter, gestielt, stehen wechselständig und haben zudem keine Nebenblätter.

Die seltenere endemische Spezies *Muehlenbeckia astonii* hat fast herzförmige Blättchen und die Farbe der Ästchen variiert von Rotbraun bis orangerot. Im Winter verliert diese Pflanze ihre Blätter. Die Arten *Muehlenbeckia australis* (Pohuehue), deren Blätter 2 bis 8 cm lang sind, und *M. complexa* sind Kletterpflanzen. Die Blätter von *M. complexa* sind wesentlich kürzer, lediglich 0,5 bis 2 cm.

Griselinia

Von dieser lediglich in Neuseeland und Südamerika verbreiteten Familie wachsen in Neuseeland zwei Arten. Beide sind große Sträucher, aber auch Bäume, die um die zehn Meter hoch werden. Sie haben ovale, glatte, ledrige und glänzende Blätter, die wechselständig und spiralig – das heißt nicht in flachen Reihen, sondern rund um die Zweige – angeordnet sind. Sie sind immergrün und äußerst widerstandsfähig, auch gegen Salzwasser, und werden deshalb auch gerne als Hecken um Grundstücke gepflanzt.

Griselinia littoralis (Kapuka, Papauma) hat den irritierenden englischen Namen Broadleaf. Irritierend, weil dieses Wort auch der Oberbegriff für alle Laubbäume in den neuseeländischen Mischwäldern (Podocarp-broadleaf forest) ist. Die gelbgrünen Laubblätter sind 5 bis 12 cm lang und 4 bis 5 cm breit. Die winzigen Blüten wachsen an Rispen und produzieren massenhaft kleine violette bis schwarze Beeren.

Griselinia lucida (Akapuka; Shining Broadleaf) wächst oft als Aufsitzerpflanze im Kronendach, aber auch als eigenständiger Strauch oder Baum. Die dicken, ovalen Blätter sind größer und glänzen stärker als jene von *G. littoralis* und sind am Ansatz einseitig schief gebogen. Nachwachsende Blätter sind von noch hellerem Gelbgrün, deshalb ist auch Akapuka in Gärten ein sehr beliebter Strauch.

Pittosporum (Klebsamengewächse)

Mehr als 20 Arten dieser Gattung innerhalb der umfangreichen Familie der Klebsamengewächse (*Pittosporaceae*) kommen in Neuseeland vor. Sie zeichnen sich, wie der deutsche Name schon sagt, zum einen durch die klebrige Masse (Pulpe) aus, in die ihre Samen eingebettet sind. Zum anderen haben sie kleine, aber attraktive Blüten, deren Farbspektrum von Dunkelviolett über Gelb und Rot bis hin zu Rosa reicht. Sie stehen je nach Art einzeln oder in üppigen Dolden.

Die Laubblätter dieser bis zu 12 Meter hohen Sträucher sind wechselständig angeordnet und oft sehr dicht. Ein Drittel der Arten hat kleine Blätter und verholzte, stark verästelte Zweige und kann deshalb leicht mit Coprosma verwechselt werden.

Die Blütenknospen der großblättrigen Arten sind schuppig. Die Blüten haben fünf Kelchblätter, die sich extrem nach außen biegen, so dass sie fast wie kleine Glöckchen aussehen. Die Pulpe in den Fruchtkapseln hat den Zweck, dass die Samen an den Schnäbeln und Federn von Vögeln kleben bleiben und auf diese Weise verbreitet werden.

Tarata, Lemonwood (*Pittosporum eugenioides*) hat blassgelbe Blüten, und wenn man die glänzenden Blätter zerreibt, riechen sie nach Zitrone.

Kohuhu (*Pittosporum tenuifolium*) hat einzeln angeordnete violette Blüten und blassgrüne ondulierte Laubblätter.

In größeren Höhen wird Kohuhu vom verwandten *Pittosporum colensoi* (Rautawhiri) abgelöst, aber dessen Laubblätter sind wesentlich größer, nicht onduliert und dunkelgrün. Die Blüten sind dunkelrot.

Karo (*Pittosporum crassifolium*) ist eine Nordinsel-Spezies, die oft in der Nähe von Pohutukawa zu finden ist. Die dunkelroten Blüten wachsen in Büscheln.

Tarata riecht nach Zitrone (oben) Kohuhu hat wellenförmige Blätter (unten)

Kamahi (*Weinmannia racemosa*)

Dieser bis zu 25 Meter hohe Baum ist eine der in Neuseeland am weitesten verbreiteten Arten – allerdings nehmen ihn viele Leute nicht wahr, wenn sie in trockenen Gegenden wohnen, in denen Kamahi eine Rarität ist. Sein Leben beginnt oft als Aufsitzerpflanze und er hat meistens mehrere Stämme mit jeweils mehr als einem Meter Durchmesser. Die Rinde ist grau-braun gefleckt und ziemlich glatt. Die ca. 7 cm langen und 4 cm breiten Laubblätter sind dunkelgrün und gezähnt. Am einfachsten ist der Kamahi während der Blütezeit zu erkennen, denn dann hängt er brechend voll mit langen, schmalen und aufwärts gerichteten weiß-rosafarbenen Blüten in Flaschenbürstenform (Fachbegriff: racemöse Infloreszenz = traubiger Blütenstand). Der kleinere Verwandte des Kamahi ist der Towai (*Weinmannia silvicola*).

Ein blühender Kamahi

Kawakawa (*Macropiper excelsum*; Maori-Kava)

Den bis zu 3 Meter hohen Kawakawa-Strauch findet man in deutschen Gift-Verzeichnissen als Maori-Kava, weil er die Ätherischen Öle Elemicin und Myristicin enthält und als Rauschmittel gilt. Davon abge-

Kawakawa (oben)
Makomako (unten)

sehen ist er eine attraktive Pflanze aus der Familie der Pfeffergewächse. Die Blätter sind hell- bis dunkelgrün und herzförmig – und damit ausgesprochen leicht zu erkennen, ebenso die Beeren, die wie kleine orangefarbene Raupen aussehen. Oft sind die Blätter durchlöchert, weil sich die Raupen einer einheimischen Motte daran laben.

Makomako, Wineberry (*Aristotelia serrata*)

Wo es halbschattig und feucht ist, speziell an Waldrändern, wächst Makomako besonders gut. Die Pflanze, die als Baum bis zu 10 Meter hoch werden kann, ist an ihren dünnen, unregelmäßig gesägten Blättern zu erkennen, die an einem Stiel sitzen. Die kleinen Blüten sind zunächst weiß, dann rosa und schließlich rot. Die an kleinen Rispen wachsenden Beeren – ähnlich wie Schwarze Johannisbeeren, bloß wesentlich kleiner – wechseln ihre Farbe von grün über rot bis schwarz.

Braunwurzgewächse (*Scrophulariaceae*; Hebe)

Mit mehr als 100 Arten ist diese Familie die umfangreichste unter Neuseelands Pflanzen. Die meisten wachsen in offenem Terrain und am Waldrand als große, runde und bis zu 5 Meter hohe Sträucher, in höhergelegenen Regionen, als kleinere Sträucher, auch in luftigen Wäldern.

Auch wenn die Blüten mancher Hebes – diese Pflanzenart wurde nach Hebe, der griechischen Göttin der Jugend, benannt – von der Norm abweichen, so sind doch alle Sorten leicht an den Blättern zu erkennen. Egal, ob groß oder klein, die meist glattrandigen Blätter sind länglich (lanzettlich) und kreuzgegenständig angeordnet, das heißt symmetrisch in über Kreuz stehenden Blattpaaren entlang der Sprossachse. Das ergibt vier akkurate Reihen. Wenn man von oben darauf schaut, ist der Querschnitt quadratisch.

Die Blütenstände der größeren Sorten sind meistens traubig, das heißt flaschenbürsten- bis pfeifenreiniger-förmig, mal hängend, mal steif nach oben oder außen gerichtet. Die meisten sind weiß, aber es gibt auch Arten mit spektakulären Farben wie Blasslila und knalligem Magenta. Diese Sorten und ihre Hybride, die dunkelgrüne, gummiartige Blätter haben, werden mit Vorliebe für Ziergärten gezüchtet.

Koromiko (auch: Kokomuka; *Hebe salicifolia*): Die sehr schmalen, langen Blätter dieser auf der Südinsel weit verbreiteten Art sind weidenähnlich und meistens glatt. Es gibt aber auch gezähnte Exemplare. Die hängenden unverzweigten Blütenbürsten, die in Unmengen seit-

Koromiko sind auf der Südinsel weit verbreitet

Hebe parviflora mit Schmetter-lingsbesuch

lich von der Sprossachse wegwachsen, sind weiß und dünn. Die sehr ähnliche Art *Hebe stricta var. stricta* dominiert auf der Nordinsel.

Hebe parviflora var. arborea kann – wie der Name suggeriert – zu einem kleinen, bis zu 6 Meter hohen Baum wachsen. Im Gegensatz zu Koromiko hängen die Blütenstände nicht.

Hebe canterburiensis ist ein kleiner Strauch mit sehr kleinen, aber dafür extrem dicht angeordneten glänzenden Blättern. Er kommt im Süden der Nordinsel und in der Nordhälfte der Südinsel in höhergelegenen Buchenwäldern und Tussockgraslandschaften vor, und hier vornehmlich in der Region Canterbury (Arthur's Pass), daher der Name. Die schneeweißen Blüten wirken aufgrund der Dichte und der geringen Größe der Blätter üppiger als an anderen Sorten. Die verwandte Art *Hebe vernicosa* ist noch kleiner, und die Blüten sind blasslila.

Hebe cupressoides wächst ebenfalls in Canterbury und ist eine seltenere, sogar gefährdete Art mit einem angenehmen Duft. Ihre hellgrünen Blätter sind, wie der Name vermuten lässt, geschuppt wie bei Zypressen und ist damit nicht gleich als Hebe zu identifizieren.

Hebe canterburiensis, Porters Pass

Marble Leaf (*Carpodetus serratus*; Putaputaweta)

Die gezähnten, oft leicht ondulierten Blätter dieses weit verbreiteten und bis zu 10 Meter hohen Baums sind unverwechselbar. Sie wirken mit ihren stark ausgeprägten Adern wie marmoriert, daher auch der

Marble Leaf, Mt. Thomas

Marble Leaf, Blüten

Tutu-Blüten

Der Whau hat stachelige, braune Fruchtkapseln, die wie Kletten aussehen

Name Marble Leaf. Der Maori-Name geht zurück auf die Löcher, die Wetas in den Stamm bohren, um sich dort einzunisten.

In der Jungphase sind die dünnen Zweige zickzack-förmig verästelt. Die raue Baumrinde ist sehr hell und stark gefleckt, weiß, grau, rotbraun und fast rosa. Die in kleinen Dolden angeordneten hübschen Blüten sind weiß und sternförmig.

Dieser Baum wird von der Puriri-Motte (*Aenetus virescens*) heimgesucht. Die Larven fressen sich durch die Rinde und bohren bis zu 15 cm tiefe Höhlen in den Stamm. Um den Höhleneingang fressen sie die Rinde ab, bis eine riesige augenförmige Narbe entsteht. Eine kleine Waldameise ernährt sich von dem dabei auslaufenden Baumsaft. Die an der Narbe entstehende neue Haut bietet den Puriri-Raupen Nahrung für bis zu 5 Jahre. Die Motte ist knallgrün und hat eine Flügelspannweite von 15 cm. Sie lebt nur zwei Tage und wird hauptsächlich vom Kuckuckskauz (Morepork) gefressen.

Andere Bäume, die von der Puriri-Motte besiedelt werden, sind der Puriri, die einheimischen Buchen und Makomako. Der Puriri (*Vitex lucens*) mit seinen roten Blüten und spektakulären roten Beeren kommt nur in der Nordhälfte der Nordinsel vor.

Tutu (*Coriaria arborea*)

Dieser anspruchslose und wild wuchernde Strauch aus der Gattung der Gerbersträucher ist, mit Ausnahme des Beerensafts, giftig für Menschen und Nutztiere. An keiner Pflanze haben sich in Neuseeland so viele Rinder und Schafe vergiftet wie an Tutu. Menschen vergiften sich meistens über Blütenhonig; der Stoff gelangt über den von Bienen gesammelten Honigtau in den Honig. 2008 erkrankten auf der Coromandel-Halbinsel 22 Menschen, die den vermutlich mit Tutu verseuchten Wabenhonig eines Hobby-Imkers gegessen hatten.

Die spitzigen, ovalen Laubblätter des Tutu sind paarig angeordnet und 3 bis 8 cm lang. Die rund 20 cm langen Blütenrispen hängen paarweise nach unten. Die Blüten sind weiß, die winzigen Beeren schwarz. Tutu bezeichnet sechs unterschiedliche Coriaria-Arten, von denen einige gestrüppartig in niedrigeren alpinen Zonen wachsen.

Whau (*Entelea arborescens*)

Dieser Strauch oder kleine Baum erinnert an die Kapländische Zimmerlinde und ist das einzige in Neuseeland beheimatete Lindengewächs. Die großen, weichen Blätter wachsen an langen Stielen.

Die einzelnen weißen Blüten sind rund 2,5 cm groß und haben gelbe Dotter. Die Fruchtkapseln sind stachelig und braun und sehen aus wie Kletten.

„Baumgänseblümchen" (*Asteraceae*; Tree Daisies)

Die 12 Arten der immens großen Familie der *Asteraceae* (Korbblütler, Asterngewächse) sind bemerkenswert, weil sie verholzen und in der Tat zu großen Büschen und ansehnlichen Bäumen wachsen. Sowohl die Blüten als auch die Blätter kommen in den unterschiedlichsten Größen vor, und ebenso diffus ist der Aufbau (behaarte und unbehaarte, gezackte und glatte, gestielte und ungestielte Blätter, etc.). Manche (Strahlen-)Blüten sehen aus wie jene von Margeriten oder Gänseblümchen; den Arten, die winzige Blüten ausbilden, sieht man ihre Familienzugehörigkeit nicht an. Die Tree Daisies gehören den Gattungen *Olearia* und *Brachyglottis* an.

Die Art mit den untypischsten Blütenbüscheln ist allerdings am leichtesten von allen zu erkennen. Ihr Name ist Rangiora (*Brachyglottis repanda*), und sie ist am besten bekannt als Bushman's Friend, der Freund der Leute, die im Wald leben oder sich dort aufhalten. („Bush" bezeichnet üblicherweise den Wald, nicht einen Busch. Busch = „shrub", aber: „rose bush" …) Dieses Prädikat gebührt dieser Pflanze,

Rangiora haben riesige schilfgrüne Blätter

193

Rangiora-Blätter, Ober- und Unterseite

Die Aufsitzerpflanze Pittosporum cornifolium (oben)
Ein Northern Rata, der sein Leben als Aufsitzerpflanze auf dem dickeren Baum begonnen hat, in The Grove, Golden Bay (unten)

weil sie dank ihrer riesigen schilfgrünen Blätter (bis zu 25 x 20 cm) mit den samtweichen weißen Unterseiten in vielen Notsituationen Hilfe leistet. Zum einen dienen die Blätter als super-weiches Toilettenpapier, zum anderen können sie als Mullersatzstoff und Verbandsmaterial auf Wunden gelegt werden.

Kletterpflanzen, Aufsitzerpflanzen, Schmarotzer

Kletterpflanzen (Englisch: vines), Schmarotzer (parasites, mistletoes) und Aufsitzerpflanzen (epiphytes, perching plants) sind – neben Moosen, Flechten und Baumfarnen – das Tüpfelchen auf dem i, um die Ähnlichkeit der feuchten Mischwälder Neuseelands mit tropischen Regenwäldern zu unterstreichen.

Im Gegensatz zu Schmarotzern (Parasiten) entziehen die unterschiedlichen Arten von Lianen (Schling-, Rankpflanzen, Wurzelkletterer etc.) sowie Aufsitzerpflanzen (Epiphyten) ihren Trägern (Phorophyten) weder Wasser noch Nährstoffe, sondern benützen sie lediglich als eine Art Rankhilfe. Völlig harmlos ist diese Art zu wachsen jedoch oft nicht, denn wenn eine Aufsitzer- oder Kletterpflanze ein starkes Blattwerk entwickelt, kann die Wirtspflanze durch Lichtentzug verkümmern. Am Boden kann dasselbe passieren, wenn der Neuankömmling Wurzeln ausbildet. Und schließlich kann das stetig wachsende Gewicht von Lianen und Aufsitzern vor allem geschwächte Trägerbäume schwer schädigen.

Lianen wurzeln in der Regel im Boden und schlingen sich dann an den Stämmen von Bäumen oder Baumfarnen in die Höhe. Sie können den Bodenkontakt verlieren und Wurzeln am Stamm der Trägerpflanze ansetzen, über die sie sich dann ernähren müssen. Bei Aufsitzern gibt es unterschiedliche Formen. Die einen verbringen, nachdem sich ihre Samen in der Baumkrone oder am Baumstamm festgesetzt haben, ihr ganzes Leben auf einer Trägerpflanze; sie speichern Regenwasser in fleischigen Blättern oder anderen Reservoirs. Weitere Arten entwickeln Wurzeln, sobald sie sich zum Boden hinuntergerankt haben. Eine dritte Art wächst zunächst wie Lianen im Boden, verliert diese Verbindung aber in einer späteren Phase.

Einige der bekanntesten Aufsitzerpflanzen wurden schon auf den vorangegangenen Seiten beschrieben, wie zum Beispiel mehrere Rata-Arten oder Raukawa, Akapuka und Kamahi, deren Leben, je nach

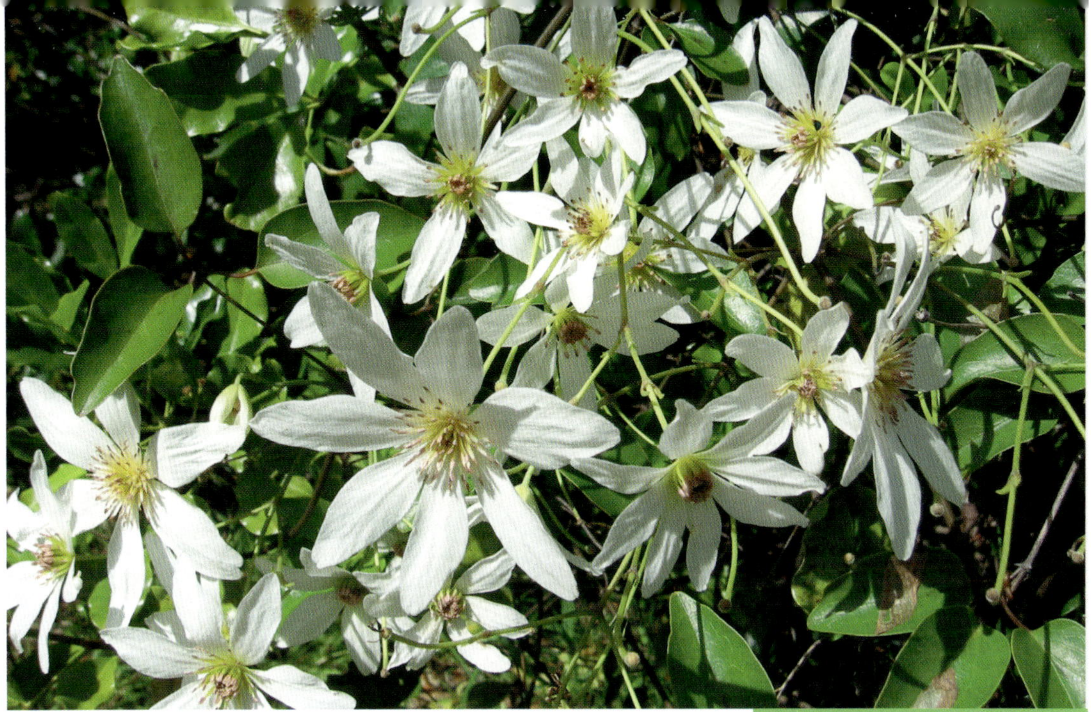

Eine auch in Neuseeland häufig vorkommende Kletterpflanze: die Waldrebe (Clematis paniculata)

Umgebung, als Einzel- oder Aufsitzerpflanze beginnt. *Pittosporum cornifolium* und *P. kirkii* sind die Epiphyten-Spezies der umfangreichen Pittosporum-Gattung. Auch zahlreiche Farnarten und sieben der 120 neuseeländischen Orchideen-Arten gehören dazu.

Im Folgenden eine weitere kleine Auswahl von Pflanzen, die in engem Verbund mit anderen Pflanzen leben und die man in Mischwäldern mit hoher Wahrscheinlichkeit zu sehen bekommt.

Supplejack (*Ripogonum scandens*; Kareao, Pirita)

Das sind die dunkelbraun bis schwarzen verholzten, aber biegsamen Lianenschläuche (1,5 bis 2 cm Durchmesser), die im Lauf der Zeit ein riesiges, fast undurchdringliches Wirrwarr von Kabeln bilden und dem Wald diesen Hauch von unordentlicher, tropischer Wildheit verleihen. Jene Ranken, die es bis ans Tageslicht schaffen, entwickeln Äste und Blätter. Fast das ganze Jahr über trägt die Pflanze Rispen roter Beeren.

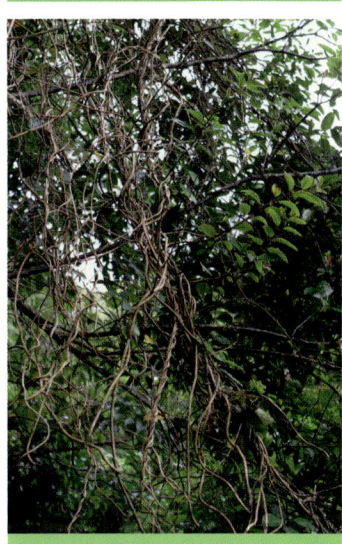

Supplejack: dunkle, verholzte, biegsame Lianenschläuche

Kiekie (*Freycinetia banksii*)

Die Hauptmerkmale dieser verholzenden Liane aus der Familie der Schraubenbaumgewächse (*Pandanaceae*) sind die drachenbaum-ähnlichen Blätterbüschel, die aus kurzen Stämmen wachsen, und die Masse ihrer langen Luftwurzeln. Das Blattwerk ist oft so dicht, dass vom

Kiekie in der Nähe von Punakaiki (oben)
Parsonia capsularis, eine kleine-re Art des Neuseeland-Jasmins (Mitte)
Der Bush Lawyer hat Dornen auf der Blattunterseite (unten)

Stamm des Trägerbaums kaum etwas zu sehen ist. Die Blätter sind 60 bis 90 cm lang und nur 2 bis 2,5 cm breit. Die großen, harten Früchte sehen aus wie Maiskolben.

Clematis paniculata (Puawhananga; Herbstwaldrebe)
Die Herbstwaldrebe ist die bekannteste einheimische Clematis-Art. Der dichte Blatt- und Blütenteppich ist meist auf die höheren Teile der bis zu 6 Meter hohen Kletterpflanze begrenzt. Die weißen Blüten haben einen Durchmesser von 5 bis 10 cm.

New Zealand Jasmine (Parsonsia heterophylla; Kaihua, Akakiore)
Diese stark duftende Rankpflanze hat kleine, 7 bis 8 mm lange, röhren-förmige, weiße Blüten, die in bis zu 10 cm langen Büscheln wachsen. Die Blätter sind dunkelgrün und glänzend.

Bush Lawyer (Rubus cissoides; Tataramoa)
Wer diese Rankpflanze nicht sieht, bekommt sie oft zu spüren, denn die Zweige und Unterseiten der Blätter sind mit Dornen versehen, die sich an jedem Kleidungsstück mühelos einhaken oder die Haut aufritzen. Die bekanntesten Vertreter der Rubus-Gattung sind Him-beere und Brombeere. Die dünnen, scharf gezähnten Blätter des Bush Lawyers, der sich meistens über Sträuchern ausbreitet, sind 6 bis 15 cm lang, 2 bis 6 cm breit und extrem spitzig auslaufend. Die hakenförmi-gen Dornen sind rötlich. Die winzigen weißen Blüten erscheinen in üppigen, verzweigten Rispen. Die Beeren sind orange-rot. Der Name Bush Lawyer bezieht sich auf eine Person mit dubiosem Charakter, die man nicht wieder loswird, bevor sie einen nicht hat bluten lassen. In Australien sind Bush Lawyers Leute, die Rechtswissenschaften nicht studiert haben, sich aber befähigt sehen, über die Auslegung und An-wendung von Gesetzen zu referieren.

Nestepiphyten
Zwei der drei neuseeländischen Nestepiphyten haben fächerförmig angeordnete fleischige Blätter. Sie zählen allesamt zu den Lilienge-wächsen. Die bekannteste Art ist *Collospermum hastatum* (Kahakaha; Perching Lily, Widow maker). Die Blätter sind 60 cm bis 1,70 Meter lang und 3 bis 7 cm breit. Die hängenden Blütenrispen sehen aus wie mehrere baumelnde gelbe Flaschenbürsten. Die von gelb nach rot wechselnden Beeren sind rund.

Misteln (*Loranthaceae*; Mistletoes)

Über die Einordnung von Misteln streiten sich die Gelehrten gelegentlich noch, aber die meisten zählen sie nicht zu den Schmarotzern, sondern zu den Halbparasiten, weil diese Pflanzen aufgrund ihrer grünen Blätter selbstständig zur Photosynthese fähig sind. Die Misteln Neuseelands dürfen nicht mit den Misteln Europas (*Viscum*) verwechselt werden. Vielmehr gehören sie zur Familie der Riemenblumengewächse (*Loranthaceae)* innerhalb der Ordnung der Sandelholzartigen (*Santalales*), die fast ausschließlich in den Tropen und Subtropen zu Hause sind. Die einzige in Mitteleuropa heimische Art ist die Eichenmistel (*Loranthus europaeus*).

Die Riemenblumengewächse sind sogenannte mistelartige Pflanzen. Davon abgesehen ist der Brauch, sich an Weihnachten unter Mistelzweigen zu küssen, in Neuseeland nicht verbreitet. Nichtsdestotrotz werden große Anstrengungen unternommen, um das Überleben der Misteln zu sichern, die zur Lieblingsnahrung eingeführter Säugetiere inklusive des gefräßigen Possums gehören.

In Neuseeland gibt es gelb und rot blühende Arten. Die Blütenpracht ist mit jener von Pohutukawa und Rata zu vergleichen. Auch der Blütenaufbau hat entfernte Ähnlichkeit, wobei die Kronblätter deutlich

Red Mistletoe in einer Südbuche

dicker sind als die Staubblätter von Pohutukawa und Co. Die Kelchblätter sind so stark reduziert, dass lediglich die gelben bzw. roten strahlenförmigen Kronblätter ins Auge stechen. Die Beeren sehen aus wie orangefarbene oder rote Johannisbeeren. In punkto Fortpflanzung sind Misteln auf Vögel angewiesen, weil die ledrige Hülle der Beeren nur im Vogelmagen aufgebrochen und dann mit dem darunter liegenden „Klebstoff" ausgeschieden wird. Nur dann haben die Samen eine Chance, auf einem Baumast haften zu bleiben. Und sie treiben nur aus, wenn sie auf einem kleinen Ast landen; auf den größeren wachsen sie nicht an.

Mistel-Arten:
- *Tupeia antarctica*, grünlich-gelbe Blüten, meistens auf Coprosma und Putaputaweta.
- *Ileostylus micranthus*, grünlich-gelbe Blüten, wächst auf vielen Baumarten und Sträuchern, inklusive Totara und Manuka.
- *Peraxilla tetrapetala* (Red Mistletoe), knallrote bis orangefarbene Blüten, meistens auf Gebirgs-Südbuchen.
- *Peraxilla colensoi*, scharlachrote Blüten, oft auf Silber-Südbuche, aber auch auf Rata und Pittosporum, vor allem auf der Südinsel.
- *Alepis flavida* (Yellow Mistletoe), leuchtend gelbe bis gelb-orangefarbene Blüten, meistens auf Gebirgs-Südbuche.

Buchenwälder

Wer Neuseeland-Besucher durch einheimische Buchenwälder führt und erwähnt, dass fast alle Bäume hier Buchen sind, wird oft für verrückt gehalten. Schließlich kann jeder sehen, dass diese Bäume mit den winzigen Laubblättchen keine Buchen sind. Und jeder hat Recht. Denn die Buchen, die in Neuseeland wachsen, abgesehen von den bekannten europäischen Bäumen in Parks und Gärten, sind keine echten Buchen, sondern Südbuchen oder Scheinbuchen. Meistens werden sie Südbuchen genannt, weil sie nur in der Südlichen Hemisphäre vorkommen.

Der botanische Gattungsname *Nothofagus* leitet sich vom griechischen Wort „nothos" für falsch oder unecht ab. Mehr Schein als Sein eben – wenngleich Südbuchen, die eine eigene Familie (*Nothofagaceae*) innerhalb der Ordnung der Buchenartigen (*Fagales*) bilden, mit echten Buchen durchaus entfernt verwandt sind.

Buchenwald in der Craigieburn Range

Buchenwald am Devil's Punchbowl, einem Wasserfall bei
Arthur's Pass (oben und unten)

Südbuchenwälder sind, wie Fossilienfunde aus dem Spätjura auch im Falle von Kauri und Podocarpaceen nachgewiesen haben, gondwanischen Ursprungs. Man nimmt an, dass sie aus Südostasien stammen, sich in südlicher Richtung ausbreiteten und bereits zu Zeiten Gondwanas weiterentwickelten. Ihre Spur lässt sich mindestens 135 Millionen Jahre zurückverfolgen. Fossilisierte Südbuchen, die vor mehr als 80 Millionen Jahren auf dem Gondwana-Urkontinent wuchsen, wurden von 1938 bis 2003 in den Kohlebergwerken „Strongman Mine" und „Strongman 2 Mine" an der Westküste abgebaut.

Diese Wälder sind das Äquivalent der Mischwälder Mitteleuropas, auch wenn unter dem Kronendach natürlich völlig andere Pflanzen sprießen. Aus einiger Entfernung wirkt ein Südbuchenwald wie eine Monokultur, in der nichts anderes wächst. Es gibt keine Überständer wie in den Misch- bzw. Regenwäldern (podocarp-broadleaf forests); die Buchen sind die höchsten Bäume. Die Struktur des Waldes ist einfacher und er ist ärmer an Arten, aber heller und leichter zu durchstreifen, vor allem in trockeneren Regionen, wo als Unterbau vornehmlich kleinblättrige Sträucher wie Coprosma, Mingimingi und natürlich Buchenschösslinge wachsen.

Blätter einer Schwarzen Schein-buche

Scheinbuche Nothofagus solandri, die im Gebirge wächst

Nothofagus fusca, die Rote Südbuche ist die am wenigsten kältetolerante Nothofagus-Art

Kurioserweise gibt es Landstriche, in denen eigentlich Buchen dominieren müssten, aber mehr oder weniger abwesend sind. Dies ist zum Beispiel am Mt. Taranaki, im zentralen Abschnitt der Westküste auf der Südinsel und auf Stewart Island der Fall. Als Grund dafür wird angenommen, dass sich die Südbuchenwälder in ihrer Gesamtheit noch immer in der postglazialen Aufbauphase befinden, weil sie sich wesentlich langsamer ausbreiten als andere Baumarten. Das würde bedeuten, dass es nur eine Frage der Zeit ist, bis wieder überall, mit Ausnahme der Trockengebiete, Buchen wachsen.

Direkt nach der letzten großen Eiszeit vor etwa 11.000 Jahren gab es Buchenwälder nur noch in Fiordland, dem Norden von Westland, den Bergen der Region Tasman, in Northland, den Tararua Ranges und der Kaimanawa Range am Rande der Desert Road im Zentrum der Nordinsel. Nach einer vorübergehenden Abkühlungsphase vor rund 7.000 Jahren siedelten sie sich in bereits bewaldeten Gebieten an. Dort verlangsamte der Konkurrenzkampf den Regenerationsprozess. Nur wo Erdrutsche, Überschwemmungen und Stürme Wälder vernichteten und eine gleiche Ausgangsbasis für alle schufen, konnten sich die Buchen wirklich durchsetzen.

Einen weiteren Rückschlag erlitten die Buchenwälder des Ostens, von der Hawke's Bay über Marlborough und Canterbury bis hinunter nach Otago, als die Maori Neuseeland zu ihrer neuen Heimat machten. Die Neuankömmlinge brannten in den Tiefebenen die Black Beeches (*Nothofagus solandri var. solandri*) nieder, um Siedlungen zu errichten und Moas zu jagen. Hier liegen noch immer die verkohlten Überreste dieser Wälder begraben.

Später fällten und brannten die europäischen Siedler Südbuchenwälder ab, um Raum für ihre expansiven Farmen zu schaffen. Um das Jahr 1890 waren diese Landstriche praktisch baumfrei. Deshalb sind die heutigen Wälder lediglich in Gebieten zu finden, die zu steil oder zu kalt für die Land- und Viehwirtschaft sind, oder in Nationalparks, wo sie unter Naturschutz stehen.

Von weltweit rund 30 Südbuchen-Spezies gibt es vier Arten und eine Unterart in Neuseeland. Sie wachsen meistens dort, wo es für andere Baumarten entweder zu kalt ist oder der Boden wenig Nährstoffe bietet. Hard beech und Black beech gedeihen im Tiefland und in Mischwäldern dort, wo der Boden nicht sehr fruchtbar ist. Im Gebirge, wo es den Koniferen und großblättrigen Laubbäumen zu kalt ist, sind Silver Beech und Mountain Beech zu finden.

Hard Beech *(Nothofagus truncata*; Tawhairaunui)

kommt vornehmlich auf der Nordinsel und im Norden der Südinsel vor. Das Holz hat seine Härte vom hohen Kieselsäure-Anteil, deshalb ist es schwer zu sägen. Der Baum kann bis zu 30 Meter hoch werden. Der Stamm hat bis zu 2 Meter Durchmesser. Die kleinen, gezähnten und unpaarig angeordneten Blätter (2,5 bis 3,5 cm lang, 2 cm breit) sind rundlich-oval und ungefähr so groß wie ein Zwei-Euro-Stück.

Red Beech (*Nothofagus fusca*; Rote Scheinbuche)

erreicht Wuchshöhen wie die Hard Beech, und auch die Laubblätter haben ähnliche Form und Größe. Sie haben an der Unterseite gut sichtbare rötliche Blattnerven. Der Stamm ist spannrückig, d. h. er hat einen sternförmigen, unregelmäßigen Querschnitt. Frisch geschlagen, ist das Holz der Red Beech, daher der Name, von dunklem Rotbraun. Sie ist die am wenigsten kältetolerante Südbuchen-Spezies.

Silver Beech (*Nothofagus menziesii*; Silberne Scheinbuche)

hat ihren Namen vermutlich von den silbrig-weißen Stämmen jüngerer Exemplare. Sie wächst landesweit südlich von Auckland und in feuchten Gebieten bis hinauf zur Baumgrenze. In trockeneren Bergregionen – wie Canterbury, dem östlichen Teil von Nelson, Marlbo-

Südbuchen der Art Nothofagus truncata im Kaitoke Regional Park, nördlich von Wellington

201

Ein Wäldchen von Gebirgssüd-buchen, im Hintergrund die Remarkables bei Queenstown

rough und dem Vulkanplateau der Nordinsel – wird die Silver Beech in größeren Höhen von der Mountain Beech abgelöst. Die Laubblätter sind sehr klein, maximal 1,5 cm im Durchmesser, und fast rund. Es ist die einzige Art mit behaarten Samenkapseln, und an keiner anderen Buchenart siedelt sich der Baumpilz *Cyttaria* (Strawberry Fungus) an.

Black Beech (*Nothofagus solandri var. solandri*; Tawairauriki; Schwarze Südbuche)

ist meistens leicht zu erkennen, denn an ihr tobt sich eine Schildlaus-art aus, mit dem Effekt, dass die Stämme und Äste kohlrabenschwarz sind (siehe Box Schimmelpilz und Honigtau). Der Stamm hat einen Durchmesser von bis zu einem Meter. Ausgewachsene Schwarzbuchen werden bis zu 25 Meter hoch. Jung ist die Rinde blass und glatt, aber im Lauf der Zeit wird sie rau und bildet Furchen, in denen sich Moos und samtiger schwarzer Schimmel festsetzen. Die kleinen Laubblät-ter sind länglich (1 bis 1,5 cm lang, 0,5 bis 1 cm breit), ungezahnt und an der Unterseite weißlich. Die Blätter von jungen Bäumen sind noch

winziger. Die männlichen Blüten sind extrem klein und rot. Nur ungefähr alle drei Jahre blühen die Buchen prächtig und produzieren Millionen winziger Samen (Bucheckern), die dann von den Bäumen fallen.

Mountain Beech (*Nothofagus solandri var. cliffortioides*; Tawhairauriki; Schwarze Gebirgssüdbuche)

Sie wird höchstens 15 Meter hoch. An der Baumgrenze bildet sie einen sogenannten „Goblin Forest" (wörtlich: Kobold-Wald), das sind die hochgelegenen Nebelwälder. Hier erreichen die vom eisigen Wind gepeitschten Bäume nur noch Höhen von 2 Metern. Von der Black Beech ist die Mountain Beech am besten an den Laubblättern zu unterscheiden, denn die sind bei ungefähr gleicher Größe ausgeprägt eiförmig. – An dieser Stelle sei vermerkt, dass viele Botaniker die Unterscheidung von Black und Mountain Beech für Humbug halten und von einer einheitlichen Spezies *Nothofagus solandri* sprechen, zumal es normal ist, dass Bäume derselben Art in größerer Höhe kleiner ausfallen und Blätter eine leicht abweichende Form annehmen können.

Schimmelpilz und Honigtau

Wespen saugen Honigtau an einer Scheinbuchenrinde (oben)
Honigtau, Mt. Thomas (unten)

Wer durch australische Wälder mit schwarzen Baumstämmen wandert, hat meistens recht, wenn er als Ursache für die Schwarzfärbung ein Buschfeuer vermutet. In Neuseeland sind Waldbrände eher selten, und doch sehen vor allem auf der Südinsel die Stämme ganzer Schwarz- und Gebirgs-Buchenwälder verkohlt aus. Der Grund dafür ist die Aktivität der Schildlausart *Ultracoelostoma assimile* (Ordnung: Schnabelkerfe = *Hemiptera*).

Diese Läuse können mit ihren stechend-saugenden Mundwerkzeugen die Baumrinde durchdringen und Zellsaft aus den sogenannten Siebröhren des Baums ziehen und sich davon ernähren. Saftüberschuss scheiden sie über eine haardünne und bis zu 10 cm lange silbrig-weiße Wachsröhre als Honigtau aus. Im frischen Stadium ist der Honigtau ein zuckerhaltiger Safttropfen, der von Vögeln wie dem Tui, Bellbird, Kaka oder Graurückenbrillenvogel (Silvereye), aber auch von Wespen, Bienen und Echsen gefressen wird.

Wird der Honigtau nicht abgeerntet, wird er in Nullkommanichts von Rußtaupilzen besiedelt. Dadurch entsteht der samtig-schwarze Schimmel, der nach und nach den ganzen Stamm und die Äste überzieht. Diese Pilze schädigen die Buchen nicht direkt, aber wenn sie die Blätter besiedeln, können sie die Photosynthese behindern.

Manche Bäume sind derart dick mit dem rußigen Schimmel überzogen, dass die schwarze Masse von den Ästen fällt und auch den Boden rund um die Bäume bedeckt. Wer Äste oder Blätter anfasst, bekommt klebrige Hände vom Honigtau, dessen frische und getrocknete Tropfen den Stamm weißlich tupfen. Auf dem schwarzen Untergrund funkeln sie in der Sonne wie winzige Edelsteine. Wer genauer hinschaut, sieht, dass die Tropfen an den Enden von weißen Fäden baumeln. Das sind die Wachsröhren. Bei starkem Regen brechen sie und der Honigtau wird vom Stamm gewaschen.

Studien von Gaze und Clout haben gezeigt, dass außer den beiden *Nothofagus-solandri*-Arten auch Hard Beech (*Nothofagus truncata*) vom Schimmelpilz befallen sein kann, wenn auch in weitaus geringerem Maße. Auch stellte sich heraus, dass jüngere Buchen mit weniger als 30 cm Stammdurchmesser die bevorzugte Nahrungsquelle der Schildläuse sind.

Die Honigtau-Produktion erreicht ihren Höhepunkt in den Monaten September und Oktober und lässt dann kontinuierlich bis Februar

nach. Einem kleinen Zwischenhoch folgt im Juli der Tiefpunkt. Bei den Studien war der Zuckergehalt des Honigtaus in der Hochphase mit 76 Prozent am höchsten. Das ist nicht wirklich wünschenswert, denn dann ist die Wahrscheinlichkeit hoch, dass der Honigtau die Wachsröhre verstopft. Den besten Fluss erreicht der süße Saft, wenn die Zuckerkonzentration unter 30 Prozent liegt.

Als Faustregel gilt, dass bei warmem, trockenem Wetter der Zuckergehalt aufgrund der Verdunstung höher ist, während höhere Luftfeuchtigkeit den Honigtau verdünnt. Die Studie zeigte auch eindeutig, dass in Wäldern mit viel Honigtau die Zahl von Bellbirds und Tui bedeutend höher ist als in anderen Wäldern. Honigtau ist also eine wichtige Nahrungsquelle bestimmter Vogelarten.

Wer durch Honigtau-Wälder streift, dem wird allerdings auch bald auffallen, dass die Welt nicht in Ordnung ist. Es summt und brummt, weil die eingeführte Deutsche Wespe (*Vespula germanica*) den einheimischen Arten das Futter streitig macht. Deshalb sind in den meisten Südbuchenwäldern auch Wespenfallen zu finden, um des Ungeziefers Herr zu werden. Wer allergisch auf Wespengift reagiert, dem sei besondere Vorsicht bei Wanderungen in Südbuchenwäldern angeraten.

Alpine Pflanzenwelt

Die große Frage, die Botaniker bewegt, ist: Woher stammt die unglaubliche Zahl alpiner Pflanzen in Neuseeland, von denen 93 Prozent auch noch endemisch sind, also nur hier vorkommen und nirgendwo anders auf der Welt? Diese Frage wird häufig gestellt, weil die Südalpen ein junges Gebirge sind. Nach neuesten Erhebungen (Alan F. Mark, „Above the Treeline") gibt es mehr als 750 Arten – und die wenigsten haben einen deutschen Namen.

Es wird angenommen, dass einige dieser Pflanzen bereits vor der gewaltigsten Phase der Gebirgsbildung existierten und in Nischen vordrangen, die sich ihnen durch die Anhebung der Landmasse boten. Als Hinweis darauf gelten Gattungen, die bis auf Meereshöhe hinab vorkommen. In erster Linie sind dies die stacheligen Lanzengräser (*Aciphylla*) mit ihren spektakulären agaven-ähnlichen gelben Blütenspeeren, *Celmisia* (Gänseblümchen), *Anisotome* (endemische Doldenblütler-Gewächse) und der allgegenwärtige Neuseeländische Flachs (*Phormium*, im Gebirge *P. cookanium*; Wharariki).

Es sieht sogar danach aus, als wäre Neuseeland eine Art Entwicklungszentrum für *Celmisia*, *Aciphylla*, *Ranunculus* und *Epilobium* gewesen. All diese Pflanzengattungen umfassen mehr als 35 Arten, von denen viele in der alpinen Zone gedeihen. Von hier wurden die Samen von Wind, Wasser und/oder migrierenden Vögeln auf andere Kontinente transportiert. Dieser Vorgang hat auch in der entgegengesetzten Richtung stattgefunden. Demnach haben jene alpinen Pflanzen, die sich nicht in Neuseeland entwickelt und an das Gebirgsklima angepasst haben, ihren Ursprung in Asien und sind vermutlich aus Samen oder Sporen gesprossen, die vom Wind oder von Vögeln aus den Bergen Neuguineas oder Australiens nach Neuseeland getragen worden sind.

In diesem Zusammenhang zitiert Alan F. Mark eine Studie über die Herkunft von *Dracophyllum* (u.a. der berühmte „Ananasbaum", *D. traversii*), die beweist, dass diese Gattung aus Australien stammt und während des Pleistozäns Neuseeland erreichte. Bei *Ourisia* und *Gentianella* gibt es Anzeichen dafür, dass der Ursprung im kühlen Süden Südamerikas liegt. Die weit verbreiteten Schwingel (*Festuca*), eine der neuseeländischen Tussockgras-Gattungen, sollen von der nördlichen Hemisphäre stammen.

Weiß und zu einem geringeren Teil Gelb sind die vorherrschenden Farben der alpinen Blütenpflanzen. Sie hatten keine Veranlassung,

Der „Wilde Spanier" (oben) im Aoraki/Mt Cook National Park

Linke Seite: Ein „Gemüseschaf" an den Hängen des Mount Hutt

Donatia novae-zelandiae

Ourisia macrophylla, Arthur's Pass

Snowberry, Arthur's Pass

knallbunte Blüten zu entwickeln, da es in Neuseeland keine Bienen oder Schmetterlinge mit gut entwickelten Zungen gibt, die Farben unterscheiden können. Die meisten alpinen Pflanzen haben kurzröhrige Blüten, die von Fliegen, Motten und Käfern bestäubt werden.

Die Baumgrenze, die von 1.500 Metern im Norden bis auf 900 Meter im Süden sinkt, verläuft meistens abrupt in einer gut erkennbaren Linie. Bis zu sechs Meter hoher immergrüner Buchenwald wird abgelöst von Sträuchern, bis zu zwei Meter hohen Schneebültengräsern, Kräutern, Hahnenfußgewächsen (*Ranunculus*), krautigen Pflanzen wie *Ourisia*, Enzian und den oben genannten Pflanzen, die schon vor der Gebirgsbildung in Neuseeland vorhanden waren.

An Extremstandorten sind Polsterpflanzen wie Edelweiß, niedrige Braunwurzgewächse (Englisch: Hebe), Heidekrautgewächse (*Ericaceae*) und 16 der 20 Arten zweier Pflanzengattungen zu finden, deren moosartige Polster so dicht sind, dass sie kuppenartige Mattenkissen bilden, die Ähnlichkeit mit einem wolligen Schafsrücken haben. Daher haben sie den Namen Vegetable Sheep (Gemüseschafe, auf Deutsch auch: Schafsteppich) erhalten. Die botanischen Gattungsnamen sind *Raoulia* und *Haastia*. Aufgrund ihrer Blütenpracht werden sie auch als Mattengänseblümchen (mat daisies) bezeichnet.

Nicht überall existiert eine deutlich auszumachende Baumgrenze, die die Zonen subalpiner und alpiner Vegetation trennt. Zwei Ausnahmen lassen sich anführen: Zum einen die Regionen, in denen sich die Buchenwälder seit der letzten großen Eiszeit nicht regeneriert haben, wie am Mt. Taranaki, an der zentralen Westküste und auf Stewart Island; hier beginnt die Strauchzone in geringerer Höhe, vornehmlich mit dichtem Bewuchs durch *Olearia*, *Brachyglottis* und *Dracophyllum*; zum anderen die trockeneren Gegenden östlich der Wetterscheide, wo die meisten Bergflanken keinerlei Baumbewuchs aufweisen. Hier findet man die spektakulären ockerfarbenen Tussockgraslandschaften mit unterschiedlich hohen Büschelgräsern. Die meisten Arten wachsen über die virtuelle Baumgrenze hinaus. Lediglich das Verbreitungsgebiet des gewöhnlichen Tussockgrases (*Festuca novae-zelandiae*), das die Gegend um den Lindis Pass und das Mackenzie Country so reizvoll macht, endet an dieser gedachten Linie.

Einen Sonderfall in dieser Kategorie bilden die Hochmoore von Central Otago, jener sanft gefalteten Region mit den Felsburgen aus Schiefer. Obwohl kaum ein Berg höher als 2.000 Meter ist, pfeifen in bereits geringerer Höhe das ganze Jahr über eisige Winde mit ständigem Wechsel von Frost und Tauwetter, selbst wenn in den Tälern Rekordhitze herrscht. In der maximal 1.695 Meter hohen Old Man Range beispielsweise liegen die Temperaturen an durchschnittlich 133 Tagen im Jahr unter dem Gefrierpunkt, und nur 73 Tage sind frostfrei. Diese Landschaft, die das Äquivalent zur arktischen Tundra bildet, ist also nicht nur in ihrem geologischen Aufbau und ihrer Entstehungsgeschichte einzigartig in Neuseeland.

Alpine Pflanzen, die keine Entsprechung in anderen Regionen der Welt haben, sind die bereits genannten Lanzengräser (*Aciphylla*), die „Gemüseschafe", zwei Arten von *Notothlapsi* (sogenannte Penwiper plants) und die im Volksmund „Ananaswälder" genannten Stände von Gebirgs-Neinei (*Dracophyllum traversii*; siehe Kapitel Laubbäume). Die heimlichen Stars sind jedoch die als größte Ranunculus-Spezies der Welt gepriesene Mount Cook Lily und die zahlreichen riesigen Gänseblümchen-Arten.

Tree Daisy, Brachyglottis rotundifolia

Auf den nächsten Seiten folgt eine kurze Beschreibung der herausragenden Pflanzen; für weiterreichende Studien sei das Buch „Above the Treeline" von Alan F. Mark empfohlen – zumal es auch eine Übersicht über die über der Baumgrenze lebenden Vögel, Echsen, Wirbellosen und Insekten enthält.

Gaultheria parvula, Scheinbeere

Aciphylla und *Brassicaceae* (Lanzengräser und Kreuzblütler)

Wahre Massen großer Sorten von zu den Doldenblütlerartigen (*Apiales*) gehörenden *Aciphylla,* die als Spaniards (Spanier), Spiny Spaniards (Stachelige Spanier) und Speargrasses (Lanzengräser) bekannt sind, findet man im Mount-Cook-Nationalpark, ohne dass man in größere Höhen vordringen müsste. Sie wachsen entlang der Wanderwege im Hooker Valley und rund um den Tasman Lake in agaven-ähnlichen harten und extrem scharfspitzigen Büscheln. Jedes Büschel produziert eine spektakuläre gelbe und je nach Art 1,50 bis 4 Meter hohe Blüten-Lanze, von der man tunlichst Abstand halten sollte, denn sie ist mit eindrucksvollen Dornen übersät. Manche Sorten haben entsprechend abschreckende Namen, wie *Aciphylla horrida* (Horrid Spaniard = schrecklicher Spanier) und *Aciphylla ferox* (Fierce Spaniard = grimmiger Spanier). Eine andere weit verbreitete Spezies ist *Aciphylla aurea* (Golden Spaniard) mit ihren gelben Blattspitzen. Von den 38 Arten kommen lediglich zwei außerhalb Neuseelands vor.

Der „Stachelige Spanier" am Tasman Lake

Sind *Aciphyllae* die Meister der Abschreckung (um einst nicht von Moas gefressen zu werden), dann sind die beiden Arten der „Penwi-

per Plants" aus der Familie der Kreuzblütler (*Brassicaceae*; und hier wiederum der Senfpflanzen) die Könige der Tarnung – allerdings nur außerhalb der Blütezeit, denn dann produzieren sie einen dicken abgerundeten Kerzenstummel, aus dem kleine weißliche und stark duftende Blüten sprießen. *Notothlapsi rosulatum* ist die größte Spezies. Ihre fleischigen grauen Blätter überlappen einander in mehreren sich verjüngenden Schichten und bilden eine Rosette, aus deren Mitte im Sommer der Blütenstand wächst.

Die Weltrekord-Pflanzen sind überall ab einer bestimmten Höhe zu finden; je höher, desto kleiner Blüten und Blätter. Nirgendwo ist ein Blick auf sie leichter zu erhaschen als westlich der Ortschaft Arthur's Pass, denn hier blühen sie direkt am Straßenrand: zunächst die riesige Dotterblume, dann die „Gänseblume" – denn Gänseblümchen klingt angesichts der Ausmaße der *Celmisia semicordata* (Large Mountain Daisy) zu niedlich. Wer nur ein paar Schritte auf den über Planken führenden Wanderwegen abseits der Straße marschiert, findet in der wärmeren Jahreszeit jede Menge anderer Gebirgsblumen, die fast alle weiße, gelegentlich auch gelbe Blüten haben, inklusive des Enzians. Auch am Porters Pass kann man nur ein paar Schritte vom Parkplatz entfernt einen großartigen Einblick in die Fülle der alpinen Pflanzen gewinnen.

Mt. Cook/Mountain Lily, Mt. Cook/Mountain Buttercup (*Ranunculus lyallii*)

Der Name „Lily" ist irreführend, denn diese wunderschöne Pflanze ist keine Lilie, sondern ein Hahnenfußgewächs. Während einige Arten die typischen gezackten Hahnenfußblätter haben, hat *Ranunculus lyallii* die glänzenden, runden Blätter der Sumpfdotterblume (*Caltha palustris*). Die bis zu einem Meter hohen Stiele sind weit verzweigt und entwickeln im Frühjahr (ab Oktober) massenhaft große weiße Blüten mit gelben Dottern. Diese bestehen aus 10 bis 25 einander überlappenden Blütenblättern. In größerer Höhe dauert die Blütezeit bis in den Januar hinein. Außer in Arthur's Pass ist die Pflanze auch im Mount-Cook-Nationalpark weit verbreitet, aber selten in Gegenden, in denen jagdbare Wildarten eingesetzt worden sind. In Neuseeland erreichen mindestens 19 der 32 Ranunculus-Arten die alpine Zone, viele haben gelbe Blütenblätter.

Celmisia

Diese Pflanzen zählen zur Familie der Korbblütler, auch Korbblütengewächse, Asterngewächse oder Köpfchenblütler (*Asteraceae*). In Neuseeland gibt es 60 Arten, von denen 50 die alpine Zone erreichen. Sie bilden eine große Anzahl unterschiedlichster Blattformen aus.

Gentianalla montana, ein weißer Enzian

Celmisia lyallii wird auch „False Spaniard" genannt, weil ihre schmalen, lanzenförmigen, harten Blätter Büschel bilden wie *Aciphylla*. Die Blütenstiele sind 15 bis 30 cm lang und weiß behaart, der Blütenkopf (3 bis 4 cm Durchmesser) ist von dünnen, braun Tragblättern umgeben.

Andere Arten haben relativ kurze, breitere und weichere (aber dennoch ledrige) Blätterbüschel, die in Gruppen ansehnliche, bis zu 2x2 Meter große Matten bilden. Einige Sorten haben eindrucksvolle große Blüten, wie zum Beispiel *Celmisia semicordata* (Large Mountain Daisy; Tikumu). Die Stängel (bis zu zehn pro Büschel) sind bis zu 40 cm lang, und die Blütenköpfe haben einen Durchmesser von 4 bis 10 cm. Damit ist sie die Königin der *Celmisia*.

Enziane

Die Familie der Enziangewächse (*Gentianaceae*) ist in Neuseeland mit den Kranz-Enzianen (*Gentianella*) vertreten. Die meisten Arten haben fünf einzeln angeordnete, fast immer weiße Blütenblätter. 18 der 30 Arten erreichen die alpine Zone. Die spektakulärsten Sorten (z.B. *Gentianella divisa*, *G. magnifica*) entwickeln so viele Blüten, dass von den Blättern nichts zu sehen ist. Vielmehr wirken sie wie halbkugelige Blütenwunder.

Braunwurzgewächse (Hebe)

Rund 50 der 100 Spezies der Braunwurzgewächse (Hebe) kommen in größerer Höhe vor. Die meisten zeichnen sich dadurch aus, dass ihre über Kreuz angeordneten paarigen Blätter extrem dicht sitzen und in einigen Fällen wie geflochten wirken.

Hebe canterburiensis, Porters Pass

Wahlenbergia pygmaea, eine kleine Glockenblume, Porters Pass

Die Tussockgraslandschaften

In Regionen, in denen zu wenig Regen fällt, um alles grünen und blühen zu lassen, gibt es zum einen Trockenwälder aus Matai, Totara, Kanuka und Manuka, ein Beispiel dafür ist der Abel-Tasman-Nationalpark; zum anderen die berühmten Tussockgraslandschaften, jene spektakulären Trockengebiete von Marlborough, Canterbury und Otago (inklusive Fiordland) sowie zu einem geringeren Teil das Zentralplateau der Nordinsel. Sprich: Die Südinsel ist Tussockgrasland. Diese mit blassgelben, ockerfarbenen oder rotbraunen Grasbüscheln getupften Landstriche ähneln dem Altiplano in Südamerika, bloß dass diese einsamen Gebiete einige tausend Meter tiefer liegen als in den Anden und die türkisblauen Seen keine Salzseen mit weißen Krusten sind.

Tussockgraslandschaft mit einem „Wilden Iren", einem Dornenbusch mit dem offiziellen Namen Matagouri

Linke Seite: Tussockgras westlich des Lake Tekapo

Inmitten der kurzen Büschelgrassorten wachsen kaum andere Pflanzen außer den Lanzengräsern, den „Spaniern" mit ihren stechenden Blütenspeeren, und, in weit größerem Ausmaße, ein ebenso dorniges Gestrüpp namens Matagouri (*Discaria toumatou*; Matakoura). Dieser Busch, der bis zu 5 Meter hoch werden kann, hat, wie so manch anderer, einen hübschen Beinamen: Wild Irishman (Wilder Ire). Er kommt auch in steinigen Gebieten und Flussbetten vor. Als einheimische Pflanze steht Matagouri, dessen Name direkt vom Maori-Wort Matakoura abgeleitet ist, in freier Wildbahn unter Naturschutz. Auf Privatland bekämpfen es Farmer mit Giftspray aus der Luft.

Die nach 1800 eingeführte hellrosa blühende Wildrose *Rosa rubiginosa* (Wein-Rose, Apfel-, Zaun-Rose; Sweet Briar) ist ein weit verbreiteter, aber unerwünschter Eindringling in den Tussockgraslandschaften, weil sie einheimische Arten verdrängt.

Das ebenfalls eingeführte Habichtskraut (*Hieracium lepidulum*) hat auf die Büschelgräser noch verheerendere Auswirkungen. Vermutlich gelangten die ersten Samen unabsichtlich mit verunreinigten Grassamen nach Neuseeland. Es wurde erstmals 1941 in der Craigieburn Range in Canterbury wahrgenommen. Seither hat es sich mit rasender Geschwindigkeit verbreitet und ganze Tussockgraslandschaften zerstört. Es gedeiht im Gegensatz zu anderen *Hieracium*-Sorten auch an schattigen Standorten und dringt deshalb sogar in Südbuchenwälder ein.

Es gibt rund 190 einheimische Gräser-Arten in Neuseeland. Die Tussockgräser gehören den drei Gattungen *Chionochloa*, *Poa* und

Red Tussock ist fast nur noch in Schutzgebieten zu finden

Festuca an. Fast alle 25 Arten von *Chionochloa* haben die typische Büschelform der Tussockgräser, ebenso jeweils drei Arten von *Poa* und *Festuca*. Die meisten dieser Gräser kommen bis ins Tiefland hinab vor. *Chionochloa* sind Schneebülten- bzw. -büschelgräser unterschiedlicher Höhe. Westlich von Arthur's Pass verschwindet man fast in den bis zu 1,20 Meter hohen Büscheln der Tussockgräser. Eine dieser Sorten hat aufgrund ihrer Kupferfarbe den Namen Copper Tussock (*C. rubra subsp. Cuprea*).

Das Red Tussock (*C. rubra*, Unterarten *rubra* und *occulta*) ist karminrot bis rotbraun. Man findet es unter anderem auf dem Zentralplateau rund um den Mt. Ruapehu und an der Strecke von Mossburn nach Te Anau, wo ein weites Gebiet gar als „Red Tussock Reserve" ausgewiesen ist. Einst weit verbreitet (23 Prozent der Grasflächen bestanden 1840 aus diesen Arten), sind sie heute fast nur noch in Schutzgebieten zu finden, die nicht in Farmland umgewandelt wurden, ganz besonders in Southland.

Das Fiordland Snow Tussock (*Chionochloa nivifera*) ist sehr niedrig und wächst auch in hochalpiner Umgebung.

Bevor die ersten Menschen in Neuseeland einen Fuß auf den Bo-

den setzten, waren nur zwei bis vier Prozent der Fläche Grasland. Der Anteil wuchs beträchtlich bis Anfang des 19. Jahrhunderts, nachdem Maori die Wälder in den trockeneren Gegenden des Ostens niedergebrannt hatten. Die Tussockgras-Pracht, die fast ein Drittel der Gesamtfläche bedeckte, bestand fast zur Hälfte aus den niedrigen Arten *Poa cita* (Silver Tussock) und dem harten *Festuca novae-zelandiae.* Das bläuliche Weizengras *Elymus solandri* setzte Farbtupfer.

Dann jedoch kamen die europäischen Farmer, brannten die Gräser nieder und ersetzten sie durch importierte Arten, die für die Landwirtschaft geeigneter waren und eine intensivere Nutzung des Lands ermöglichten. Die hohen Wollpreise in Großbritannien machten die Konvertierung der Grasländer zu Schafweiden lukrativ. Die Veränderung der Landschaft durch Ackerbau und Viehzucht, Weideland, (Über-)Düngung und die Einführung neuer Tierarten war dramatisch. Heute jedoch werden native Grasländer als wichtige Ökosysteme geschätzt, so dass Farmer immer häufiger ins Kreuzfeuer der Kritik geraten, wenn sie solche Landschaften oder das, was von ihnen übriggeblieben ist, zu begrünen versuchen (siehe auch Kapitel Naturschutz und Umweltwandel – Tenure Review).

Offene Landschaften und Küsten

Wie anderswo in der Welt haben auch in Neuseeland waldlose Gebiete, die keine Tussockgraslandschaften sind, und Küsten ihre eigene und oft auch einzigartige Flora. Da sind die grandiosen Pohutukawas (siehe Kapitel Laubbäume), die im Sommer ihr rotes Band um die Meeresufer der Nordinsel legen und auch einige Abschnitte der Südinsel mit ihrem weihnachtlichen Blütenzauber zieren. Und da sind die Keulenlilien (Cabbage Trees; siehe Kapitel Laubbäume), die selbst auf Viehweiden in einsamen Reihen oder entlang von Zufahrtsalleen Spalier stehen. Sie sind klassische „Einzelgänger" und keine typischen Waldpflanzen, sondern wachsen lediglich an Waldrändern. Wenn es in Neuseeland einen typischen „Baum" gibt, der überall zu sehen und leicht zu erkennen ist – wenn man erst einmal weiß, dass es sich um keine Yucca-Palme handelt –, dann ist es der Cabbage Tree.

Ein neuseeländischer Flachs mit Samenkapseln

Linke Seite: Toetoe, Port Hills

Toetoe

Die vermeintlichen Pampasgrasbüschel, die sich vielerorts im Wind wiegen, sind meistens kein südamerikanisches Pampasgras (*Cortaderia selloana und C. jubata*), sondern das einheimische Toetoe, das – je nach Sorte – auch in Feuchtgebieten und an der Küste gut gedeiht. Es gibt fünf Arten. Drei (*Cortaderia toetoe, C. splendens, C. fulvida*) kommen nur auf der Nordinsel vor. Die Südinsel-Spezies ist *C. richardii*, und auf den Chatham Islands gibt es *C. tubaria*.

Toetoe, das im Frühjahr und Frühsommer blüht, ist eigentlich leicht von Pampasgras (blüht im Herbst) zu unterscheiden. Erstens ist es wesentlich niedriger (1 bis 1,50 Meter gegenüber 2 bis 3 Metern) und zweitens hängen die Blütenrispen von Toetoe zur Seite, während die von Pampasgras aufrecht stehen. Landcare Research hat eine lange Liste weiterer Unterscheidungsmerkmale zusammengestellt. Vor allem auf der Nordinsel hat sich das eingeführte Pampasgras stark verbreitet und zu einer Problempflanze entwickelt. Toetoe ist dadurch jedoch nicht gefährdet. Neuseeländer, die nur Englisch sprechen, schreiben Toetoe üblicherweise falsch, nämlich Toitoi, weil dies der Maori-Aussprache näherkommt.

Neuseeländischer Flachs (*Phormium tenax*; Flax; Harakeke)

Der neuseeländische Flachs ist zwar auch eine Faserpflanze, aber er ist kein Flachs (*Linum usitatissimum*; Gemeiner Lein) im herkömmlichen

Ein Silvereye im Blütenstand einer Flachspflanze

Blätter der kleineren Flachsart Phormium cookianum, Mt Somers

Sinne, sondern ein beeindruckendes Tagliliengewächs. Er gedeiht wie ein Unkraut praktisch überall, am besten jedoch in Feuchtgebieten. In hügeligen Wäldern gibt es die kleinere Spezies *Phormium cookianum* (Whararaki).

Das Aussehen ist agavenartig, wenngleich der Flachs vor einigen Jahren aus dieser Pflanzenfamilie aussortiert worden ist. Die schwertartigen, bis zu 3 Meter langen Blätter sind allerdings nicht fleischig. Die dicken, harten, hohlen, braunen Blütenstängel (Korari) werden 4 bis 5 Meter hoch. In luftiger Höhe zweigen Blütenstände ab, an denen sich zahlreiche lange, schlanke, geschwungene, zinnoberrote, trompetenförmige Blütenkelche in die Höhe recken. Honigfresser, Silvereyes und Stare lieben den Nektar und betätigen sich als großartige Bestäuber. Die aufrechten, dunkelbraunen und extrem harten Fruchtkapseln sind so lang wie die Blüten, nämlich 5 bis 10 cm. Sie enthalten schwarze Samen. Flachs blüht besonders üppig in Jahren mit milden Spätherbsttemperaturen von April bis Juni.

Harakeke war und ist die Allzweckpflanze der Maori schlechthin, noch vor dem Cabbage Tree. Sie flochten aus den Blättern und den daraus gewonnenen Blattfasern Körbe, Matten, Fischnetze, Seile, Kleidung, Sandalen, Schlitten, Bälle, Kriegsschilde, Tassen und verwendeten sie als Bandagen. Die Blütenstecken dienten als Späne zum

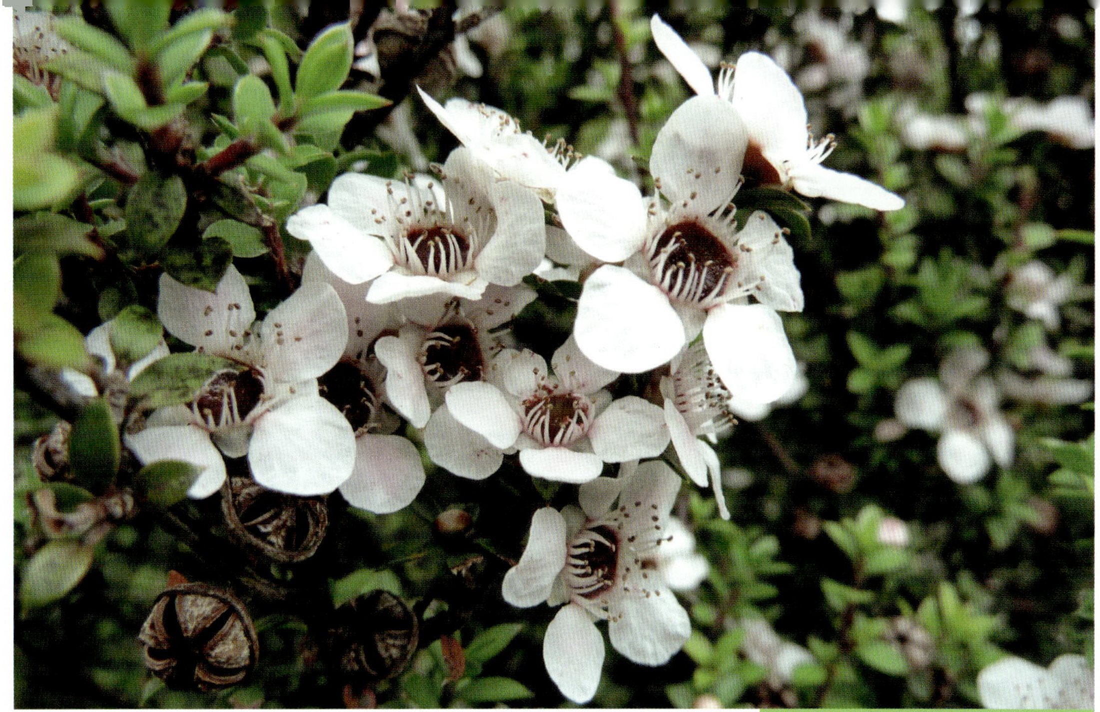

Manuka-Blüten, Horseshoe Point, Stewart Island

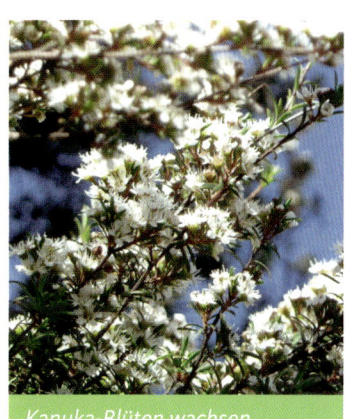

Feuermachen und als Armschienen. Auch ließen sich daraus leichte Zäune und Flöße bauen. Die Wurzeln wurden als Fischköder genutzt oder zu Arzneimitteln verarbeitet. Die Maori tranken den wässrigen Blütenhonig und schlossen Wunden mit dem klebrigen Saft des Blattansatzes. Sie kultivierten – je nach Verwendungszweck – an die 60 verschiedene Arten. Auch heute ist der Flachs noch sehr beliebt, nicht nur als Material für Flechtarbeiten. Harakeke ist auch Bestandteil von Cremes und anderen Pflege- und Kosmetik-Produkten.

Manuka (*Leptospermum scoparium*; Südseemyrte) und Kanuka (Kunzea ericoides; Tree Manuka)

Diese Bäume wachsen dank ihres Wurzelsystems, das luftgefülltes Gewebe enthält, praktisch überall, von Feuchtgebieten bis zu den nährstoffärmsten Böden. Die Bedingungen wirken sich lediglich auf die Wuchshöhe aus. So kann Manuka in feuchter Umgebung bis zu 12 Meter hoch werden, Kanuka sogar bis zu 15 Meter. Dort, wo sonst kaum etwas wächst, bilden die Pflanzen relativ niedrige Strauchlandschaften. Manuka und Kanuka, die mit dem australischen Teebaum (*Melaleuca alternifolia*) verwandt sind, gedeihen prächtig an trockenen Küstenstreifen wie im Abel-Tasman-Nationalpark. Sie erreichen dort mittlere Höhen. Manuka und Kanuka sind auch in Buchenwäldern zu finden.

Kanuka-Blüten wachsen in Büscheln

Manuka-Fruchtkapseln

Kanuka hat lange weiche Blätter

Manuka und Kanuka sind struppig, mit dünnem Stamm, leicht abblätternder Rinde und dichtem Astwerk. Die Blüten bestehen aus fünf runden Blütenblättern, sind meistens weiß, seltener pink, und haben bei Manuka einen Durchmesser von ungefähr 1 cm, die kleinen Blätter sind länglich, 4 bis 12 mm lang und schmal. Während Manuka-Blüten einzeln sitzen, wachsen die wesentlich kleineren Kanuka-Blüten in Büscheln. Beide Pflanzenarten bilden rote und/oder weiße Beeren und später braune Samenkapseln.

Wer nicht genau hinschaut oder die Pflanzen nicht anfasst, wird kaum einen Unterschied zwischen Manuka und Kanuka wahrnehmen. Wer die Hauptmerkmale kennt, kann sie jedoch auch außerhalb der Blütezeit(en) auseinanderhalten. Die etwas kleineren Blätter von Manuka sind hart und kratzig, jene von Kanuka weich. Der Nektar beider Arten wird von Bienen gesammelt und als antibakteriell wirkender Manuka-Honig vermarktet.

Pollen und Nektar sind nicht nur für Honigbienen wichtig, sondern auch für native Bienen, Fliegen, Motten, Käfer und Grüngeckos.

Manuka-Honig, das klebrige Gold

Der ideale Geschmack ist leicht bitter und mineralisch, das Aroma hat einen Hauch von feuchter Erde und Heidekraut, und ein Glas davon kann mehr kosten als eine teure Flasche Champagner. Die Rede ist von dem neuseeländischen Export-Schlager Manuka-Honig. Fast der gesamte Weltmarkt wird mit diesem Produkt aus Neuseeland versorgt. Je nach Blütenmenge und Wetterbedingungen werden hier jährlich zwischen 1.700 und 4.000 Tonnen Manuka-Honig unterschiedlicher Qualität produziert.

Im Gegensatz zu normalem Honig enthält Neuseelands klebriges Gold große Mengen an antibakeriell aktivem Methylglyoxal (MGO), das beispielsweise die Heilung akuter Wunden beschleunigt und die Immunabwehr stärkt. Die MGO-Menge ist im Manuka-Honig bis zu hundert Mal höher als in konventionellen Honigsorten. Während die medizinische Nutzung des Honigs in punkto Wundheilung unumstritten ist, gibt es – und darauf weist auch die nationale Verbraucherzentrale Consumer NZ hin – bislang keinerlei Beweis dafür, dass Manuka-Honig dieselbe antibakterielle Wirkung hat, wenn man ihn isst, und dass die Inhaltsstoffe irgendwann im Kampf gegen antibiotika-resistente Bakterienstämme eingesetzt werden können.

Methylglyoxal ist ein Zuckerabbauprodukt, das im Nektar noch nicht vorhanden ist, sondern offenbar erst nach der Aufnahme des Nektars durch die Bienen und dem Transport in den Bienenstock entsteht. Normaler Honig enthält Wasserstoffperoxid (H_2O_2), das dadurch entsteht, dass Bienen bei der Honigproduktion das Enzym Glucose-Oxidase hinzufügen. H_2O_2 wirkt leicht antiseptisch.

Bis 2006 hatten die Produzenten keine Ahnung, welcher Stoff die außergewöhnlichen Eigenschaften des Manuka-Honigs verursachte. Dann identifizierte Prof. Thomas Henle von der Universität Dresden das nicht-peroxidische MGO als den antibakteriell aktiven Wirkstoff. Seither kann mit einer einfachen MGO-Messung die Qualität eines Honigs festgestellt werden. Ein Honig mit der Auszeichnung MGO 100 enthält 100 Milligramm MGO pro Kilogramm Honig, MGO 200 bedeutet 200 mg/kg etc. Je höher der MGO-Gehalt, desto besser und teurer der Honig.

Niedrigere Qualität wird oft in Gegenden erzielt, in denen viele Kanuka-Bäume und -Sträucher in Gemeinschaften mit Manuka wachsen. Die Bienen fliegen natürlich nicht gezielt den Manuka an, und so kommt es zu Mischprodukten. Aus Kanuka gewinnen die Bienen einen mikroskopisch identischen Honig, der jedoch wertlos ist, weil er kein MGO enthält und damit keine antibakteriellen Eigenschaften besitzt. Viele Manuka-Honige bestehen zu 60 Prozent aus Kanuka. Ja, es ist sogar erlaubt, reinen Kanuka-Honig, der keinerlei medizinische Qualitäten besitzt, als Manuka zu bezeichnen. Der Name Manuka suggeriert dem Verbraucher jedoch positive Auswirkungen auf die Gesundheit.

In Wahrheit ist dieser falsche Rückschluss nur der Anfang der Verwirrung. Noch immer benützen nämlich viele Produzenten die vor der Entdeckung des MGO benutzte Bezeichnung

Der Manuka-Honig in dieser Schale wird mit der Einstufung „UMF 10+" vermarktet

„Unique Manuka Factor" (UMF) – einzigartiger Manuka-Faktor – für ihre Honige. Die Produzentenvereinigung UMFHA (Unique Manuka Factor Honey Association) hat in der Zwischenzeit immerhin eine Umrechnungstabelle veröffentlicht, um den wohlklingenden Namen UMF weiterhin für das Marketing nutzen zu können. Die Einstufung reicht von UMF 5+ (mindestens 83 mg MGO pro kg Honig) bis UMF 28+ (mindestens 1.449 mg) – wobei ein Wert von 800 mg und mehr darauf schließen lässt, dass die Enzyme vermutlich durch unzulässige Wärmebehandlung so stark geschädigt sind, dass der Honig nur noch als Backhonig verkauft werden darf. Doch die Skala zeigt, dass auch die bei der UMFHA registrierten 67 Produzenten (Stand: Oktober 2015) mittlerweile den MGO messen. Es gibt aber auch Produzenten, die Manuka-Honige bewusst mit Kanuka mischen, die MGO-Messung ablehnen und mit antibakerieller Wirkung aus dem Reich der Phantasie werben.

Die vor der Entdeckung von Methylglyoxal angewendete Nachweismethode für den „Unique Manuka Factor" war, die antibakterielle Wirkung des Honigs mit der einer Phenollösung zu vergleichen und auf diese Weise den UMF festzulegen. UMF 20 bedeutete, dass der Honig 20 Prozent der Wirkung einer Phenollösung hatte. Diese Methode ist ebenso aufwendig wie unzuverlässig; es müssen mehrere Messungen gemacht und dann ein Mittelwert errechnet werden, weil sowohl die Bakterienkulturen als auch Ungenauigkeiten bei der Reaktion zu stark variierenden Ergebnissen führen. Die Messergebnisse der Wirkung dann aber mit der Menge des aktiven Wirkstoffes zu vergleichen

Biene auf einer Manuka-Blüte

und in einer Tabelle zu erfassen, wie es die Produzentenvereinigung UMFHA tut, ist wissenschaftlich nicht vertretbar, aber wer dagegen ankämpft, setzt sich in ein Wespennest.

Die Verwirrung für den Verbraucher ist perfekt, wenn er in den Souvenir-Shops auf die dritte Abkürzung stößt: Viele mit Manuka-Honig angereicherte Cremes, Lotionen, Shampoos etc. sind weder mit MGO noch mit UMF ausgezeichnet, sondern mit AAH. Das wiederum steht für Antibacterial Antioxidant Honey. Was AAH 650+ bedeutet, kann sich jeder selbst zusammenreimen.

Warum sich die Industrie nicht auf den verlässlichsten Standard einigen kann, nämlich die Auszeichnung aller Produkte mit dem MGO-Anteil, und warum das Ministerium für Primärindustrien (MPI) noch keine entsprechende Qualitätsverordnung erlassen hat, kann nur vermutet werden. Es würde Fälschern, die einfachen Blütenhonig als Manuka-Honig auszeichnen oder Manuka-Honig mit Sirup versetzen, das Leben erschweren, und minderwertiger Kanuka-Honig, dem die Dickflüssigkeit (Thixotropie) des Manuka-Honigs fehlt, würde als solcher identifiziert. Schutz der Industrie, nicht des Verbrauchers steht an oberster Stelle. Das MPI hat den Honigproduzenten sogar das Ziel vorgegeben, die Honig-Produktion bis 2028 so massiv zu erhöhen, dass jährlich 1,2 Milliarden NZ-Dollar in die Wirtschaft der Nation fließen. 2016 lag der Umsatz bei 250 Millionen NZ-Dollar. Das ist eine enorme Herausforderung, denn Manuka-Plantagen haben eine Lebensdauer von lediglich 20 bis 25 Jahren und müssen ständig erneuert werden.

Prickly Mingimingi

Karaka

Ngaio

Soft Mingimingi (*Cyathodes fasciculata*)

Mingimingi (aus der Familie *Ericaceae*) hat ungefähr das gleiche Verbreitungsgebiet wie Manuka und Kanuka und wächst sowohl in Buchenwäldern, an Küsten und auf nährstoffarmen Böden. Zudem ähneln die Blätter denen von Manuka. Sie sind allerdings ein bisschen länger (1,2 bis 2,5 cm), sehr weich und etwas heller. Die Blüten hängen in Rispen von den Ästchen und sind winzige grünlich-weiße Glöckchen. Die Beeren haben einen Durchmesser von ca. 5 mm und sind meistens rot, manchmal auch weiß.

Während Soft Mingimingi nur auf der Nordinsel und in der Nordhälfte der Südinsel vorkommt, ist Prickly Mingimingi (*C. juniperina*) im ganzen Land verbreitet. Die Blätter sind kürzer (0,6 bis 1,5 cm).

Karaka (*Corynocarpus laevigatus*)

Dieser vermutlich von den Maori aus Polynesien eingeführte Baum (bis zu 20 Meter hoch, aber meistens deutlich niedriger), der verwandte Arten in Ostaustralien, Neuguinea, Neukaledonien und Vanuatu hat, wächst bevorzugt in Küstenregionen, aber im Süden nur bis ungefähr zur Banks-Halbinsel. Die Blüten sind klein und grünlich. Die ledrigen, glänzenden, ovalen Blätter haben Stiele und sind 10 bis 15 cm lang.

Die großen, orangefarbenen Beeren (2,5 bis 4 cm lang) sind ein bevorzugtes Futter der neuseeländischen Fruchttaube (Kereru). Für Menschen sind sie giftig, gekocht jedoch essbar. Schon zahlreiche Haustiere sind nach dem Genuss von – im Übrigen nicht sonderlich wohlriechenden – herabgefallenen Früchten gestorben, daher auch der Beiname „Killer Berry".

Ngaio (*Myoporum laetum;* Mousehole Tree)

Ganze Küstenabschnitte sind mit Ngaio gesäumt. Die schnellwachsende Pflanze entwickelt sich zunächst zu riesigen kugeligen Büschen, ehe sie Baumform annimmt. Aus der Ferne mag der Baum nicht so leicht zu identifizieren sein, aber aus der Nähe sind Irrtümer fast unmöglich. Die langen Blätter (4 bis 10 cm lang, 2 bis 3 cm breit), leicht gezahnt an den Spitzen, sind nämlich übersät mit winzigen gelben, manchmal auch weißen Pünktchen. Das sind Öldrüsen. Die Blätter enthalten den Giftstoff Ngaione, der Nutztiere wie Pferde, Rinder und Schweine krank machen oder gar zu ihrem Tod führen kann. Die kleinen, weißen Blütenblätter sind rot bis lila getupft, die Beeren sind lila.

Akeake (*Dodonaea viscosa*; Hopbush)

Die klebrige („viscosa") Pflanze aus der Familie der Seifenbaumge-
wächse kommt meistens als Strauch, gelegentlich aber auch als kleiner
Baum vor, der seine Rinde in dünnen, schmalen Streifen abschält. Die
langen elliptischen Blätter (4 bis 10 cm lang, 1 bis 3 cm breit) weisen
meistens himmelwärts. Die kleinen gelblichen, orangefarbenen oder
rötlichen Blüten wachsen an Rispen ebenfalls nach oben. Daraus entwickeln sich dreiflügelige dünne Samen, die aufgrund ihres büschel-
förmigen Aussehens oft für gelbe Blüten gehalten werden. Der allgemein geläufige Maori-Name Akeake bedeutet „für immer und ewig".
Die kultivierte Spezies *Dodonaea viscosa Purpurea* mit purpurfarbenen Blättern und pink- bis purpurfarbenen Samen wächst oft Seite an
Seite mit dem Original.

Die Chatham Island Akeake hat gelb-orangefarbene Früchte

Auch die in den Bergen wachsende Spezies *Olearia avicenniifolia*
wird als Akeake bezeichnet, meistens aber als Mountain Akeake. Die
Spezies *Olearia traversiorum* kommt auf den Chatham Islands vor,
daher der Name Chatham Island Akeake, auch Chatham Island Tree
Daisy; sie ist leicht an den haarigen, weißen Unterseiten ihrer Blätter
zu erkennen. Die Früchte sind relativ groß und gelb-orange.

Akiraho (*Olearia paniculata*)

Dieser Strauch bzw. kleine Baum ist nicht nur als Sichtschutzhecke in
Gärten beliebt, sondern auch in Küstenregionen und an Waldrändern
weitverbreitet. Er ist relativ leicht an den stark gewellten Blatträndern
und den weißlichen Unterseiten zu erkennen. Akiraho ist eine jener
Arten der Tree Daisies, die eher unscheinbare Blüten haben.

Akiraho

Kumarahou (*Pomaderris kumeraho*; Bushman's Soap, Gumdigger's Soap)

Dieser rundliche Strauch mit seinen ledrigen, haarigen Blättern ist
auf die Nordhälfte der Nordinsel (bis zur Bay of Plenty) begrenzt. Ihr
Beiname Bushman's oder Gumdigger's Soap stammt aus der Zeit, als
die „Gumdiggers" in Northland herausfanden, dass die goldgelben
Blütenbälle, mit Wasser in den Händen zerrieben, Seifenschaum entwickeln und sich auf diese Weise die Hände sehr gut reinigen lassen.
Kumarahou ist in diesem verlassenen Brachland, das in grauer Vorzeit
von Kauriwäldern bedeckt war, weit verbreitet und auch auf der Coromandel-Halbinsel häufig zu finden. Für die Maori war die Blütezeit
das Zeichen, dass es Zeit war, Kumara, ihre Süßkartoffeln, zu pflanzen.

Aus Kumarahou kann man Seife herstellen

Blüten und Blätter des Bullibul

Bullibul (Poroporo; *Solanum laciniatum*)

Diesem ausgesprochen leicht zu erkennenden Strauch aus der Familie der Nachtschattengewächse sollte man sich mit Vorsicht nähern: So ziemlich alles daran ist giftig und kann für Rinder und Schafe tödlich sein. Er wächst auch auf den nährstoffärmsten Böden wie Unkraut. Die 10 bis 40 cm langen Blätter bestehen aus mehreren tief eingeschnittenen Teilblättern und folgen in Zahl und Anordnung keiner festen Regel. Die eingekerbten knalllila-farbenen Blüten sind größer als eine Zwei-Euro-Münze, abgeflacht trompetenförmig (sehen aus kleiner Entfernung rund aus) und haben einen kleinen gelben „Dotter". Die großen, ovalen Früchte vollziehen einen farbenprächtigen Wechsel von Grün über Gelb bis Orange. Die Samenkapseln sind schließlich dunkelbraun. Nach dem Grün-Stadium sind die Beeren genießbar und wurden früher vornehmlich zu Marmelade verarbeitet.

Reife Bullibul-Früchte

Coprosma, *Pittosporum* und Hebe

Diese Pflanzengattungen (siehe Kapitel Laubbäume) sind auch an den Küsten und im Tiefland weit verbreitet, vor allem die kleineren Sorten. Besonders häufig sind *Hebe elliptica*, *Hebe speciosa* und *Hebe salicifolia*

Taupata (Coprosma repens), männliche Blüte

(Südinsel) anzutreffen. In manchen Büchern werden diese drei Arten der Braunwurzgewächse allesamt Koromiko genannt, so unterschiedlich sie auch aussehen, aber lediglich *Hebe salicifolia* und *Hebe stricta* gebührt dieser Name.

Hebe salicifolia hat spitz zulaufende, schmale, lange Blätter und lange, weiße Bürstenblüten.

Der korrekte Maori-Name von *Hebe elliptica* (auch Shore Hebe, Coastal Koromiko) ist Kokomuka. Dies ist eine kleine Sorte mit kleinen, dicht gedrängten Blättern und kleinen weißen bis blasslila Blüten an den Astspitzen.

Hebe speciosa „Variegata" (*Hebe speciosa „Tricolor"*) ist eine spektakuläre, allerdings ursprünglich gezüchtete Art mit rot-violetten Bürstenblüten und langen, ovalen, ledrigen, glänzenden Blättern. Etwas spitziger laufen die Blätter des an vielen Küsten anzutreffenden lila Kultivars *Hebe Speciosa Blue* (*Hebe Azure*) zu.

Die an der Küste verbreitete Coprosma-Art ist *Coprosma repens* (Taupata; Mirror plant). Außerdem überall zu sehen sind *Griselinia lucida* (Shining broadleaf) und *Entelea arborescens* (Whau; Corkwood).

Taupata (Coprosma repens), weibliche Blüte

229

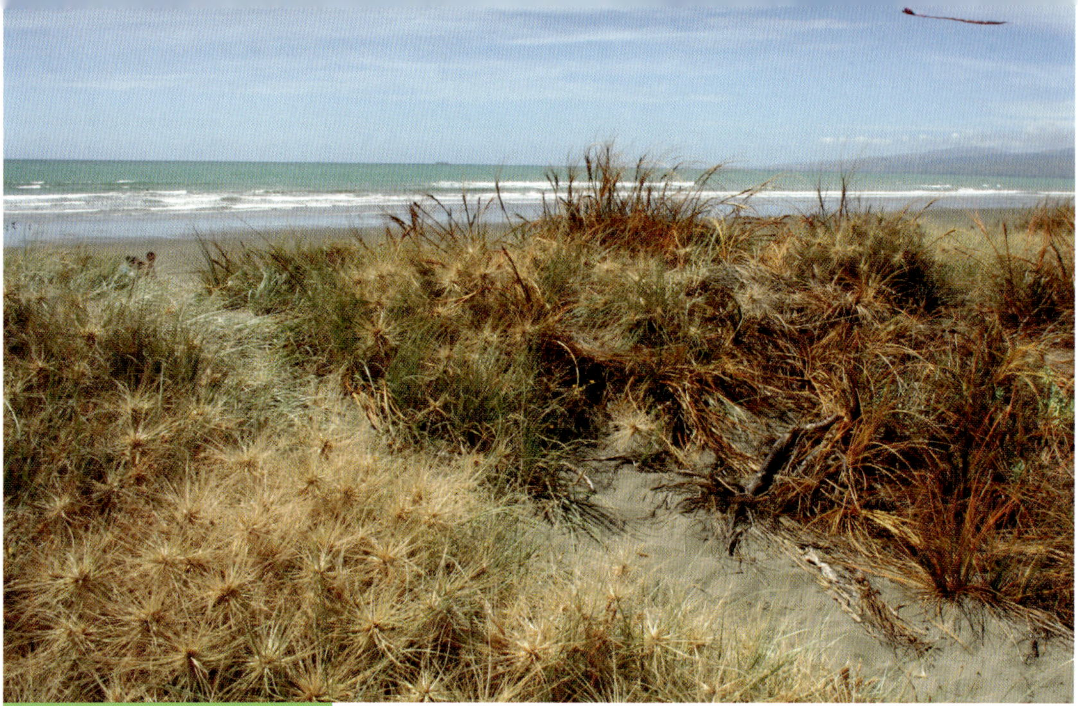

Einheimische Strandgräser: Spinifex links, Pingao rechts

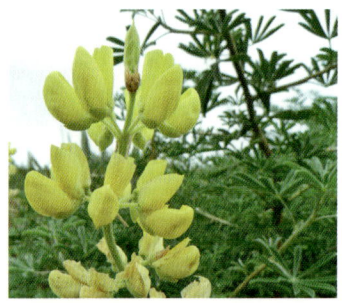

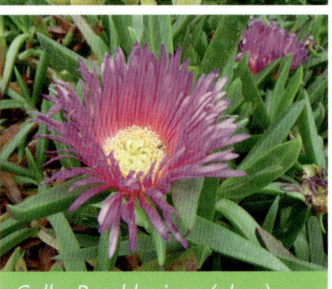

Gelbe Buschlupinen (oben) Carpobrotus edulis (unten)

Küstengräser und -blumen

Pingao (*Ficinia spiralis*; Pikao; Tane's Eyebrows, Golden sand sedge): Dieses endemische Dünengras ist mit seinen gebogenen grün-orangefarbenen dicken Halmen mit Abstand das farbenprächtigste Küstengras. Einst weitverbreitet, ist es jetzt eine gefährdete Spezies, weil es durch den eingeführten und invasiven Strandhafer (*Ammophila*; Marram Grass) verdrängt wird. Auch die Aktivitäten von Menschen, die das Gras niedertrampeln, mit Autos darüber fahren und es anzünden, sowie eingeführte Säugetiere wie Hasen, Possums, Rinder und Schafe zerstören die Bestände. Pingao kommt nur noch in weit verstreuten Beständen vor. In vielen Gebieten sind Bestrebungen im Gange, den Strandhafer zu vernichten und Pingao rückzupflanzen, um die endemische Spezies vor dem Aussterben zu retten. Spinifex (*Spinifex sericeus*) ist eine einheimische Art.

Die gelben Buschlupinen (*Lupinus arboreus*) sind eine weitere typische Dünenpflanze, die geschützte, nährstoffarme Abschnitte besiedelt. *Euphorbia glauca* (Sea spurge; Dünenwolfsmilch) ist ein bis zu einem Meter hoher endemischer Busch mit graugrünen Blättern und kleinen dunkelvioletten Blüten. Die vom Aussterben bedrohte *Pimelea arenaria* (Sand daphne; Sand-Seidelbast), die kleine weiße Blüten

ansetzt, ist eine niedrige Pflanze, deren Blätteranordnung an Hebes erinnert. Die *Coprosma acerosa* (Sand coprosma) sieht eher wie üppiger Rosmarin als eine klassische Coprosma-Art aus.

Die einheimische Mittagsblume (*Disphyma australe,* Horokaka) hat weiße bis tiefrosafarbene Blüten. Im Norden der Südinsel ist an steilen, felsigen Küsten die spektakuläre *Pachystegia insignis* (Marlborough Rock Daisy) aus der Familie der Asterngewächse (*Asteraceae*) zu finden; sie hat große weiße Blüten mit gelbem „Dotter" und kann Büsche bis zu fast einem Meter Höhe bilden.

Die meisten bunten Küstenblumen, einige davon Sukkulenten, sind eingeführte Arten, wie die knallviolette und blassgelbe Essbare Mittagsblume (*Carpobrotus edulis*; Ice plant), Kalifornischer Mohn (*Eschscholzia californica*; California Poppy) oder orangene und gelbe Gazanien.

Die rot-violette Asternpflanze *Senecio elegans* (Wild cineraria; Redpurple ragwort; Greiskraut) stammt aus dem südlichen Afrika, ebenso wie die *Cotyledon orbiculata* (Round-leaved navel-wort) aus der Familie der Dickblattgewächse, auch als „Schweineohr" bekannt. Die Pflanze mit den fetten, runden Blättern, aus denen ein hoher Stiel mit zinnoberrot-gelben Blütenglocken sprießt, hat sich vor allem auf der Banks-Halbinsel und in den Port Hills bei Christchurch zu einer invasiven Pflanze entwickelt.

Senecio elegans (oben)
Cotyledon orbiculata (unten)

Farne, Moose, Flechten

Farne

Obwohl man einige der 200 einheimischen Farnarten an den unterschiedlichsten Standorten – inklusive in Trockengebieten und auf felsigem Untergrund – finden kann, so gedeihen die meisten dieser Gefäßsporenpflanzen doch am besten in den feuchten und schattigen Regenwäldern, an nach Süden gerichteten Waldrändern – die in Neuseeland ja nicht auf der Sonnenseite liegen – sowie an Flussufern.

Die Formen der Farne sind vielfältig. Es gibt sie als Bäume, Büschel, Kletter-, Kriech- und Aufsitzerpflanzen, und manche sehen gar nicht wie Farne aus, sondern wie aus dem Boden sprießende Blätter, wie zum Beispiel der nierenförmige Dünnfarn *Trichomanes reniforme* (Kidney fern) aus der Gattung der Hautfarngewächse.

Die Geschichte der Farne ist mehr als 100 Millionen Jahre bis in die Zeit der Dinosaurier und vor der Abspaltung Zealandias vom Gondwana-Urkontinent zurückzuverfolgen. Das prominenteste Beispiel für die urzeitliche Existenz dieser Pflanzen ist der versteinerte Wald an der Curio Bay in den Catlins, wo nicht nur versteinerte Baumstämme, sondern auch Abdrücke von Farnen gefunden wurden, die bei Vulkanausbrüchen im Spätjura (vor 201,3 bis 145 Millionen Jahren) verschüttet worden waren.

Wer an Neuseeland denkt, denkt natürlich zu allererst an den Silberfarn. Er prangt auf den schwarzen Trikots von Sportlern, die ihr Land repräsentieren; der Spitzname einer Mannschaft ist sogar „Silver Ferns", nämlich der Netball-Nationalmannschaft. (Frauen-Netball ist eine langweilige Mixtur aus Korb- und Basketball mit Sprungverbot.) Er führte vor dem gescheiterten Referendum im Jahr 2016 die Vorschlagsliste für die Kreation einer neuen Nationalflagge an. Kurzum: Der Silberfarn, Ponga bei den Maori, ist das nationale Symbol schlechthin.

Er ist der unverwechselbarste der zehn in Neuseeland vorkommenden Baumfarne und selbst von den blutigsten Laien zu erkennen, sofern sie sich die Mühe machen, die Blattunterseiten anzuschauen. Die sind beim Silberfarn silbrig-weiß und bei allen anderen Arten grün. Auch die am Stamm ansetzenden Blattspindeln, die bei anderen Baumfarnen, je nach Behaarung oder Schuppung, grün bis braun sind, haben beim Silberfarn einen mattweißen Schimmer. Die Blätter (= Fieder) sind relativ hart und steif. Interessanterweise kommt der

Detailaufnahme eines Silberfarns mit umgedrehtem Blatt; die Unterseite ist silbrig-weiß (unten)

Linke Seite: In Neuseeland gibt es zehn Baumfarn-Arten, die jeden Regenwald besonders grün leuchten lassen

Mamaku, Okere Falls

Silberfarn eher in den trockeneren Wäldern des Ostens vor, weil er's nicht gerne feucht hat. An der Westküste ist er kaum zu finden. Die meisten anderen Baumfarne, von denen es acht nur in Neuseeland und zwei auch in Australien gibt, sind ebenfalls relativ leicht zu identifizieren, wenn man sich die Stämme und Wedel genau anschaut. Aber Achtung! Nicht jeder Farn, der einen Stamm hat, ist ein Baumfarn!

Erst einmal gilt es die beiden Hauptgruppen *Cyathea* (wozu der Silberfarn gehört) und *Dicksonia* (Taschenfarne) zu unterscheiden. Die jungen (aufgerollten) Wedel von *Cyathea* (Becherfarne) sind schuppig, jene von *Dicksonia* sind behaart. Manche Arten verlieren ihre abgestorbenen Wedel und hinterlassen ganz spezifische Markierungen, bei anderen sammeln sie sich als unordentlich herabhängende Halskrausen unter dem grünen Wedelschopf, so dass an niedrigen Exemplaren der Stamm kaum zu sehen ist, wobei der Wheki-Ponga der unbestrittene Champion ist.

Der eingerollte junge Wedel von Farnen heißt in der Maori-Sprache Koru. Diese Form ist ein stetig wiederkehrendes Gestaltungsmerkmal vieler Logos und Tätowierungen. Ein stilisiertes Koru ist auch das Symbol der nationalen Fluglinie Air New Zealand, deren Wartesalons an den Flughäfen Koru Lounge heißen. Die Koru-Spirale steht für Neuanfang, Wachstum und immerwährende Bewegung des Lebens, das sich ständig ändert und doch zum Ursprung zurückkehrt.

Baumfarne

Mamaku-Baumfarn: Koru

- Silberfarn (*Cyathea dealbata*; Ponga; auf Deutsch auch: Silber-Baumfarn, Silber-Becherfarn) wird bis zu 10 Meter hoch und ist, wie schon gesagt, leicht an den silbrig-weißen Unterseiten seiner Blätter zu erkennen. Der Stamm hat einen Durchmesser von 20 cm.
- Mamaku (*Cyathea medullaris*; Black Tree Fern; Schwarzer Becherfarn, Mamaku-Baumfarn) ist die höchste Baumfarn-Art und wird bis zu 20 Meter hoch. Oft ragt er über das Kronendach küstennaher Wälder hinaus. Die Rippen der bis zu 6 Meter langen Wedel (= Blattspindeln) sind kohlrabenschwarz, und der Stamm (Durchmesser 30 cm) ist mit einem wabenähnlichen, relativ hellen Muster gezeichnet. Das sind die Narben der abgefallenen Wedel. Obwohl der Mamaku hier und dort im ganzen Land zu finden ist, kommt er lediglich an der Westküste der Südinsel in Massen vor.

234

- Gully Tree Fern (*Cyathea cunninghamii*) wird manchmal mit dem Mamaku verwechselt, weil er ebenso hoch werden kann. Aber der Stamm ist schlanker (nur 10 cm Durchmesser), und wenn die Wedel abbrechen, hinterlassen sie die schwarzen Ansätze, so dass der Stamm von eng aneindergepressten kurzen, schwarzen Stäben bedeckt ist.
- Soft Tree Fern (*Cyathea smithii*; Katote) ist leicht daran zu erkennen, dass die abgestorbenen Wedel nicht abbrechen, sondern lediglich die Fiederblätter. Dadurch hängen die nackten Blattspindeln wie eine Rosette aus Stäben am Stamm (Durchmesser 30 cm) hinunter. Der Baum wird bis zu 8 Meter hoch. Die Blätter sind ausgesprochen weich, daher auch der Name.
- Creeping, Rough oder Mountain Tree Fern (*Cyathea colensoi*) kommt in subalpinen Zonen bis in die Nähe der Baumgrenze vor und ist ein hartes Gewächs. Der Stamm (Durchmesser nur 8 cm) wird bis zu 1 Meter hoch, ist aber oft nicht zu sehen, da er sich meistens verzweigt oder unter Laub auf dem Waldboden verborgen ist. Die Blätter sind oben leicht behaart. Die Blattspindeln haben helle Schuppen.

Die Krone eines Gully Tree Ferns am Queen Charlotte Track, Marlborough Sounds

Soft Tree Fern

Querschnitt eines Baumfarn-stammes

Dicksonia squarrosa, Wheki

Dicksonia squarrosa, Wheki

Blechnum discolor

- Wheki (*Dicksonia squarrosa*; Neuseeländischer Taschenfarn) wird bis zu 6 Meter hoch. Seine abgestorbenen orange-braunen Wedel fallen ab und liegen wild verstreut auf dem Waldboden.
- Wheki-Ponga (*Dicksonia fibrosa*; Filziger Taschenfarn) wird ebenfalls bis zu 6 Meter hoch und hat einen massiven Stamm mit einer dicken Basis. Die abgestorbenen Wedel (während des Wachstums kurz und grün) bleiben unter dem grünen Schopf hängen, so dass der Farn ziemlich oberlastig aussieht.
- Stumpy Tree Fern (*Dicksonia lanata*, Tuokura): Wenn ein Baumfarn mehrere dünne Stämme hat oder der Stamm sich nach unten biegt, um sich zu verzweigen und ein Wedeldickicht zu bilden, ist es diese Spezies. Im Norden, wo er oft in Kauriwäldern vorkommt, gibt es *D. lanata* auch als aufrechten Baum von bis zu 2 Metern Höhe. Weiter südlich ist die verzweigte Form in kühleren (Buchen-)Wäldern zu finden. Die Blattspindeln sind grün bis orange-braun.

Andere Farne

Von den übrigen Farnen Neuseelands sind nur einige Arten wirklich gut zu erkennen. Andere wiederum sind einander so ähnlich, dass man sich selbst mit Büchern und Fotos schwer tut, sie zu unterscheiden. Deshalb an dieser Stelle nur eine kleine Auswahl. Die Te-Ara-Enzyklopädie gibt einen guten ersten Überblick über die unterschiedlichen Farngruppen.

Prince of Wales Feathers (*Leptopteris superba*): Der lateinische Name bedeutet übersetzt „wunderbar dünner Farn". Dieser Name rührt von der kuschelweichen Beschaffenheit der Blätter her. Eine Besonderheit der Spezies *Leptopteris* aus der Familie der Königsfarngewächse ist, dass sie bei ausreichender Feuchtigkeit bis zu einem Meter hohe Stämme entwickeln kann, aber nicht zur Kategorie der Baumfarne gehört.

Asplenium bulbiferum (Hen and Chicken Fern; Pikopiko) gehört zur Gattung der Streifenfarne. Die Blätter dieser Spezies sehen aus wie die Fußabdrücke von Hühnern. Der deutsche Name Lebendgebärender Streifenfarn klingt dramatisch, rührt aber lediglich daher, dass auf einigen Wedeln dieser Farnart neue kleine Blättchen sprießen, die sogenannten „Chickens" (Hühnerküken).

Bracken Fern (*Pteridium esculentum*; Rararu): Wächst am Waldrand und als eine der ersten Pflanzen auf offenem Terrain. Dieser wild

Hen and Chicken Fern, Piko-piko: Blattunterseite mit Sporen

Hen and Chicken Fern, Piko-piko: Blattunterseite mit Sporen

wuchernde Farn mit seinen rotbraunen Spindeln und harten, dünnen Blättern ist immer gut für einen Survival-Stunt, denn die neuen aufgerollten, samtigen Triebe kann man abbrechen und gefahrlos essen. Sie haben Mandelgeschmack.

Blechnum novae-zelandiae (Kiokio) wächst an feuchten Klippen und Hängen. Er ist leicht an seinen gelb-orange-roten Blättern an den Wedelspitzen zu erkennen.

Blechnum discolor (Crown fern; Piupiu) hat besonders schöne, bis zu 1 Meter hohe Büschel, und wenn sich die neuen hellgrünen Blätter im Zentrum entfalten, sieht das Ende der Spirale wie eine kleine Kugel aus. Diese Spezies kommt meist in großen Gruppen in trockeneren (Buchen-)Wäldern vor und lässt dann anderen Pflanzen keinen Raum zur Entfaltung.

Marattaceae zeichnen sich durch große fleischige Wurzeln aus und haben einen kurzen, dicken Stamm. Eine der Arten ist Marattia salicina (King fern; Para) mit glatten, unverzweigten Blättern, die bis zu 4 Meter lang werden können.

Saumfarngewächse (Pteridaceae) sind kleine, verzweigte Farne. Zu dieser Familie zählt zum Beispiel Adiantum cunninghamii aus der Gattung der Frauenhaarfarne. Das Erkennungsmerkmal sind die rund um den Blattrand verteilten Sori. Diese enthalten die Sporen, die bei den Farnen zur Fortpflanzung dienen.

Blechnum novae-zelandiae, Kiokio

Blechnum discolor, Piupiu, Oparara Basin

237

Trichomanes reniforme, Kidney fern

Die Flechte Old Man's Beard, Lake Rotoiti (oben)
Flechten (unten)

Zu den Tüpfelfarngewächsen (*Grammitidaceae*) zählen der Lance Fern (*Anarthropteris lanceolata*) und der Finger Fern (*Grammitis billardieri*). Letzterer ist einer der einzeln aus dem Boden sprießenden länglichen Farne, die wie Blätter aussehen. Ihren Namen hat diese Familie von den runden Sori, die sich an der Unterseite der Blätter befinden. Der ebenfalls blattartige, aber nierenförmige *Trichomanes reniforme* (Kidney fern) zählt zur Familie der Hautfarngewächse.

Der *Pneumatopteris pennigera* ist als Lime fern, Gully fern, Feather fern, Pakauroharoha, Pakau und Piupiu (also gleicher Maori-Name wie *Blechnum discolor*) bekannt. Er wächst als Büschel in den dunkelsten Ecken des Waldes. Sein schlanker Stamm kann bis zu einem Meter hoch werden und die Wedel sind 30 cm bis 1,50 Meter lang.

Ein weit verbreiteter Schildfarn ist *Polystichum vestium*. Er hat weiche Blätter (20 bis 100 cm) und auffällige rotbraune Schuppen entlang der Blattspindel. In kühlen, feuchten Wäldern entwickelt er einen kurzen Stamm. Er zählt zur Gattung der Wurmfarngewächse.

Moose und Flechten

Es gibt mehr als 800 Laub- und kurzlebige Lebermoos-Arten in Neuseeland. Die größte Spezies ist *Dawsonia superba*, die zu den größten Moosen der Welt zählt. Die unverzweigten Stämme können bis zu 50 cm hoch werden und sehen nicht wie ein klassisches Moos aus, sondern eher wie Tannenschösslinge.

Eine Flechte, der jeder Neuseeland-Reisende begegnet, ist der zu den *Usnea*-Flechten zählende „Old Man's Beard" aus der Familie der *Parmeliaceae*, der den höher gelegenen, oft nebligen Buchenwäldern ihre geheimnisvoll-märchenhafte Atmosphäre verleiht. Der „Bart des alten Mannes", blassgrün über beige bis wollweiß, hängt von den Ästen der Bäume herab, wie der weiße Vollbart des Zauberers Gandalf aus „Der Herr der Ringe" oder, für Mystisches weniger empfängliche Naturen, der urigen Goldgräber-Typen der West Coast. Andere englische Namen sind Beard Lichen (Bartflechte), Tree's Dandruff (Baumschuppen), Woman's Long Hair (Langes Frauenhaar) und Baummoos.

Daneben gibt es ein Moos namens Old Man Beard Moss (*Weymouthia mollis*), das ebenfalls schleierförmig von Baumästen hängt. Allerdings ist es nicht so dicht und wirr, und von den langen Fäden zweigen kurze steife Fäden zur Seite ab. Es ist wesentlich grüner als

die Flechte „Old Man's Beard". (Eine dritte Pflanze namens Old Man's Beard ist eine der schlimmsten Schädlingspflanzen im Land, nämlich die Gewöhnliche Walderebe, *Clematis vitalba* (siehe Kapitel Biologische Invasion).

Ein besonders schönes kuscheliges Moos ist das blassgrüne *Dicranoloma billardieri*. Es kommt sowohl in Wäldern, auf Baumstämmen und in offenem Gelände vor. Hier verführt es förmlich dazu, sich einfach fallen zu lassen und sich gut gepolstert die Sonne auf die Nase scheinen zu lassen.

Die roten Felsen Neuseelands sind meistens keine roten Felsen, sondern graue Felsen, die mit roten Flechten (Englisch und botanisch: Lichen) bedeckt sind. Am auffälligsten sind sie auf den Geröllbrocken in den Gletschertälern, vor allem Franz Josef und Fox, aber auch entlang der Strecke von Arthur's Pass zur Westküste. Auch in trockeneren Gegenden ist diese rote Flechte verbreitet, allerdings nur an den nach Süden gerichteten schattigen und feuchteren Seiten von Berghängen und Felsklippen, beispielsweise den Felsklippen der dem Lyttelton Harbour zugewandten Flanken der Port Hills bei Christchurch.

Flechten sind im Übrigen keine Pflanzen, sondern werden den Pilzen zugerechnet – obwohl sie auch keine Pilze sind. Vielmehr sind Flechten eine symbiotische Lebensgemeinschaft von einem Pilz und einem oder mehreren Partnern, die Photosynthese betreiben. Das sind entweder Grünalgen oder Cyanobakterien. Flechten werden nach dem Pilz benannt, der die Flechte bildet.

Fauna

Vögel in Wald und Flur

Die fliegenden Kiwis

Kiwis fliegen nicht. Kiwis werden geflogen. Aus dem Wald in die Stadt, aus der Stadt auf die Insel, von der Insel in den Wald zurück. Dieser Kreislauf sichert das Überleben der flugunfähigen Nationalvögel Neuseelands. Die „Operation Nest Egg" (Operation Nest/Ei) garantiert das Überleben der seltsamen Wappentiere, die auf den goldschimmernden Ein-Dollar-Münzen verewigt sind.

Der Kernpunkt dieses Programms besteht darin, die Eier der Kiwis in der Wildnis aus den Nestern zu nehmen, bevor ihre natürlichen Feinde sie vor die gefräßigen Mäuler bekommen: Hermeline, Ratten, Possums und Igel. Nach dem Schlüpfen sind die Küken in sieben Brutzentren und später auf feindfreien Inseln vor anderen eingeschleppten Raubtieren sicher, die ihnen im ersten Lebensjahr den Garaus machen würden. Hermeline, Frettchen, Mauswiesel, Katzen und Hunde.

Vor der Ankunft der Menschen gab es außer drei daumengroßen Fledermausarten keine Säugetiere in Neuseeland. Schätzungsweise zwölf Millionen Kiwis – auf Deutsch auch: Schnepfenstrauße – wackelten auf ihren kräftigen Beinen durch die Wälder und verloren die Fähigkeit zu fliegen. Heute sind es ungefähr 80.000. Tendenz steigend, dank der seit 1994 laufenden „Operation Nest Egg" und der Einrichtung von den Schutzzonen, in denen die Kiwi-Feinde systematisch ausgerottet werden. Die damals von der Bank of New Zealand gesponserte Initiative wurde ins Leben gerufen, als klar wurde, dass Hermeline zwar so gut wie alle Kiwi-Küken, nämlich 95 Prozent, töteten, aber praktisch keinen erwachsenen Vogel. Deren Killer sind meistens freilaufende Hunde.

The Willowbank, ein Wildpark in Christchurch, ist eines der Brutzentren, die sich in Zusammenarbeit mit dem Department of Conservation, kommunalen Gruppen und Wissenschaftlern der Aufzucht der nachtaktiven Vögel mit den bleistiftlangen Schnäbeln verschrieben haben. Ähnliche Einrichtungen befinden sich in Auckland (Zoo), Rotorua (Rainbow Springs), Whangarei (Native Bird Rescue

Kiwi im Zoo von Wellington

Linke Seite: Der Neuseeland-Kuckuckskauz (Morepork)

Vögel in Neuseeland
Eine Liste einheimischer – insbesondere endemischer – und eingeführter Vogelarten, befindet sich im Anhang.

241

Centre), Napier (Westshore Wildlife Reserve), Franz Josef (West Coast Wildlife Centre) und am Mount Bruce nördlich von Masterton. Mehr als 120 der rund 200 jährlich gesicherten Eier und Küken werden in Rainbow Springs ausgebrütet und versorgt.

Wenn das zuständige Personal morgens seinen Dienst in der Willowbank antritt, werden die Küken vom nächtlichen Wandern und der Futtersuche in den zwei Quadratmeter großen Einzel-Laufgehegen allmählich müde. Die Winzlinge würden sich jetzt am liebsten in der Schlafkoje, einer einfachen mit einem Frotteehandtuch ausgelegten Holzkiste, zusammenrollen und die Schnäbel unter die Flügelstummel klemmen, die im fellartigen braunen Gefieder verborgen sind. Doch vorher ist Saubermachen und Wiegen angesagt. Die mit Kot verschmutzten Handtücher in den Schlafboxen, die Wasserbehälter und die mit einer Mischung aus Hackfleisch, Katzen-Trockenfutter, Haferflocken, Rosinen, Bananen, Äpfeln, Birnen, Karotten und Weizenkleie gefüllten Futternäpfe werden ausgetauscht, die weiche Erde der Auslaufzone, in der die Kiwis nach Futter stochern, mit einer Harke aufgelockert.

Die Pfleger tragen weiße Schutzkittel und desinfizierte Schuhe, und

bevor sie einen Kiwi anfassen, wechseln sie die Wegwerfhandschuhe, damit sie nach der Arbeit mit anderen Vögeln Salmonellen und ähnliche Infektionskrankheiten nicht übertragen. Gesagt, getan. Die Kiwi-Expertin packt mit sicherem Griff einen kleinen Vogel an den Füßen, um ihn in einen Eimer zu setzen, in dem es dann auf die Waage geht. Keiner lässt sich das so einfach gefallen, aber nach kurzem Kampf geben sie auf. Sie benehmen sich jeden Tag so, als hätten sie die Prozedur noch nie mitgemacht. Auch die erwachsenen Kiwis im Nachthaus greifen die Pfleger auch noch nach Jahren an, wenn sie geweckt werden. Kein Kiwi wird jemals zahm.

Das Körpergewicht und die Laune des Vogels, Anzeichen von Infektionen und wie viel sie über Nacht gefressen haben, werden notiert. Jedes Tier hat seine eigene am Gehege befestige Kladde, so dass seine Entwicklung leicht nachzuvollziehen ist. Kiwis verlieren in den ersten zehn Tagen ihres Lebens Gewicht, denn in dieser Zeit absorbieren sie das Eigelb, das sie in einer Blase in ihrem Bauch gespeichert haben. In Freiheit ist das überlebenswichtig, denn Kiwis sind Nestflüchter. Wohl oder übel. Der Vater, der das Ei in einer Erdhöhle 65 bis 90 Tage lang ausbrütet, macht sich, sobald die Schale bricht, aus dem Staub.

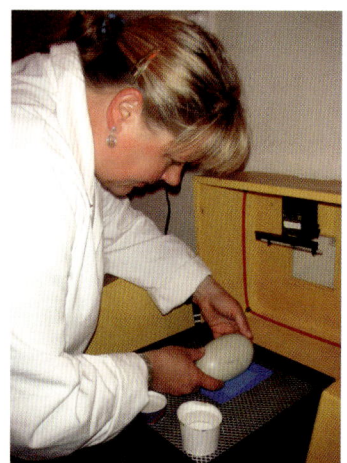

Die Mutter hat sich bereits nach dem rekordverdächtigen Eierlegen verabschiedet: Die Kiwis – unterteilt in fünf Arten und drei Unterarten – legen die in Relation zu ihren Körpermaßen größten Eier aller Vögel. Abgesehen vom wesentlich kleineren Zwergkiwi, auch Kleiner Fleckenkiwi genannt, ist ein Weibchen 35 bis 65 Zentimeter lang und zwei bis vier Kilo schwer, das Männchen ist wesentlich kleiner und leichter. Die länglichen Eier wiegen bis zu 500 Gramm und sind 13 Zentimeter lang und acht Zentimeter breit – siebenmal so groß wie ein Hühnerei.

Bis zu drei Mal brüten die birnenförmigen Kiwis – kleiner Kopf auf einer Federkugel, die auf zwei wuchtigen, kurzen Beinen sitzt – zwischen Juni und Dezember. Der auf der Nordinsel weitverbreitete Streifenkiwi legt auch mal zwei Eier pro Brut, der seltene Haast- und Okarito-Kiwi an der Westküste der Südinsel produzieren immer nur ein Ei. Während die Vögel auf Stewart Island, wo ihre Population bei sagenhaften 20.000 liegt, und in manchen Regionen der Nordinsel (25.000) durch die Schaffung feindarmer Lebensräume wie auf der Coromandel-Halbinsel ohne die „Operation Nest Egg" auskommen, sind die Arten der Südinsel auf dieses massive Eingreifen der Naturschutzbehörde angewiesen. Vom Haast-Kiwi (Tokoeka) gibt es vermutlich nur noch 300 Exemplare, vom Okarito-Kiwi (Rowi) gar nur 200.

Die Eier dieser beiden Arten landen in der Willowbank bzw. dem relativ neuen West Coast Wildlife Centre in Franz Josef – und nach einer Eingangskontrolle und dem Waschen direkt in den Brutkästen, die in einem abgedunkelten Raum auf Tischen aufgereiht sind. Die Temperatur wird konstant auf 35,5 Grad gehalten, wie unter einem brütenden Männchen in der Wildnis. Heute werden die Eier nach rechts gedreht, erst um 45 Grad, später um 90 Grad, danach zweimal nach links, aber nie mehr als 90 Grad. Der Embryo darf nicht umgedreht werden. Das Kiwi-Männchen würde es genauso machen.

Kein Ei gleicht dem anderen. Da die Eier Flüssigkeit verlieren, steht zur Kompensation in jedem Brutkasten ein winziger Wasserbehälter. Die Pflegerin hebt ein Ei vorsichtig aus dem Kasten und durchleuchtet es mit einer Schierlampe, einer Art Taschenlampe. So kann sie feststellen, ob die Luftkammer im Ei größer geworden ist. Die Umrisse werden mit einem Bleistift vorsichtig aufs Ei gezeichnet. Je größer die Luftkammer, desto fortgeschrittener ist die Entwicklung des Kiwi-Kükens. Eines der Haast-Kiwi-Küken wird in zwei, drei Tagen schlüpfen. Die Pflegerin legt einen Bleistift aufs Ei und beginnt zu pfeifen. Das Ei

beginnt sanft zu schaukeln, und aus dem Inneren der Schale dringt ein leises Piepsen. Zwischen dem 40. und 50. Tag bewegen sich die Küken, dann haben sie die innere Membrane des Eis durchgestoßen.

Das Schlüpfen ist ein ein- bis zweitägiger Kampf mit der Schale. Nach der Tortur können sich die Küken ein, zwei Tage in Spezialbrutkästen erholen, in denen sie schlafen und die Federn trocknen, und kommen dann endlich in die Laufgehege, wo sie schon nach kürzester Zeit beginnen, mit ihren langen Schnäbeln in der Erde zu wühlen. Die Mini-Kiwis prusten wie die Großen, um die mit Dreck verstopften Nasenlöcher frei zu blasen.

Während alle anderen Vogelarten die Nasenlöcher am Schnabelansatz haben, sitzen sie beim Kiwi an der Schnabelspitze. Das hängt mit ihrem ausgeprägten Geruchssinn zusammen – der auch nötig ist, weil sie schlecht sehen. Und auch sonst haben sie einige Merkmale, die man sonst nur von Säugetieren kennt: lederartige Haut, mit Mark

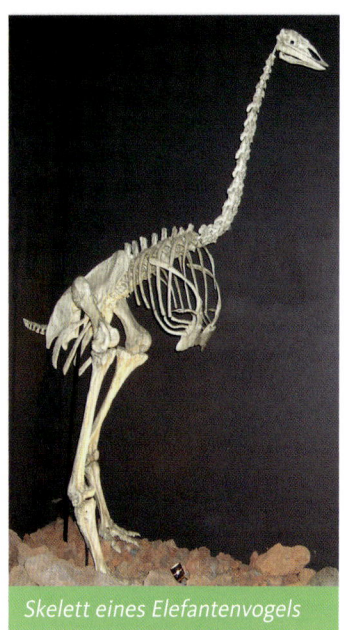

Skelett eines Elefantenvogels

gefüllte Knochen, Krallen an den (verkümmerten) Vorderextremitäten, keinen Schwanz, eine Körpertemperatur von 37 bis 38 Grad (bei anderen Vögeln zwischen 39 und 42 Grad), große Nasenhöhlen, zwei Eierstöcke, fellartige Körperbedeckung und Schnurrhaare, damit die sehschwachen Vögel bei ihren nächtlichen Futtertouren nicht überall anecken. Und sie leben in Erdhöhlen.

Obwohl die Kiwi-Küken nur vier bis fünf Wochen in der Willowbank bleiben, geben die Pfleger den meisten einen Namen. Wenn der neue Nachwuchs per Flugzeug nach Motuara Island in den Marlborough Sounds oder auf eine andere Insel gebracht wird, treffen im Tierpark neue Eier von der Westküste ein.

Bevor die Jungvögel die feindfreie Insel nach Herzenslust erkunden und nach Würmern und Huhu-Käferlarven stochern dürfen, werden sie mit Minisendern ausgestattet. So können sie regelmäßig aufgespürt und vermessen werden. Wenn sie 1,2 Kilo wiegen, sind sie stark genug, um sich mit ihren mächtigen Füßen gegen Hermeline und Possums zu wehren. Dann ist es Zeit für die Rückkehr in die Wälder, aus denen sie einst in die Willowbank entführt wurden. Wenn sie einen Partner fürs Leben finden und sich paaren, werden irgendwann auch ihre Eier aus ihren Nestern um Haast und Okarito verschwinden.

Plötzliche Zweifel an der Herkunft des Kiwi

Im Dezember 2013 schreckte ein Bericht der Society of Avian Paleontology and Evolution (SAPE) die Neuseeländer auf, denn darin steht, ihr Nationalvogel könnte in grauer Vorzeit aus dem unbeliebten nachbarland Australien eingeflogen sein. Noch allerdings fehlten endgültige Beweise in Form von Flügelknochen, um diese Theorie zweifelsfrei zu belegen, sagte SAPE-Präsident Trevor Worthy, ein Paläontologe an der Flinders-Universität von Adelaide in Südaustralien.

Zudem kamen vergleichende DNA-Tests an Laufvögeln zu dem Ergebnis, dass der nächste Verwandte des Kiwi nicht, wie seit zwanzig Jahren angenommen, der australische (!) Emu ist, sondern ein ausgestorbener Gigant auf der westlichen Seite des Indischen Ozeans: der ebenfalls flugunfähige madagassische Elefantenvogel. Überraschenderweise deuten die Untersuchungen darauf hin, dass der Vorfahre der beiden Schwestertaxa fliegen konnte. Unterstützt wird die Annahme durch Skelettmerkmale eines ca. 20 Millionen Jahre alten Fossils von einem kleinen Kiwi-Vorfahren, das vor einigen Jahren auf der Südinsel gefunden wurde – auch wenn die Flügel nicht erhalten sind.

Sollte sich die These bestätigen, müsste die Naturgeschichte der Lauf-vögel vollkommen umgeschrieben werden, denn bisher hatte man angenommen, dass sie sich aus einem bereits flugunfähigen Vorfah-ren entwickelt haben. Nun sieht es so aus, als hätten sie unabhängig voneinander das Fliegen aufgegeben. Das Szenario für die engste Ki-wi-Verwandschaft müsste man sich dementsprechend so vorstellen: Während sich der Kiwi-Vorfahre, nachdem er über die Tasmansee in Neuseeland eingeflogen war, dem konkurrierenden riesigen Moa gegenübersah und deshalb kleinwüchsig im Unterholz abtauchte, konnte sich sein engster, nach Madagaskar geflogener Verwandter ungestört dem Laufen widmen und zu noch gigantischeren Ausma-ßen (2 bis 3 m Höhe, 275 kg) aufschwingen als der Moa.

Unterschiede zwischen Apteryx australis (oben) und A. mantelli (Kopf und Flügel in einer Dar-stellung der Zoological Society, 1850

Kiwi-Arten und ihre Charakteristika

Bis 1980 wurden nur drei Kiwi-Arten geführt: Zwergkiwi oder Klei-ner Fleckenkiwi (Apteryx owenii), Haastkiwi oder Großer Flecken-kiwi (Apteryx haastii) und Streifenkiwi (Apteryx australis; Brown Kiwi), doch nach DNA-Analysen unterteilte man den Streifenkiwi in drei unterschiedliche Spezies: Nördlicher Streifenkiwi (Apteryx mantelli; Brown Kiwi), Südlicher Streifenkiwi (Apteryx australis; To-koeka) und Rowi (Apteryx rowii; Okarito-Streifenkiwi). Allerdings sehen einige Forscher die drei Streifenkiwi-Arten weiterhin als Un-terarten ein und derselben Spezies an.

Der Nördliche Streifenkiwi weist wiederum vier geographische, genetisch unterschiedliche Varietäten auf: Northland, Coroman-del, West und Ost. Von ihm gibt es noch rund 25.000 Exemplare, Tendenz fallend – außer auf Coromandel, wo die Population dank intensiver Jagd auf natürliche Feinde und der Etablierung des abge-riegelten Moehau Kiwi Sanctuary am Nordzipfel der Halbinsel stetig wächst. Dort überleben im Schnitt 67 Prozent der Küken – im Ge-gensatz zu den traurigen 5 Prozent in unkontrollierten Gebieten.

Der Südliche Streifenkiwi (Tokoeka) wurde in vier regionale Grup-pen untergliedert: Haast, Nord-Fiordland, Süd-Fiordland und Stewart Island. (Für Letzteren existiert auch der lateinische Name *Apteryx lawryi*.)

Von Rowi gibt es keine regionalen Varietäten.

Gemeinsame Merkmale der Streifenkiwis: 40 cm groß, 2,2 kg (Männchen) bzw. 2,8 kg (Weibchen) schwer, leicht struppig wirken-des Gefieder in warmem Dunkelbraun-Rotbraun-Ton, bleistift-lan-

Zwergkiwi, Apteryx owenii

ger elfenbeinfarbener Schnabel. Vom Streifenkiwi gibt es noch rund 25.000 Exemplare auf der Nordinsel.

Die anderen deutlich unterscheidbaren Arten sind der Zwergkiwi (*Apteryx owenii*), der auf einigen Inseln und in Zealandia (Wellington) vorkommt, sowie der Haastkiwi (*A. haastii*; Roroa) auf der nördlichen Südinsel. Diese Spezies heißen auf Englisch Little Spotted Kiwi und Great Spotted Kiwi. Wie der Rowi weisen diese beiden Arten keine regionalen Variationen auf.

Haastkiwi (*A. haastii*; Great Spotted Kiwi; Roroa): mit 45 cm die größte und schwerste Art (Männchen 2,4 kg, Weibchen 3,3 kg), Gefieder helles Graubraun, das gescheckt oder horizontal gestreift aussieht (auffälligere Streifen als beim Brown Kiwi, der auf Deutsch sinnigerweise Streifenkiwi heißt); dunkelbraune Beine und Klauen, massiver elfenbeinfarbener Schnabel, der kürzer ist als bei anderen Arten. Er wirkt auch nicht so rundlich, und wenn er rennt, wirkt sein Hals sehr lang und dünn. Größte Populationen in der Region Nordwest-Nelson, den Paparoa Ranges, Arthur's Pass und Lake Sumner.

Zwergkiwi (*A. owenii*; Little Spotted Kiwi; Kiwi-pukupuku): mit 30 cm und 1150 bzw. 1325 g die kleineste und leichteste Art, ähnlich horizontal gestreift wie der Haastkiwi, mit weißen Federhaaren, Beine und Klauen aber blassbraun; hat den hellsten und schnellsten Ruf aller Kiwi-Arten. Größte Population (ca. 1000) auf Kapiti Island, außerdem auf einigen kleineren Inseln, inklusive Tiritiri Matangi, sowie Zealandia, dem einstigen Karori Wildlife Sanctuary in Wellington.

Ernährung

Kiwis waren vor der Ankunft der eingeschleppten Säugetiere wie geschaffen für die Natur Neuseelands. Sie sind nicht wählerisch in punkto Ernährung. Ihr Lieblingsfutter sind Huhu-Käferlarven, Würmer und andere Wirbellose, aber sie fressen auch Beeren, Samen und Blätter von Totara, Hinau, Miro, Coprosma und Braunwurzgewächsen (Hebe). Der Streifenkiwi verschlingt sogar Baumpilze, Frösche, Flusskrebse und Aale. Da ihre Nahrung wasserreich ist, benötigen sie wenig zusätzliche Flüssigkeit, so dass sie auch in trockenen Gegenden überleben können.

Achtung, wandernde Kiwis! Warnschild an der Lee Bay, Stewart Island

Zahlen

Vor 100 Jahren stapften noch zig Millionen Kiwis durch Neuseelands Wälder. Vor 80 Jahren waren es noch 5 Millionen. Davon sind höchstens rund 70.000 übriggeblieben. Allein zwischen 2000 und 2011 sank die Zahl um rund 16.000.

Selbst wenn jedes Jahr „nur" 1.400 dieser Vögel natürlichen Feinden zum Opfer fallen oder eines natürlichen Todes sterben, das entspricht einem Populationsrückgang um zwei Prozent, dann ist die Zahl noch immer höher als die jährliche Rate von überlebenden Küken. Da kann sich jeder selbst ausrechnen, wie lange es in freier Wildbahn noch Kiwis gibt. Um sie vor dem Aussterben zu bewahren, müssen 15 Prozent der Küken überleben. 20 Prozent der von Kiwis bevölkerten Wälder stehen unter dem Management von DOC.

Kiwi-Schutzgebiete (Kiwi Sanctuaries)

Das Management der Sanctuaries auf der Nordinsel unterscheidet sich dramatisch von dem der Südinsel-Areale, in denen das Überleben des Kiwis mit der „Operation Nest Egg" gesichert werden soll. Im Norden werden natürliche Feinde so intensiv kontrolliert, dass die Eier in den Nestern und die Küken im Wald bleiben können und trotzdem keine Beute von Hermelin und Co. werden. Das Department of Conservation betreibt diese Variante des Schutzes von gefährdeten Tierarten seit dem Jahr 2000. Zu den angewandten Methoden gehört auch die umstrittene Verteilung von Ködern mit dem Gift 1080. Eine ganz entscheidende Rolle spielt der Einsatz von privaten Landbesitzern und unzähligen Gruppen von engagierten Einheimischen, die unter anderem Fallen stellen und leeren.

Fünf solcher „Mainland Sanctuaries", die im Gegensatz zu den berühmten „Mainland Islands" (siehe Kapitel Naturschutz und Umweltwandel) nicht eingezäunt sind, gibt es auf den beiden Hauptinseln. Studien in und um Whangarei in Northland haben gezeigt, dass im überwachten Kiwi Sanctuary 50 bis 60 Prozent der Küken die ersten sechs Monate überleben, während außerhalb des Terrains lediglich elf Prozent des Nachwuchses durchkommen. Obwohl Streifenkiwis 40 bis 65 Jahre alt werden können, liegt die durchschnittliche Lebenserwartung hier nur bei 14 Jahren. Dafür sind, wie Autopsien an getöteten Vögeln gezeigt haben, hauptsächlich Hunde verantwortlich. Daher stehen Hundeschulen hoch im Kurs, in denen die Vierbeiner lernen, Kiwis und ihre Nester zu ignorieren.

Wo kann man Kiwis sehen?

Wer unverschämtes Glück hat, dem läuft im Unterholz auf Stewart Island oder Ulva Island mitten am Tag ein spätheimkehrender Kiwi über den Waldweg. In kiwi-reichen Gegenden gibt es geführte Nachttouren, um den in der Dunkelheit aktiven Vögeln auf die Spur zu kommen, vor allem in Northland (Trounson Kauri Park, Kerikeri, Warkworth, Whangarei), auf Stewart Island, in den Catlins, im Orokonui Ecosanctuary bei Dunedin, in Okarito an der Westküste der Südinsel, auf Kapiti Island und in Zealandia in Wellington. Die Website www.kiwisforkiwi.org hat einige Anbieter aufgelistet und verlinkt.

Aber auch an anderen Orten finden sich immer wieder Gruppen zusammen, die nachts in den Wald ziehen und ihr Glück versuchen, ob nun in Arthur's Pass oder auf der Coromandel-Halbinsel, wo sich viele Freiwillige dem Wohl der skurrilen Vögel verschrieben haben. Auch wenn eine Tour ohne Sichtkontakt bleibt, so sind Kiwis meistens gut zu hören – am wahrscheinlichsten in den ersten beiden Stunden nach Einbruch der Dunkelheit. Sie stoßen 10 bis 15 Mal den immer gleichen Laut aus; der Ruf des Männchens ist heller als der des Weibchens.

Die größte Sicherheit, einen Blick auf einen Kiwi zu erhaschen, hat man natürlich in einem der zahlreichen Nachthäuser der Zoos und Wildparks. Daran herrscht in Neuseeland kein Mangel; in einigen Zentren der „Operation Nest Egg" kann man während der Brut- und Aufzuchtzeit gegen einen happigen Aufpreis auch einen Blick hinter die Kulissen werfen. Während die Vögel fast überall hinter Glas zu sehen sind, kann man sie in der Willowbank in Christchurch unter ziemlich natürlichen Bedingungen erleben, denn dort trennt nur ein niedriger Zaun Mensch und Tier. Wenn man sich ruhig verhält und einfach lauscht, kann man die Kiwis orten, denn sie prusten sich die Nasenlöcher frei, wenn sie in der Erde wühlen.

Kiwis in Gefangenschaft (von Nord nach Süd):

Whangarei: Kiwi North
Auckland: Zoo
Rotorua: Kiwi Encounter (Rainbow Springs) und Te Puia
Otorohanga: Kiwi House and Native Bird Park
Napier: The National Aquarium of New Zealand
Pukaha/Mount Bruce (nördlich von Masterton): National Wildlife Centre
Waikanae: Nga Manu Nature Reserve
Wellington: Zoo
Christchurch: The Willowbank Wildlife Reserve und Orana Wildlife Park
Hokitika: National Kiwi Centre
Franz Josef: West Coast Wildlife Centre
Queenstown: Kiwi Birdlife Park

(Änderungen sind jederzeit möglich)

Dank des Erfolgs des Moehau-Schutzgebiets, wo Küken sogar eine Überlebensrate von 67 Prozent haben, verdoppelte sich die Zahl der Kiwis auf der Coromandel-Halbinsel innerhalb von neun Jahren bis 2012. Jährlich wächst die Population um elf Prozent.

Im Tongariro Kiwi Sanctuary im Zentrum der Nordinsel haben seit 2003 nur Jagdhunde Zutritt, die einen Kiwi-Vermeidungskurs absolviert haben. Untrainierte Hunde sind verboten. Hier wird eine verkürzte Variante der „Operation Nest Egg" angewandt. Zwar werden die Eier aus den Nestern genommen, aber die Küken werden nicht erst nach 180 Tagen von Rainbow Springs in Rotorua zurückgebracht, sondern schon nach zwei Wochen – eine Maßnahme, die natürlich auch Kosten sparen soll. Das erste Küken, das 1997 im Tongariro Forest freigelassen wurde, wurde im August 2010 tot aufgefunden, vermutlich von Frettchen totgebissen.

Die Schutzgebiete auf der Südinsel sind der Okarito Sanctuary, in dem das „Project Rowi" läuft, und eine Gegend 25 Kilometer südlich von Haast. Diese beiden Areale werden nahezu vollständig mit der „Operation Nest Egg" gemanagt. Eine wichtige Rolle spielen hier DOC-Ranger und ihre Hunde, die trainiert sind, Kiwis und ihre Höhlen zwar aufzuspüren, aber nicht anzugreifen.

Kakapo: Der seltsamste Papagei der Welt

Bei Nacht rennt er auf seinen stämmigen Beinen kilometerweit durch die Wälder und klettert auf Bäume. Er hat Schnurrhaare wie eine Katze, ein Gesicht wie eine Eule, riecht nach Blumen und Honig. Ach ja, und er hat Flügel, mit denen er nicht fliegen kann. Der Kakapo (*Strigops habroptilus*), der nur in Neuseeland vorkommt, ist ein seltsamer Vogel: der einzige nachtaktive und flugunfähige Papagei der Welt, der schwerste und der seltenste. So selten, dass jedes der leuchtend moosgrün-gelben Tiere einen Namen hat.

Bis zum Ende der Brutsaison (Dezember bis April) im Jahr 2008 bewegte sich die Zahl der Kakapos noch im zweistelligen Bereich (92), ehe sie im Rekordjahr 2009 auf 125 stieg. Solche Statistiken sind der Naturschutzbehörde DOC (Department of Conservation) und der Regierung einige Freudensprünge wert, da die Kakapos nur alle paar Jahre brüten. 2010 war Funkstille. 2011 brachte sechs Neuzugänge und die Gesamtzahl auf 131. Aufgrund diverser Todesfälle wurden im März 2012 nur noch 126 Kakapos registriert. Diese Zahl stieg wieder auf 154, weil in der Saison 2015/16 sagenhafte 32 Küken überlebten.

Auch das ist eine jener Seltsamkeiten im Leben dieser sanftmütig dreinblickenden Schwergewichte – ein Männchen kann vier, ein Weibchen zweieinhalb Kilo wiegen: Sie paaren sich nur in so genannten Mastjahren, wenn die rot blühenden Rata-Bäume viele Früchte tragen. 2002 war ein Rekordjahr mit 24 geschlüpften Küken. 2005 wurden nur vier Eier erfolgreich ausgebrütet. Danach hieß es wieder drei Jahre warten, bis die Kakapo-Männchen im Dezember 2007 zu balzen begannen wie die Weltmeister. (Sieben der acht Küken, die 2008 schlüpften, überlebten.)

Zur Brautwerbung begeben sich die Kakapos auf Felsvorsprünge, Berggipfel und -kämme. Sie graben zahlreiche Kuhlen und ein Netzwerk von Verbindungspfaden. In dieser Balzarena – einer Show-Bühne gleich – plustern sie sich auf und füllen ihre Brustkörbe fast bis zum Platzen mit Luft, bis sie aussehen wie ein mit Federn beklebter Ballon. Jede Nacht stoßen sie unablässig Grunzlaute aus, die kilometerweit zu hören sind. Wenn sich ein Weibchen angezogen fühlt, wandert es die ganze Strecke durchs Unterholz und wird mit einem Tanzritual empfangen. Nach der Paarung zieht sich das Weibchen zum Eierlegen zurück, das Männchen balzt, grunzt und tanzt zwei bis drei Monate weiter und verliert in dieser Zeit die Hälfte seines Körpergewichts. Viel Aufwand für ziemlich wenig Nachwuchs.

Aber ohne den Einsatz der Naturschutzbehörde wäre der Kakapo – der Name bedeutet Nachtpapagei, der wissenschaftliche Name: weichgefiedertes Eulengesicht – längst ausgestorben. Er kann nur auf kleinen Inseln überleben, auf denen es keine Säugetiere gibt, die ihm nachstellen. Die größten Anstrengungen, den Kakapo zu retten, un-

Die Kakapos lieben Beeren, aber sie fressen auch Samen, Blätter, Zweige und Wurzeln

ternimmt das DOC auf Codfish Island (Whenua Hou), das Stewart Island vorgelagert ist. Aber eine immer größere Zahl der Tiere wird nun auch nach Anchor Island in Fiordland umgesiedelt. Das DOC baut nicht nur auf natürliche Paarung, sondern nimmt auch künstliche Befruchtungen vor.

Von Zusatzfütterungen abgesehen, genießen die Federtiere Service rund um die Uhr. Freiwillige campieren in Zelten in der Nähe der Nester. Sobald das Weibchen – meistens mitten in der Nacht – das Gelege verlässt, um auf Futtersuche zu gehen, löst eine Infrarot-Schranke Alarm im Zelt aus. Sofort wird eine Miniheizdecke auf die Eier oder die Küken gelegt, damit sie nicht auskühlen. In freier Wildbahn wären solche Ausflüge tödlich, denn die nach der menschlichen Besiedlung eingeschleppten Säugetiere – Frettchen, Hermeline, Mauswiesel, Ratten, verwilderte Hauskatzen – würden nicht nur die Nester leerräumen, sondern auch den erwachsenen Kakapos den Garaus machen.

Der einzige Abwehrmechanismus, den die Vögel kennen, stammt aus der Zeit, als ihnen Gefahr nur aus der Luft drohte, durch eine mittlerweile ausgestorbene Adler-Art. Die Kakapos, die möglicherweise 90 Jahre alt werden können, erstarren und verlassen sich auf ihre Tarnfarben. Selbst wenn heutzutage noch ein Feind darauf hereinfiele, würde sie ihr starker parfümgleicher Duft verraten.

Als die Maori vor 800 bis 1.000 Jahren aus dem Südpazifik das „Land der langen weißen Wolke" besiedelten, hüpften noch Millionen Kakapos von Ast zu Ast. Danach kamen sie vom Baum direkt in den Kochtopf. Aus ihren plüschigen Federn fertigten die Maori Capes. Auch die europäischen Einwanderer verschmähten das Papageienfleisch nicht, und ihre Haustiere richteten die Bestände der neugierigen, aber einzelgängerischen Tiere zugrunde.

Das Programm zur Rettung der Kakapos begann 1989. Trotzdem gab es 1995 nur noch 50 Exemplare. Ein Küken namens Hoki war 1992 das erste Tier, das im Zoo von Auckland von Hand großgezogen wurde, weil es in seiner natürlichen Umgebung verhungert wäre. Die kritischsten Jahre sind die, in denen es viele Rata-Früchte gibt, diese dann jedoch nicht reifen und als Nahrungsquelle ausfallen, so wie 2008, als die sieben auf Codfish Island geborenen Küken in eine Aufzuchtstation nach Nelson, in den warmen Norden der Südinsel, geflogen werden mussten. Auch das sind Erfolgsgeschichten, die ohne den unermüdlichen Einsatz der DOC-Ranger und freiwilligen Helfer nicht möglich wären.

Promi-Kakapo Sirocco

Sirocco ist der Superstar der Kakapos, erst recht, seit er während der Dreharbeiten für eine Dokumentation mit dem britischen Schauspieler Stephen Fry dem Zoologen Mark Carwardine auf die Schulter hüpfte und dort mit wildem Flügelschlag eindeutige Paarungsversuche unternahm. Bis April 2017 hatten mehr als 7,2 Millionen Menschen das lustige Video auf YouTube angeschaut. Der Papagei hat seine eigene Facebook-Seite (mit über 211.000 Fans, Stand Mai 2017) und ging als Vorzeige-Vogel auf Tournee, um die Menschen zu Spenden zur Rettung der Art zu animieren. Er reiste in einem Spezialkäfig mit Panoramafenster und bekam im Flugzeug einen eigenen Sitz.

Sirocco, der Superstar unter den Kakapos

Da der 1997 geborene Sirocco aufgrund einer Atemwegsinfektion in früher Kindheit von Hand aufgezogen wurde, hatte er nach seiner Genesung keine Lust auf die Gesellschaft seiner Artgenossen, sondern gab Menschen den Vorzug. Das machte ihn zum perfekten PR-Agenten in eigener Sache. Für seine Auftritte im ganzen Land buchten Sirocco-Fans Tickets wie für ein Popkonzert. Doch egal, wohin der Promi-Papagei auch reiste: Sein Wohlbefinden und seine Gesundheit hatten absolute Priorität. Klar, dass er stets einen persönlichen Assistenten an seiner Seite hatte. Wie ein Superstar eben.

Zurück auf seiner Insel, verschwand Sirocco im März 2017 jedoch von der Bildfläche und konnte nicht mehr geortet werden, weil sein Minisender ausfiel. So feierte er seinen 20. Geburtstag unauffindbar irgendwo im Unterholz.

Keas, die Spaßvögel Neuseelands

Ihr Ruf eilt ihnen voraus – im doppelten Sinne. Im Anflug kreischen sie „Keeeaaa!" Der Ruf, von dem ihr Name herrührt: Kea. Die meisten Menschen finden die Gebirgspapageien Neuseelands, die als einzige Papageien hoch über der Baumgrenze in alpinem Terrain zu Hause sind und sich im Schnee und auf Gletschern vergnügen, zum Kullern komisch. Es sei denn, sie leben in der Nähe dieser einzigartigen Spaßvögel und sind ihren Scherzen dauerhaft ausgesetzt. Oder sie haben, was Touristen gelegentlich passiert, ihr Zelt nach einer Party der olivgrünen Vögel mit den leuchtend orangefarbenen Flügelunterseiten nur noch in Fetzen vorgefunden.

Es gibt kaum gescheitere, neugierigere und verrücktere Vögel auf

der Welt als Keas, auf Lateinisch: *Nestor notabilis*. Die bis zu 50 Zentimeter großen Tiere, die nur auf der Südinsel vorkommen, klappern Park- und Campingplätze nach kalorienreichen Happen ab, um die mühsame Futtersuche in den Wäldern nach Beeren, Wurzeln und Insektenlarven abzukürzen, und die verbliebene Zeit nutzen sie, um ihre Neugier zu stillen und ihren Spieltrieb zu befriedigen.

Alles, was glänzt, zieht sie ebenso magisch an wie Gummi. Geldstücke, Schmuck, Reißverschlüsse, Fotoobjektive, Scheibenwischer, Schuhsohlen, Autoreifen. Wer seinen Wagen im Kea-Revier längere Zeit unbeaufsichtigt stehen lässt, muss damit rechnen, dass nach ein, zwei Tagen die Wischerblätter oder sämtliche Dichtungen fehlen. Das ist schon einigen Forscher- und Filmteams passiert, die im Gebirge das skurrile Verhalten der Purzelbaum schlagenden Papageien studierten.

Diese Zerstörungswut, von der meist nur einige jugendliche Flegel befallen sind, hat vor einigen Jahren die Organisatoren einer Oldtimer-Rallye auf den Plan gerufen. Zum 100. Geburtstag der ersten Autofahrt von Timaru zum Mount Cook Village, am Fuße des höchsten Bergs Neuseelands, machten sich 150 chromblitzende Gefährte, darunter ein original De Dion Bouton von 1906, auf den zweitägigen Weg in die Südalpen. Ein gefundenes Fressen für die Keas, fürchteten die Rallye-Veranstalter, die von „gefiederten Terroristen" sprachen. Flugs engagierten sie den Mount-Cook-Karateklub zum Schutz der wertvollen Fahrzeuge. Die glänzten ja nicht nur. Viele hatten kein Dach, und wenn, dann oft nur Stoffverdecke. Da lässt sich ein angriffslustiger Vogel nicht zwei Mal bitten.

Aber, um Missverständnisse von vornherein zu vermeiden: Die Kampfkünstler sollten den Keas nicht mit Handkantenschlägen den Garaus machen, sondern die Papageien vertreiben, wenn sie den Oldtimern zu nahe kamen. Andernfalls hätten sich die Karateka mächtigen Ärger eingehandelt, denn die Tiere stehen unter Naturschutz. Deshalb hatten die Keas, deren Gekrächze sich beim Schabernack-Treiben wie ein lustiges Kichern anhört, gut lachen. Im Gegensatz zu den Oldtimer-Besitzern. Die bibberten und waren froh, als ihre Autos wieder unversehrt in den heimischen Garagen standen.

Ein Kea inspiziert einen Bus, Arthur's Pass

Im Februar 2013 schaffte es ein Kea gar in die Polizeinachrichten und Zeitungen. Der Grund: Während ein nicht sonderlich gut informierter schottischer Tourist erst einen ihm unbekannten großen Vogel fotografierte und sich dann der alpinen Szenerie widmete, schlich sich der zuvor abgelichtete Kea durch die heruntergedrehte Scheibe in den Campervan des Besuchers und flog mit einem mit umgerechnet 700 Euro gefüllten Brustbeutel davon. Zwar konnte der schottische Tourist ein Täterfoto liefern, aber sein Geld blieb verschwunden.

Überhaupt Arthur's Pass. Dieser kleine Gebirgsort scheint die Hauptstadt der Keas zu sein. Kein Wunder. Lassen Reisende dort doch so ziemlich alles stehen und liegen oder werfen weg, was Keas mögen. Pommes frites, Kekse, Kartoffelchips, Nüsse, Obst. Manche Keas schaffen es sogar, Mülleimerdeckel zu öffnen. Und sie setzen sich auch gerne als ungebetene Gäste auf Picknick- oder Café-Tische, hopsen mit ihren typischen Seitwärts-Schritten in die Nähe belegter Brote, packen sie notfalls auch selbst aus, stecken ihre Schnäbel in Cappuccino-Schaum und rücken Menschen auf die Pelle, die sich mit einer Eiscremetüte ins Freie setzen.

Den wenigsten Besuchern fällt auf, dass in Arthur's Pass auf vielen Blumenkästen ein Maschendrahtkäfig sitzt, denn wenn ein Kea gerade nichts Besseres zu tun hat, reißt er die frisch gepflanzten Geranien aus der Erde und wirft sie auf den Boden. An Parkplätzen der „Great Walks" in Fjordland hüllen erfahrene – oder leidgeprüfte – Wanderer ihre Fahrzeuge in dicke Plastikplanen.

Damit ist der Stress jedoch nicht zu Ende, denn wer seine Bergstiefel vor einer Hüttentür lüftet, wird gelegentlich in aller Herrgottsfrühe mit lautem Getöse geweckt: dann nämlich, wenn ein Kea die Stiefel aufs Blechdach plumpsen lässt. Was natürlich das geringere Übel ist, wenn man bedenkt, dass solche unersetzlichen Schuhe auch schon über dem See vor einer Hütte abgeworfen worden sind.

All diese Beispiele erwecken den Eindruck, dass der Kea eine weit verbreitete Spezies sei. Das Gegenteil ist der Fall. Lediglich 1.000 bis 5.000 Exemplare soll es auf der Südinsel geben. „Die Leute denken, es gebe viele Keas, weil die Keas überall auftauchen, wo Leute sind", sagt Dr. Lorne Roberts vom Kea Conservation Trust, einer Stiftung, die sich seit 2006 intensiv um das Überleben der einzigartigen Vögel kümmert. „Vielleicht aber sind das alle Keas, die es in Neuseeland gibt."

Erst seit 1986 stehen die Papageien unter Naturschutz. Bis dahin knallten vor allem Farmer, die Neuseeland – dieses Eindrucks kann man sich manchmal nicht erwehren – am liebsten baum- und vogelfrei hätten, um die 150.000 Keas ab. Grund für den Hass sind die win-

258

terlichen Fressorgien einiger dieser Gebirgspapageien, die sich in der kalten Jahreszeit auf Schafe setzen und ihnen in die Nierengegend hacken. Dort haben die Schafe beträchtliche Fettreserven, die den Hunger der Vögel schnell stillen. An den Verletzungen sterben die Schafe nicht, aber an den folgenden Infektionen der Wunden.

Die Keas haben sich die Besiedlung des Landes durch Menschen zunutze gemacht und ihre Nahrungspalette erweitert. Aber auch sonst sind sie nicht wählerisch. Sie fressen so ziemlich alles, was ihnen vor die Schnäbel kommt: Beeren, Blüten, Pflanzensamen, Wurzeln, die Küken anderer Vogelarten, Echsen und Insekten. In Zoos und Wildparks bekommen sie Obst und Gemüse vorgesetzt. Die Gier auf industriell verarbeitete Lebensmittel und Fast Food ist gefährlich für den Fortbestand der Spezies: Zum einen verlernen sie die natürliche Futtersuche, zum anderen sind schon zahlreiche Keas ums Leben gekommen, wenn sie auf der Straße Essensreste knabberten und dabei von Autos überfahren wurden. Aus diesem Grund sollte man es sich unbedingt verkneifen, Keas zu füttern.

Den Vögeln, die Dr. Roberts für „intelligenter als Menschenaffen" hält, drohen jedoch noch weitaus mehr Gefahren, von Vogelkrankheiten über illegalen Handel bis hin zum Klimawandel. Und immer wieder werden sie Opfer ihrer Neugier. So wurden bei vielen Keas Bleivergiftungen festgestellt, weil sie versuchen, bleihaltige Nägel aus Hüttendächern zu ziehen; diese werden in den Nationalparks seit einiger Zeit nach und nach ersetzt. Dann stehen die Papageien der Bedrohung durch eingeführte Schädlinge, insbesondere Possums und Marder, trotz ihrer Größe, Kraft und Intelligenz überraschenderweise ziemlich hilflos gegenüber.

Der Kea Conservation Trust und Forschergruppen der Universität von Canterbury gehen davon aus, dass 80 Prozent der Kea-Küken nicht überleben, weil sie von diesen Räubern im Wald gefressen werden. Wo Nester mit Kameras überwacht werden, sagt Roberts, „starren überall Possums und Marder in die Linse, und wo diese Feinde vorkommen, gibt's keinen Kea-Nachwuchs".

Fallen sind problematisch, weil die Papageien sie untersuchen und dabei getötet werden. Und die höchst umstrittene und grausame Bekämpfung der unerwünschten Säugetiere mit dem Gift 1080 (Natriumfluoracetat, auch: Natriummonofluoracetat) ist auch für die Keas oft tödlich. Im Jahr 2009 starb ein Drittel der Kea-Population an der Westküste nach dem Abwurf von 1080.

Keas zählen zu den intelligentesten Tieren überhaupt

Nun galt es, den Keas beizubringen, dass der Genuss der Giftköder sie krank macht: Vor dem Abwurf der Giftköder werden ähnlich aussehende Pellets in die Wälder gestreut, die stinken und lediglich ein Unwohlsein hervorrufen. „Wir erwarten einen starken Rückgang von Kea-Todesfällen in Gebieten, wo 1080 eingesetzt wird", sagt Dr. Roberts. Dies beantwortet jedoch nicht die Frage, ob im Kampf gegen Säugetiere, die Wälder zerstören und Vogelbestände dezimieren, jedes Mittel moralisch akzeptabel ist, denn 1080 führt zu einem grausamen, langsamen Tod und bringt auch sämtliche anderen Tiere auf barbarische Weise um, die daran naschen, vom Jagdhund übers Reh bis hin zum Schwan.

Kaka (Waldpapagei)

Der Kaka ist unverkennbar mit dem Kea verwandt, aber er ist längst nicht so wuchtig wie der Kea. Bei ungefähr gleicher Größe (ca. 45 cm) wiegen männliche Keas bis zu einem Kilo, während Kaka-Männchen mit 400 bis 525 g nicht einmal halb so schwer sind. Kea und Kaka sind die einzigen Nestorpapageien-Arten auf der Welt. Vermutlich gibt es nur noch rund 10.000 Exemplare dieser gefährdeten Spezies, deren Zahl aufgrund der Rodung und des angeblich nachhaltigen und verantwortungsbewussten Abholzens von Südbuchen- und Mischwäldern extrem gesunken ist.

Das Gefieder der Kakas ist fast auf dem ganzen Rücken dunkelbraun und auf dem Bauch und den Flügelunterseiten leuchtend rotbraun. Stirn und Oberkopf sind grau-weiß, bei Südinsel-Exemplaren fast weiß, die Wangen dunkelgelb. Der Kaka kommt im Gegensatz zum Kea sowohl auf der Nord- (*Nestor meridionalis septentrionalis*) als auch auf der Südinsel (*Nestor meridionalis meridionalis*) vor, mit eindeutig stärkerer Verbreitung im Norden. Die dichtesten Populationen sind in den Wäldern der Coromandel-Halbinsel bis hinunter in die Region Wairarapa zu finden. Auf der zentralen Nordinsel sind der Pureora und Whirinaki Forest die Heimat von zahlreichen Kaka.

Die bekannteste Kaka-Region der Südinsel ist der Nelson Lakes National Park und dort ganz speziell die mit vielen Possumfallen bestückte St. Arnaud Range, wo man die Kaka oft dabei beobachten kann, wie sie Rinde von Bäumen schälen und auf den Boden plumpsen lassen, um zu den darunter verborgenen Larven diverser Käferarten vorzu-

Ein Kaka im Karori Wildlife Sanctuary

stoßen und sich am Saft von Buchen, Totara und Rata zu laben. Ansonsten ernähren sich die Papageien hauptsächlich von Samen und Früchten. Sie sind auch versessen auf den Honigtau an Südbuchen-Stämmen sowie auf den Nektar von Flachs- und Pohutukawa-Blüten. Wie andere Vogelarten leiden sie unter dem Konkurrenzkampf um Futter mit Possums und Wespen sowie unter der Verfolgung durch Raubtiere wie Hermelin und Frettchen. Ganz besonders dort, wo Hermeline ausgerottet worden sind wie auf Kapiti Island, hat der Kaka die besten Überlebenschancen.

Auf Stewart Island fliegen einem Kakas förmlich um die Ohren, ganz besonders im Hauptort Oban, wo sie es sich gerne auf dem Dach des Supermarkts gemütlich machen.

In großer Zahl halten sich die Papageien auf feindfreien Inseln sowie in und in der Nähe von eingezäunten Schutzgebieten auf, wo feste Fütterungszeiten dazu führen, dass Dutzende Kakas aus sämtlichen Richtungen pünktlich einfliegen. Auch Futterstationen sind gute Beobachtungspunkte. Solche Gebiete sind Mount Bruce nördlich von Masterton, Zealandia in Wellington und der Orokonui Ecosanctuary bei Dunedin sowie Kapiti Island und Matiu/Somes Island im Wellington

Destruktive Futtersuche: Dieser Kaka schält die Rinde vom Baum, um an Käferlarven zu gelangen, Nelson Lakes National Park

Harbour. Von diesen Schutzzonen weiten die Vögel ihr Verbreitungsgebiet aus und sind in freier Wildbahn deshalb am häufigsten in der Umgebung von solchen Archen zu finden. Insel-Hochburgen der Kakas sind auch die Hen and Chicken Islands, Little Barrier Island, Kapiti Island, Ulva Island and Codfish Island (letztere beide bei Stewart Island), außerdem Great Barrier und Mayor Island (Bay of Plenty).

Meistens hört man Kakas, bevor man sie sieht. Rhythmische „Ka-aa"-Rufe begleiten ihren Flug über die Wälder. Wenn Gefahr droht, kreischen sie: „Kraak!" Die Website http://nzbirdsonline.org.nz/species/kaka listet eine ganze Litanei unterschiedlicher Kaka-Rufe in Wort und Ton auf.

Kakariki (Laufsittiche)

Kakariki ist das Maori-Wort für grün – und genau das ist die Gefiederfarbe dieser Papageien, die zur Gattung der Laufsittiche gehören. Auf den neuseeländischen Hauptinseln einschließlich der kleineren benachbarten Inseln sind drei eng miteinander verwandte Arten heimisch, die sich hauptsächlich durch einen bunten Klecks über dem Schnabelansatz unterscheiden. Daher rühren auch ihre englischen Namen Red-crowned parakeet (*Cyanoramphus novaezelandiae*, Ziegensittich), Yellow-crowned parakeet (*Cyanoramphus auriceps*, Springsittich) und Orange-fronted parakeet (*Cyanoramphus malherbi*), der einen schmalen orangefarbenen Streifen zwischen Schnabel und dem gelben Stirnfleck aufweist. Die Kakarikis sind 25 bis 28 cm groß und wiegen 70 bis 80 g. Der Springsittich ist etwas kleiner und leichter als der Ziegensittich.

Vor der Ankunft der Europäer kamen diese Vögel in großer Zahl vor. Das änderte sich schlagartig, weil die in offenen Graslandschaften und Wäldern lebenden Ziegensittiche Obstplantagen plünderten und die in Wäldern heimischen Springsittiche über Getreidefelder herfielen. Deshalb schossen die Getreidefarmer zigtausende dieser Papageien ab und Obstbauern vergifteten sie. Die zusätzliche Zerstörung der Wälder sowie die Invasion von Mardern, Ratten und Katzen trieb sie an den Rand der Ausrottung.

Heute findet man den Ziegensittich fast ausschließlich auf feindfreien Inseln, besonders auf Tiritiri Matangi und Matiu/Somes Island leben die Vögel in großen Scharen. Der Springsittich kommt auch auf

Der Ziegensittich nimmt auch gerne mal ein Bad

den Hauptinseln vor. Kakariki sind leicht zu züchten, aber dies ist nur mit Genehmigung des Departments of Conservation (DOC) erlaubt.

Auf den Antipodes Islands gibt es noch den ähnlichen Einfarblaufsittich. Er ist ein bisschen größer als der größte Kakariki (32 cm, 130 g), sein grünes Gefieder ist etwas gelblicher als jenes des Kakariki und er hat keinen Farbklecks auf der Stirn.

Außer Kakapo, Kea, Kaka und Kakariki sind alle anderen Papageien-Arten in Neuseeland eingeführt, meistens aus Australien, wie der Rosellasittich (*Platycercus eximius*; Eastern Rosella) und der Allfarblori (*Trichoglossus haematodus*; Rainbow Lorikeet) oder Gebirgslori (*T.h. moluccanus*).

Vögel, groß und klein

Wonnige Winzlinge

So, wie die Deutschen ihre Blaumeisen und Rotkehlchen lieben, so sehr sind den Neuseeländern – und Touristen! – einheimische Winzlinge wie Graurückenbrillenvogel (Silver- oder Waxeye), Graufächerschwanz (Fantail), Langbein- und Maorischnäpper (Tomtit und Ro-

Einen Fantail hört man meist, bevor man ihn sieht

bin) ans Herz gewachsen. Sie sind auch herzallerliebst, selbst wenn sie, wie die Baumbestäubungsstars, die Silvereyes, im Herbst die mühsam am Balkongeländer hochgezogenen Weinreben plündern. (Angesichts der sehr langen deutschen Namen werden in der Folge hauptsächlich die gut verständlichen und hübsch klingenden englischen Begriffe verwendet.)

Es ist unmöglich zu entscheiden, welchem dieser Piepmatze der Titel des putzigsten von allen gebührt. Mit ihrem natürlichen Verhalten erfreuen und erheitern sie die traurigsten Gemüter. Auch wenn so mancher Mensch denkt, die Vögel fänden sie besonders sympathisch und flatterten ihnen deshalb um die Beine oder direkt vor die Nase, so benutzen sie die Leute doch nur als Mittel zum Zweck – zum Zweck der leichteren Beschaffung von Futter, so wie der Fantail und der Robin. Oder um nachzuschauen, welcher potenzielle Feind in ihr Revier eingedrungen ist, wie der Tomtit.

Der Akrobat: Grau-/Neuseelandfächerschwanz (Fantail)

Der Fantail ist so bezaubernd, weil er, wie der deutsche Name verheißt, tatsächlich einen spektakulären Schwanz hat, den er auf- und zufächern kann wie das Requisit, mit dem Japaner einen Luftzug zur Kühlung ihrer Gesichter erzeugen. Mit Hilfe dieses riesigen weißen oder weiß geränderten dunklen Fächerschwanzes, dessen zentrale Federn schwarz sind, können die Fantails akrobatische Luftnummern vollführen und bei der Jagd nach Insekten in der Luft tanzen oder stehen bleiben wie ein Kolibri. Sie hüpfen unruhig von Ast zu Ast, tauchen wie Fallschirmspringer ab, wenn sie eine Fliege, Spinne, Motte oder einen Käfer entdecken.

Fantails kommentieren ihre Anwesenheit mit „piep-piep"-Piepsern. Wenn man mit solch einem Doppelpiepser zurückpfeift, erhält man oft eine Antwort und das Vögelchen fliegt herbei, manchmal tatsächlich aus Lust an der Freud, meistens aber, weil es genau weiß, wie hilfreich Menschen sein können, wenn sie sich bewegen. Dann scheuchen sie nämlich Insekten auf – und direkt vor die winzigen, spitzen Schnäbel der Fantails, die darüber hinaus noch putzige weiße „Augenbrauen" in ihren grauen Gesichtern und einen weißen Streifen unter der Kehle haben. Die Flügel sind schwarz, der Rücken ist braun bis grau und der Bauch ockergelb. Es gibt auch komplett schwarze Fantails (= Black Phase).

Als Insektenfresser tun sich diese kleinen Vögel in manchen Gegenden im Winter sehr schwer. Sie bleiben in der kalten Jahreszeit am Morgen länger als üblich in den Bäumen sitzen, bis die Temperaturen

Dank seines Fächerschwanzes kann der Fantail in der Luft tanzen

steigen und damit auch die Insekten aktiv werden. Fantails leben längst nicht nur im Wald, sondern auch auf hohen Nadelbäumen in offener Landschaft und in waldnahen Gärten. Sie machen sogar Ausflüge an den Strand.

Die winzigen Fotomodels: Maorischnäpper (Tomtit)

Ihr extremes Territorialverhalten macht die süßen Tomtits zu den herzigsten und am einfachsten zu fotografierenden Vögelchen überhaupt. Kaum setzt man einen Fuß in ihr Revier, fliegen sie herbei und sitzen einem unvermittelt vor der Nase, mal auf einem Ast, mal am Baumstamm. Im Gegensatz zum dauerpiepsenden Fantail geschieht dies ohne jedes Geräusch. Sie sind einfach da und schauen nach, wer in ihren Lebensraum eingedrungen ist. Sie verharren sekundenlang in derselben Position und gucken, so als wollten sie auch dem langsamsten Fotografen eine Chance auf ein gut komponiertes, scharfes Bild geben. Erst dann hüpfen oder fliegen sie weiter, um sich erneut in Pose zu setzen.

Sind sie ein bisschen weiter entfernt, demonstrieren diese zwergenhaften Vögel, die lediglich 13 cm groß sind und 11 g wiegen, ein erstaunliches Stimmvolumen und trillern aus voller Seele ihre Gesänge durch den Wald. Der Begriff „tirilieren" trifft hier hundertprozentig zu.

Mit ihren großen schwarzen Köpfen und kurzen Schwänzen sehen sie aus wie kleine Federbälle. Kopf und Rücken der Vögel sind schwarz, lediglich die Flügel weisen weiße Streifen auf, und über dem Schnabelansatz befindet sich ein weißer Tupfen. Nord- und Südinsel-Tomtits unterscheiden sich durch die Farbe ihrer scharf abgesetzten hellen Unterseiten. Während Brust und Bauch bei den Nordinsel-Vögeln weiß sind, leuchtet die Brust bei den Südinsel-Piepmatzen gelb bis hellorange. Die Weibchen sind eher braun als schwarz.

Die Art ist nicht gefährdet und fast im ganzen Land zu finden, ganz besonders jedoch in hügeligen Wäldern, und hier vor allem in Südbuchenwäldern und Kanuka-Manuka-Gestrüpp. Ihre Populationen sind zwar nach Ankunft der mörderischen Säugetiere geschrumpft, aber die Tomtits haben sich gut an die neuen Bedingungen angepasst und scheinen ihre Bestände jetzt zu halten.

Der gestelzte Entdeckungsreisende: Langbeinschnäpper (Robin)

Auf ähnliche Weise wie der Graufächerschwanz setzt auch der Langbeinschnäpper (Robin) die Menschen ein. Oft sitzt er urplötzlich aufrecht vor einem auf dem Boden und wartet, dass man sich bewegt, denn wer durch abgefallenes Laub auf Waldwegen marschiert, schreckt am Boden lebende Insekten und andere Wirbellose auf, und dann schnappt der Langbeinschnäpper zu. Die Beine des rund 18 cm großen Vögelchens sind so lang und dünn, dass es fast wie ein Stelzvogel aussieht, und der Körper wirkt, auch aufgrund der aufrechten Haltung, größer, als er tatsächlich ist. Wer mit einem Robin spricht, hat oft einen treuen Begleiter über mehrere hundert Meter. Doch seine Aktivitäten in der Nähe von Menschen enden längst nicht mit der bodennahen Begleitung auf Wanderpfaden. Der extrem zutrauliche Robin ist auch unglaublich neugierig und experimentierfreudig. Sitzt man auf einer Bank, nähert sich der Vogel unauffällig und geht gelegentlich auf Tuchfühlung, setzt sich auf Hüte, Köpfe, Arme, Rucksäcke und Schuhe, auf denen er sich dann ausgiebig mit den Schnürsenkeln beschäftigt. Auch der treue Reisebär der Autorin war schon diversen Annäherungsversuchen und (harmlosen) Attacken von Robins ausgesetzt. Sitzt der Teddy allein auf dem Boden oder einem Felsbrocken, hüpfen ihm Robins auf den Schoß und inspizieren ihn. Von dort geht's weiter auf den Kopf, wo die hervorstehenden Ohren heftigen Beiß- und Pickattacken ausgesetzt sind – als hätte sich darin ein Wurm oder ein Käfer versteckt!

Robins oder Langbeinschnäpper sind unglaublich neugierig und zutraulich

Das Gefieder ist ein dunkles Schiefergrau, das Weibchen ist brauner. Während der Bauch des besonders dunklen Nordinsel-Robins meist nur unterhalb der Brust grau-weiß gefärbt ist, ist jener des Südinsel-Robins deutlich abgesetzt und komplett weiß bis gelblich-weiß.

Obwohl diese Vogelart nicht gefährdet ist, kommt sie seit der Ankunft der Europäer vor allem auf der Nordinsel und dort nur regional begrenzt vor, und zwar von Taranaki bis zur Bay of Plenty und Urewera-Nationalpark. Große Populationen gibt es auf feindfreien Inseln (Kapiti, Little Barrier) sowie – unter anderem – wieder eingeführt in Zealandia (Wellington). Auf der Südinsel kommen sie nördlich des Arthur's-Pass-Nationalparks häufig vor, weiter südlich nur punktuell sowie rund um Dunedin, auch dank der Gründung des Orokonui Ecosanctuarys. Auf Stewart und Ulva Island sind Robins häufig zu sehen.

Eine Erfolgsgeschichte: Schwarzer Rubinvogel (Black Robin)

Dass der schwarze Robin überhaupt noch existiert, ist dem Einsatz eines phantasievollen DOC-Vogelexperten namens Don Merton zu verdanken. Als es 1980 auf den Chatham Islands (und dort auf Little Mangere Island) und damit weltweit nur noch fünf Robins inklusive

Sehr selten: der Schwarze Rubinvogel oder Black Robin

eines Brutpaares gab, machte Don Merton das, was in ähnlicher Weise sonst die Kuckucks tun: Er nahm die Eier aus dem Nest und jubelte sie den fleißigen Tomtits unter. Die brüteten folgsam die fremde Brut aus, während die irritierten Robins angesichts ihres missglückten Fortpflanzungsversuchs schnell einige Eier nachlegten. Auf diese Weise entstand im Lauf der Zeit eine Population von 250 schwarzen Robins, die mit 10 cm Größe fast noch kleiner als die Tomtits sind. In der Tat sind sie den Tomtits ähnlicher als den Robins, also den Langbeinschnäppern.

Die Black Robins leben heute auf den beiden Chatham-Inseln Mangere und South East Island. Little Mangere Island wurde neu bepflanzt, und auf Pitt und Chatham Island wurden feindfreie Areale eingerichtet. Das Department of Conservation hofft, die seltenen Vögel auch dort bald wieder einsetzen zu können.

Dennoch ist diese Art vom Aussterben bedroht. Da sämtliche Individuen Nachfahren des berühmten Weibchens Old Blue, das sagenhafte 14 Jahre alt wurde, und ihres Partners Old Yellow sind, haben alle fast dasselbe Erbgut. Aufgrund dieser fehlenden Diversität könnte ein Virus oder eine Krankheit die komplette Population ausradieren. Auch hätten die Rubinvögel auf den Hauptinseln Neuseelands keine Überlebenschance, da sie ihr Futter fast ausschließlich auf dem Boden suchen und leichte Beute für sämtliche Prädatoren wären.

Der grandiose Erfolg mit den fremden Brütern diente als Vorbild für ähnliche Vogelrettungsaktionen weltweit. Der Name Don Mertons, der auch den Kakapo vor dem Aussterben bewahrte und im Rahmen dieser Arbeit das Balzverhalten des Kakapo-Männchens entdeckte und erforschte, bleibt für immer mit der Rettung des Schwarzen Rubinvogels verbunden. Der großartige Ornithologe, der auch Überlebensstrategien für andere Vogelarten entwickelte und damit weltweite Anerkennung fand, starb im April 2011 im Alter von 72 Jahren. Seine phantastische Arbeit ist in seiner Biographie „Don Merton. The Man who Saved the Black Robin" (Alison Ballance, Reed Books, 2007) und zahlreichen Artikeln, die im Internet abrufbar sind, umfassend beschrieben.

Die Ersatz-Maus: Grünschlüpfer, Grenadier (Rifleman)

So winzig der 6 bis 7 g leichte Grünschlüpfer auch ist, er hält einen Rekord – und zwar genau deshalb: Mit einer Größe von nur 8 cm ist er der kleinste Vogel Neuseelands. Und ein bisschen seltsam obendrein. Der Schwanz ist so kurz, dass man fast den Eindruck gewinnt, er hätte gar keinen. Er taucht so unvermittelt und geräuschlos vor einem auf wie die Tomtits, ist in den Wäldern, am liebsten Südbuchen und Tawa, allerdings längst nicht so häufig zu sehen und zu hören. Von wenigen Ausnahmen abgesehen, sind diese Vögel nördlich von Waikato und der Coromandel-Halbinsel nicht mehr zu finden. Die Grünschlüpfer erledigten vor der Ankunft der Säugetiere in Neuseeland die Arbeit der Mäuse und tun es noch immer. Sie suchen am Boden und auf Baumstämmen nach Insekten und Larven, und zwar äußerst strategisch, indem sie spiralförmig – und schnell – um einen Baumstamm kreisen, bevor sie zum nächsten Baum wechseln. Dabei schlagen sie mit den kurzen Flügeln und untersuchen Flechten, Blätter und Äste. Ihr Rufton („zipt") ist so hoch, dass er für ältere Menschen nicht wahrnehmbar ist. Mit ihren langen, spitzen Schnäbeln können sie selbst die winzigsten Spalten absuchen.

Ihr Name Grenadier/Rifleman rührt von ihrem uniform-ähnlichen Federkleid her. Männchen haben einen leuchtend grünen Rücken,

Nur 6 bis 7 Gramm leicht und 8 Zentimeter kurz: der Grünschlüpfer

Kopf und Rücken weisen ockerfarbene Flecken auf. Die Weibchen sind eher braun. Beide haben weiße Unterseiten und lange, weiße Streifen über den Augen.

Der Felsschlüpfer (Rock Wren) ist größer (10 cm) und doppelt so schwer (16 g) wie der Grenadier; mit dem Stummelschwanz erinnert er damit noch mehr an eine Maus als der Grenadier. Der Waldschlüpfer, fast so grün wie der Grenadier, ist vermutlich ausgestorben; zuletzt wurde er 1968 gesichtet.

Der Baumbestäubungsstar: Graurücken- oder Graumantelbrillenvogel (Silvereye oder Waxeye)

Silvereye, ein bienenfleißiges Vögelchen, stets bereit zum Einsatz

Das Loblied auf diese fleißigen, kleinen Vögel (12 cm, 13 g) mit dem olivgrün-grauen Rücken, der weißlich-grauen Brust, den rotbraunen Seiten und den weißen Augenringen wurde in der Einleitung zu Flora und Fauna Neuseelands schon gesungen. Aus Australien (Tasmanien) eingeflogen, haben sie sich in Neuseeland prächtig etabliert und mit ihrer Liebe zu Blütenstaub, Nektar und Beeren zur Vermehrung vieler Wald- und Parkbäume beigetragen. Wer im Winter Vögel füttert, weiß, warum: Sie machen sich am Morgen als erste auf die Futtersuche und arbeiten bis nach Sonnenuntergang. Sie lassen sich von vergleichsweise großen Vögeln wie Staren nicht vertreiben, vielmehr warten sie mit geringem Abstand im Hintergrund, bis sich die Stare – was unweigerlich geschieht – streiten, und preschen dann sofort dazwischen, um sich Haferflocken, Fett, Fleisch, Speck, Obst, Erdnussbutter und Essensreste einzuverleiben. Sie lassen sich sogar schwäbische Spätzle schmecken! Sie untersuchen alles, was essbar erscheint.

Wer ihnen Gutes tun will, füllt Zuckerwasser (1 Teil Zucker, 5 Teile Wasser) in eine Tropfflasche. Damit haben Stare nichts am Hut, lediglich Honigfresser können sich dafür in ähnlicher Weise begeistern. Egal, wie versteckt die Flasche hängt oder steht, die Silvereyes entdecken sie in kürzester Zeit und leeren sie, oft fünf bis zehn lange, dünne Schnäbel gleichzeitig in der Düse, im Raketentempo. Auch Menschen können sie in diesem Augenblick nicht schrecken. Wenn man sich nicht abrupt bewegt, kann man sie aus einem Meter Abstand fotografieren und mit der Kamera klicken, ohne dass sie sich daran stören. Im Sommer sind sie etwas vorsichtiger.

Silvereyes tauchen selten allein, sondern meist in kleinen Scharen auf und piepsen dabei leise durcheinander. Es hört sich an wie das Vogel-Pendant eines mit vielen Plaudertaschen gefüllten Cafés: klassisches Chatten. In Gärten stürzen sie sich nicht nur auf einheimische Blühpflanzen und -bäume wie Pohutukawa, Kowhai oder Cabbage Tree (Keulenlilie), sondern auch auf invasive eingeführte Arten wie die riesigen lilafarbenen Blütenkerzen von *Echium candicans* – und leider auch Weintrauben …

Die Silvereyes sind weitaus kleiner, als sie manchmal aussehen, denn sie plustern sich oft unglaublich auf, um die größere Konkurrenz zu beeindrucken. Die riesigen weißen Ringe um die Augen, die tatsächlich wie Brillen aussehen, nehmen ihnen die Lieblichkeit eines Fantails, Tomtits oder Robins. Sie wirken, als würden sie einen anstarren, und manchmal fällt einem – vor allem in Zusammenhang mit ihrem gierigen Futterverhalten – dabei eher der Begriff: „Little Monsters" ein. Wenn sie satt, glücklich und zufrieden in den Bäumen sitzen, tirilieren und trillern sie übergangslos und ausdauernd ihre überaus melodiösen Liedchen. Ihr Lieblichkeitsfaktor steigt ins Unermessliche, wenn sie im Winter paarweise dicht aneinandergedrängt auf einem Ast sitzen, einander wärmen und das Gefieder putzen. Wem ein Blick auf den Rücken gelingt, kann kaum glauben, was er sieht: Die Silvereyes halten einander mit überkreuzten Flügeln umschlungen, so wie Menschen Arm in Arm. Einfach rührend.

Hungrige Silvereyes an einer Zuckerwasserröhre

Honigfresser-Trio

Bellbird an einer Futterstelle im Orokonui Ecosanctuary

Von rund 170 Honigfresser-Arten kommen nur drei in Neuseeland vor, und allesamt sind endemisch. Darunter sind mit dem Maori-Glockenhonigfresser (Bellbird) und dem Tui zwei großartige Sänger, deren laute, klare und unverkennbare Rufe durch Wälder, Parks und Gärten schallen. Dabei schießt der Tui sozusagen den Vogel ab, denn als Stimmenimitator hat er auch die Melodien des Bellbirds im Repertoire. Während Bellbirds und Tui, auch wenn sie in verschiedenen Regionen fehlen, weit verbreitet sind, so ist der Hihi (Gelbbandhonigfresser; Stitchbird) sehr selten. Er lebt ausschließlich auf feindfreien Inseln wie Tiritiri, Matangi und Motuara Island sowie auf den Hauptinseln in Schutzgebieten wie Zealandia in Wellington und Orokonui Ecosanctuary bei Dunedin. In den dortigen Wäldern sind Futterstationen aufgestellt, an denen sich sämtliche Honigfresser ausgiebig an den mit Zuckerwasser gefüllten Tropfflaschen laben. In freier Natur sind sie für die Bestäubung von Laubbäumen zuständig und lieben ganz besonders den Pollen und Nektar von Pohutukawa, Rata, Fuchsie, Kowhai und Flachs (siehe auch Einleitung des Kapitels Flora und Fauna) sowie den Honigtau der Südbuchen. Außerhalb der Blühsaison ernähren sie sich vornehmlich von Beeren, Insekten und Spinnen. Küken werden mit Insekten großgezogen.

Ein Name, ein Programm: Bellbird, Maori-Glockenhonigfresser

Der Bellbird ist mit seinem olivgrünen Federkleid und der blassgelben Unterseite der unscheinbarste der drei Honigfresser. Er ist mit 20 cm etwas kleiner als die Amsel, hat einen schmalen, relativ kurzen, gebogenen Schnabel und rote Augen. Die Flügel und der leicht gegabelte Schwanz des Männchens sind schwarzblau. Der Kopf schimmert violett, jener des Weibchens blau. Das Weibchen ist brauner und hat einen dünnen weißen Streifen, der vom Schnabel über die Wange verläuft.

Der laute und glockenhelle Gesang des Bellbirds – daher sein Name – wäre der klassische Weckruf im Morgengrauen, er erschallt aber den ganzen Tag. Sobald der Vogel den Baum wechselt, singt er. Die Melodie, oft eine Art Familienruf aus fünf und mehr unterschiedlichen Tönen, ist regional verschieden. Folgen dem Ruf Krächzer und Grunzlaute, dann handelt es sich allerdings meistens um einen Tui …

Die Populationen haben sich nach einem dramatischen Rückgang durch die Einführung räuberischer Säugetiere wieder erholt. Im Nor-

den der Nordinsel kommt der Bellbird jedoch nicht vor. Ornithologen gehen davon aus, dass dort eine Krankheit die Bestände dahingerafft hat, da sich die Bellbirds auf vorgelagerten Inseln und in den meisten anderen Regionen gut gehalten haben.

Der Stimmenimitator: Tui

Der Tui ist ein sagenhafter Sänger und Stimmenimitator und sieht darüber hinaus mit seinen beiden weißen Federbüscheln (Poi) vorne am Hals und einer aus störrischen weißen, gebogenen „Haaren" bestehenden breiten Halskrause am Nacken auch noch spektakulär aus. Bei Sonnenschein kommt die volle Schönheit des 30 cm großen Vogels, der deutlich größer als eine Amsel ist, erst richtig zur Geltung, denn dann schimmert das vermeintlich schwarze Gefieder von Flügeln und

273

Stitchbird (Hihi), der am auffäl-ligsten gefärbte Honigfresser

Schwanz in fluoreszierendem Grün, Blau-Violett und Bronzetönen. Der Rücken und die Seiten sind dunkel-rotbraun. Über die Flügel verläuft ein weißer Streifen.

Der Flügelschlag des kräftigen Tui ist im Flug deutlich vernehmbar und hört sich an wie ein Minipropeller. Oft fliegt er in rasendem Tempo durch die Korridore im Wald. Dazu zählen natürlich auch Wanderwege, so dass einem die Vögel hin und wieder haarscharf am Kopf vorbeischießen. Tui-Reviere sind besonders gut während der Blütezeit der Büsche und Bäume zu erkennen, denn dann liegen unter ihren Lieblingsfutterorten bergeweise abgefallene Blüten.

Der Gesang des Tui ist wie der des Bellbirds glockenklar und laut, aber angereichert mit papageien-ähnlichem Krächzen, Husten, Kichern und Glucksen sowie klickenden und schnarrenden Geräuschen, die sich gelegentlich wie eine schlecht geölte Tür anhören. Da diese Vögel solch großartige Stimmenimitatoren sind, hat in Gefangenschaft schon der eine oder andere das Sprechen gelernt – und ihre Worte sind gut verständlich. Vermutlich deshalb gefällt es den Tui, wenn man im Wald ihre Rufe mit variierenden Pfiffen erwidert, anders ist kaum zu erklären, dass sie geradezu hingebungsvoll über lange Zeiträume Zwiegespräche mit Menschen führen. Zu ihren Artgenossen sind sie nicht so freundlich, denn mit aggressivem Revierverhalten vertreiben sie andere Tui rigoros aus ihrem Territorium. Auch andere Vogelarten werden verjagt.

Östlich der Südalpen ist der Tui eine Rarität. Aus der Region Canterbury ist er verschwunden. Vor einigen Jahren wurde jedoch eine kleine Population in der Hinewai Reserve oberhalb von Akaroa auf der Banks-Halbinsel eingesetzt und hat sich seither kontinuierlich vermehrt, so dass die Hoffnung besteht, dass sich die Vögel in nicht allzu ferner Zukunft auch wieder in Canterbury etablieren, wo der Bellbird der dominierende Honigfresser ist.

Tui kommen in großer Zahl auch in Städten – außer Christchurch und Dunedin – vor. Insbesondere Wellington ist ein Tui-Paradies, da überall in der Hauptstadt Pohutukawas wachsen. Auch vor dem Parlamentsgebäude tummeln sie sich in diesen rot blühenden Bäumen und im Flachs, ebenso am Kriegerdenkmal bei der Basin Reserve.

Schwänzchen in die Höh: Hihi, Gelbbandhonigfresser (Stitchbird)

Der seltene Hihi (18 cm) ist nur ein wenig kleiner als der Bellbird. Auffälligstes Verhaltensmerkmal ist der meist senkrecht gestellte Schwanz.

Man denkt bei diesem Anblick, der Vogel müsste vornüber kippen, wenn er auf einem Ast oder an einer Futterstation landet.

Er ist der am auffälligsten gefärbte Honigfresser. Kopf und Nacken sind schwarz. Hinter dem Auge befindet sich ein weißer Fleck. Das Männchen hat einen breiten dottergelben Streifen, der über die Schultern, oberen Flügelteile und die Brust reicht. Die übrige Unterseite ist hellbraun. Die Grundfarbe des Weibchens ist braun.

Die Heimat der Hihis sind die Nordinsel und benachbarte kleinere Inseln; auf der Südinsel hat es auch vor der Ankunft der Europäer nie welche gegeben. Sie haben die Einführung der Säugetiere nur auf Little Barrier Island überlebt. Auf dem Festland sowie auf Great Barrier und Kapiti Island waren sie bereits 1885 verschwunden. Nach 1980 wurden zahlreiche Hihis von Little Barrier Island auf andere Inseln transferiert, aber Populationen konnten sich lediglich auf Kapiti Island und Tiritiri Matangi sowie im Zealandia Sanctuary in Wellington etablieren – und das nur durch zusätzliche Fütterungen. Hier leben jeweils einige hundert Hihis, während die Bestände auf Little Barrier Island in die Tausende gehen. Im März 2013 wurden nach dreijährigen Vorbereitungen 23 männliche und 21 weibliche Jung-Hihis von Tiritiri Matangi im Bushy Park bei Whanganui eingesetzt. Dieses Schutzgebiet ist seit 2005 von einem 4,8 km langen Zaun umgeben, der zu hoch für Feinde ist – allerdings nur für vierbeinige. Einheimische Falken und Kuckuckskauze (Morepork) fliegen Luftangriffe auf die Honigfresser.

Stitchbird (Hihi): die ausgestorbene Unterart der Nordinsel in einer Darstellung aus dem 19. Jahrhundert

Lappenvögel

Duett- und Chorsänger: Kokako, Graulappenvogel, Lappenkrähe

Der Kokako ist ein Relikt aus der Urzeit, als sich Vögel noch eines ungestörten Lebens in Neuseeland erfreuen konnten. Dieser ungefähr 38 cm große und 230 g schwere Singvogel, der größer als eine Stadttaube (34 cm) ist, fliegt nicht gerne, sondern rennt lieber durch den Wald. Allein deshalb tut er sich schwer, in freier Wildbahn zu überleben. Lediglich in Tawa- und Taraire-reichen Mischwäldern, in denen Possums und Hausratten geschossen und vergiftet werden, hat er eine Chance. Das trifft auf einige Wälder der Bay of Plenty, den Pureora Forest (Waipapa Ecological Area) und Mapara Forest im King Country sowie die nördlichen Urewera Ranges im Osten zu, wo sie noch in größerer Zahl vorkommen. Kleine Populationen gibt es in den Wäl-

Der Kokako wird auch Lappen-krähe genannt

dern des hohen Nordens, in den Hunua Ranges (südöstlich von Auck-land), in Süd-Waikato und Nord-Taranaki.

Dank der Maßnahmen zur Eindämmung der eingeführten Fress-feinde ist die Zahl der Brutpaare in freier Wildbahn zwischen 1999 und 2011 von 330 auf 780 gestiegen.

Die besten Aussichten, diese blaugrauen Vögel mit den schwarzen Gesichtsmasken und den knallblauen Hautlappen an beiden Schna-belseiten zu erspähen, hat man auf Inseln wie Tiritiri Matangi, wo sie gerne an Wassertrögen im Wald trinken, und Little Barrier Island oder in Gefangenschaft am Mount Bruce und in Otorohanga. (Oder auf dem 50-Dollar-Schein …) Küken haben flieder- oder pinkfarbene Lappen.

Der Südinsel-Kokako, dessen Lappen orangefarben waren, wurde zuletzt 1967 gesichtet und gilt als ausgestorben. Der dritte Lappen-vogel, der in Neuseeland lebte, war der spektakuläre Schwarze Huia (*Heteralocha acutirostris*). Er wurde seit 1907 nicht mehr gesehen. Sein orangefarbener Lappen befand sich unterhalb des Schnabels, dessen Form sich bei beiden Geschlechtern stark unterschied. Beim Weibchen war er sagenhafte 10,5 cm lang und, im Gegensatz zu dem des Männchens, stark gebogen.

Oft sind Kokakos nicht zu sehen, aber zu hören. Ihr lauter Gesang – langgezogene Orgeltöne gepaart mit Krächzern – hat Ähnlichkeit mit dem des Tui. Aber Vorsicht, in Gegenden, in denen sie zusammenleben, imitiert der Tui auch den Lappenvogel. Kokako-Paare sind bekannt dafür, dass sie morgens bis zu halbstündige Duette singen und dann andere Kokakos in den Chor einstimmen. Mit Gesang und aggressivem Verhalten vertreiben sie Konkurrenten aus ihren ausgesprochen großen Revieren. Sie fressen Blätter, Blüten, Früchte, Farnblätter und Wirbellose.

Kokako mit deutlich erkennbarem blauem Hautlappen an der Schnabelseite

Insel-Bewohner: Sattelstar, Sattelvogel (Saddleback)

Der Sattelstar ist so groß wie eine Amsel (25 cm) und ebenso schwarz wie eine männliche Amsel, aber trotzdem absolut unverwechselbar, denn er ist ein Lappenvogel. Die fleischigen Hautlappen des Sattelstars, die an beiden Schnabelseiten ansetzen, sind leuchtend zinnoberrot. Wie der englische und deutsche Name schon vermuten lassen, ist dies nicht das einzige Identifikationsmerkmal. Über den Rücken verläuft ein kastanienfarbener, sattelförmiger Gefiederstreifen.

Bei den Südinsel-Sattelstaren entwickelt sich dieser Sattel erst, wenn die schokobraunen Jungvögel, die „Jackbirds" genannt werden, ein Jahr alt sind. Bei den Nordinsel-Saddlebacks gibt es diesen Unterschied nicht. Alle haben sehr spitze schwarze Schnäbel, und die Weibchen sind etwas kleiner (70 gegenüber 80 g der Männchen).

Die Sattelstare waren bis zur Ankunft der Europäer weit verbreitet, aber Wanderratten und verwilderte Katzen rotteten sie fast aus. Bereits 1870 gab es nördlich der Region Waikato keine solchen Vögel mehr. Hausratten und Marder sorgten bis 1910 auf der ganzen Nordinsel für ihr Verschwinden. Die einzigen Überlebenden (500) waren auf Hen Island (ca. 40 km südöstlich von Whangarei) zu finden. Das gleiche Drama spielte sich auf der Südinsel ab, wo eine kleine Population auf Inselchen vor Stewart Island überlebte.

Von 1964 an wurden Nordinsel-Vögel erfolgreich auf neun anderen Inseln eingesetzt, und auf einigen Nachbarinseln führten sie sich selbst ein, so dass es heute wieder mindestens 7.000, vermutlich aber weitaus mehr Nordinsel-Sattelstare gibt. Die leicht erreichbaren Inseln, auf denen sie vorkommen, sind Kapiti Island, Tiritiri Matangi und Little Barrier Island. Die Insel-Transfers rund um die Südinsel waren nicht

Unerschrockener Sattelstar
auf Motuara Island

ganz so erfolgreich, aber seit einer Zählung im Jahr 2003 (1.265 Vögel) fliegen heute immerhin wieder rund 2.000 Exemplare durch die Inselwelten.

Wer einmal Motuara Island, ein feindfreies Vogelparadies in den Marlborough Sounds, besucht, kann nur begeistert sein, denn die Sattelstare fliegen einem an bestimmten Flugrouten förmlich um die Ohren, lassen sich direkt vor einem auf Ästen, Felsbrocken und dem Wanderweg nieder, so dass man sie ausgiebig beobachten kann. Da die Vögel ihre Nester in Bodennähe oder auf dem Boden bauen und dort auch Futter suchen, ist es völlig sinnlos, sie in freier Wildbahn auf den Hauptinseln anzusiedeln. Andere leicht zu erreichende Gebiete mit Sattelstaren sind Ulva Island (bei Stewart Island) und der Orokonui Ecosanctuary bei Dunedin.

Außergewöhnliche Riesen

Die eingewanderte Eule: Neuseeland-Kuckuckskauz (Morepork, Ruru)

Der Kuckuckskauz ist nicht endemisch, sondern „nur" einheimisch. Verwandte Arten leben in Australien. Tagsüber ruht er sich am liebsten in den Kronen von Baumfarnen aus. Der am Rücken dunkelbraune und am Bauch rotbraun-weiß gescheckte Kauz mit den gelben Augen ist eine kleine Art, die lediglich 29 cm misst und 175 g wiegt. Sein englischer Name Morepork rührt von seinem Ruf her, bei dem manchmal die letzte Silbe mehrmals wiederholt wird.

Der Ruru ist in feuchten Gegenden weitaus häufiger anzutreffen als im trockeneren Osten der beiden Hauptinseln und lebt sowohl in einheimischen als auch exotischen, sprich Kiefernwäldern. Die Bestände sind nicht gefährdet, und vielleicht hat sich der Kauz sogar über die Einführung von Ratten und Mäusen gefreut, denn die vertilgt er neben großen Insekten und kleinen Vögeln besonders gerne.

Neuseeland-Kuckuckskauz, einer der wenigen einheimischen Vögel, denen die eingeführten Säugetiere nichts anhaben können; er vertilgt Ratten und Mäuse besonders gerne

Der Latzhosen-Riese: Maori-Fruchttaube (NZ Woodpigeon, Kereru)

Wer beim Wort Taube an Luftratten, von riesigen Scharen heimgesuchte Paradeplätze, Keime, Kot und ruinierte Bausubstanz denkt, der wird in Neuseeland angenehm überrascht sein. Hier gibt es ausgesprochen wenig Tauben (dafür umso mehr und manchmal ebenso lästige und streitsüchtige Möwen). Eine Taubenart wird allerdings so sehr verehrt, dass sie auf dem alten 20-Dollar-Schein verewigt wurde. Zu Recht! Denn die Maori-Fruchttaube hat gar nichts mit dem gurrenden Fußvolk gemein, und schon gar nicht würde sie sich in Stadtgebieten aufhalten – allenfalls in Parks und Botanischen Gärten, wie in Christchurch, wo sie regelmäßig Besucher aufschreckt. Die Kereru, fast doppelt so groß wie manche Haustaube, kann nämlich mit ihrem mächtigen Flügelschlag für gehörigen Lärm sorgen.

Sie ist bis zu 51 cm groß und 650 g schwer, und die Unterart der Chatham Islands (*Hemiphaga chathamensis*; Parea) bringt es gar auf 55 cm und 800 g.

Diese Taube lebt – von ihren Außenrevieren in Parks mit hohen Bäumen abgesehen – vornehmlich im Wald und ist ein auffallend schöner und majestätischer Vogel. Der kleine Kopf, der Hals und der obere Teil der breiten Brust sind metallisch dunkelgrün mit bronzefarbenem Schimmer, der Rücken und der obere Teil der Flügel sind dunkelvio-

Maori-Fruchttaube auf den noch nicht ganz reifen Beeren einer Nikaupalme

lett, der lange Schwanz ist schwarz. Die, von der oberen Brust abgesehen, scharf abgegrenzte weiße Unterseite lässt die Waldtaube, wenn sie auf einem Ast sitzt, aussehen, als trüge sie eine weiße Latzhose. Der vergleichsweise kleine Schnabel, die Augen und die Klauen sind rot.

Die Kereru, deren Bestände durch die Raubzüge der Säugetiere zwar geschrumpft, aber nicht gefährdet sind, ist nicht nur schön, sondern auch nützlich. Die Beerenliebhaberin ist als einziger Vogel in der Lage, die pflaumengroßen Früchte des Taraire zu fressen und zu verdauen und somit die Verbreitung dieses Baums sicherzustellen. In der beerenfreien Zeit frisst die Fruchttaube, deren Stimme selten zu hören ist, auch Blätter, und auf waldnahen Wiesen und Weiden sieht man sie durchs Gras stapfen und Klee fressen.

Dralle Rallen

Aus der Schar der zahlreichen einheimischen Rallenarten ragen die beiden flugunfähigen endemischen Arten Weka und Takahe sowie der mit dem Takahe verwandte, flugfähige, aber -faule Pukeko heraus. Während der Pukeko weitverbreitet ist und sogar bejagt werden darf, ist der Takahe eine Rarität; er galt 50 Jahre lang als ausgestorben, ehe er 1948 wiederentdeckt wurde. Mit dem Weka, der nicht gefährdet ist, aber nur lokal vorkommt, kann man vor allem an der Westküste der Südinsel lustige Episoden erleben.

Fast so populär wie der Kiwi: Pukeko, Purpurhuhn

Pukekos leben gefährlich. Wer durch Neuseeland fährt, sieht sie – manchmal mit einer ganzen Nachwuchs-Schar im Schlepptau – direkt am feuchten Straßenrand nach Futter picken. Und so manches dieser prächtigen blau-schwarz schimmernden Sumpfhühner mit den leuchtend roten Schnäbeln, Stirnschilden und Stelzenbeinen klebt deshalb plattgefahren auf dem Asphalt.

Die größten Feinde dieser schönen Vögel sind jedoch nicht zu spät bremsende Autofahrer, sondern Farmer. Vor einigen Jahren stellte der Bauernverband der Westküste der Südinsel bei der Regierung sogar den Antrag, die Tiere wie Kanada-Gänse ganzjährig und nicht nur während der Jagdsaison (Februar bis September) abschießen zu dürfen, weil so mancher Landwirt bis zu 50 Pukekos auf seinen Feldern gesichtet habe und die Vögel die Ernte vernichteten. Der damals für den Naturschutz zuständige Minister Chris Carter lehnte ab. Jetzt versuchen es die Farmer mit Sondergenehmigungen, um ihr Gras und Gemüse mit Gewehrkugeln oder Gift gegen die gefräßigen Rotschnäbel zu verteidigen.

Die Flinte hatten Neuseelands Farmer schon immer schnell zur Hand, anstatt, wie Tierschützer fordern, erst einmal mit Nestraub oder Vogelscheuchen die Vermehrung der scheuen Vögel einzuschränken. Auf diese Weise hatten sie bereits den Kakariki Ende des 19. Jahrhunderts fast ausgerottet, weil dieser das ungewohnte Futterangebot der Einwanderer an Samen, Korn und Obst gerne angenommen hatte.

Das Schema der Bedrohung ist ähnlich geblieben: Erst zerstört der Mensch den Lebensraum der Vögel, dann stören die Vögel die Farmer und sollen schließlich auch noch aus ihren immer kleiner werdenden Rückzugsgebieten weichen. Sumpf- und Feuchtgebiete, durch

Obwohl Pukekos lieber auf ihren Stelzbeinen unterwegs sind, können sie überraschend gut fliegen

Pukeko-Hype

Pukekos gehören längst zum Erscheinungsbild Neuseelands. Sie zieren Geschirr, Fliesen, Schürzen, Servietten und Postkarten. Es gibt sie als Tonfiguren, Plüschtiere und zu Weihnachten als Christbaumschmuck mit roter Zipfelmütze. Kein Vogel außer dem Kiwi kann in punkto Popularität mit dem Pukeko mithalten. Interessanterweise nehmen beide Reißaus, wenn man sich ihnen nähert. Erst rennt der Pukeko, nach vorne gebeugt wie ein Sprinter, auf seinen langen Beinen ins nächste Gebüsch. Im Gegensatz zum Kiwi kann er jedoch im Notfall wegfliegen. Auch deshalb ist er nicht vom Aussterben bedroht. Die Westküsten-Farmer können ein Lied davon singen.

Allein auf dem Foto, aber kein Einzelgänger: Pukekos leben in Kommunen und ziehen den Nachwuchs gemeinsam auf

die Pukekos so gerne waten, werden von Farmern bewirtschaftet und andernorts als Wohngebiete erschlossen. Aus diesem Grund stapfen die Vögel, die in Kommunen mit abwechselnden Liebespartnern leben und ihren schwarzplüschigen Nachwuchs gemeinsam aufziehen, so auffällig am Straßenrand umher, und bei jedem Schritt wippt eine weiße Schwanzfeder in die Höhe. Obwohl sie im Gegensatz zum nationalen Symbol, dem Kiwi, fliegen können, sind sie lieber auf ihren riesigen Füßen unterwegs, wie kleine, bunte Störche im Salat.

Pukekos sind 51 cm groß und bis zu 1.050 g schwer. Sie ernähren sich vornehmlich vegetarisch. Zu ihrer tierischen Nahrung gehören Insekten, Spinnen, Würmer sowie gelegentlich Frösche, Echsen, Fisch und Vogelküken. Wenn sie fressen, nehmen sie wie Papageien ihre riesigen Klauen zu Hilfe. Pukeko-Küken sind schwarz, inklusive Schnabel.

Zurück in die Zukunft: der wiederentdeckte Takahe

Der Takahe sieht aus wie ein Mega-Pukeko. 63 cm groß und 3 kg schwer, damit ist er der größte Rallenvogel der Welt. Auch sonst ist alles an diesem flugunfähigen Riesen eindrucksvoller als beim Pukeko, der natürlich den großen Vorteil hat, dass er aufgrund seiner Schlankheit schneller rennen und vor allem fliegen kann.

Der rote, an der Spitze eher orangefarbene Schnabel und der Stirnschild sind wuchtiger als beim Pukeko, die Beine kürzer und das ist Rot etwas blasser, manchmal bräunlich, aber sie sind wesentlich dicker und kräftiger, und das Gefieder ist prächtig. Kopf und Hals sind schwarzblau, die Unterseite ist royalblau, der Rücken bis zum Hühnerschwanz türkisblau mit Grün durchsetzt. In der Sonne schillern die Federn in noch mehr Blau- und Grüntönen. Im Gegensatz zum Pukeko hat der Takahe braune Augen, aber ebenfalls die neckischen weißen Federn an der Schwanzunterseite. Außerdem hält er nichts von Kommunen, sondern lebt paarweise oder in kleinen Familiengruppen.

50 Jahre von der Bildfläche verschwunden, 1948 wiederentdeckt: der Takahe; dieser hier lebt auf Tiritiri Matangi

Der Takahe, dessen natürliche Heimat alpine Graslandschaften sind, stapft so gemächlich durch die Gegend wie zu feindfreien Zeiten und hält vermutlich nicht nur Menschen, die in Inselschutzgebieten seinen Weg kreuzen, für Freunde. Aber auch sonst wäre er ohne enorme Schutz- und Feindausrottungsmaßnahmen auf den Hauptinseln nicht überlebensfähig. Das Mitte des 20. Jahrhunderts eingeführte Rotwild hat den Vögeln den Lebensraum weggenommen und die Nahrungsgrundlage entzogen, denn auch der Takahe ernährt sich vornehmlich vegetarisch, insbesondere von Bülten- und Tussockgras, Samen, Farn- und Graswurzeln. Zudem ist er ein langsamer Brüter. Nur 80 Prozent der gelegten Eier werden ausgebrütet, und weniger als die Hälfte der Küken überlebt den ersten Winter.

Nachdem der letzte Takahe in freier Wildbahn 1898 gesichtet worden war, gingen die Ornithologen davon aus, dass die Spezies ausgestorben war. Doch 1948 folgte die Sensation, als ein Medizinstudent namens Geoffrey Orbell zwei dieser Vögel am Ufer eines kleinen Sees in den Murchison Mountains, westlich des Lake Te Anau, wiederentdeckte. Der See an der Fundstelle wurde Lake Orbell genannt, das Tal Takahe Valley. Eine riesige Skulptur nahe dem Seeufer in Te Anau erinnert daran, dass diese Region die Heimat des Takahe ist und Te Anau die Hauptstadt.

Seit der Rückkehr des Takahe in die Zukunft wurden die Vögel auf sieben Inseln und in mehrere extrem abgelegene Gegenden in Fiordland verteilt. Darüber hinaus wurden einige Brutzentren eingerichtet, in denen Eier, wie bei der „Operation Nest Egg" für Kiwis, ausgebrütet werden, um das Überleben der Küken zu sichern. In der Burwood Bush Reserve in der Nähe von Te Anau werden zusätzlich Takahes

Ein Takahe-Paar im Maunga-tautari Restoration Project, Waikato

in Gefangenschaft gezüchtet. Und schließlich kann man frei umher-stromernden und völlig unerschrockenen Takahes auch auf feindfrei-en Inseln wie Tiritiri Matangi, Motutapu (neben Rangitoto), Kapiti, Mana und Maud Island begegnen, darüber hinaus hinter Zäunen am Mount Bruce und im Vogelzentrum östlich von Te Anau. Die Vögel auf den der Nordinsel vorgelagerten Eilanden sind übrigens Südinsel-Takahes (*Porphyrio hochstetteri*); der Nordinsel-Takahe (*Porphyrio mantelli*) ist ausgestorben.

Die Spezies ist weiterhin vom Aussterben bedroht: Obwohl größte Anstrengungen in den Schutz des Takahe gegangen sind, lebten an un-terschiedlichen Orten im Jahr 2012 insgesamt lediglich 276 Exempla-re: 110 in Fiordland, 107 in Brutzentren, aus denen die Takahes wieder in Freiheit entlassen werden, 48 in Brutzentren, in denen sie verblei-ben, und 11 in Wildgehegen. Anfang der 1970er Jahre war die Popula-tion von 250 bis 300 auf nur noch 120 Vögel geschrumpft. Grund war der Hunger des eingeführten Rotwilds in Fiordland.

In den zum Zwecke der späteren Auswilderung eingerichteten Brutzentren mussten die Wildhüter mit allen Tricks arbeiten, da sich die Küken so sehr an die Menschen gewöhnten, dass sie um Artge-nossen einen Bogen machten. Deshalb wurden erfolgreich Takahe-At-trappen eingesetzt. Tierpfleger stülpen diese Spezialhandschuhe über die Hand und suggieren dem Küken auf diese Weise, es werde von einem Takahe gefüttert. Ebenso werden die Jungvögel mit Hilfe von Hermelin-Attrappen darauf getrimmt, dieser Marderart tunlichst aus dem Weg zu gehen.

Nicht vom Erfolg gekrönt war das Aussetzen einjähriger Küken außerhalb ihrer Herkunftsgebiete, während die Rückführung in ihre Heimat die Überlebenschancen deutlich erhöhte. Von den Murchi-son Mountains ist bekannt, dass sich in Gefangenschaft großgezoge-ne Takahes mit freilebenden Tieren gepaart und erfolgreich gebrütet haben. Seit 2010 liegt das Hauptaugenmerk auf der Etablierung von Populationen in neuen Gegenden und der Vermehrung der Tiere in Gefangenschaft – unter Vermeidung von Inzucht und allzu ähnlichen DNA-Linien. Die größte Gefahr für die in Fiordland freilebenden Exemplare sind das Winterwetter inklusive Lawinen, Hermeline und Rotwild. Deshalb werden Marderfallen aufgestellt und die Verbreitung des Wilds niedrig gehalten – was nach mehreren Jahrzehnten dazu ge-führt hat, dass sich die Tussockgraslandschaften erholt haben und Ta-kahes neuen Lebensraum bieten.

Wackerer Wanderer: der neugierige Weka (Weka, Wekaralle, *Gallirallus australis*)

Die Meinung über den Weka ist geteilt. Die einen meinen, er hätte es eher als der seltsame Kiwi verdient, zum Nationalvogel ernannt zu werden, weil er so viele positive Eigenschaften hat. Als da wären: Er ist neugierig, wissensdurstig, intelligent, lernt schnell, macht seiner Angebeteten rührend den Hof, ist monogam und kümmert sich leidenschaftlich um seinen Nachwuchs. Die anderen halten ihm vor, die Bestände einheimischer Arten zu dezimieren, weil er nicht bloß Beeren, Insekten, Mäuse, Ratten und Würmer frisst, sondern auch Echsen, Vogeleier und -küken. Letzteres ist der Grund dafür, warum er 1980 von Codfish Island verbannt wurde, wo er eine Sturmvogelart (*Pterodroma cookii*) nahezu ausgerottet hatte. Auch Gemüsebauern sind nicht begeistert, wenn Wekas ihre Beete plündern. So manch einer dieser Vögel wurde schon dabei beobachtet, wie er Hundefutter aus dem Napf oder Hühnerkleie stahl.

Wer die flugunfähigen, großen Rallen an der Westküste der Südinsel beobachtet, weiß, dass sie Allesfresser sind. Alles heißt auch: Kartoffelchips und Butterkekse. Deshalb ist es kein Wunder, dass die Wekas – hier der Western Weka (*Gallirallus australis australis*) – gerne Parkplätze aufsuchen und untersuchen, was für sie abfallen könnte, ob das nun bei den Pancake Rocks, im abgelegenen Oparara Basin oder vor dem Supermarkt in Greymouth ist. Was nach Feind aussieht, wird gebissen, inklusive eines reisenden Teddybären, der bereits zwei Ohrenbissattacken von Wekas hinter sich hat.

Der Weka ist neugierig, intelligent und monogam; er frisst aber zum Verdruss von Naturliebhabern auch Echsen und Vogelküken

Allerdings werden auch die Wekas angegriffen und umgebracht. Auf den Hauptinseln sind Katzen, Hunde, Hermeline und Frettchen ihre tödlichsten Feinde. Und verzehrt werden sie auch: auf den Chatham Islands, wo sie in so großer Zahl vorkommen, dass sie gejagt werden dürfen und in den Kochtöpfen landen. Den Vorschlag, Wekas zu züchten und auch auf dem „Mainland" zu servieren, haben die meisten Neuseeländer bislang angewidert abgelehnt.

Die rot- bis dunkelbraunen Vögel mit den roten Augen, den spitzen, rötlich bis grauen Schnäbeln und kräftigen, roten stämmigen Beinen werden 50 bis 60 cm groß und 430 bis 1.400 g schwer.

Der Buff Weka (*Gallirallus australis hectori*), der auf den Chatham Islands vorkommt, stammt aus Canterbury, wo diese Unterart seit Ende der 1920er Jahre ausgestorben ist. Auf den Chathams wurde er 1905 eingeführt. Versuche, ihn in seiner Ursprungsregion wieder zu

Wekas stapfen nicht nur durch Wälder, sondern besuchen auch mal einen Supermarkt-Parkplatz, um nach Essbarem zu suchen

etablieren, scheiterten allesamt. Auch auf der Nordinsel sieht es düster aus. Die hier einst weit verbreitete Unterart *Gallirallus australis greyi*, die um 1970 allein in der Ostküstenregion East Cape/Gisborne noch etwa 100.000 Individuen zählte, wurde auf weniger als 2.000 Vögel dezimiert. Den größten Schwund erlebten die Wekas zwischen 1982 und 1984, als ihnen eine Dürre sowie die explosionsartige Vermehrung von Frettchen sowie Überschwemmungen schwer zusetzten. Die vierte Unterart, der etwas kleinere *Gallirallus australis scotti*, lebt auf Stewart Island.

Auch wenn man in manchen Gegenden noch ziemlich häufig auf Wekas trifft, so werden ihre Bestände selbst an der Westküste als bedroht eingestuft. Aus diesem Grund sind die Populationen auf Inseln wie Kawau, Mokoia, Kapiti, Ulva und den Chathams, trotz des Hungers der Einheimischen, so wichtig. Weka-Hochburgen außer der nördlichen Westküste der Südinsel sind die Marlborough Sounds, der Abel-Tasman-Nationalpark, der Heaphy Track, Fiordland (Milford Track), die Muttonbird Islands sowie auf der Nordinsel die Gegenden um Russell, Kawakawa und Opotiki. Die Vögel sind dafür bekannt, dass es sie – fast wie Katzen – in ihre Heimatgebiete zurückzieht und sie dafür große Distanzen, zum Teil auch schwimmend, zurücklegen.

Maorifalke, leicht zu erkennen an den gelben Beinen

Greifvögel

In Neuseeland gibt es in dieser Kategorie nur zwei Vogelarten. Die Sumpfweihe (Australasian Harrier, Swamp Harrier) aus der Familie der Habichtartigen ist mit ca. 55 cm die größere Spezies, kommt allerdings auch in Australien und einigen kleineren südpazifischen Inselnationen vor. Der bis zu 43 cm große Maorifalke (New Zealand Falcon) ist endemisch. Am leichtesten sind die Vögel schon aus der Ferne an den Beinen zu unterscheiden. Während jene der Sumpfweihe lang und braun sind, hat der Maorifalke kurze, gelbe Beine und Klauen.

Die braune Sumpfweihe ist weit verbreitet und meist auch jener Greifvogel, den Reisende auf Zaunpfosten oder auf der Straße sitzen und Aas vertilgen sehen. Der weitaus seltenere Falke, der eine schöne cremeweiße Brust mit braunen Flecken hat, bevorzugt die Jagd auf lebende Beute im Wald sowie in Tussockgras- und Hügellandschaften. Er ist zum Beispiel im Mount-Cook-Nationalpark zu Hause und nutzt Schutzhütten als Beobachtungsposten. Vermutlich gibt es lediglich etwa 4.000 brütende Falkenpaare, da ihr natürlicher Lebensraum durch die landwirtschaftliche Nutzung weiter Landstriche enorm geschrumpft ist. Neuerdings werden Falken in Gefangenschaft gezüchtet und zur Abschreckung kleiner Vögel in den Weinanbaugebieten von Marlborough eingesetzt.

Der riesige neuseeländische Adler (Haastadler; *Aquila moorei*; Haast's Eagle), der bis zu 12,3 (Männchen) bzw. 17,8 kg (Weibchen) wog und eine Flügelspannweite von drei Metern hatte, ist seit 500 bis 600 Jahren ausgestorben. Er jagte selbst den wesentlich größeren Moa (bis 3,60 m groß, 250 kg schwer) und griff nach mündlichen Überlieferungen der Maori auch kleine Kinder an.

See- und Wasservögel

Als Inselnation mit einer langen Küstenlinie und unzähligen seichten Flussmündungsgebieten ist Neuseeland ein Paradies für See- und Wasservögel. Entsprechend gut lassen sich vielerorts solche Vogelarten beobachten. Einige herausragende Gebiete dafür sind:

- die Otago-Halbinsel und die Catlins für Pinguine und Königsalbatrosse (einzige Festlandsbrutkolonie der Welt),
- Kaikoura für fliegende Seevögel,
- das Firth of Thames (Miranda) und der Farewell Spit für Watvögel und überwinternde Zugvögel wie Pfuhlschnepfen,
- die Okarito Lagoon mit ihren brütenden Silberreihern und Königslöfflern,
- das Cape Kidnappers (Napier) und Muriwai Beach mit ihren Tölpelkolonien.

Götzenliest, die neuseeländische Version des Eisvogels

Linke Seite;
Die berühmte Kolonie von Australtölpeln am Muriwai Beach, nordwestlich von Auckland

Landauf, landab gibt's Kormorane aller Art, darunter auch mehrere endemische Arten, ebenso Austernfischer, Weißwangenreiher, Maskenkiebitze, Stelzenläufer, Regenpfeifer, Möwen, Seeschwalben und Enten in rauen Mengen, wobei die endemische Paradieskasarka – eine Halbgans – besonders sehenswert ist. Die neuseeländische Version des Eisvogels ist der Götzenliest (Kingfisher), dessen Brust und Rücken gelb bzw. türkisblau sind.

Die Rallenarten Pukeko und Weka werden aufgrund ihrer Verwandtschaft mit dem Takahe in diesem Buch in der Wald- und Flur-Sektion abgehandelt.

Auch zahlreiche eingeführte Arten haben sich ausgebreitet, und einigen wie den Kanadagänsen wird regelmäßig im großen Stil – und oft leider auf nicht sehr humane Weise – der Garaus gemacht. Der schwarze Trauerschwan ist relativ weit verbreitet und wird deshalb weitaus weniger geschätzt als der seltene weiße Höckerschwan. Stockenten sind, wie auch einheimische Entenarten, zum Abschuss freigegeben.

Australtölpel (Australasian Gannet)

Kaum eine Vogelart lässt sich so großartig aus der Nähe beobachten wie die rund 90 Zentimeter großen Tölpel. An den beiden Brutkolonien am Cape Kidnappers (südöstlich von Napier) und am Muriwai

Beach (nordwestlich von Auckland) kann man ihre Lebensgewohnheiten, Flug- und Tauchshows studieren.

Eine dritte – kleine – Festlandskolonie befindet sich an der Spitze des Farewell Spit. Daneben gibt es mehr als zwei Dutzend weitere Brutstätten auf Inseln rund um Neuseeland, die nicht so leicht erreichbar sind. Die größten Kolonien brüten auf Gannet Island (westlich von Kawhia, Waikato-Küste) und White Island. 87 Prozent der australasischen Tölpel brüten in Neuseeland, der Rest in Australien. 1947 gab es 27.000 Brutpaare. Diese Zahl ist bis zur Saison 1980/81 auf 46.000 und seither jährlich um zwei Prozent gestiegen, so dass es mittlerweile zwischen 65.000 und 70.000 Paare gibt. Die größte Gefahr droht ihnen nicht von

Säugetieren, die zudem von DOC-Rangern ausgeschaltet werden, sondern von Dominikaner-möwen, die Eier aus den Nestern fressen.

Die Tölpel am Cape Kidnappers und am Muriwai Beach lassen sich von Menschen nicht stören. Ohnehin tummeln sich die meisten Muriwai-Vögel auf zwei steilen Klippen und einer vom Festland abgetrennten Felsinsel, die nicht wirklich zugänglich sind. Man beobachtet sie von etwas höher angebrachten Aussichtsplattformen. Aber einige Individuen sitzen auch direkt neben den Pfaden, die die Beobachtungsposten verbinden.

Die Kolonie am Cape Kidnappers, mit rund 5.000 Brutpaaren die größte im Land, ist für Wanderer in den Stunden rund um die Ebbe zu Fuß zu erreichen, aber die meisten Besucher nehmen an einer organisierten Tour mit Allrad-Trucks oder Traktoren teil, die am Strand entlangfahren. Hier kann man auf Felsbrocken ruhenden Tölpeln buchstäblich in die blauen Augen starren, und an der Kapspitze ist man auf derselben Höhe. Aber man muss für solch eine Tour natürlich Zeit mitbringen und zur richtigen Uhrzeit bereitstehen, während man am Muriwai Beach, wo rund 1.200 Paare leben, jederzeit vorbeischauen kann, und darüber hinaus ist ein Besuch gratis.

Auf Fotos sehen Tölpel manchmal wie gemalt aus, denn feine schwarze Linien umrahmen die spitz zulaufenden blassblauen Schnäbel und blauen Augen und geben den Anschein, als hätte jemand mit Blei- oder Kohlestift die Konturen nachgezeichnet. Es handelt sich dabei aber um unbefiederte Hautpartien. Der Kopf der größtenteils weißen Vögel ist orange-sonnengelb und die Schwingen sind schwarz. Ihre Flügelspannweite beträgt fast zwei Meter. Damit segeln sie bei Aufwind fabelhaft durch die Lüfte. Spektakulär sind die Tauchgänge zum Beutefang. Dazu steigen die Tölpel bis zu 30 Meter in die Höhe, winkeln die Flügel an und schießen, mit dem Kopf voraus, mit bis zu 145 Stundenkilometern wie ein Torpedo senkrecht ins Meer. Vom Beinansatz bis zu den Krallen der schwarzgrauen Ruderfüße verlaufen über den Knochen zitronengelbe Linien, ebenfalls wie nachgezeichnet.

Von Juli bis März sind die Vögel in der Brutkolonie. Das Männchen kommt zuerst an und sichtet das Terrain, um einen geeigneten Nistplatz auszusuchen. Den verteidigt es mit Schnabel und Klauen, erst recht, wenn sich im August das Weibchen hinzugesellt. Wenn Neuankömmlinge durch die dicht an dicht gebauten Nester stapfen, werden sie von allen Seiten aufs Übelste attackiert und gebissen, wahrlich kein schöner Anblick. Selbst wenn ein großes Ei im Nest liegt, versucht gelegentlich der eine oder andere Zuspätkommer, sich darin niederzulassen. Mancher Vogel scheut sich nicht, Nistmaterial aus unbesetzten Nachbarnestern zu stehlen. Die Nester werden auf vegetationsfreiem Untergrund zu ringförmigen Hügeln aufgeschichtet und bestehen aus Seetang, Gras, Erde und Zweigen.

Die Paare vollführen derweil ihre Balzrituale und -tänze. Dazu gehören das Überkreuzen der Schnäbel, das Hälserecken und -reiben, das Verbeugen und das Überreichen von Nestmaterial an das Weibchen. Zwar tun sich die meisten Tölpel Jahr für Jahr mit demselben Partner zusammen, aber auch „Scheidungen" sind schon beobachtet worden. Die Küken schlüpfen nach 44 Tagen. Sie sind über und über mit buschigem Flaum bedeckt und sehen aus, als wären sie aus einem Schaumbad aufgetaucht. Die Schnäbel sind schwarz, der Flaum ist schmutzigweiß bis hellgrau. Da die Küken schnell wachsen, kommt es zu einem mächtigen Gedränge im Nest, denn es ist nur groß genug für einen ausgewachsenen Vogel. Der Dezember ist der aktionsreichste Monat, denn dann verlangt der Nachwuchs gierig nach Futter, und die Eltern sind permanent damit beschäftigt, die Schnäbel zu füllen. Stirbt ein Küken innerhalb der ersten acht Tage, wird nachgelegt. Bereits 15 Wochen nach dem Schlüpfen verabschieden sich die Jungvögel in Richtung Australien, wo sie ihre Jugendjahre verbringen. Erst nach drei Jahren kehren sie in ihre Brutkolonie zurück. Sie brüten erstmals mit vier bis sieben Jahren. Junggesellen halten sich am Rande der Kolonie auf, um Eifersuchtsszenen und Attacken aus dem Weg zu gehen.

Kormorane und Scharben

Im Englischen sind sämtliche Vögel dieser Familie „cormorants" oder auch „shags". Für manche Leute ist Letzteres ausgesprochen komisch, weil dieses Wort – analog zum deutschen von Vogel abgeleiteten Begriff – auf vulgäre Weise den Sexualakt beschreibt. Man kann sich also gut vorstellen, welche Art von Fotomotiv Touristen immer wieder am Straßenwegweiser zum Shag Point (zwischen Oamaru und Dunedin) arrangieren.

Endemische Arten sind die Tüpfelscharbe, die Stewartscharbe und die Arten auf den Chathams und subantarktischen Inseln. Einige einheimische Arten sind schwer zu unterscheiden, wenn man nicht ganz genau auf die Farbe der Schnäbel und Füße schaut. Denn Black Shag (Kormoran) und Little Black Shag (Schwarzscharbe) können nur oben schwarz und unten weiß sein, während Pied Shag (Elsterscharbe) und Little Shag (Kräuselscharbe) eigentlich am Rücken schwarz und auf der Brust weiß sind, aber auch pechschwarz daherkommen, von den irritierenden Farben der Jungvögel mal ganz abgesehen.

Ein Merkmal aller Kormorane ist ihre Eigenart, lange mit weit ausgebreiteten Flügeln auf Felsbrocken, dicken Pfählen und Ästen auszuharren und die Flügel zu trocknen. Zwar fetten sie ihr Gefieder regelmäßig mit dem Sekret der Bürzeldrüse ein, aber anders als bei Seevögeln üblich, nehmen die Federn dennoch Wasser auf, das heißt sie werden dadurch extrem schwer. Würden sich diese exzellenten

Elsterscharbe, erkennbar an den schwarzen Füßen und dem blauen Augenring

Segler nicht regelmäßig zum Trocknen hinsetzen, könnten sie bei ihren Tauchgängen ertrinken. Eine interessante Kolonie von Kormoranen hat sich in Christchurch im Botanischen Garten niedergelassen. Sie fliegen zur Futtersuche an die Küste, brüten aber in einigen hohen Bäumen an einem kleinen See neben einem Besucherkiosk.

Tüpfelscharbe (Spotted Shag): 70 cm, 1,2 kg, graues Gefieder, gelbe Füße, langer, schlanker brauner Schnabel. Zur Brutzeit haben die Vögel türkisblaue Augenumrandungen, einen breiten weißen Streifen, der vom Kopf bis zum Flügelansatz reicht, und eine Art Sturmfrisur mit einer doppelten nach oben ondulierten Tolle.

Stewartscharbe (Stewart Island Shag): 68 cm, 2,5 kg, rosafarbene Füße. Sie gibt's in schwarz-weiß (Pied Phase) und dunkelbraun (Bronze Phase). Nur zur Brutzeit hat sie eine Haube. Diese Art kommt nicht nur auf Stewart Island vor, sondern auch an der Ostküste von Otago und Southland.

Kormoran (Black Shag, Great Cormorant): 88 cm, 2,2 kg, weißer Fleck auf Wangen und Hals, sonst schwarz; schwarze Füße, gelbes Gesicht, grauer Schnabel, grüne Augen. Er ist ein Kosmopolit und kommt auch in Deutschland vor.

Elsterscharbe (Pied Shag): 81 cm, 2 kg, leuchtend schwarzer Rücken, Gesicht und Brust schneeweiß; schwarze Füße, langer, grauer Schnabel, unter dem Schnabel rosa; blauer Augenring.

Schwarzscharbe (Little Black Shag): 61 cm, 800 g, normalerweise ganz schwarz mit grünem Schimmer; schwarze Füße, langer, schlanker, dunkelgrauer Schnabel, grüne Augen.

Kräuselscharbe, Australische Zwergscharbe (Little Shag): 56 cm, 700 g, kleinste Kormoranart in Neuseeland; das Gefieder kann komplett schwarz sein, aber auch Rücken schwarz/Unterseite weiß oder Rücken schwarz/Kopf und Brust weiß, Bauch schwarz oder schwarz gefleckt, oder komplett schwarz mit weißem Hals; Füße bei allen Variationen schwarz, Schnabel kurz und gelb (einzige der häufigen Kormoranarten mit gelbem Schnabel), braune Augen. Schwanz länger als bei der Schwarzscharbe.

Schreitvögel

Silberreiher (White Heron) und Königslöffler (Royal Spoonbill):
Jeder Neuseeländer kommt fast täglich mit dem Silberreiher – dem Kotuku – in Berührung. Der Grund: Er ziert die Zwei-Dollar-Münzen. In freier Wildbahn bekommt man ihn nur selten zu Gesicht. In ganz Neuseeland gibt es, immerhin konstant, lediglich zwischen 150 und 200 dieser bis zu einem Meter großen weißen Vögel mit den langen, dünnen, s-förmigen Hälsen und langen gelben Schnäbeln. Die meisten leben auf der Südinsel, wo sich auch die einzige Brutkolonie befindet.

In trauter Dreisamkeit brütet etwas mehr als die Hälfte der Gesamtpopulation der Silberreiher (100 bis 120) zusammen mit Königslöfflern, die der Familie der Löffler und Ibisse angehören, und Kräuselscharben (Kormorane) in der Okarito Lagoon an der sandfliegenreichen Westküste, genauer: in der Waitangi Roto Nature Reserve. Der Waitangi Roto ist ein relativ schmaler, fast stehender Fluss, der sich durch Kahikatea-Sümpfe schlängelt. Dieses Gebiet ist streng geschützt und nur mit DOC-Konzession oder auf geführten Touren zugänglich, die in dem kleinen Ort Whataroa, nördlich von Franz Josef, starten. Zunächst per Kleinbus und Jetboot, dann ein Stück zu Fuß durch ein artenreiches Stück Regenwald gelangt man ans Ziel.

Löffelreiher am Lake Ellesmere, südlich von Christchurch

Das Schauspiel, das man von Mitte September (am besten erst ab Ende Oktober) bis Anfang März aus einem Hüttenversteck aus nächster Nähe zu sehen bekommt, ist faszinierend, denn sowohl die Silberreiher als auch die Königslöffler unterziehen sich einem dramatischen Wandel, bevor sie sich fortpflanzen.

Der gelbe Schnabel des Silberreihers färbt sich schwarzgrau, und an seinem Rücken bilden sich lange haarartige Federn, die sich wie ein seidig-feiner Tüllrock über die Flügel und den Schwanz ergießen. Ein wahrlich passendes Outfit zum Hochzeitstanz, bei dem sie ihr Brutgefieder auffächern wie ein Pfau.

Die Königslöffler, die sich vornehmlich durch den breiten, schwarzen Löffelschnabel und den kürzeren, dickeren Hals vom Silberreiher unterscheiden, stehen dem in nichts nach – im Gegenteil. Ihnen wächst ein langes, weißes Federbüschel auf dem Kopf, das an die Frisur des späten Einstein erinnert. Wenn sie das andere Geschlecht beeindrucken wollen, lassen sie das Federbüschel zu Berge stehen und sehen dann aus wie Indianer auf dem Kriegspfad.

Während die Silberreiher früher zu brüten beginnen und bereits ihren hungrigen Nachwuchs in den aus Zweigen bestehenden Nestern auf den Bäumen füttern, rupfen die Königslöffler wie verrückt Gras aus dem Boden, um ihre Eier in weiche Polster legen zu können.

Beide Arten legen drei bis fünf Eier, aber es ist selten, dass mehr als zwei Küken durchkommen. Mit ihren dürren Hälsen sehen selbst gesunde Silberreiher-Küken zum Erbarmen und wie kurz vor dem Verhungern aus. Wenn sie 64 Tage alt sind, fliegen sie aus.

Während die Zahl der Silberreiher seit vielen Jahren konstant ist, haben sich die Königslöffler prächtig vermehrt. Seit einer Zählung im

Jahr 1977, als lediglich 52 Vögel notiert wurden, ist die Zahl auf rund 2.000 gestiegen. Sie brüten in zahlreichen Gebieten auf beiden Hauptinseln, während die Silberreiher dafür seit mindestens 1865, als die Kolonie entdeckt wurde, immer nur die Waitangi-Roto-Sümpfe aufsuchen.

Für die gesicherte, wenn auch kleine Population der Silberreiher wird das strenge Management der Kolonie verantwortlich gemacht, da die Vögel hier nur geringen Störungen durch Menschen ausgesetzt sind und es räuberischen Säugetieren an den Kragen geht. Die größte Gefahr außerhalb der Brutzeit droht ihnen durch Autos, da an vielen Feuchtgebieten Landstraßen vorbeiführen und die Kotukus in der Startphase sehr langsam fliegen.

Eine Gegend, in der man fast sicher sein kann, beide Vogelarten zu sehen, ist der Lake Ellesmere vor den Toren der Stadt Christchurch, am besten vom Little River Rail Trail aus. Während der Silberreiher meistens einsam und allein fischt, löffeln die Königslöffler oft in Gruppen, wie Soldaten in einer Reihe, im trüben Wasser nach Futter.

Auch in Deutschland wurden in jüngerer Zeit brütende Silberreiher-Paare registriert. Eine größere Brutkolonie dieses Kosmopoliten existiert am Neusiedler See in Österreich.

Weißwangenreiher (White-faced Heron)

Diese Spezies ist die häufigste Reiherart in Neuseeland. Der bis zu 67 cm große, blaugraue Vogel mit den gelben Beinen und dem weißen Gesicht ist selbst in städtischen Parks und auf Sportplätzen zu finden, wo er nach Würmern wühlt und Insekten, Spinnen und Mäuse fängt. Er pirscht extrem langsam, fast katzengleich, durchs Gras und schlägt dann mit raketenartiger Geschwindigkeit zu. Diese Spezies hat von der Konvertierung der Wälder in Farmland profitiert. Der Weißwangenreiher, der unterm Jahr meistens als Einzelgänger anzutreffen ist, baut in hohen Baumkronen Nestplattformen.

Silberreiher mit Jungtier an der Okarito Lagoon (oben) Weißwangenreiher am Lake Ellesmere (unten)

Möwen

Was in Deutschland und vielen anderen Nationen die Tauben sind, sind in Neuseeland die Möwen. Sie kommen längst nicht nur an der Küste und an Seen vor, sondern bis weit ins Landesinnere. Die oft lautstark streitenden Möwen in den Städten sind meist die Rotschnabel-

möwen (Red-billed Gull). Sie sind wunderschön mit ihren roten Schnäbeln, Beinen und Augenringen sowie den großen, weißen Punkten im schwarzen Schwanzgefieder, aber sie ist streitsüchtig. Ihre Aggression ist längst nicht nur gegen Artgenossen gerichtet. Schon so manchem Besucher, der sich gemütlich auf einem Bänkchen niederließ, ist von diesen bis zu 37 cm großen Vögeln seine Bratwurst aus dem Brötchen geraubt worden.

Bis vor nicht allzu langer Zeit wurden die in Neuseeland lebenden Rotschnabelmöwen mit den in Australien und Neukaledonien vorkommenden Silberkopfmöwen unter dem gemeinsamen wissenschaftlichen Namen *Larus novaehollandiae* geführt und als mehr oder weniger einheitliche Population betrachtet, doch nach DNA-Analysen wurde die Spezies in fünf Unterarten aufgeteilt. Die Rotschnabelmöwe ist demnach die in Neuseeland heimische Unterart, der neue lateinische Name ist *Larus novaehollandiae scopulinus*.

Die Maorimöwe (Black-billed Gull) ist gleich groß, aber ihr Schnabel ist schwarz, länger und dünner, die Beine sind schwarz bis rötlich-

Endemisch und selten: die Maorimöwe (oben)
Eine Dominikanermöwe mit Beute (unten)

schwarz. Diese Art ist endemisch und selten und fühlt sich im Landesinneren wohler als an der Küste. Gelegentlich kreuzt sie sich mit der Rotschnabelmöwe, dort, wo die Verbreitungsgebiete aneinander grenzen.

Die Dominikanermöwe (Black-backed Gull) ist mit bis zu 60 cm Länge die einzige große Möwe in Neuseeland. Sie ist weiß und hat, wie der englische Name vermuten lässt, einen schwarzen Rücken. Ihr Nachwuchs ist mittelbraun und nimmt erst nach drei Jahren das Erwachsenengefieder an. An Stränden kann man diese Vögel stundenlang dabei beobachten, wie sie Austern und Muscheln aus dem Meer fischen, sich mit der Beute im gelben Schnabel in die Lüfte schwingen und sie aus großer Höhe auf den Strand plumpsen lassen, um auf diese Weise die Schale zu brechen. Oft pirschen sich dann aus dem Hintergrund opportunistische Rotschnabelmöwen heran und vertilgen die Reste, sobald sich die Dominikanermöwe verzogen hat.

Seeschwalben

Die hellgraue Schwarzstirnseeschwalbe (Black-fronted Tern) macht ihrem Namen während der Brutzeit alle Ehre, denn dann beeindruckt sie mit einer schwarzen Kappe auf der Stirn, die bis zum Schnabelansatz reicht. In der übrigen Zeit ist der Kopf fast weiß; lediglich vom Auge verläuft ein schwarzes Band zum Hinterkopf. Der Schnabel ist orange-rot, ebenso die extrem kurzen Beine und Füße. Sie ist in den betten Verflochtener Flüsse von Marlborough bis Otago – und nur dort brütet sie – ebenso zu Hause wie in den Mündungsgebieten und Hafenbuchten der östlichen Südinsel.

Außer den üblichen Säugetierfeinden machen ihr auch die Dominikanermöwe und die Sumpfweihe zu schaffen. Zudem haben diese ca. 29 cm großen Seeschwalben zahlreiche Habitate durch den Bau der Wasserkraftwerke in Canterbury und Otago sowie durch die Freizeitaktivitäten von Menschen auf Flüssen und Seen verloren. Ihre Population wird auf 5.000 bis 10.000 geschätzt.

Die Taraseeschwalbe (White-fronted Tern) ist nicht nur wesentlich größer (40 bis 42 cm), sondern auch ein ausgeprägter Küstenbewohner. Sie ist im ganzen Land weit verbreitet; einige überwintern in Australien, das Gros der Vögel bleibt jedoch in Neuseeland. Ihr Körper ist weiß, die Flügel sind blass hellgrau, die Füße schwarz, und sie hat

Taraseeschwalben, vorne ein Tier im typischen Jungvogel-gefieder

ganzjährig eine schwarze Haube, die sich während der Brutzeit intensiver färbt. Zwischen Haube und Schnabelansatz bleibt ein weißer Streifen frei, daher der englische Name. Der Schnabel ist deutlich länger als bei der Schwarzstirn-Art und schwarz.

Da die Bestände seit Jahren geringer werden, wird die Taraseeschwalbe trotz noch relativ hoher Zahlen als bedroht eingestuft. Weil sie in großen Scharen an Küsten und Flussmündungen brütet, ist sie nicht nur anfällig für Attacken von Mardern und Co., sondern auch für Störungen durch Menschen und ihre Hunde. Auch ihre häufig beobachtete Nachbarschaft zu Rotschnabelmöwen macht sie anfällig für Nestraub, denn vor allem deren Männchen machen sich an Eier und Küken der Seeschwalben heran. Vogelliebhaber dürften ihre Freude auf den Inseln des Hauraki Gulf haben, denn oft sitzen die Seeschwalben dicht an dicht auf den Geländern der Bootsstege.

Die silbergraue Raubseeschwalbe (Caspian Tern) ist durch ihre enorme Größe (51 cm und damit die größte Spezies) und ihren mäch-

Raubseeschwalben sind leicht an ihren enorm großen roten Schnäbeln zu erkennen (oben); die Australseeschwalbe ist lediglich so groß wie eine Amsel (unten)

tigen roten Schnabel leicht zu erkennen. Sie hat eine schwarze Kappe, die wie bei der Schwarzstirnseeschwalbe bis zum Schnabelansatz reicht und deren Farbe sich während der Brutzeit intensiviert. Raubseeschwalben kommen sowohl an der Küste als auch im Inland von Canterbury vor. Obwohl sie weit verbreitet sind, gibt es schätzungsweise nur ca. 1.300 Brutpaare. Sie leiden unter denselben Gefahren wie die Taraseeschwalben. Hinzu kommen Off-Road-Aktivitäten der Menschen, die mit ihren Allradfahrzeugen durch Flüsse und an Seeufern entlangbrettern.

Die blassgraue Australseeschwalbe (Fairy Tern) befindet sich am Ende des Größenspektrums. Sie ist lediglich so groß wie eine Amsel (25 cm) und ein Leichtgewicht (70 g). Sie hat eine schwarze Kappe, die wie bei der Taraseeschwalbe einen weißen Fleck über dem Schnabelansatz freilässt. Der Schnabel ist unterm Jahr gelb mit schwarzer Spitze und während der Brutzeit orange, ebenso die Beine. Es gibt drei Unterarten. Die *Sternula nereis nereis* kommt in Australien vor, die *S. n. exsul* in Neukaledonien, und die *S. n. davisae* ist die winzige endemische Population von 30 bis 35 Individuen – inklusive acht Brutpaaren – in Neuseeland. Diese Vögelchen kämpfen an den Küsten zwischen Whangarei in Northland und Auckland, in erster Linie im geschützten Kaipara Harbour, ums Überleben. Damit ist die Fairy Tern der seltenste endemische Vogel in Neuseeland.

Watvögel

Schwarze Neuseeländische Austernfischer

Austernfischer (Oystercatchers) sind fast omnipräsent und kommen überraschend häufig auch weit im Landesinneren vor. Dorthin ziehen sie sich ganz besonders während der Brutzeit zurück. Sie sind leicht an ihren dünnen, langen, orange-roten Schnäbeln und kräftigen roten bis dunkelrosafarbenen Beinen zu erkennen, mit denen sie im Watt oder in feuchten Wiesen nach Nahrung stochern.

Die häufigste Art, die nicht nur auf der Südinsel vorkommt, ist der endemische Südinsel-Austernfischer (*Haematopus finschi*; South Island Pied Oystercatcher). Er ist vom „normalen" Austernfischer (*Haematopus ostralegus*; Pied Oystercatcher), der längere Beine und einen kürzeren Schnabel hat, für Laien nicht zu unterscheiden. In zahlreichen neuseeländischen Vogelbüchern ist er (noch) nicht als eigene Art aufgelistet. Der *Haematopus ostralegus* kommt auch in Europa,

Austernfischer am Farewell Spit

Australien, Nord- und Südamerika vor und ist an der Nordseeküste als „Halligstorch" bekannt. Die Bestände in Neuseeland sind nicht gefährdet.

Der endemische Neuseeländische Austernfischer (*Haematopus unicolor*; Variable Oystercatcher) ist normalerweise völlig schwarz (Black Phase), es gibt ihn aber auch mit weißer oder schwarz-weiß gestreifter Unterseite. Die Variante mit weißer Unterseite unterscheidet sich vom Südinsel-Austernfischer durch einen unsauberen Übergang von Schwarz und Weiß an der Brust; außerdem hat er einen kräftigeren Schnabel und ist wesentlich schwerer (725 gegenüber 550 g).

Der schwarz-weiße Stelzenläufer (Pied Stilt) mit seinen ellenlangen roten Beinen und dem extrem dünnen schwarzen Schnabel ist oft zusammen mit Austernfischern und den migrierenden Pfuhlschnepfen anzutreffen. Sie sind aber weitaus scheuer als Austernfischer und nehmen fliegend Reißaus, sobald sie Menschen erblicken, während ihre Fresskumpane sich lediglich unauffällig seitwärts wegbewegen, um den Abstand zu wahren. Ihre Bestände sind (noch) nicht gefährdet.

Der Stelzenläufer ist scheu und nimmt fliegend Reißaus, wenn sich Menschen nähern

Maskenkiebitz, unverwechselbar mit seiner gelben Gesichtsmaske

Der etwas größere Schwarze Stelzenläufer (Black Stilt) ist hingegen vom Aussterben bedroht. Einst der vorherrschende Stelzenläufer in Neuseeland, kommt er heute nur noch im Mackenzie Basin (und hier vor allem am Ahuriri River) und in Nord-Otago vor. Die Betten der Verflochtenen Flüsse sind ihr bevorzugtes Aufenthaltsgebiet. Außerhalb der Brutsaison verirrt sich der eine oder andere Kaki, so der Maori-Name, auch mal in Richtung Ostküste (Lake Ellesmere) oder gar auf die Nordinsel. Es gibt nur noch rund 100 Vögel dieser Art, und die meisten stammen aus der DOC-Zuchtstation in Twizel, die für Besucher geöffnet ist. Dort kann man die seltenen Watvögel von einem Versteck aus beobachten. Besonders schwierig ist das Überleben, da sich der Kaki mit dem „normalen" Stelzenläufer paart und dadurch Mischbestände entstehen.

Der Maskenkiebitz ist nicht nur an der Küste, sondern häufig sogar in städtischen Grünanlagen anzutreffen, wo er – meistens paarweise – durchs feuchte Gras stapft. Er ist mit seiner gelben Gesichtsmaske und dem gelben Schnabel unverwechselbar. Die Unterseite ist weiß, der Rücken braun und der Oberkopf schwarz. Trotz Maske wird dieser 38 cm große Regenpfeifer-Vogel in Neuseeland häufiger Spur-winged Plover genannt und eher selten Masked Lapwing.

Andere prominente – und wesentlich kleinere – Regenpfeifer-Arten bekommt man weitaus seltener zu Gesicht, vor allem den amselgroßen Maori-Regenpfeifer (New Zealand Dotterel). Während der Brutzeit färbt sich die weiße Brust der ansonsten braunen Vögel knallig rostrot. Von der Nordinsel-Unterart *Charadrius obscurus aquilonius* gab es 2011 rund 2200 Individuen; sie ist lediglich an den Sandstränden der Ostküste von Northland ein relativ vertrauter Anblick. Verantwortungslose Hundebesitzer und rücksichtslos über die Strände bretternde Freaks stellen die größte Gefahr dar. Die etwas größere und dunklere Südinsel-Subspezies *C. o. obscurus* ist vom Aussterben bedroht und brütet nur noch auf Stewart Island. Immerhin ist ihre Zahl vom Tief 1992 (nur noch 62) nach 2005 auf relativ konstante 240 bis 290 Vögel gestiegen.

Der ebenfalls endemische Doppelband-Regenpfeifer (Banded Dotterel) ist lediglich so groß wie ein Star (20 cm). Auch er brütet an Sandstränden. Während dieser Vogel unterm Jahr nur einen schmalen braunen Streifen am Halsende aufweist, färbt sich dieser Streifen während der Brutzeit schwarz, und darunter taucht ein wesentlich breiterer kastanienfarbener Block (beim Weibchen jeweils etwas heller) auf der weißen Brust auf. Zwar gibt es noch rund 50.000 Doppelband-Regenpfeifer, aber die berüchtigten Marder, Katzen und Co. haben einige lokale Populationen ausgelöscht; insgesamt ist die Zahl im Sinken.

Die Bestände des endemischen Schiefschnabels (Wrybill) – derzeit noch um die 5.000 – werden nicht nur von den üblichen Feinden dezimiert, sondern auch von der Dominikanermöwe. Er ist so groß wie der Doppelband-Regenpfeifer, das Gefieder ist eher so unscheinbar wie jenes des Maori-Regenpfeifers. Zur Brutzeit bekommt er ein dunkles Halsband. Der Schnabel ist für einen Regenpfeifer nicht nur außergewöhnlich lang, sondern auch tatsächlich gebogen – um 12 bis 26 Grad nach rechts. Damit kann der Vogel Steine umdrehen. Das ist nötig, weil die Schiefschnäbel ausschließlich in Betten Verflochtener Flüsse brüten. Sprich: Ihre Kinderstuben befinden sich östlich der Südalpen zwischen dem Waimakariri River im Norden und dem Oberlauf des Waitaki River im Süden. Hochburgen sind der Rakaia, Rangitata und die Flüsse des Mackenzie Basins. Nach dem Ende der Brutzeit fliegen sie in großen Scharen zum Überwintern auf die Nordinsel, vornehmlich zum Firth of Thames und dem Manukau Harbour.

Ein seltener Maori-Regenpfeifer (oben)
Brütender Schiefschnabel, dieser Vogel kann mit seinem gebogenen Schnabel Steine umdrehen (unten)

Pfuhlschnepfen

Heißgeliebte Marathonvögel aus der Arktis

Wenn in Deutschland der Herbst beginnt, erwacht am anderen Ende der Welt der Frühling. Für die Meteorologen am 1. September, für die Astronomen am 23. September. Nur in Christchurch ist es ein bisschen anders. Die größte Stadt der Südinsel begrüßt den Frühling, wenn die ersten Pfuhlschnepfen nach ihren Rekordflügen aus der Arktis im seichten Mündungsgebiet der beiden Flüsse Heathcote und Avon landen.

Bevor der Turm der anglikanischen Kathedrale im Stadtzentrum beim verheerenden Erdbeben am 22. Februar 2011 zusammenstürzte, läuteten die Glocken der Kirche am Tag nach der Sichtung der ersten dieser 40 Zentimeter großen Zugvögel um 12 Uhr mittags dreißig Minuten lang Sturm. Die ehrenamtlichen Glockenläuter eilten ins Glockenzimmer im Turm und zogen an den dicken Seilen der eine Etage höher montierten zwölf Glocken. Draußen trat der Stadtschreier Stephen Symons, der jeden Tag um diese Zeit im Brüllton verkünde-

Pfuhlschnepfen bei Sumner, einem Küstenvorort von Christchurch

te, was in Christchurch los war, in seinem spektakulären historischen Kostüm – knallroter Gehrock, schwarze Kniebundhose, goldgesäumter schwarzer Dreispitz – auf den Plan. „Das Eintreffen der Pfuhlschnepfen ist die wichtigste Nachricht", sagte Symons, der wie sein mittelalterliches Vorbild anno dazumal seine Meldungen von einer Papierrolle las, nachdem er mit seiner Glocke und dem Ruf: „Oyez, oyez!" auf sich aufmerksam gemacht hatte. Gleichzeitig kreiste ein Sportflugzeug über der Stadt und zog ein Werbebanner hinter sich her. Darauf stand: „Pfuhlschnepfen sind gelandet – der Frühling ist da". Nach den Erdbeben läuteten die Glocken zur Begrüßung der Tiere in der anglikanischen St.-Paul's-Kirche in Papanui. Die Kathedrale in Nelson, die Christ Church Cathedral heißt, übernahm die Tradition 2011, als die Glocken ihrer Schwesterkirche in Christchurch nach dem Erdbeben verstummt waren.

Es ist eine große Liebeserklärung an die prächtigen Watvögel, die im September 2007 dank einer Rekordfliegerin namens E7 sämtlichen Zeitungen der Welt eine Meldung wert war. Das mit einem Sender ausgestattete Weibchen war aus seinem Brutgebiet in Alaska 11.500 Kilometer nonstop in sein Winterquartier ins Land der flugunfähigen Kiwis geflogen. Damit gelang erstmals der gesicherte Nachweis, dass die Pfuhlschnepfen – lateinisch: *Limosa lapponica* – zu solch einer Mammutleistung fähig sind.

Während E7 in Miranda am Firth of Thames, einem Meeresarm im Südwesten der Coromandel-Halbinsel, landete, war die Reise für einige andere Pfuhlschnepfen dort noch längst nicht zu Ende. Sie flogen – mit einer Geschwindigkeit von 50 bis 60 Stundenkilometern – mehr als 1.000 Kilometer weiter nach Süden und waren deshalb ein bisschen länger unterwegs.

Insgesamt treffen jeden Frühling zwischen 70.000 und 90.000 dieser Vögel in seichten Küstengebieten Neuseelands völlig ausgehungert ein, 70 Prozent auf der Nordinsel, 30 Prozent auf der Südinsel; es waren einmal 100.000, aber die Zahl ist im Sinken begriffen. Bis Anfang Dezember dauert diese Phase, denn junge Tiere wählen meist eine 3.500 Kilometer längere Route über Ostasien und Australien. Die Maori nennen die Pfuhlschnepfen aufgrund ihrer Ausdauer Kuaka – Marathonvogel. In Christchurch landet nur eine vergleichsweise kleine Schar der Langstreckenzieher. Abhängig vom Bruterfolg, waren es in den vergangenen zwei Jahrzehnten immer zwischen 1.300 und 2.200.

Eine Pfuhlschnepfe in ihrem Überwinterungsfederkleid

Andrew Crossland ist einer der beiden bei der Stadt Christchurch angestellten Ornithologen. Seit 1984 beobachtet er die Pfuhlschnepfen beim Fressen, Fliegen und Schlafen. Alle sechs bis acht Wochen zählt er sie, wenn sie schlafen. „Sie fressen bei Ebbe, und bei Flut schlafen sie auf einer Sanddüne", erzählt er. „Dann sitzen alle zusammen, und das Zählen ist relativ einfach." Mit seinem Teleskop stellt er sich auf die Klippen des Stadtteils Redcliffs und beginnt seine Mission, die eigentlich nur Geduld und Ruhe erfordert.

Dieses felsige Terrain ist Teil der bis zu 500 Meter hohen Port Hills im Süden der 375.000 Einwohner zählenden Stadt. Die Bergkette schützt das 8,8 Quadratkilometer große Mündungsgebiet der Flüsse Heathcote und Avon vor den eisigen Süd- und Südwestwinden aus der Antarktis. Eine langgezogene und extrem schmale Halbinsel, auf der die Stadtteile North und South New Brighton liegen, riegelt dieses schwammige Mündungsgebiet vom tosenden Pazifischen Ozean ab, so dass die Vögel ein ideales lagunenartiges Futtergelände vorfinden. Der offizielle Name: Avon-Heathcote Estuary, oder Ihutai in der Sprache der Maori, aber meistens nur „The Estuary" genannt.

Der Südzipfel der Halbinsel, The Spit, wurde zum Vogelschutzgebiet erklärt. Die Pfuhlschnepfen teilen sich das Revier, in dem sich das Salzwasser des Pazifiks mit dem Süßwasser der Flüsse mischt,

einträchtig mit Austernfischern, Weißwangenreihern, Dominikaner-, Rotschnabel- und Maorimöwen, Kormoranen, Stelzenläufern sowie zahlreichen Enten- und Gänsearten. Insgesamt wurden im „Estuary" in den zurückliegenden 150 Jahren 113 Vogelspezies registriert. Das Stadtzentrum ist nur zehn Kilometer entfernt. Auch der 63 Meter hohe Turm der Kathedrale war von hier einst mit Argusaugen zu erkennen.

Es dauert einige Tage, bis sich die Pfuhlschnepfen von den Strapazen ihrer Nonstop-Flüge erholen. Rund ein halbes Jahr verbringen sie auf der Südhalbkugel und puhlen bei Ebbe mit ihren rund zehn Zentimeter langen Schnäbeln Weichtiere, Spritzwürmer und Krabben aus dem Sand. Mit unermüdlichem Fressen verdoppeln sie bis zum Ende der Saison ihr Gewicht (Männchen 300, Weibchen 350 g). Nur so stehen sie den wesentlich längeren und von Zwischenlandungen unterbrochenen Rückflug über das Gelbe Meer, Japan und die Kamtschatka-Halbinsel durch.

Jeder sieht, wenn die Rückreise in die arktische Zone bevorsteht, denn dann färbt sich das Prachtgefieder der Männchen leuchtend rostrot. Einige Tiere, laut Andrew Crossland 150 bis 300, bleiben in Christchurch, wo die Temperaturen im Winter nachts unter den Gefrierpunkt sinken können und an zwei, drei Tagen im Jahr Schnee fällt. „Das sind meistens Jungvögel, die im März den Abflug nach Alaska nicht geschafft haben", erklärt der Ornithologe.

So, wie die Pfuhlschnepfen mit Glockenläuten begrüßt werden, so liebevoll werden sie in Christchurch auch jeden Herbst verabschiedet. Während die mit Ebbe und Flut wandernden Tiere gierig die letzten Weichtiere verschlingen, pilgern ganze Scharen von Vogelfreunden an den Strand, und ein Maori-Priester segnet die Pfuhlschnepfen. Eine Ode an die Vögel und ein Ruf, die Umwelt nicht weiter zu zerstören. Wo Flüsse durch Schwermetalle, Abwasser, Überdüngung, Gülle, überlaufende Kanalisation, Bakterien und Viren vergiftet werden, gibt es keine Naturwunder zu feiern. Die Anwohner der Küstenvororte rund um den „Estuary" können das Problem sogar riechen: Die Überdüngung von Weiden in der Umgebung hat vermutlich den hohen Nitratgehalt des Wassers verursacht, der im Sommer zum übermäßigen Wachstum von Grünalgen führt. Zwar fischen die Arbeiter der Stadtverwaltung den verrottenden Meersalat aus dem Wasser, aber an manchen Tagen hängt ein widerlicher Gestank über den Ufergebieten.

Die Tradition, die Pfuhlschnepfen im Frühjahr zu begrüßen und im Herbst zu verabschieden, ist nicht alt. 1998 fand in Christchurch erstmals eine Abschiedszeremonie am Strand statt, und gar erst seit 2004 werden die Vögel mit Glockengeläut begrüßt. Die Idee stammt von einer einschlägig vorbelasteten Marketing-Expertin, die nach Wegen suchte, um Christchurch als umweltfreundliche Stadt darzustellen. Diese Frau, Islay McLeod, hatte einst in ähnlicher Funktion für die Stadt Dunedin gearbeitet. Dort in der Nähe, am Taiaroa Head auf der Otago-Halbinsel, befindet sich die weltweit einzige Festlandskolonie der Königsalbatrosse. Nach der Ankunft des ersten Riesenvogels im September ließ sie in mehreren Kirchen der Stadt die Glocken läuten.

Als Islay McLeod als Veranstaltungsmanagerin zur Stadt Christchurch wechselte, ging sie im März 2004 – Herbst in Neuseeland – zu der von den Maori abgehaltenen Abschiedsfeier für die Kuaka. „Ich hatte bis dahin noch nie eine Pfuhlschnepfe gesehen", sagt sie, „aber ich war beeindruckt, was so kleine Vögel zu leisten imstande sind. Vor allem fragte ich mich, warum sie die Vögel bloß verabschieden, aber nicht begrüßen. Und so machte ich mit der Kirchenverwaltung aus, im September die Glocken zu läuten, und ich organisierte das Flugzeug mit dem Begrüßungsbanner. Das Medien-Echo war enorm. Christchurch und die Pfuhlschnepfen waren in aller Munde. Und die Leute hier sind jetzt richtig stolz auf ihre Pfuhlschnepfen." So ist Christchurch die Stadt der Pfuhlschnepfen geworden, obwohl hier nur eine relativ kleine Schar Kost und Logis für sieben Monate im Jahr findet.

Die wissenschaftliche Forschung findet am Firth of Thames auf der Nordinsel statt. Dieser Meeresarm ist mit 3.600 Quadratkilometern fast 400 Mal so groß wie der „Estuary" drunten in Christchurch. Mehrere Flüsse speisen das flache, sedimentreiche Gewässer. Der Landstrich gilt als „Seabird Coast", Küste der Seevögel. Der Hauptort im Süden ist Miranda, das auch für seine heißen Quellen bekannt ist. Das Feuchtgebiet zieht nicht nur Zugvögel an, sondern auch Wissenschaftler. Der Arbeit dieser Gruppe ist es zu verdanken, dass der Weltrekordflug des Pfuhlschnepfen-Weibchens E7 dokumentiert werden konnte. Geleitet und finanziert wird das Projekt vom US Geological Survey.

Dr. Phil Battley von der Massey-Universität in Palmerston North ist quasi der Lokalheld der internationalen Forschergruppe, die 2007 einigen Pfuhlschnepfen Satellitensender implantierte, um ihre Flugrouten zu verfolgen. E7 benötigte für eine mehr als 10.000 Kilometer lange Strecke von der Coromandel-Halbinsel nach Nordchina siebeneinhalb Tage. Der Rückflug aus Alaska fand, wie vermutet, ohne Zwischenlandung statt. „Ohne Futter und Wasser und ohne richtig zu

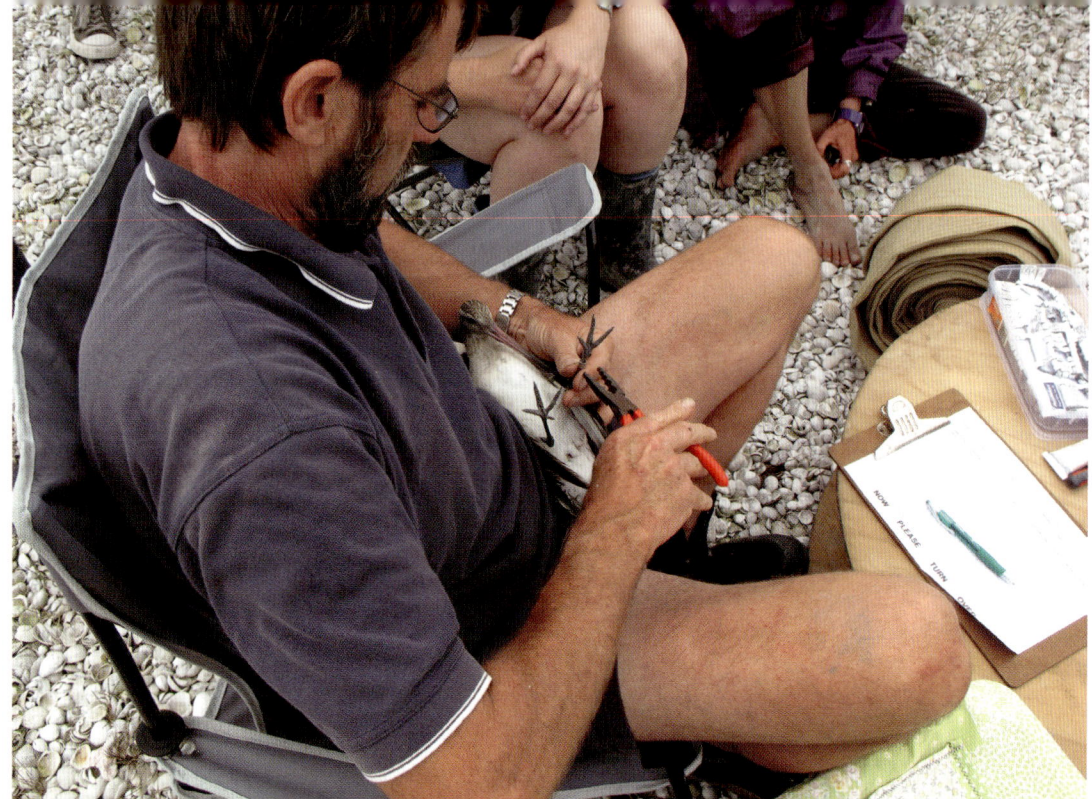

schlafen, mit permanentem Flügelschlag", sagt Battley. „Möglicherweise schalten die Vögel im Wechsel jeweils eine Gehirnhälfte ab, um
Schlaf zu bekommen."

Die andere unglaubliche Leistung der Pfuhlschnepfen ist die Kombination extremer Fettleibigkeit – wenn sie ihr Körpergewicht für den
langen Flug verdoppelt haben – mit ungewöhnlicher Athletik. Dr. Bob
Gill von der US Geological Survey in Alaska war richtig gerührt, als
er ein beringtes Weibchen entdeckte, von dem er wusste, dass es die
Welt 13 Mal umrundet hatte und 15 bis 20 Jahre alt war. „Ich finde es
herzerwärmend zu sehen, wie diese Tiere immer wieder an dieselben
Orte zurückkommen", sagte er in einer Fernseh-Dokumentation. Das
Forschungsprojekt soll zum Überleben der schrumpfenden Pfuhl-
schnepfen-Population beitragen. „Wir wissen, dass die Vögel nur an
sehr wenigen Plätzen der Erde landen", sagte Gill. „Deshalb ist es wichtig herauszufinden, wo diese Landstriche sind." Nur so können diese
Areale geschützt werden.

Wie Christchurch, so kämpft auch Miranda mit Problemen, die aus
der Verschmutzung der Gewässer durch Landwirtschaft und mensch-

liche Aktivitäten resultieren. Darüber hinaus stören Muschel- und Austernfarmen sowie die Erschließung neuer Wohngebiete die Vögel. Die Landeplätze in Asien bezeichnete Gills amerikanischer Kollege Dr. Dan Mulcahy als „bevölkert". Sprich: Der Mensch zerstört die Natur und verdrängt die Tiere.

Mulcahy ist ein Tierarzt, der den Pfuhlschnepfen die Satellitensender einpflanzt. In einer Dokumentation des nationalen Fernsehsenders TVNZ bekamen die Neuseeländer vor einigen Jahren zu sehen, was einige Vögel durchmachen müssen, damit die Welt das Wunder ihrer Nonstop-Flüge verfolgen kann. Es war kein Stoff für zartbesaitete Seelen. Die Forscher in Miranda spannten Fangnetze, in denen die ausgehungerten, völlig erschöpften und deshalb wehrlosen Pfuhlschnepfen nach ihren Marathonflügen hängen blieben. Anstatt eine Ruhepause und ein paar Krabben gab's eine Vollnarkose und eine Operation.

Selbst Bob Gill musste beim Gedanken, „was wir ihnen antun", mit den Tränen kämpfen. Das Einpflanzen der Sender überlebt nämlich nicht jeder Vogel. Die Geräte haben ungefähr die Ausmaße von zwei AA-Batterien und wiegen so viel wie eine Batterie, sie sind also relativ groß und schwer. Die Frage vor der Fress-Saison 2007/2008 lautete: Fliegen Männchen andere Strecken als Weibchen? Deshalb entschlossen sich die Forscher, einige Männchen mit Sendern auszustatten. Männchen sind aber um einiges kleiner als Weibchen – und so starben drei von ihnen während oder nach der Operation. Alle sechs Weibchen überlebten. Vor den Todesfällen hatte der erfahrene Tierarzt Dan Mulcahy noch relativ ungerührt über die Prozedur gesprochen. „Die Transmitter sehen groß aus, aber aus der Praxis des vergangenen Jahres wissen wir, dass die Vögel damit fliegen und wandern können", sagte er, „wir schädigen keine inneren Organe. Die Sender werden in eine Luftblase eingesetzt." Als der erste Vogel starb, sagte er, er habe „keine Ahnung", warum das passiert sei. Nach dem Tod des zweiten Tieres sagte er: „Wenn noch einer stirbt, wäre das für mich das Ende." Erst das dritte Männchen überlebte, ein weiteres starb später – für die Wissenschaft. Und Mulcahy sagte mit einem seltsam unpassenden Lächeln: „Es ist ein Eingriff, aber es ist nicht grausam. Die wenigsten Tierärzte sind grausam. Der einzelne Vogel bezahlt mit seinem Leben für das Wohl der Gesamtpopulation."

Der einzelne Vogel sah es vermutlich anders. Fast 12.000 Kilometer Nonstop-Flug, und dann nicht mal was zu fressen.

Nach dem Ende der Brutsaison in Alaska fliegen die Pfuhlschnepfen 11.500 Kilometer nonstop nach Neuseeland

Albatrosse

Abflughilfe: Diät- und Sportprogramm für den übergewichtigen Nachwuchs

Frisch aus dem riesigen Ei geschlüpft, war Küken Nummer 500 nur eine Nummer. Doch als Jubiläumsvogel am Taiaroa Head, der weltweit einzigen Festlandskolonie von Königsalbatrossen, bekam Nummer 500 einen Namen: Toroa – das Maori-Wort für Albatros. Das war im Februar 2007. Bis zur Saison 2016/17 hatten sich weitere 150 Küken in dem eingezäunten Areal am äußersten Zipfel der Otago-Halbinsel in die Welt geboxt. Wie sämtliche Vorgänger Toroas blieben sie namenlos, weil Albatrosse erstens keine Zirkustiere sind, die auf einen Namen hören; zweitens verlassen sie die Kolonie nach wenigen Monaten. Und wenn sie nach ihren Jugendjahren auf See zum Taiaroa Head zurückkehren, sind sie dank ihrer Beringung mit einer Kombination aus drei farbigen Plastikbändern trotzdem leicht zu identifizieren.

Das Landleben der Königsalbatrosse kann man nirgendwo besser verfolgen als am windzerzausten östlichen Ende der Halbinsel vor den Toren von Dunedin. Das Areal wird feindfrei gehalten: Ein Zaun und Fallen halten Katzen, Hunde, Possums und Marder von den Vögeln fern. In manchen Jahren haben die Besucher Glück, wenn die Albatrosse ihre Nester so günstig platzieren, dass die meisten Küken im Blickfeld einer Beobachtungshütte sitzen. In manchen Jahren ist's nur ein einziges. In der Saison 2016/17 brüteten 23 Paare jeweils ein Ei aus. Allein die Feldhüter der Naturschutzbehörde DOC haben Zugang zu den jungen Vögeln, die jede Woche gewogen werden.

Ausgerechnet während des Ersten Weltkriegs, als in der Festungsanlage am Taiaroa Head eine versenkbare Kanone zu Testzwecken regelmäßig gezündet wurde, suchten sich die Albatrosse den gerodeten Küstenabschnitt als Landeplatz aus. 1920 wurde das erste Ei gefunden, aber erst als ein Feldhüter die Eier Tag und Nacht bewachte, schlüpfte 1938 das erste Küken. Heute ist die Kolonie, die von einer gemeinnützigen Stiftung, dem Otago Peninsula Trust, verwaltet wird, Heimat von 250 Albatrossen.

Das wohlbehütete Leben der Küken unter den Fittichen ihrer Eltern dauert nicht lange. Nur in den ersten 30 bis 40 Tagen nach dem Schlüpfen im Januar und Februar kümmern sich Albatros-Paare, die alle zwei Jahre ein einzelnes Ei legen und ausbrüten, abwechselnd um

Albatros-Küken im plüschigen Daunengefieder

den Nachwuchs. Danach wird es einsam im Kindergarten am Taia-roa Head. Die Albatros-Kinder im plüschigen Daunengefieder sitzen getrennt voneinander in ihren primitiven Nestern aus Zweigen und Dreck. Futter gibt es nur noch alle zwei, drei Tage. Je heftiger der Wind weht, desto größer ist die Chance, dass die Eltern einfliegen. In den Wintermonaten würgen sie bis zu zwei Kilo vorverdauten Tintenfisch aus den Hälsen – aber nur, wenn der Nachwuchs heftig darum bettelt.

Da sich die Küken kaum bewegen, sind sie bald elf, zwölf Kilo schwer. Damit ist Fliegen unmöglich. Deshalb landen die Eltern, die nur sechs bis sieben Kilo wiegen, immer weiter vom Nest entfernt und zwingen so die riesigen Kleinen, längere Strecken durchs Gras zu watscheln, und Futter gibt's ab August immer seltener. Nach diesem Diät- und Sportprogramm sind sie im November leicht genug, um bei starkem Wind abzuheben, und ein faszinierendes Leben beginnt.

Die jungen Vögel bleiben vier oder gar fünf Jahre auf See, ohne je-mals den Erdboden zu berühren. Die erwachsenen kehren ein Jahr nach der Aufzucht ihrer Küken und damit jedes zweite Jahr im Sep-tember zum Taiaroa Head zurück – und legen erst mal eine Bruchlan-dung hin. Die Königsalbatrosse – mit einer Flügelspannweite von bis zu 3,30 Metern zusammen mit dem Kondor die größten fliegenden

Nur alle zwei Jahre bekommen Albatrosse Nachwuchs

311

Königsalbatros beim Start-versuch (oben) und im Landeanflug (unten): Er hat eine Flügelspannweite von bis zu 3,30 Metern; bei einem Vogel wurden gar 3,63 Meter gemessen

Albatros-Familie

Vögel der Welt – sind majestätische Segler, die sich an Land äußerst plump bewegen. Fällt die Windgeschwindigkeit unter zwölf Stundenkilometer, können sie nicht mehr abheben. Sie verbringen das ganze Jahr auf See, umkreisen in den Westwinden um den 40. Breitengrad, den „Roaring Fourties", unaufhörlich die Antarktis, schlafen auf dem Wasser. Das Meerwasser, das sie trinken, wird in Salzdrüsen gefiltert.

Sobald sie zum Brüten an Land gehen, schnäbeln sie ausgiebig, ähnlich wie beim Balzritual. Ihre Rufe, die wie Konversationen wirken, vervollständigen das Annäherungs- bzw. Wiedersehensprogramm. Sie scheinen sich darüber zu unterhalten, wie das Leben auf See so war. Beziehungen entwickeln und festigen sich im Lauf der Jahre, ehe sich ein Paar zur Familiengründung entschließt. Wenn die Albatrosse einander den Hof machen, breiten sie die Flügel aus, recken die Hälse, werfen die Köpfe in den Nacken, drücken die Hälse aneinander und reiben die Flanken mit den Schnäbeln, klappern mit den Schnäbeln, schmettern Rufe in den Himmel und vollführen einen sorgfältig choreographierten Tanz. Auch wenn sie sich später am Nest treffen, kümmern sie sich nicht nur um den Nachwuchs, sondern widmen sich ausgiebig dem Partner, mit dem sie normalerweise einen Bund fürs Leben schließen.

Allerdings spielen sich auch hier nur allzu menschliche Geschichten ab, so wie jene der legendären Grandma, Toroas Großmutter. Sie wurde 61 Jahre alt, weit über dem Durchschnitt von 40 bis 45 Jahren, und brachte es deshalb auf vier Männchen. Bemerkenswert war auch die Liebesgeschichte eines 44-jährigen Weibchens, das sich zwei Jahre nach dem Tod seines Partners mit einem 19-jährigen Männchen zusammentat. Die beiden schnatterten und schnäbelten am Nest ihres Kükens hingebungsvoll miteinander. Doch die Idylle währte nur einen Sommer. Der Hallodri, der wegen seiner Beringung „Orange-Weiß-Rot" genannt wurde, wandte sich bei seinem nächsten Besuch am Taiaroa Head einer Jüngeren zu. Ja, eigentlich sogar einer Minderjährigen. Das Mädchen „Schwarz-Grün-Schwarz" war erst acht Jahre alt – und Albatrosse brüten normalerweise erst mit neun Jahren zum ersten Mal.

Taiaroa Head ist die einzige Festlandskolonie der Welt. Die Brutpaare kommen dort im September an und vollführen Balzrituale, die sehr schön anzusehen sind (siehe oben). Der Nestbau beginnt Anfang November. Jedes Paar legt in den drei folgenden Wochen ein Ei, das die Eltern in zwei bis acht Tage währenden Schichten abwechselnd bebrüten. Um diese Phase nicht zu stören, finden von 17. September bis

23. November keine Albatros-Touren statt, lediglich informative Filmvorträge im Besucherzentrum. Nach 80 Tagen schlüpfen die Küken Ende Januar, Anfang Februar. Da die Aufzucht der Küken ein volles Jahr dauert und das Elternpaar danach ein Jahr auf See verbringt, paaren sich die Albatrosse nur alle zwei Jahre und legen deshalb auch nur alle zwei Jahre ein Ei.

1967 wurde die Stiftung Otago Peninsula Trust gegründet, um die Flora und Fauna der Halbinsel zu schützen und zu verbessern. 1983 öffnete das Richdale Albatross Observatory für Besucher. 1989 weihte Prinzessin Anne das Royal Albatross Centre ein, das heute ein Informationszentrum, ein Café/Restaurant und einen Souvenir-Laden beherbergt. Das Royal Albatross Centre ist für die touristische Seite der Operation zuständig, das Department of Conservation für die Betreuung und Überwachung der Vögel. Da die Anlage als gemeinnützige Einrichtung geführt und vom Otago Peninsula Trust verwaltet wird, gehen Einnahmenüberschüsse direkt in die Forschung (DOC in Zusammenarbeit mit der Universität von Otago) und die Verbesserung des Schutzgebiets.

Im Lauf der Jahre entwickelte sich das Areal zu einem wahren Paradies für Tiere. Es ist Heimat für mehr als 20 Arten, darunter 250 Albatrosse, 4.000 Rotschnabelmöwen, Zwerg- und Gelbaugenpinguine, mehrere Kormoran-Kolonien, Königslöffler und unzählige Seebären. In der Zwischenzeit wurde eine Beobachtungsplattform für die abendliche Heimkehr der Zwergpinguine eingerichtet (siehe Kapitel Pinguine).

Unbeliebt machte sich das Royal Albatross Centre in jüngerer Vergangenheit, als es von Besuchern des Restaurants und Ladens 5 NZ-Dollar Eintritt verlangte, weil manche Touristen die Einrichtung lediglich als Toiletten-Stopp benützt hatten.

Sturmvögel (Shearwaters, Petrels)

Die spannendsten und historisch bedeutsamsten Geschichten ranken sich in Neuseeland um den Dunklen Sturmtaucher (Sooty Shearwater, Muttonbird), der von lokalen Maori gejagt werden darf. Er ist eine einheimische Spezies, die auch in Australien, Südamerika und auf Macquarie Island vorkommt. Sturmtaucher-Arten füllen in Vogelbüchern viele Seiten, aber weniger als ein Dutzend sind endemisch, darunter der Graunacken-Sturmtaucher (Buller's Shearwater), der Flattersturmtaucher (Fluttering Shearwater), der Huttonsturmtaucher (Hutton's Shearwater) und der Schwarzsturmvogel (Black Petrel).

Zertifizierte Nesträuber auf den Muttonbird Islands

In der Schule waren Dallas Reedy und Rob Hewitt Nebensitzer. Hewitt überlebte 2006 drei Tage und Nächte im offenen Meer, als nach einem Tauchgang vor der Küste nördlich von Wellington sein Boot verschwunden war. Ein dicker Neoprenanzug wärmte und hielt ihn an der Wasseroberfläche. Im März 2012 berichtete Dallas Reedy vor den Medien, die um sein Krankenbett im Hospital von Invercargill geschart waren, von seiner wundergleichen Rettung

Ein nur in Neuseeland brütender Graunacken-Sturmtaucher

nach einem Bootsunglück vor der Küste von Stewart Island, das alle
acht anderen Besatzungsmitglieder, zwischen 7 und 58 Jahre alt, das
Leben kostete. Eine senkrecht in die Höhe schießende Welle hatte das
Boot „Easy Rider" umgeworfen.

Reedy, ein massiv gebauter Maori mit über und über tätowiertem
linkem Arm, überlebte 18 Stunden in dem 14 Grad kalten Wasser, zwei
Kilometer nördlich von Stewart Island. Er hatte keinen Neoprenanzug
und wurde lebend geborgen. Er hatte es geschafft, sich zwei Stunden
auf dem Kiel zu halten. Kurz bevor das Boot sank, gelang es ihm, einen Benzinkanister zu leeren, wieder zu verschließen und sich daran
festzuklammern.

Die überladene „Easy Rider" hatte ihre Reise in Bluff, dem südlichsten Festland-Ort Neuseelands, begonnen. Ihr Untergang ist auch die
Geschichte der alljährlich wiederkehrenden gefährlichen Jagdexpedi-
tionen von Maori mit zertifizierter Abstammungslinie von Stewart Island (Rakiura). Nur sie dürfen vom 1. April bis 31. Mai auf den 36 sogenannten Titi- oder Muttonbird-Inseln rund um Stewart Island fette
Küken des Dunklen Sturmtauchers (Puffinus griseus) töten. Jagen kann
diese Art der Fleischbeschaffung nicht genannt werden, da die „Jäger"
die noch flugunfähigen Jungvögel mit Drahtschlingen aus ihren Erd-
und Torfhöhlen ziehen und ihnen dann die Kehle durchbeißen. „Pflü-
cken" oder „ernten" wären treffendere Begriffe. Das Leben von rund
250.000 Küken dieser ansonsten geschützten Spezies findet auf diese
Weise jedes Jahr ein vorzeitiges Ende. Ab dem 15. März ist es den so
genannten Muttonbirders erlaubt, sich auf die Saison vorzubereiten.
Auf dieser Reise befand sich die „Easy Rider". Ein Hubschrauber sollte
die Vorräte von Stewart Island auf eine der Vogelinseln transportieren.
Als von dem Boot aus Bluff zum abgesprochenen Zeitpunkt weit und
breit nichts zu sehen war, alarmierte der Pilot die Küstenwache.

Es war nicht das erste Mal, dass solch eine Reise ein tragisches Ende
fand. 14 von 17 Toten, die in der wegen ihrer unberechenbaren Wellen extrem gefährlichen Foveaux Strait zwischen der Südinsel Neuseelands und Stewart Island zwischen 2006 und 2012 starben, waren
Muttonbirders. Allein sechs Personen starben 2006, als die Kotuku auf
dem Rückweg von den Vogelinseln nach Bluff sank.

Das Fleisch der Dunklen Sturmtaucher gilt unter Maori als Deli-
katesse. Entsprechend teuer ist es. Eine damit gefüllte kleine Blät-
terteig-Pastete kostet in einem Café in Bluff doppelt so viel wie eine
Rindfleisch-Käse-Pastete. Aber alles ist Geschmackssache. Nicht von

Ein ebenfalls endemischer
Flattersturmtaucher

ungefähr bedeutet Muttonbird „Schafvogel". Das dunkle Fleisch trieft vor Fett, riecht und schmeckt nach Tran und muss eine Stunde kochen, ehe es weich ist. Deshalb werden auch nur Küken – und von denen auch nur die fettesten – aus den Nestern geraubt.

Die 40 bis 50 Zentimeter langen Vögel, die eine Flügelspannweite von rund einem Meter haben, sind außergewöhnliche Kreaturen. Jedes Weibchen legt Ende November ein einziges Ei, die Küken schlüpfen nach 53 Tagen. Nach dieser Zeit gehen so viele Sturmtaucher auf Futtersuche und sitzen oft so dicht an dicht auf dem Wasser, dass sie wie riesige dunkle schwimmende Teppiche wirken. Ein faszinierender Anblick bei einer Überfahrt von Bluff nach Stewart Island, die sich selbst bei ruhigem Meer rau anfühlt.

Wenn die Eltern im April abheben, haben sie ihren Nachwuchs in den dunklen Höhlen (rua) mit einem Brei aus Fisch und Tintenfisch durchgefüttert, aber nie gesehen. Die Küken sind dann fetter als die Eltern. Dieses Körperfett gibt ihnen die Energie, den Babyflaum durch Federn zu ersetzen, schwimmen zu lernen, sich selbst zu versorgen und den Eltern hinterherzufliegen – falls sie dem Zugriff der Muttonbirders entgehen. Ihre Wanderung während des neuseeländischen Winters führt sie an den Küsten des Nordpazifiks und der Beringsee entlang. Sie fliegen rund 64.000 Kilometer, im Schnitt 500 bis 1.000 Kilometer am Tag, und gehen erst wieder an Land, wenn sie im Frühsommer zum Brüten auf die 36 Eilande rund um Stewart Island zurückkehren.

Pinguine

13 der 16 Pinguin-Arten der südlichen Hemisphäre und damit der Welt kommen in Neuseeland vor, darunter vier endemische Arten, zwei davon auf dem Festland, genauer der Südinsel: der Gelbaugenpinguin und der Dickschnabelpinguin (*Eudyptes pachyrhynchus*). Die übrigen beiden endemischen Arten brüten auf den Snares-Inseln (Snares-Dickschnabelpinguin; *Eudyptes robustus*; Snares Crested Penguin) bzw. auf anderen subantarktischen Inseln (Kronenpinguin; *Eudyptes sclateri*; Erect-Crested Penguin). Die am weitesten verbreitete Art ist der Zwergpinguin, der jedoch nicht nur in Neuseeland, sondern auch an der Südküste Australiens und in Tasmanien zu finden ist.

Die beste Chance, in freier Wildbahn Pinguine zu sehen, hat man während der Brutzeit und Aufzucht der Küken sowie während der Mauser, also von September bis April. Außerhalb dieser Monate muss man Glück haben, um Pinguine zu Gesicht zu bekommen.

Während der vierwöchigen Mauser verlieren die Vögel alle Federn (bis zu 50.000 beim Gelbaugenpinguin). Ihr Gefieder ist dann nicht wasserfest und sie können zur Futtersuche nicht ins Meer, sondern müssen von ihren Fettreserven zehren. Sie stehen oder liegen während dieser Zeit apathisch an Land und sollten auf keinen Fall gestört und – in einem Anfall von Tierliebe und Hilfsbereitschaft – schon gar nicht ins Meer getragen werden.

In den vier Wochen der Mauser tauchen regelmäßig Pinguin-Arten an Neuseelands Stränden auf, die hier sonst nie zu sehen sind. Sie haben sich bei ihren Ausflügen vertan und sind zu weit von zu Hause weg, wenn die Mauser beginnt. Und manchmal verschwimmt sich ein Pinguin auch ganz einfach.

Gelbaugenpinguin (Yellow-Eyed Penguin; Hoiho) – Der seltenste und seltsamste Pinguine der Welt

Der Pipikaretu Beach ist einer jener langen, weißen Traumstände auf der windzerzausten Otago-Halbinsel, in deren Einsamkeit Besucher sich verlieren. Ein Naturparadies, in dem sich Seelöwen und Seebären in der Sonne aalen. Pinguine stürzen sich in aller Herrgottsfrühe in die Brandung und watscheln nach der Futtersuche zu ihren Nestern und Schlafplätzen zurück. Die putzigen Zwergpinguine tun's in Gruppen,

Gelbaugenpinguine auf dem Nachhauseweg, Curio Bay

Das noch graublauäugige Küken eines Gelbaugenpinguins während des Wechsels vom Daunen- ins Federkleid

wenn die Nacht hereinbricht, die nur in Neuseeland vorkommenden großen Gelbaugenpinguine schon am Spätnachmittag, einer nach dem anderen. Sie sind Einzelgänger. Und jetzt wackelt ein Prachtexemplar mit glänzender, blütenweißer Brust und dem typischen gelben Streifen rund um den Kopf leicht vornüber gebeugt durchs Gras und dann den Hügel hinauf. „Das ist Dougs Sohn, er ist drei Jahre alt", sagt Glen Riley. „Er war nach der Mauser heute zum ersten Mal zurück im Meer."

Riley ist stellvertretender Manager des Penguin Place, der es sich, wie auch einige andere private Organisationen und die Naturschutzbehörde DOC, zur Aufgabe gemacht hat, die drittgrößte Pinguin-Art der Welt vor dem Aussterben zu retten. Nur rund 600 Exemplare der seltensten Spezies leben im Südosten der Südinsel Neuseelands. Die Gesamtzahl, inklusive der Tiere von Stewart und Campbell Island sowie der subantarktischen Auckland Islands, liegt bei ungefähr 3.000. Umso schlimmer war der Verlust von mehr als 60 erwachsenen Gelbaugenpinguinen, die im Februar und März 2013 auf der Otago-Halbinsel – fast alle am selben Strand – an einer rätselhaften Krankheit verendeten.

So mysteriös das Massensterben auch war, das Phänomen war nicht neu. 1990 wurden mehr als 100 Tiere dahingerafft. Zoologen der Universität von Otago in Dunedin vermuteten als Ursache Biotoxine, die in erhöhter Konzentration auftreten, wenn sich bei warmem Wetter und entsprechend warmem Oberflächenwasser das Algenwachstum verstärkt. Allein: Die Obduktion der toten Vögel verlief erst einmal ergebnislos. „Um herauszufinden, um welches Biotoxin es sich handelt, muss man wissen, wonach man sucht", sagte Prof. Philip Sutton. „Vielleicht haben wir noch nicht danach gesucht, oder in den falschen Gewebeproben, oder es gibt für dieses Gift noch gar keine Testmethode. Es ist schwieriger, als nach einer Nadel im Heuhaufen zu suchen, weil auch die Nadel aus Heu besteht." 2004 starb die Hälfte der Jungvögel an einer diphtherie-ähnlichen Erkrankung.

Noch sind in der Strand- und Dünenlandschaft so viele Gelbaugenpinguine zu sehen, dass das private Naturreservat Penguin Place, für das die Familie des Gründers Howard McGrouther 1985 zehn Prozent der Fläche ihrer weitläufigen Schaffarm abzwackte, den Besuchern eine Pinguin-Garantie geben kann. Deshalb finden nur vom Frühjahr bis zum Herbst (Anfang Oktober bis Ende April) ganztägig Touren statt. „Nur da können wir sicher sein, dass Tiere hier sind", sagt Glen Riley. „Im Winter kommen sie nur am Spätnachmittag zum Schlafen. Dann findet nur eine Tour statt."

Die übliche Arbeit im Winter hat nicht direkt mit den Pinguinen zu tun. Die Dünen und das angrenzende Grasland des Penguin Place werden mit immer mehr einheimischen Büschen und Bäumen bepflanzt, mit Kanuka, Ngaio, Keulenlilien, Olearia, Pittosporum (Klebsamen), Koprosma, Griselinia, Rimu, Pohutukawa, Flachs und Gräsern, um den ungeselligen Pinguinen ein optimales Umfeld zu bieten. „Als Einzelgänger lassen sie sich nur dort nieder, wo sie ihre Nachbarn nicht sehen", erzählt Glen Riley.

Das für Besucher interessante Halbjahr beginnt Anfang Oktober, wenn die Vögel jeweils zwei Eier legen und ausbrüten. Anfang November schlüpfen die Küken, die im Februar, wenn sie dicke Kullerbälle sind, die Nester verlassen. Die Eltern ziehen dann für zwei, drei Wochen aufs Meer hinaus und fressen sich so viel Fett an, dass sie die vierwöchige Mauser überstehen. Schließlich wechseln die Küken, die grau-blaue Augen haben, ihre flauschigen braunen Daunen gegen weiße Federn. Sie putzen sich emsig, bis ihre Bürzeldrüsen so viel Öl abgesondert haben, dass das Gefieder wasserfest ist, und lernen dann, Fische zu fangen. „Sie probieren herum, bis es klappt, denn sie haben ja keine Ahnung, wie das funktioniert", sagt Riley. Erst nach einem Jahr bei der nächsten Mauser bekommen sie den gelben Federring am Kopf.

Aus luftiger Perspektive wirkt das Hinterland des Pipikaretu-Strandes wie ein Abenteuerspielplatz für Erwachsene. Ein Netzwerk aus

Gelbaugenpinguin am Zaun am Katiki Point

abgedeckten Schützengräben und Tunnels verbindet ein Dutzend Holzverschläge in den Sanddünen, aus denen kleine, flüsternde Menschengruppen ins Freie starren. Es kann passieren, dass einem Pinguine auf den über die Gräben gebauten Brücken direkt über den Kopf laufen. Die gedämpften Entzückensrufe und das Klicken der Kameras stören die scheuen Watscheltiere nicht. „Die Hütten und die Geräusche sind Teil ihrer natürlichen Umgebung", sagt Glen Riley. Leute zu sehen, ist für die Vögel eine extreme Stresssituation.

Die Pinguine sind am bedauernswertesten, wenn sie in der Mauser sind. Ihr Gefieder ist zerfleddert, und sie bewegen sich kaum von der Stelle. Mal stehen sie, mal liegen sie inmitten eines wie von Frau Holle ausgeschütteten weißen Federbetts im Gras. 50.000 Federn müssen sie wechseln, bevor sie ins Meer zurück und fressen können. Vier Wochen dauert die Tortur. In dieser Zeit zehren die normalerweise 5,5 Kilo schweren Vögel von dem vor der unfreiwilligen Fastenkur angefressenen Fett und verlieren die Hälfte ihres vorübergehend auf acht Kilo gestiegenen Körpergewichts. Nur ein Drittel des Strandes ist für Besucher zugänglich – und genau in diesem Abschnitt gedeihen die Pinguine am besten, „weil wir hier ständig herkommen und", so Riley, „natürlich sofort sehen, ob ein Pinguin krank oder verletzt ist".

Solche Tiere landen umgehend im Pinguinkrankenhaus hinter dem Besucherzentrum, das Patienten des südlichen Küstenabschnitts von Otago und Southland aufnimmt. Hier wurden auch 30 Waisen der Anfang 2013 tot aufgefundenen Tiere aufgepäppelt. Nach der Zwangsfütterung mit jeweils einem Kilo Fisch pro Tag stehen sie unbeweglich da und sehen aus wie ausgestopft. Erst wenn sie fünfeinhalb Kilo wiegen, werden sie am Strand freigelassen. Sofern sie nicht von einem Seelöwen verspeist werden, kehren sie nach Hause zurück.

Steckbrief: Gelbaugenpinguin
(*Megadyptes antipodes*; Yellow-Eyed Penguin; Hoiho)

Der Gelbaugenpinguin (*Megadyptes antipodes*) ist die seltenste und mit 65 bis 70 Zentimetern Größe und rund 5,5 kg Gewicht die drittgrößte Pinguinart der Welt; nur der Kaiser- und der Königspinguin sind größer. Er kommt nur im Südosten der Südinsel Neuseelands, auf Stewart und Campbell Island sowie auf den subantarktischen Auckland Islands vor, die ebenfalls zu Neuseeland gehören, und kann bis zu 25 Jahre alt werden. Viele sterben in den ersten drei Lebensjahren;

wer diese Phase übersteht, lebt im Schnitt 12 bis 15 Jahre. Gelbaugenpinguine sind scheue Einzelgänger, lassen sich nicht zähmen und mi-
grieren nicht. Brutpaare brüten jedes Jahr zwei Eier aus und ziehen
zwei Küken groß. Üblicherwese sind die Vögel monogam, am Penguin
Place wurden jedoch auch schon „Affären" beobachtet, nach denen die
Pinguine zu ihren ursprünglichen Partnern zurückkehrten.

Die Feinde der Pinguine sind Possums, Hermeline, Frettchen, verwilderte Hauskatzen und freilaufende Hunde. Aber auch der Verlust
von Lebensraum und Störung durch Freizeit-Aktivitäten setzen den
Tieren zu. Der Maori-Name Hoiho bedeutet „lauter Rufer".

Die Pinguine haben, wie ihr Name schon sagt, gelbe bis bernstein-
farbene Augen. Von einem zum anderen Auge verläuft ein gelbes Fe-
derband rund um den Hinterkopf. Der schieferfarbene Kopf ist mit
gelben Federn durchsetzt. Der Oberkörper ist schieferfarben, die
Brust weiß, der Schnabel und die Füße sind fleischfarben. Jungvögel
sehen nach zwei Jahren aus wie erwachsene Tiere. Vorher fehlt das
gelbe Kopfband und die Augen sind graublau. Sie sind mit zwei bis
drei Jahren geschlechtsreif. Küken haben flauschige braune Daunen.
Die Eltern wechseln sich bei der Bebrütung und Fütterung der Küken
ab. Nach rund zwei Monaten sind die Kleinen flügge, gehen durch die
Mauser und lernen dann selbständig, Fische zu fangen.

Gelbaugenpinguin am Harington Point, Otago-Halbinsel

Der Penguin Place auf der Otago-Halbinsel, vor den Toren der Stadt Dunedin, finanziert sich ausschließlich aus den Eintrittsgeldern von jährlich rund 40.000 Besuchern. Howard McGrouther gründete dieses Pinguin-Paradies 1985, als sich acht Brutpaare auf seiner Farm niedergelassen hatten. 1996 wurden 36 Paare gezählt, danach wurden es wieder weniger. Dazu kommen Singles, Jungtiere und Küken. Der Erfolg solcher Projekte wird jedoch immer an der Anzahl brütender Paare gemessen. 1991 öffnete der Penguin Place für Touristen. Howard McGrouther starb 2010. Die Farm wird von seinem Sohn weitergeführt, das Pinguin-Geschäft von seiner Tochter Lisa King. Im Krankenhaus werden Patienten aufgepäppelt, die an Stränden zwischen Invercargill und südlich von Moeraki aufgelesen werden, egal, um welche Pinguin-Spezies es sich handelt.

Pinguin-Touren auf der Otago-Halbinsel gibt's auch bei Natures Wonders, das oberhalb der Albatros-Kolonie am Taiaroa Head liegt, bei Elm Wildlife Tours und – im kleineren Rahmen – auf der Farm am Allan's Beach (Sam's Offroad Tours).

Seit 2013 kann man am Fuße der Albatros-Kolonie auch die nächtliche Heimkehr-Parade einer wachsenden Kolonie von Zwergpinguinen beobachten (siehe Kapitel Rendezvous mit den Little Blues).

Eine weitere wichtige Organisation ist der 1987 gegründete Yellow-Eyed Penguin Trust, eine Stiftung, die sich um die Rettung der Tiere in Otago kümmert. Die Firma Mainland (Käse) ist einer der Sponsoren. Die Naturschutzbehörde DOC (Department of Conservation) überwacht und/oder kontrolliert die Aktivitäten der privaten Organisationen und Unternehmen.

Auf der Otago-Halbinsel brüten die Gelbaugenpinguine in 15 verschiedenen Gebieten. Manche liegen an frei zugänglichen Stränden wie dem Sandfly Point und dem Victory Beach. Da die Gelbaugenpinguine sehr scheu und ungesellig sind und sich deshalb extrem schnell gestresst fühlen, sollte man unbedingt fünf bis zehn Meter Abstand halten, falls man ihnen über den Weg läuft.

Das gilt auch für die Curio Bay in den Catlins, wo Gelbaugenpinguine regelmäßig in Sichtweite kommen. Gar ein Tummelplatz für diese Spezies ist die Gegend um den Leuchtturm am Katiki Point, südlich der Moeraki Boulders. Dort befindet sich auch ein Pinguin-Krankenhaus. In Oamaru, das für seine abendliche Parade der Zwergpinguine bekannt ist, gibt es ebenfalls Gelbaugenpinguine.

Besuch im Pinguin-Krankenhaus am Katiki Point

Es ist ein Krankenhaus der anderen Art. Es liegt am Fuße eines Leuchtturms am Ende einer schmalen, staubigen Straße, am äußersten Zipfel einer Landzunge hoch über dem Pazifischen Ozean. Das Verwaltungsgebäude ist ein weißes Holzhaus mit türkisblauem Dach, alle Zimmer haben Meerblick. Die Kranken hausen drumherum unter freiem Himmel.

Der Leuchtturm am Katiki Point, 80 Kilometer nördlich von Dunedin

An diesem sonnigen Nachmittag hat es schon drei Einlieferungen gegeben. Nummer eins hat Parasiten – Leberegel – und ist so dünn, dass er nicht mehr schwimmen kann. Nummer zwei hat einen eingerissenen Flipper (Brustflosse), vermutlich wurde er im Meer von einem Hai oder Barrakuda gebissen. Nummer drei ist ein abgemagertes vier Monate altes Küken, von den Eltern verlassen. Wir befinden uns im Pinguin-Krankenhaus von Moeraki, im Südosten der Südinsel Neuseelands.

Im März und April herrscht hier Hochbetrieb. Die Tiere sind jetzt in der Mauser und damit besonders anfällig für Krankheiten und Attacken, haben Augenverletzungen und Wunden an den Füßen. In der vergangenen Woche – Höhepunkt der Pflegewelle – drängten sich 38 Pinguine im Hospital. Die Neuankömmlinge aus dem Meer sitzen in vergitterten Einzelboxen, die übrigen Patienten tummeln sich in größeren Gehegen.

Rosalie Goldsworthy lebt seit 2002 in dem einsamen weißen Holzhaus neben dem Leuchtturm am Katiki Point, 80 km nördlich von Dunedin, und kümmert sich ehrenamtlich um die kranken und verletzten Pinguine. Freiwillige Helfer, die Pinguin-Boxen zimmern und Gehege ausmisten, unterstützen sie bei der Arbeit.

Ein Gelbaugenpinguin ist die Klippen hoch- und über einige weite Wiesen gewatschelt und versucht nun, durch eine Lücke im Zaun ins Krankenhaus-Areal zu schlüpfen. „Wenn einer mal hier war, vergisst er nie, wo es was zu fressen gibt", sagt Rosalie Goldsworthy, die versucht, ihren Job ohne große Gefühlsduselei zu verrichten. Schließlich sollen die Vögel nach ihrer Genesung wieder ausgewildert werden. Aber hin und wieder gerät ihr Blut in Wallung, so wie kürzlich, als sie einen toten Pinguin am Strand auflas, totgebissen von einem nicht angeleinten Hund.

Ein anderer gesunder Pinguin steht wie zur Salzsäule erstarrt direkt neben einem Spazierweg im Gras. Besucher können kaum den

Haubenpinguine im Katiki Point Hospital

gewünschten Sicherheitsabstand von fünf Metern halten. Dieses Tier scheint jedenfalls nicht zu wissen, dass seine Art als extrem scheu und schreckhaft gilt.

Wieder ein anderer Gelbaugenpinguin ist so ausgehungert, dass er in einem Einzelgehege gehalten wird, sonst würde er seine Pflegerin beißen. Die Zwergpinguine mit dem kobaltblauen Gefieder haben immer Hunger. Egal, wer bei ihnen auftaucht, einer rast immer sofort aus dem Gebüsch zum Zaun, in der Hoffnung, ein Fischhäppchen zu ergattern. Zwei Artgenossen recken die Köpfchen und weißen Flipper aus ihren Holzboxen, so, als würden sie sich neugierig zum Tratsch aus dem Fenster lehnen. Zu beschreiben nur mit Worten wie: niedlich, putzig, herzallerliebst.

Immer wieder stranden Pinguine, deren Art an diesem Küstenabschnitt normalerweise nicht vorkommt. Sie sind bei ihren oft monatelangen Fischzügen im Meer vom Weg abgekommen und nun in der Mauser nicht fähig, in ihre Heimatgewässer zurückzuschwimmen. Rosalie Goldsworthy liest die apathisch am Ufer sitzenden Tiere auf. Ob nun einen mächtigen Königspinguin von der antarktis-nahen Macquarie-Insel oder Haubenpinguine aus Fiordland. Dem Kronenpinguin von den zu Neuseeland gehörenden Bounty- und Antipoden-Inseln attestiert die Pflegerin feine Manieren: „Er nimmt ein Häppchen nach dem anderen. Die anderen fressen wie die Kannibalen. So, als wäre jede Mahlzeit ihre letzte."

Ihre Vorgänger Janice und Bob Jones gründeten das Pinguin-Krankenhaus 1986. Sie waren 1980 zum Katiki Point gekommen, bepflanzten den abgeweideten Küstenabschnitt mit einheimischen Büschen und Bäumen. Die verletzten Pinguine, die sie an den Stränden Nord-Otagos auflasen, kehrten bald zum Brüten zurück, und so entstand hier – neben einer Seebären-Kolonie – ein Paradies für Gelbaugen- und Zwergpinguine.

Das Gebiet ist mittlerweile eingezäunt, um die Feinde der Tiere fernzuhalten. Dazu gehören Fuchskusus (Possums) ebenso wie Hunde, Katzen und Touristen, die über den Zaun klettern und die Pinguine in die Enge treiben. Zusätzlich wurden Nestboxen im Unterholz verteilt. Aus einem leicht zugänglichen Versteck können die Vögel beobachtet werden, am besten in der Dämmerung, wenn sie von der Futtersuche im Meer zurückkehren. Während der Mauser sind die Tiere den ganzen Tag an Land.

Im Krankenhaus ist rund um die Uhr Betrieb. Zehn Dollar kostet es pro Tag, um ein Tier mit fettem Babylachs durchzufüttern, denn Gratis-Fischabfälle lehnt Goldsworthy dankend ab: „Damit kriegen sie keinen Speck auf die Rippen." Hinzu kommen Tierarzt-Rechnungen. Finanziert wird das Projekt ausschließlich durch Spenden. Eine gemeinnützige Stiftung (der Yellow-Eyed Penguin Trust) und ein Käseproduzent (Mainland) sind die Hauptsponsoren. Die Naturschutzbehörde DOC stellt Arbeitskräfte zur Verfügung.

Zwergpinguine werden nicht größer als etwa 35 Zentimeter

Zwergpinguin (*Eudyptula minor*; Little Penguin, Blue Penguin, Little Blue; Korara)

Zwergpinguine (*Eudyptula minor*) sind die kleinsten Pinguine der Welt. Sie sind rund 30 Zentimeter groß und wiegen zwischen 800 und 1.000 Gramm. Sie kommen vornehmlich in Neuseeland, aber auch in Australien (z.B. Philip Island) vor. Sie haben ein schwarzblaues Obergefieder und einen weißen Bauch. Sie sind gesellig und nicht sehr scheu. In Neuseeland heißen sie Little Blue Penguins, oder einfach nur Little Blues, in der Maori-Sprache Korara.

Die Weißflügelpinguine (*Eudyptula minor albosignata*; White-flippered penguin) sind eine Unterart der Little Blues. Ihre Flügel sind nicht weiß, sondern lediglich weiß umrandet. Sie sind größer (bis zu 40 Zentimeter) und schwerer (bis zu 1.400 Gramm). Sie kommen nur in der Region Canterbury in Neuseeland vor, vornehmlich an den Buchten der Banks-Halbinsel und auf der Motunau-Insel nördlich von Christchurch.

In freier Wildbahn werden diese Pinguine sechs bis sieben Jahre, in Gefangenschaft mehr als doppelt, in seltenen Fällen sogar mehr als drei Mal so alt. Sie legen von Juli bis Dezember jeweils ein bis zwei Eier, üblicherweise in einer Höhle, einem Hohlraum zwischen Felsbrocken

Zwergpinguine wiegen rund 1 kg

Weißflügelpinguine sind eine Unterart der Zwergpinguine (oben)
Ein Weißflügelpinguin in der Mauser (unten)

oder unter Treibholz; die Hochzeit der Fortpflanzung ist von August bis November. Sie wandern oft mehr als einen halben Kilometer ins Landesinnere, auf Kapiti Island gar in Gipfelnähe. Sobald die Küken 90 Prozent des Erwachsenen-Gewichts erreicht haben, verlassen sie das Nest und erkunden die Welt auf eigene Faust.

Wenn sie nicht gerade mit Brüten, Aufzucht und Mauser (10 bis 18 Tage zwischen Dezember und März) beschäftigt sind, stürzen sich die Little Blues in aller Herrgottsfrühe zur Futtersuche ins Meer und kommen in relativ großen Gruppen erst bei Dunkelheit an Land zurück. Das geschieht unter lautem Geschnatter und Getöse. Leicht vornüber gebeugt, rasen sie die steilsten Hügel zu ihren Schlafhöhlen hoch.

Morgan, der wasserscheue Weißflügelpinguin

Juni 2011. Wer Morgan, den Zwergpinguin, besucht, darf nicht wasserscheu sein. Sobald Pflegerin Mallorie Hackett das schwarzblaue Watscheltier mit dem weißen Bauch aus seinem Käfig in das kleine türkisfarbene Planschbecken auf dem Boden setzt, schlägt es mit seinen Stummelflügeln wild um sich, schüttelt sich das Wasser aus dem kurzen Gefieder. Es plitscht und platscht, der ganze Raum wird nass gespritzt. Krampfhaft hält Morgan seinen Kopf über der Oberfläche, und er kennt nur eine Richtung: zum Beckenrand. Nichts wie raus! Selbst in dieser niedrigen Wanne in der Quarantänestation des Internationalen Antarktis-Zentrums in Christchurch ist das für so einen kleinen Pinguin ein Problem. Zwar nennt Mallorie Hackett ihn einen „big boy", weil er mit seinen 40 Zentimetern Größe und 1.400 Gramm Gewicht Gardemaß für einen Weißflügelpinguin hat. Aber Pinguine sind aufgrund ihrer Anatomie nicht wirklich zum Hoch- und Weitspringen geboren. Morgan allerdings gibt nicht auf. Schwimmend nimmt er so oft Anlauf, bis es ihm mit viel Schwung, Schnabel- und Flügelhilfe gelingt, auch sein schweres Hinterteil auf die rutschige Beckenumrandung zu hieven. Nach der platschenden Bauchlandung auf dem Gummifußboden watschelt er unter den Hängeschränken an der Wand entlang, kämpft sich über einen Schrubber und quetscht sich unter den Rollenschrank, in den vier Käfige eingebaut sind, so wie er sich in freier Natur in einen Felsspalt, eine Erdhöhle oder unter Baumwurzeln legen würde. „Dort unten gefällt es ihm am besten", erzählt die Pflegerin, die Morgan zweimal täglich ins Wasser setzt und jedes Mal dasselbe erlebt: „Er nimmt einen Schluck Wasser und kämpft sich dann so schnell wie möglich wieder ins Trockene."

Ein wasserscheuer Pinguin hat Seltenheitswert, schließlich verbringen die flugunfähigen Seevögel ihre Tage im Meer, um zu fressen und danach ihr Gefieder zu pflegen und wasserfest zu halten. Weil Morgan sich nicht mehr ins Meer traute, wäre er in freier Wildbahn verhungert. Deshalb lebt er jetzt in der Touristen-Attraktion in Christchurch. Nach 45 Tagen Quarantäne wurde er mit den hauseigenen Zwergpinguinen zusammengebracht. Diese Gruppe besteht ausschließlich aus verletzten oder behinderten Tieren, die nicht ausgewildert werden können. Die einen haben gebrochene oder gelähmte Flügel, andere sind blind, wieder andere können nicht selbständig fressen. Der 23 Jahre alten Toto fehlen die natürlichen Verhaltensmechanismen, weil sie im „Marineland" in Napier (heute National Aquarium of New Zealand) aufgewachsen ist. Mehr als zwei Dutzend Zwerg-und Weißflügelpinguine haben im Antarktis-Zentrum ein neues Zuhause gefunden, Paare und Singles. Die Vögel können sich artenübergreifend paaren, denn das Antarktis-Zentrum hat keine Zuchterlaubnis. Das heißt die Weibchen legen jedes Jahr zwei Eier, aber nach wenigen Tagen werden sie aus den Nestern genommen und durch künstliche Eier ersetzt. Nach 30 Tagen geben die Tiere den Brutversuch auf.

Als Morgan ins Antarktis-Zentrum kam, war er wasserscheu

Mallorie Hackett hoffte, dass die Verführungskünste des Single-Weibchens Pania Wunder wirken und den furchtsamen Morgan ins Wasser zurück locken würden. „Pania ist eine tolle Schwimmerin", schwärmte die Pflegerin. Allerdings ist Pania auch heißblütig. Einmal bei der Fütterung mit Sprotten und Heringen versuchte sie, ein anderes Weibchen namens CC zu ertränken. Seitdem hat auch CC Hemmungen, ins Wasser zu gehen.

Welches traumatische Erlebnis den Mitte 2011 acht Jahre alten Morgan zum Landtier gemacht hat, bleibt ein Rätsel. Am wahrscheinlichsten ist es, dass er haarscharf einem hungrigen Seebären entkommen ist. Eines Tages stand er jedenfalls auf einer Schaffarm und bewegte sich nicht mehr von der Stelle. Für Shireen Helps kein außergewöhnlicher Anblick, denn am Rande ihrer Farm an der Flea Bay, einer idyllischen Bucht in der Nähe von Akaroa auf der Banks-Halbinsel, befindet sich eine Brutkolonie der Weißflügelpinguine, die nur in dieser Region (Canterbury) vorkommen. Immer wieder päppelt sie Pinguine auf, die von Parasiten befallen sind oder sich bei der täglichen Futtersuche im Meer verletzt haben. Das schien auch bei Morgan der Fall zu sein. Er war völlig ausgehungert, als Shireen Helps ihn entdeckte.

Als Morgan nach drei Wochen wieder rund und gesund war, brachte

Heimkehrende Zwergpinguine, Otago-Halbinsel

ihn die Farmersfrau an den Strand zurück und dachte, er würde wieder ein ganz normales Pinguin-Leben führen. Stattdessen sah sie ihn nach jedem Auswilderungsversuch über die Schafweiden watscheln. Im Antarktis-Zentrum lebte Morgan wenigstens wieder unter Pinguinen. Und nach ein paar Wochen wirkte die Gruppentherapie. Morgan traute sich ins Wasser zurück und schwamm wie ein Weltmeister.

Rendezvous mit den Little Blues

Die entzückenden Pinguine, die sich von Menschen nur selten schrecken lassen, kommen in großer Zahl in ganz Neuseeland vor. Sie haben sich aus zahlreichen Regionen, in denen ihnen Hunde und Katzen ständig auf die Pelle rückten, zurückgezogen. Aber an einigen Küstenabschnitten trotzen sie den vierbeinigen Pinguin-Killern und der Störung durch Menschen, zum Beispiel in Oamaru, im Wellington Harbour und Mt. Maunganui.

Der Ort mit der längsten Tradition der Zwergpinguin-Beobachtung ist die Kolonie in Oamaru. Die Besucher sitzen auf einer Tribüne am Strand. In der Saison 2014/15 lebten dort 191 Brutpaare. Diese Saison war auch ein Rekordjahr mit sage und schreibe 400 überlebenden Küken (2015/16 nur 214). Da die Kolonie am Pilots Beach (Pukekura) am östlichen Ende der Otago-Halbinsel durch Touristen gestört und die Vegetation zertrampelt wurde, sperrten die örtlichen Maori den Strand am Fuße der Albatros-Kolonie mit einem Zaun ab, bepflanzten den steilen Hang neu und bauten eine Aussichtsplattform. Von dort kann man die nächtliche Heimkehr der Little Blues beobachten. Bis Mai 2017 war die Kolonie auf 500 Tiere angewachsen, darunter rund 200 Brutpaare.

In Akaroa auf der Banks-Halbinsel gibt es Allrad- und Kajak-Touren zur Flea Bay (Pohatu), die ein bekanntes Revier der Weißflügel-Variante ist. Die Brutstätten an der Harris und Boulder Bay auf der Banks-Halbinsel sind wegen zu großer Störung durch Menschen mittlerweile eingezäunt. Die meisten Pinguine sieht man allerorten zwischen September und April.

Dickschnabel-/Fjordlandpinguin (*Eudyptes pachyrhynchus*; Fiordland Crested Penguin; Tawaki

So selten der endemische Dickschnabelpinguin auch vorkommt, so ist doch die Chance ziemlich gut, ein Exemplar dieser 60 Zentimeter

Dickschnabelpinguin in der Mauser, Milford Sound

großen Spezies mit der wilden Frisur – einer gelben Krone aus langen Federn über den Augen – in Fiordland zu erspähen. Entweder auf einer Bootstour im Milford Sound oder während der Mauser direkt am Milford Sound. Bei einem Besuch der Autorin im Februar saßen zwei, drei Pinguine auf den Gesteinsbrocken der Anlegestelle und watschelten immer wieder zum Ufer hinunter, um ein paar Schlückchen Wasser zu trinken. Das Personal im Schiffsterminal erzählte, erst am Vortag seien einige Pinguine in das Gebäude hineinmarschiert!

Das Verbreitungsgebiet reicht von Westland bis Codfish Island (bei Stewart Island). Diese Pinguine kommen auch im Doubtful und Dusky Sound vor – und sind eine jener Spezies, die sich regelmäßig zu weit von zu Hause wegwagen und dann zur Mauser in einem der Pinguin-Krankenhäuser in Otago landen. Obwohl er nur ein bisschen kleiner ist als der Gelbaugenpinguin (der eine eigenständige Spezies ist und keine Unterarten hat) und auch ein ähnliches Gefieder hat, ist der Dickschnabelpinguin aufgrund seiner mächtigen Augenbrauen à la Theo Waigel (wenn auch gelb) nicht mit dem Ostküsten-Bewohner zu wechseln. Außerdem hat er einen dicken orangefarbenen Schnabel, während der Schnabel des Gelbaugenpinguins schmaler, länger und zart fleischfarben ist.

Das deutsche Paar Thomas Stracke und Kristina Schütt päppelt verletzte Pinguine in Christchurch auf

Enten

Dank ihrer rundlichen Form, die perfekt dem Kindchen-Schema entspricht, haben Enten auch in Neuseeland einen festen Platz in den Herzen der meisten Menschen. Während die eingeführten Spezies wie die Stockente numerisch in der Überzahl sind, gibt es daneben erstaunlich viele einheimische und endemische Arten, von denen eine Art herausragt, die gar keine echte Ente, sondern eine Halbgans ist: die Paradieskasarka, auch Paradiesente genannt. Sie ist eine Rarität in der Vogelwelt, weil das Weibchen auffälliger gefärbt ist als das Männchen.

Paradieskasarka (Paradise Shelduck)

Anderen Entenarten gegenüber sind diese schönen Vögel meistens ziemlich aggressiv und ruhen erst, wenn sie sie aus ihrem Revier vertrieben haben. Aber es ist ein Vergnügen, sie zu beobachten. Zum einen in ihrer festen Paarbeziehung, zum anderen als großartige Eltern, die oft riesenhafte Kükenscharen großziehen, die wegen verhängnis-

Eine Augenbrauenente mit elegantem Lidstrich

Paradieskasarka: auffällig gefärbtes Weibchen mit Kükenschar auf dem Avon in Christchurch

voller Begegnungen mit Aalen, Hunden und Radfahrern leider stetig schrumpfen.

Das markanteste Merkmal dieser Spezies ist, wie in der Einleitung bereits angesprochen, die auffälligere Färbung des Weibchens, das einen schneeweißen Kopf und Hals hat, während diese Teile beim Männchen schwarz sind und in der Sonne grünlich schimmern. Das übrige Gefieder des Weibchens ist kastanienfarben. Bei beiden Geschlechtern ist der innere Teil der Oberflügel weiß, und die Schwingen sind innen grün und außen schwarz. Jede einzelne Feder ist nicht eintönig gefärbt, sondern filigran mit allerfeinsten weißen Linien, fast wie Spitzenklöppelei, gezeichnet.

Die Paare grasen gemeinsam, fliegen gemeinsam und scheinen sich dabei bestens zu unterhalten, wenngleich sich die Schnatter-Dialoge manchmal eher wie die ungeduldige Frage: „Kommst du jetzt endlich?", und die Antwort: „Ja, gleich, ich muss bloß noch schnell zwei, drei Halme fressen", anhören. Die Laute sind gut zu unterscheiden. Das Männchen ruft mit tiefer Stimme: „Zonk-zonk!", oder: „Quak-quak!", das Weibchen antwortet mit einem schrilleren und höheren: „Zeek-zeek!" Ihre Eier legen sie nicht nur auf dem Boden, sondern gelegentlich in den Astlöchern von hohen Bäumen.

Die Küken sind von denen anderer Enten/Halbgänse leicht zu unterscheiden und machen einen sagenhaften Wandel durch, ehe sie das Fliegen lernen. Auf der Website der Autorin sind die ersten dreieinhalb Monate der Küken, die zwischen September und Dezember schlüpfen, ausführlich in Wort und Bild beschrieben.

Zunächst sind die Daunenbälle braun-weiß längsgestreift. Nach gut einem Monat verlieren sie ihren Flaum und nehmen die Färbung des Männchens an. Nach sechs Wochen tauchen in den Gesichtern der Weibchen weiße Federn auf, erst rund um den Schnabel und um die Augen, und von dort breitet sich das Weiß aus. Das ist ein langwieriger Vorgang, der Kopf ist viele Wochen lang gescheckt, und das übrige Gefieder nimmt allmählich die typische kastanienrote Färbung an. Nach gut drei Monaten sehen sie fast so aus wie die Mutter, die Enten nehmen Flugstunden, und die Familie zerstreut sich in alle Winde – wobei die Weibchen länger bei den Eltern bleiben.

Solange die Küken nicht fliegen können, sind die Eltern ausgesprochen aggressiv und entwickeln einen ausgeprägten Beschützerinstinkt. Sie rasen jeder anderen Ente hinterher wie ein Berserker, bis der „Feind" abhebt, der lediglich ein Stück Brot stibitzen wollte. Der Partner bewacht solange die Küken. Nähert sich ein Hund oder ein kleines Kind, schallt ein lautes: „Zeek-zeek" oder „Zonk-zonk" und die Familie flüchtet aufs Wasser. Von ausgewachsenen Menschen lassen sich die Vögel hingegen gerne füttern. In den ersten Monaten überlassen die Eltern den Küken jedes bisschen Futter (am besten kein Brot), wenn die Kleinen heranwatscheln, und schlucken trocken. Erst wenn sie sehen, dass die Küken satt sind und sich selbst versorgen können, und sie selbst ausgehungert sind, schnappen sie nach Körnern und Pellets.

Da die 65 bis 70 cm großen Paradieskasarkas geschossen werden dürfen, kommt es oft zu dramatischen Trauerfällen, wenn ein Teil eines Paars überlebt und wochenlang jammert und nach dem Partner sucht. In Gebieten, in denen die Zahl der Kasarkas sinkt, werden Entenjägern Restriktionen auferlegt. Prinzipiell haben die Vögel von der Umwandlung Neuseelands in Farmland profitiert und sich trotz der Einführung von gefräßigen Säugetieren stark vermehrt.

Maori-Tauchente: Weibchen mit Küken

Maori-Tauchente (New Zealand Scaup)

Die einzige Tauchente Neuseelands ist nur 40 cm groß und daher noch kugeliger als andere Arten, selbst der graue Schnabel ist gebogen – die klassische Gummienten-Form! In Vogelbüchern sind Weibchen zwar deutlich heller – nämlich dunkelbraun – koloriert, aber in freier Wildbahn sehen sie aus wie das fast schwarze Männchen. Dennoch gibt es ein markantes Unterscheidungsmerkmal, das allerdings erst aus relativer Nähe wahrnehmbar ist: Das Männchen hat stechende gelborangefarbene Augen, das Weibchen braune. Auch haben Weibchen gelegentlich einen weißen Streifen am Schnabelansatz. Die Papangos, wie die Maori sie nennen, zeichnen sich nicht nur durch ihre Tauchgänge aus, sondern sind auch mutig. Wenn man Enten füttert, stürzen sie sich mitten ins Gewühl der wesentlich größeren anderen Arten. Im Gegensatz zu den Paradieskasarkas sind sie ganzjährig geschützt, dürfen also nicht geschossen werden.

Gefährdete endemische Arten

Saumschnabelente (Blue Duck): Diese hell-blaugraue Ente (50 bis 55 cm, Männchen 900 g) mit der blass kastanienrot gescheckten Brust

Eine in Neuseeland endemische Saumschnabelente

ist zusammen mit der Aucklandente die seltenste Enten-Spezies in Neuseeland. Sie lebt an und in schnell fließenden Gebirgsbächen und -flüssen, vornehmlich in Misch- und Regenwäldern, aber auch in Tussockgraslandschaften. Der Maori-Name Whio ist vom Ruf des Männchens (Aussprache: „fieh-oh, fieh-oh") abgeleitet. Dank konsequenter Feindkontrolle ist die Population in den zurückliegenden Jahren stetig gewachsen, aber es dürfte kaum mehr als 1.000 Brutpaare geben. Trotz gleicher DNA sind die Enten auf der Südinsel größer.

Aucklandente (Brown Teal): Männchen (48 cm, 650 g) mit kastanienroter Unterseite, brauner Oberseite und grünem Kopf; dünner weißer Ring am Hals, Weibchen braun. Die von den Maori Pateke genannte Art sieht so ähnlich aus wie die australische Kastanienente (Chestnut Teal; *Anas castanea*). Die Hauptverbreitungsgebiete sind Northland, die Coromandel-Halbinsel und Great Barrier Island, wo nach Schätzungen von 2011 zwischen 1.500 und 2.500 dieser Enten leben. In anderen Regionen gibt es vermutlich nur ingesamt 100 Exemplare. Während sie früher in den unterschiedlichsten feuchten Habitaten vorkamen, sind sie heutzutage vornehmlich auf Farmland anzutreffen; Tümpel sind ihre Brut- und Futterstellen.

Die Aucklandente ist eine sehr kleine Entenart mit auffällig kurzen Flügeln

Meeressäuger

In den Gewässern Neuseelands gibt es drei Gruppen von Meeressäugern: Wale, Delfine und Robben. Wenn ein Ort den Titel der Meeressäuger-Hauptstadt für sich beanspruchen kann, dann Kaikoura – auch wenn der damit verbundene Tourismus nach dem katastrophalen Erdbeben der Stärke 7,8 im November 2016 einen fürchterlichen Rückschlag hinnehmen musste.

Mit „Whale Watch" (Walbeobachtungstouren) begann der unaufhaltsame Aufstieg Kaikouras zu einer Besucherattraktion im Nordosten der Südinsel. 1987 gründete der lokale Maori-Stamm Kati Kuri, ein Unterstamm der auf der Südinsel ansässigen Ngai Tahu, das Unternehmen, um Arbeitsplätze für Maori zu schaffen. Damals sammelten sie im Morgengrauen am alten Bahnhofsschuppen ein Dutzend Touristen ein und schipperten sie in winzigen Schlauchbooten mit Außenbordmotoren aufs Meer hinaus. Am Höhepunkt hatte „Whale Watch" ein Besucherzentrum, einen eigenen Hafen, vier große Katamarane mit Aussichtsdecks und jährlich 100.000 Gäste.

Im Sog des Geschäfts mit den Pottwalen, die sich vor der Küste Kaikouras tummeln, weil das Land steil abfällt und unerschöpfliche Nahrungsgründe für die Säuger bietet, haben sich weitere Firmen etabliert, die von den wilden Meerestieren gut leben: Außer dem Schwimmen mit Seebären gibt's auch noch Schwimmen mit Delfinen und Schiffsausflüge zur Beobachtung von Albatrossen, Tölpeln, Sturmvögeln und -tauchern. Bis zum Erdbeben verzeichnete der 3.620-Einwohner-Ort Kaikoura 900.000 Besucher jährlich.

Brüllender Seebär: So verspielt die robbenden Riesen auch sein können, so ist doch nicht mit ihnen zu spaßen

Linke Seite: Springende Schwarzdelfine (Dusky Dolphins) vor der Küste Kaikouras

Wale

Die Geschichte von Neuseeland als Walfänger-Nation lässt sich an unzähligen Orten ablesen, die ihre Entstehung überhaupt nur der Jagd auf die größten Meeressäuger zu verdanken haben. Und wenn's nur dekorative Original-Trantöpfe am Straßenrand oder in Parks sind.

Im 18. und 19. Jahrhundert waren Pottwale die Hauptbeute von Walfängern, die als erste Europäer nach Neuseeland kamen. Auch Kaikoura war solch ein Walfangort. In Akaroa auf der Banks-Halbinsel und vielen anderen Orten kann man noch die riesigen Metalltöpfe sehen, in denen auf den Walfangschiffen der Tran gekocht wurde. Ein weiteres Zeichen der Walfangzeit in Kaikoura ist ein Spalier aus torbogenförmig angeordneten Walknochen in einem kleinen Park. Außerdem steht das historische Fyffe-Haus auf Walknochen.

Obwohl die Internationale Walfangkommission schon 1986 ein Moratorium eingeführt hat, das die Jagd auf alle Walarten aussetzt, werden die von der Weltnaturschutzorganisation IUCN als gefährdet angesehenen Tiere auch noch heute von einigen Nationen gejagt. Am scheinheiligsten gehen die Japaner vor; sie behaupten, im Südpazifik Wale zu wissenschaftlichen Zwecken zu töten – es sind hunderte von Kleinwalen und zig Großwale jährlich. Sie werden, nachdem sie von der Besatzung kleinerer Walfangschiffe gefangen worden sind, auf Fabrikschiffen zu Nahrungsmitteln verarbeitet. Fragt sich, wie bei dieser Vorgehensweise wissenschaftliche Erkenntnisse gewonnen werden.

Greenpeace bekämpft diese Praxis vehement. Boote der Umwelt-Organisation verfolgen die japanischen Walfangschiffe. Sobald diese von den Fabrikschiffen getrennt sind, können sie keine Wale mehr zur Verarbeitung heranschaffen. Aber nicht nur Japan setzt sich über das Walfang-Moratorium hinweg. Auch in Norwegen und Island werden diese Tiere noch immer gejagt.

Und dann gibt es noch die berüchtigten Delfin-Schlachtfeste. In Japan und auf den Färöer-Inseln töten die Einheimischen in Buchten Delfine, bis sich das Meerwasser rot färbt. Diese vom Moratorium ausdrücklich ausgenommenen Jagden zur Selbstversorgung werden von Traditionalisten als Teil der althergebrachten Kultur betrachtet, von internationalen Tierschutzorganisationen aber als grausam und überflüssig kritisiert.

Eine Walbeobachtungstour

Um Wale zu beobachten, muss man viel weiter aufs Meer hinausfahren als bei Delfin-Touren. Das kann eine ganz schön rumpelige Angelegenheit sein, und bei mittlerem Wellengang werden viele Leute seekrank. Dann sitzen sie ganz still und blass auf ihren Sitzen. Manchen geht's noch schlechter …

Bei starkem Wind und hohem Seegang werden die Touren abgesagt. Wenn sich das Wetter plötzlich ändert, kann es auch passieren, dass man eine Stunde lang hinausfährt und dann unverrichteter Dinge wieder umkehren muss. In solch einem Fall bekommt man in Kaikoura

Eine Walbeobachtungstour vor der Küste Kaikouras

sein Geld zurück, aber einen Wal hat man natürlich nicht gesehen. Nicht so großzügig ist ein Unternehmen in Auckland, das nicht übertragbare Gutscheine ausgibt, wohl wissend, dass die wenigsten Touristen Zeit haben, diese Gutscheine einzulösen. Um einen Wal zu orten, benutzen die Bootsführer Navigationsgeräte, Echolot und Funkgeräte. Sie schließen sich mit den Kapitänen anderer Schiffe kurz, um von eventuellen Walsichtungen zu erfahren. Weit draußen auf dem Meer lassen sie Echolote in die Tiefe hinab, um die Geräusche zu orten, die Wale von sich geben.

Wale (und auch Delfine) senden häufig akustische Signale aus. Sie dienen einerseits der Kommunikation mit Artgenossen, die sie über viele Kilometer Distanz hören können, andererseits der Orientierung nach dem Echolot-Prinzip (sogenannte Klicks). Im Wasser breitet sich der Schall fast fünfmal so schnell aus wie in der Luft und hat eine erheblich größere Reichweite, deshalb hat er für die Tiere eine große Bedeutung. Die Kommunikation der Wale erfolgt übers Gehör, weil man ab einer Tiefe von 100 Metern nichts mehr sieht. Ihre Jagdgründe liegen in Tiefen bis zu 3.000 Metern. Wenn Pottwale wandern, senden sie unaufhörlich Schallwellen aus. In der Fachsprache heißt das, sie klicken. So können sie sich orientieren, denn Objekte werfen ein schwaches Echo zurück. So entsteht in ihren Gehirnen ein Bild.

Sobald ein Wal gesichtet wird und das Boot dem Tier nahe ist, wird der Motor abgestellt, um die Wale nicht zu stören. Dann strömen alle Leute von ihren Sitzplätzen im Inneren des Boots nach oben ins Freie.

Von solchen Fotos träumen Touristen: Schwanzflosse eines abtauchenden Pottwals mit Wasserschleier

Dort, in luftiger Höhe, schaukelt man natürlich noch heftiger als unten im Boot, und man kämpft ums Gleichgewicht. Meistens wandeln die Leute auf wackeligen Beinen an Deck herum und halten sich an den Metallgeländern fest.

Vor Kaikoura halten sich hauptsächlich Pottwale (auch Spermwale genannt) wie Moby Dick auf. Die lateinische Bezeichnung ist *Physeter catodon* oder *Physeter macrocephalus*. Männchen sind zwischen 15 und 20 Meter lang und wiegen 45 bis 70 Tonnen. Sie sind so groß wie vier Elefanten! Weibchen sind 10 bis 12 Meter lang und wiegen 15 bis 20 Tonnen. Die Weibchen und Jungtiere halten sich in wärmeren Gewässern auf, so dass vor Kaikoura vornehmlich Männchen zu sehen sind, die gelegentlich gegeneinander kämpfen. Der Pottwal ist der einzige Großwal unter den Zahnwalen und er gehört zu den besten Tauchern überhaupt. Sie können bis zu zwei Stunden unter Wasser bleiben. Dann müssen sie auftauchen und Luft schnappen. Darauf warten natürlich die Walbeobachter. Oft sieht man, wie die Tiere durch ein Spritzloch am Kopf prusten, dieser Vorgang heißt „Blas".

Sobald ein Wal aufgetaucht ist und mehrmals geprustet hat, warten alle Beobachter darauf, dass der Wal wieder abtaucht, um ein Traumfoto zu schießen, auf dem sich der Schwanz des Wals in der Luft befindet und einen Wasservorhang mit sich zieht. Das kann dauern, denn der prustende Wal ruht sich erst einmal aus. Die Whale-Watch-Leute haben das natürlich schon tausend Mal gesehen und wissen genau, wann der Wal abtaucht. So können sie ein Kommando geben. Danach klicken die Kamera-Auslöser wie verrückt. Den riesigen Kopf der Wale sieht man dabei nicht unbedingt, aber den auffälligen Buckel.

Der Wal bäumt sich vor dem Abtauchen auf. Der Rücken wölbt sich, der Kopf taucht ab, und zuletzt schleudert der Wal die Schwanzflosse in die Höhe. Im Optimalfall mit solchem Schwung, dass dieser fotogene Wasserschleier entsteht.

Im Kopf des Wals befindet sich übrigens eine Unmenge Öl, der Tran. Auch deshalb wurde und werden Pottwale gejagt, außerdem für ihr Fleisch und den Speck. Die Maori verspeisten und verwerteten einst lediglich gestrandete Wale. Strandet heutzutage ein Wal und stirbt, wird er am Strand begraben.

Wenn man ganz viel Glück hat, sieht man Wale beim Spielen. Dabei springen sie aus dem Wasser oder schlagen mit dem Schwanz auf. Aber so viel Glück hat man selten.

Walstrandungen

In Neuseeland, aber auch in anderen Ländern, kommt es immer wieder zu Walstrandungen. Das ist jedes Mal ein schlimmes Bild. Mal liegen ein Dutzend, mal hundert oder noch mehr Wale am Strand und verenden. Hin und wieder gelingt es, einige Wale zu retten, wenn sie rechtzeitig entdeckt werden. Dann werden die Tiere mit Tüchern abgedeckt und ständig mit Wasser feucht gehalten, und bei der nächsten Flut versuchen die freiwilligen Helfer, die riesigen Wale ins Meer zurückzuschieben. Manchmal gelingt's, manchmal nicht. Manchmal kehren die Tiere an den Strand zurück und sterben.

Die Ursache für diese Strandungen ist in den meisten Fällen die akustische Umweltverschmutzung – also Lärmbelästigung – der Meere durch Schiffsverkehr und Sonargeräte, die von Militär-U-Booten eingesetzt werden, ebenso Sprengungen und Explorationsbohrungen bei der Suche nach Tiefsee-Öl. Lärm stört und zerstört das natürliche Echolot der Wale, die sich mit diesem Organ orientieren und auch die Wassertiefe erkennen. Funktioniert dieses System nicht mehr, erkennen die Wale Gefahren nicht mehr und schwimmen in viel zu flache Gewässer.

In Neuseeland passiert das sehr oft am Farewell Spit, einer engen, aber langgezogenen Bucht am Nordwest-Zipfel der Südinsel. Die Bucht ist sichelförmig, und wenn die Wale an der Küste entlangschwimmen, geraten sie plötzlich in das flache Wasser der Bucht und finden nicht mehr hinaus. Aber auch auf Stewart Island, an der Mahia-Halbinsel und an den Stränden der

Chatham Islands sind schon enorm viele Wale gestorben. Seit 1840 wurden rund 13.000 Strandungen aufgezeichnet; mehr als 2.000 Tiere wurden gerettet. Doch nicht immer ist der Mensch an den Strandungen schuld. Es gibt auch „natürliche Strandungen". Weil die Wale in Gruppen leben, folgen sie einem Leittier. Ist dieses Leittier krank und orientierungslos, schwimmen ihm die anderen nach. Sie folgen auch kranken Tieren und jungen Tieren, die um Hilfe rufen. Sie wollen helfen – und bezahlen dafür oft mit dem Leben.

Weitere Walarten in Neuseelands Gewässern

Laut der Te-Ara-Enzyklopädie kommt ungefähr die Hälfte der weltweit 76 Walarten (*Cetacea*), nämlich 38, in neuseeländischen Gewässern vor (inklusive der subantarktischen Inseln). Das liegt zum einen daran, dass das Gebiet so riesig ist und die ideale Nahrung für die Meeressäuger bietet, zum anderen liegt Neuseeland an den Migrationswegen der größten Wale zwischen den nahrungsreichen Futtergebieten in der Antarktis und den wärmeren Fortpflanzungsgebieten. 22 dieser 38 Arten sind „echte" Wale. Nur ein halbes Dutzend davon sind einigermaßen regelmäßige Besucher. Auch Delfine gehören zur Ordnung der *Cetacea*. Erst seit 1758 (Carl von Linné) ist bekannt, dass

Wale und Delfine keine Fische, sondern Säugetiere sind. Manche Arten, die das Wort Wal im Namen haben, sind Delfine, wie zum Beispiel der Schwertwal, auch Killerwal oder Orca genannt, und der Grindwal.

Zur Unterordnung der Bartenwale gehört der größte Wal überhaupt, der Blauwal (*Balaenoptera musculus*), der zwischen 100 und 120 Tonnen wiegen kann. Blauwale schwimmen durch die Cook Strait, sind aber selten zu sehen. Von den 13 Arten kommen acht in neuseeländischen Gewässern vor, aber nur zwei gebären hier, der Südkaper und der Brydewal. Ihren Namen haben diese Wale von den Barten; das sind Hornplatten im Oberkiefer, die sie anstelle von Zähnen haben. Diese dienen als Filter für Krill und andere Krustentiere. Anders als andere Walarten benutzen Bartenwale, die zwei Blaslöcher haben, kein Echolot zur Orientierung.

Zwei Südkaper mit typischen Hautwucherungen, von einem Schiff aus fotografiert

Die Fortpflanzungsgebiete des Südkapers (auch: Südlicher Glattwal; Southern Right Whale; *Eubalaena australis*; Tohora) sind die Auckland Islands und Campbell Island, die 500 bzw. 700 Kilometer von den beiden Hauptinseln entfernt sind. Die Tiere sind 15 bis 18 Meter lang und haben eine breite Schwanz-, aber keine Rückenflosse. Der Blas des Bartenwals ist V-förmig und kann fünf Meter hoch reichen. Am Kopf, vor allem am Unterkiefer, hat er Hautwucherungen. Freundlich, neugierig und langsam schwimmend, waren die Südkaper leichte Beute für Walfänger. Ihre Bestände erholen sich nur langsam, da das Weibchen nur alle drei Jahre ein Kalb zur Welt bringt.

Der Brydewal (Bryde's Whale; *Balaenoptera edeni*) hat's gerne ein bisschen wärmer, deshalb kommt er in den Gewässern der Nordinsel vor, insbesondere im Frühjahr in der Bay of Plenty, dem Hauraki Gulf und vor der Ostküste Northlands. Er ist ein kleiner Wal (12 bis 15 Meter lang, 16 bis 20 Tonnen schwer) und hat eine spitzige Rückenflosse. Er ernährt sich von Fisch.

Seltene Gäste:
- Blauwal (Blue Whale; *Balaenoptera musculus*)
- Finnwal (Fin Whale; *Balaenoptera physalus*)
- Südlicher Zwergwal (auch: Minkwal; Minke Whale; *Balaenoptera bonaerensis*)
- Buckelwal (Humpback Whale; *Megaptera novaeangliae*; Paikea)
- Zwergpottwal (Pygmy Sperm Whale; *Kogia breviceps*)
- Schnabelwal (Beaked Whale; *Ziphiidae*; Hakura)
- Südlicher Seiwal (Sei Whale; *Balaenoptera borealis schleglii*)

Große Tümmler versammeln sich zum Gruppenfoto

Delfine

Flipper ist überall, auch in Neuseeland. Und wie der dressierte Fernsehstar waren auch die prominentesten Delfine im Land der Kiwis Große Tümmler (Bottlenose Dolphin; *Tursiops truncatus*). Der bekannteste Delfin der Nation war Opo, benannt nach dem Ort Opononi im Hokianga Harbour, jener fjordartigen Hafenbucht im Hohen Norden, wo die Delfin-Dame Kinder auf ihrem Rücken reiten ließ. Sie starb aber ein Jahr, nachdem sie aufgetaucht war (1956). Pelorus Jack, eine andere Berühmtheit, war ein Rundkopfdelfin (Risso's Dolphin; *Grampus griseus*). Diese Art kann bis zu vier Meter lang und 650 Kilo schwer werden. Pelorus Jack begleitete 24 Jahre lang – von 1888 bis 1912 – Schiffe zwischen Nelson und Wellington. In den Jahren 1992 bis 1996 machte ein Großer Tümmler namens Maui von sich reden, weil er vor Kaikoura und in den Marlborough Sounds mit Tauchern und Booten spielte. Der letzte Solo-Delfin, den alle kannten, war Moko. Dieser Große Tümmler begann im März 2007 vor Mahia an der Ostküste der Nordinsel mit Surfern, Schwimmern und Leuten in Booten zu spielen. Nach zwei Jahren zog er weiter nach Gisborne und 2010 nach Whakatane. Viele Leute reisten an diese Orte, um Moko zu sehen. Aber im Juli 2010 wurde er bei Tauranga tot aufgefunden. Er hatte Verletzungen von Bootsschrauben, aber die Todesursache blieb ungeklärt. Moko wurde auf Matakana Island begraben.

Warum sich wilde Delfine plötzlich von ihren Gruppen trennen und eine intensive Beziehung zu Menschen suchen, ist ungeklärt. Manche Wissenschaftler meinen, sie würden von den Gruppen ausgestoßen. Andere sagen, sie sonderten sich aus eigenem Antrieb ab, um Abenteuer zu erleben. Das Problem ist, dass sie sich im Winter langweilen, wenn sich nur wenig Menschen im Meer aufhalten. Das „Project Jonah" beschäftigte sich mit solchen Solo-Delfinen. Die Autoren der nicht mehr ganz aktuellen Website sprechen von weltweit 90 bekannten Tieren und 14 Solo-Artisten in Neuseeland. Das Geschlecht spielt für die Entscheidung, als Menschenfreund durchs Leben zu ziehen, offenbar keine Rolle, sehr wohl aber die Spezies. Die meisten Einzelgänger sind Große Tümmler.

Der Große Tümmler Opo besucht den Ort Opononi (1956)

Die Delfine Neuseelands

Von den 60 Delfin-Arten, die es auf der Welt gibt, leben neun in den Gewässern rund um Neuseeland. Am häufigsten kommen der Gewöhnliche Delfin, der Große Tümmler und der Schwarzdelfin vor, der Hector-Delfin ist der seltenste.

Für die Maori haben Delfine, wie auch Wale, große Bedeutung. In den Erzählungen der Ngati Wai, eines Stammes, der einige Inseln östlich von Auckland bewohnte, fungierten Delfine in Zeiten der Not als Boten, die Mitteilungen von den Inseln zum Festland transportierten. Immer waren die Delfine sogenannte Taniwha, das sind Wassergeister, die den Menschen helfen, gefährliche Gewässer zu durchqueren. Der Wassergeist Tuhirangi soll demnach Kupe, den legendären polynesischen Seefahrer, auf der weiten Reise durch den Südpazifik nach Neuseeland begleitet haben. Dort angekommen, führte Tuhirangi Kanus durch die verwinkelten Marlborough Sounds. Ein Wassergeist namens Paneiraira half den Maori, die Cook Strait sicher zu durchqueren.

Hector-Delfin, der kleinste Delfin der Welt

Der Hector-Delfin (Hector's Dolphin; *Cephalorhynchus hectori*; zahlreiche Maori-Namen: tutumairekurai, aihe, papakanua, upokohue, tukuperu, tupoupou, hopuhopu) hat besondere Bedeutung in Neuseeland, denn er ist eine endemische Art, das heißt es gibt ihn nur

343

hier – aber auch nicht überall, sondern nur vor einigen wenigen Küstenabschnitten der Südinsel. Bekannte Aufenthaltsregionen sind die Westküste zwischen Haast und dem Farewell Spit, Te Waewae Bay und Porpoise Bay im Süden und die Banks-Halbinsel im Osten.

Der Hector-Delfin ist der kleinste und seltenste Delfin der Welt, lediglich etwa 7.500 Individuen soll es noch geben, Tendenz sinkend. Der Bestand seiner Unterart, des vor der Westküste der Nordinsel lebenden Maui-Delfins (Maui dolphin; *Cephalorhynchus hectori maui*), ist gar auf weniger als 100 Individuen geschrumpft. Wissenschaftler wie Liz Slooten, die führende Forscherin auf diesem Gebiet, gingen im Jahr 2016 von nur noch 55 erwachsenen Tieren aus. Sie meinen, im Jahr 2030 werde der Maui-Delfin ausgestorben sein.

Die malerische Bucht von Akaroa, der einzigen französischen Siedlung Neuseelands, ist ein beliebter Aufenthaltsort der kleinen Delfine, die maximal 1,50 Meter lang sind und lediglich zwischen 40 und 60 Kilo wiegen. Hier finden mehrmals täglich Delfintouren statt, sowohl für Leute, die in Neoprenanzügen mit den Delfinen schwimmen, als auch für jene, die sie nur beobachten wollen.

Die Tiere sind zwar gesellig, aber nicht so menschenfreundlich wie Große Tümmler oder Schwarzdelfine, und sie leben nicht in großen Schulen – so werden größere Delfingruppen genannt – zusammen, sondern in kleineren Gruppen von zwei bis acht Individuen. Deshalb bekommt man auf den Touren nicht ganz so viele Tiere wie vor der Küste Kaikouras oder in der Bay of Islands zu sehen, wo sich an einem perfekten Sommertag hunderte Delfine um die Ausflugsboote scharen. An einem guten Tag muss man in Akaroa jedoch nicht einmal aufs Wasser, um Hector-Delfine zu beobachten. Wenn sie in der Bucht spielen, sind sie auch von Uferbänken und Straßencafés aus gut zu sehen. Das ist aber ein eher seltenes Schauspiel.

Der Hector-Delfin ist durch die Fischerei in seiner Existenz bedroht

Die Grundfarbe der Hector-Delfine ist Grau. Sie haben schwarze (Stirn) und weiße Streifen (Kehle, Nacken). Der Bauch ist weiß. Sie sind an ihrer runden Rückenflosse leicht zu erkennen und haben eine extrem kurze Schnauze. Weibchen sind ein bisschen größer und schwerer als Männchen. Ihren Namen erhielten die Tiere 1881, als sie nach dem Landvermesser Sir James Hector (1834-1907) benannt wurden. Hector war der erste Direktor des winzigen Colonial Museums in Wellington, eines indirekten Vorgängers des jetzigen Nationalmuseums Te Papa. Auch ein kleiner Ort an der Westküste (zwischen Westport und Karamea) trägt den Namen Hector. Dort steht am südlichen Ortseingang eine nicht wirklich sehenswerte Skulptur, auf der aber immerhin die Hector-Delfine als solche zu erkennen sind.

Die größte Gefahr droht den kleinen Delfinen durch die Fischerei und hier ganz besonders durch Schleppnetze. Während Tierschützer für eine Erweiterung der Schutzgebiete kämpfen, verharmlosen die Fischer die von Wissenschaftlern vorgelegten Zahlen von Tieren, die sich in den Netzen verfangen und ertrinken. Die Experten kontern, dass die Zahlen den Überlebenskampf der Hector-Delfine nicht einmal annähernd widerspiegeln, da nur die gemeldeten Fälle erfasst werden, in Wahrheit aber weitaus mehr Tiere ums Leben kommen. Manche Fischer zerstückeln die Delfine und werfen sie über Bord, anstatt den Beifang zu melden.

1988 wurden die Gewässer rund um die Banks-Halbinsel zu einem Schutzgebiet für Meeressäuger erklärt – allerdings nur eine Zone von vier Seemeilen. Die Delfine schwimmen jedoch bis zu 20 Meilen aufs Meer hinaus. 1992 traten Verordnungen in Kraft, die die Tourismus-Aktivitäten bestimmen. Dazu gehören natürlich auch die Touren in Akaroa. Das dortige Unternehmen (Black Cat Cruises) setzt sich vehement für stärkere Beschränkungen der Fischerei ein und fordert den zuständigen Minister in Wellington auf, den Lebensraum der Delfine noch besser zu schützen. Seit 2002 werden Schleppnetz-Kontrollen durchgeführt, und in küstennahen Gebieten mit großer Delfin-Popu-

Schwarzdelfine vor der Küste Kaikouras

lation dürfen seit Oktober 2008 keine Schleppnetze mehr eingesetzt werden. Doch noch immer sterben Hector-Delfine in Fischernetzen, im Schnitt 23 pro Jahr. Vermutlich sind es aber doppelt so viele.

Diese Zahl liest sich nicht dramatisch, aber wenn man bedenkt, dass es vor der Einführung der Kiemen- und Schleppnetzfischerei in den siebziger Jahren fast 50.000 Tiere gab, jetzt aber möglicherweise nur noch 7.500 übrig sind und die meisten Weibchen während ihres durchschnittlich 20 Jahre währenden Lebens nur vier oder fünf Junge zur Welt bringen, dann wird klar, dass diese Tierart vom Aussterben bedroht ist. Die Jungen werden zwischen November und Februar geboren und verbringen ihre ersten beiden Lebensjahre mit ihrer Mutter. Das ist eine gefährliche Zeit, denn die Neugeborenen schwimmen langsam und nahe an der Oberfläche, wo sie leicht von Schiffsschrauben verletzt werden können.

Außer der Fischerei, der allgemeinen Wasserverschmutzung sowie den Wasseraktivitäten der Touristen und motorenverliebten Neuseeländer hat auch die Aquakultur (Züchtung von Muscheln, Fischen, Krebsen etc.) negativen Einfluss auf den Bestand der Spezies. Die Erforschung von geologischen Verwerfungen am Meeresgrund und Hochseebohrungen schädigen das Sonarsystem der Delfine. Das betrifft ganz besonders die Maui-Population vor der Küste Taranakis.

Auf den Spuren der Delfine

Wenn man Zeit und Glück hat, kann man Delfine überall an den Küsten Neuseelands beim Spielen beobachten. Aber es gibt bessere und schlechtere Zeiten, und das gilt auch für kommerzielle Delfin-Touren, egal, ob man nun Delfine vom Boot aus beobachten und fotografieren oder mit ihnen schwimmen möchte. Und es gibt Gegenden, in denen sich mehr Delfine aufhalten als anderswo.

Seit den 1980er Jahren ist „Swimming with Dolphins" eine beliebte touristische Aktivität. Während zum Beispiel in der Bay of Plenty vornehmlich Große Tümmler anzutreffen sind, leben vor der Küste Kaikouras Schwarzdelfine und Gewöhnliche Delfine. Vor allem die Schwarzdelfine bevorzugen kühlere Gewässer. In den Marlborough Sounds – im Sommer ganz besonders in der Gegend um French Pass – halten sich große Gruppen von Großen Tümmlern und Schwarzdelfinen auf. Kommerzielle Touren zur Beobachtung von und zum

Schwimmen mit Hector-Delfinen gibt es nur in Akaroa auf der Banks-Halbinsel. In der Bucht von Lyttelton kann man sie immer wieder von der zwischen Lyttelton und Diamond Harbour verkehrenden Fähre oder bei Hafenrundfahrten sehen.

Beim Schwimmen mit Delfinen gilt immer die Grundregel: Der Delfin muss zu den Menschen kommen, nicht umgekehrt. Wenn große Gruppen von Delfinen zu sehen sind, stellen die Bootsführer den Motor ab; die in Neoprenanzüge gezwängten und mit Schnorchel ausgerüsteten Schwimmer hüpfen ins Wasser und versuchen, die Aufmerksamkeit der Tiere zu erregen. Der universelle Rat: Geräusche machen, am besten singen. Das finden die Delfine interessanter als die Schwimmer selbst, denn beim Singen schwappt Wasser in die Schnorchel und man schluckt reichlich Salzwasser, und so manch einer klettert ziemlich blass um die Nase ins Boot zurück.

Die Erfolgsaussichten, riesige Delfinschulen zu Gesicht zu bekommen, sind im Sommer am besten, und dann wiederum zu bestimmten Tageszeiten. Wenn die Delfine hungrig oder müde sind, geben sie sich nicht mit Menschen ab. Morgens ziehen die Delfine ins tiefe Wasser, um in Teamarbeit Sardellenschwärme einzukreisen, an die Oberfläche zu treiben und dann zu verspeisen. Das wissen auch die Seevögel. Sie kreisen fressbereit in der Luft, wenn Delfine ihre Beute jagen, und hoffen, dass auch für sie etwas abfällt. Am Ende der Mahlzeiten spielen die Delfine miteinander; Kunststückchen zu vollführen, Salti zu schlagen und Schrauben zu drehen, hat auch eine soziale Funktion. Derart gut gelaunt, haben sie auch Lust darauf, sich einem Boot und Menschen zu nähern.

Am Nachmittag gehen die Delfine wieder auf Nahrungssuche (dabei werfen sie sich auch seitlich ins Wasser), und abends schwimmen sie in Küstennähe zum Schlafen, weil sie dort vor Feinden sicher sind. Wenn sie keine oder nur wenig Nahrung finden, haben sie weder Zeit noch Lust zum Spielen.

Im Winter, wenn es keine Sardellenschwärme gibt, ernähren sich die Delfine meistens nachts von Kalmaren und Fischen des Meeresbodens. Das machen sie nur in kleinen Gruppen, und tagsüber schlafen sie. Deshalb ist es sinnlos, im Winter eine Delfinbeobachtungstour zu machen, wenn man riesige Schulen sehen möchte.

Manche Delfine, vor allem Große Tümmler, haben auch Spaß daran, neben einem schnellen Boot in der Bugwelle herzuschwimmen. Dabei rasen sie förmlich durchs Wasser, weil die Kraft der Bugwelle sie zieht. Das geschieht oft im Milford Sound. Im Doubtful Sound lebt übrigens die südlichste Population von Großen Tümmlern überhaupt.

Begegnungen mit Booten und Menschen sind jedoch ein zweischneidiges Schwert. So haben Forschungen zwischen 1999 und 2002 im Doubtful Sound ergeben, dass zu viele Bootsbesuche die soziale Struktur der Delfine nachhaltig stören. Wenn Boote den Tieren näher als 400 Meter kommen, brechen manche Delfine aus der Gruppe aus, tauchen länger, um den Booten aus dem Weg zu gehen, und es kam zu mehr Totgeburten, stellte der Meeresökologe David Lusseau von der Universität von Otago fest. Die Zahl dieser Meeressäuger sank zwischen 1994 und 2006 von 69 auf 56. „Wenn dieser Trend anhält, wird die Population im Doubtful Sound innerhalb von 45 Jahren ausgelöscht", teilte die Naturschutzbehörde DOC in einem Bericht im Juli 2007 mit. Im Milford Sound wiesen sieben Prozent der Delfine Narben von Schiffsschrauben auf, und wenn zu viele Boote unterwegs waren, schwammen die Tiere vom Fjord ins Meer hinaus.

Großer Schwertwal, Orca

Der Schwertwal (Orca, Killer whale; *Orcinus orca*) ist die größte Delfin-Art und das – vom Menschen abgesehen – meistverbreitete Säugetier der Welt. Er bevorzugt kühlere Gewässer und die Polregionen. Bullen sind durchschnittlich 8,20 Meter lang, Kühe sieben Meter. Auch in Neuseeland können sie in den meisten Küstengewässern angetroffen werden, und falls einer dieser Riesen während einer Tour auftaucht, hält jeder Bootsführer sein Schiff an und lässt seinen Passagieren Zeit, die gigantischen Säuger zu beobachten und zu fotografieren.

Die Bezeichnung Killerwal bezieht sich auf die erfolgreiche Beutejagd der schwarz-weiß gefärbten Tiere. Zwar sind zwei Drittel der Populationen in Neuseeland Fischfresser, die sich

von Lachs, Thunfisch, Tintenfisch, Haien und Rochen ernähren, aber sie töten auch Wasserschildkröten, Seevögel, Pinguine, Robben und kleinere Delfin-Arten. Im Gruppenverband greifen sie sogar Riesenwale wie den Blauwal an. Orcas selbst haben keine natürlichen Feinde.

Seebären (New Zealand Fur Seal; Kekeno)

Robben sind von Natur aus neugierig. Gelegentlich beißen sie Tauchern in die schrillbunten Schwimmflossen, um das Material zu testen, oder sie schwingen sich auf ein bemanntes Kajak. Doch ihre Lust an der Erforschung des Unbekannten treibt sie nicht nur ins Wasser, wo sie eigentlich hingehören, sondern auch mal auf die Straße. An einigen Küstenabschnitten des neuseeländischen Städtchens Kaikoura, das für seine Walbeobachtungstouren und Langusten berühmt ist, haben sich die Robben – genauer: die neuseeländischen Seebären (*Arctocephalus forsteri*) – so stark vermehrt, dass sie gelegentlich zum Verkehrshindernis werden. Die Kolonie am Point Kean, direkt am Ortsrand auf der Kaikoura-Halbinsel, ist so dicht besiedelt, dass die Tiere auf dem Parkplatz und unter den umliegenden Büschen ein Nickerchen machen.

Seebären gehören der Gattung der Ohrenrobben an und haben lange Barthaare

Dass es auf den Straßen manchmal gefährlich wird, liegt nicht immer an den Tieren. In dieser Gegend passiert es regelmäßig, dass hell entzückte Touristen mitten auf der schmalen, kurvenreichen und unfallträchtigen Straße eine Vollbremsung hinlegen, wenn sie auf den Felsen am Ufer einige in der Sonne dösende Seebären entdecken.

In den Sommermonaten ist es ratsam, ein bisschen Abstand zu den robbenden Riesen zu halten, vor allem zu den dominanten Männchen, die bis zu 200 Kilo wiegen (Weibchen etwa 40 Kilo). Nach der Geburt der Jungtiere im Dezember und Januar verstehen die erwachsenen Robben, die sich an Land trotz ihrer massigen Körper mit Hilfe ihrer Flossen unglaublich schnell und wendig bewegen, keinen Spaß. Mit mächtigem Gebrüll, weit aufgerissenem Maul und böse funkelnden braunen Kulleraugen, die sie sonst so süß aussehen lassen, vertreiben sie jeden, der den Kolonien und den meistens direkt am Wasser liegenden Kindergärten zu nahe kommt. Oft liegen die Seebären, eine Unterart der Ohrenrobben, so dicht an dicht bis hinauf zum Straßenrand, dass der empfohlene Mindestabstand von zehn Metern bei einem Küstenspaziergang niemals einzuhalten wäre.

Dabei standen die neuseeländischen Seebären, die vereinzelt auch an der Südküste Australiens und Tasmaniens vorkommen, Anfang des 19. Jahrhunderts kurz vor der Ausrottung. Als die Maori Neuseeland besiedelten, lebten dort rund zwei Millionen Seebären. Doch die Erstankömmlinge jagten die Tiere gnadenlos, um sich die Bäuche zu füllen, und die europäischen Siedler schlachteten sie später wegen des feinen hellbraunen Fells ab, aus dem sie Hüte, Schuhe und Decken herstellten.

Doch seit 1978, als sie unter Schutz gestellt wurden, haben sich die Robben prächtig erholt. Nach neuesten Schätzungen leben heute bis zu 100.000 an den Küsten der Südinsel, und rund um Kaikoura, wo sie sich erst seit 1985 paaren, scheint es ihnen besonders gut zu gefallen. So gut, dass Ngai Tahu, der größte Maori-Stamm der Südinsel, schon laut darüber nachdachte, ob man das Töten von Seebären nicht wieder erlauben sollte. Auf Englisch klingt das ganz harmlos: „to harvest". Ernten.

Momentan sieht es nicht danach aus, als sollte es so weit kommen, und in Kaikoura sind die Robben längst zum Tourismus-Faktor geworden. Schwimmen mit Seebären ist groß im Kommen. Flossenbisse inklusive.

Seebären-Fakten

Südliche Seebären (acht Arten) und damit auch der neuseeländische Seebär (*Arctocephalus forsteri*) gehören der Gattung der Ohrenrobben (*Otariidae*) an, zu der auch die nahe verwandten Seelöwen (*Otarriinae*) gestellt werden. Auch die Nördlichen Seebären sind Ohrenrobben, aber trotz des ähnlichen Namens entferntere Verwandte als die Seelöwen.

Bullen sind bis zu 2,50 Meter lang und wiegen 90 bis 150 Kilo, manche sogar bis 200 Kilo. Die Kühe sind lediglich bis zu 1,50 Meter lang und wiegen zwischen 30 und 50 Kilo. Ihre Ohren sind gut sichtbar. Ihre Schwanzflossen rotieren nach vorne; dadurch sind sie in der Lage, sich an Land schnell zu bewegen. Sie sind gute Taucher und ernähren sich vornehmlich von Laternenfischen, an denen in Neuseeland kein Mensch interessiert ist, sowie in geringerem Maße von Tintenfisch und Krebstieren. Das haben Studien bewiesen, und es ist eine wichtige Anmerkung, denn Fischer behaupten immer wieder, die Seebären fräßen das Meer leer.

Die Winterspiele der Seebärenkinder

Beim Erdbeben im November 2016 wurde das Gebiet der Brutkolonie am Ohau Point, rund 30 Kilometer nördlich von Kaikoura, zerstört, als sich der Meeresboden um einen Meter anhob. Die Seebären nahmen die Naturkatastrophe jedoch wesentlich gelassener hin, als befürchtet. Wissenschaftler fanden heraus, dass sich die trächtigen Weibchen an anderen Abschnitten der Küste niederließen, und gehen davon aus, dass sie mittelfristig wieder an den Ohau Point zurückkehren werden. Bis dahin wird es wohl auch keine Winterspiele der Seebärenkinder mehr geben. Bei Drucklegung dieses Buches war die Gegend um den Wasserfall unzugänglich. Eine Erinnerung:

Ein klirrend kalter Tag im Wald. Mit ihrem hellen, melodiösen Gesang verwandeln die Maori-Glockenhonigfresser – auch auf Deutsch besser bekannt als Bellbirds – den dunklen Tann in eine Vogelkonzerthalle. Graufächerschwänze kommentieren ihre Insektensuche mit ausdauerndem „Piep-piep-piep"-Gezwitscher. Der Bach am Rande des Wegs plätschert leise vor sich hin, aber mit jedem Meter wird das Geräusch lauter, denn am Ende des Pfades prasselt ein Wasserfall in ein rundes Naturbecken.

Darin tummeln sich vor den Augen freudig erregter Einheimischer und völlig perplexer Touristen hundert, vielleicht noch mehr, junge Seebären. Seebären, nicht Braunbären, die man eher mitten in einem Wald, mehr als einen Kilometer von der Küste entfernt, vermuten könnte. Doch in Neuseeland gibt's keine Bären, dafür umso mehr Seebären mit hellbraunem bis silbrig glänzendem Fell (wenn die Haarspitzen weiß sind). Und nördlich von Kaikoura werden sie von Ende April bis Mitte Oktober – Winter am anderen Ende der Welt – zu Landratten. Durch den Ohau Stream, das ist der Bach am Wegesrand, schwimmen und robben sie zum Wasserfall.

Dort tauchen sie am liebsten ganz nah an der Stelle, an der das Wasser in ihr Naturschwimmbad donnert. Sie schießen aus der Tiefe durch die Luft wie Delfine, plantschen in den seichteren Regionen wie Kleinkinder in der Wanne, hocken auf Felsbrocken und widmen sich der Flossenpflege. Sie tragen Schaukämpfe miteinander aus wie die Ringer der Antike, erklimmen Felswände wie Extrem-Alpinisten, aber ohne Seil und Steigeisen, erforschen Höhlen weiter droben in dem steilen Terrain. Es sind die Winterspiele der unerschrockenen Seebärenkinder, die noch neugieriger sind als ihre zweibeinigen Besucher, die um die robbenden Reisegruppen auf dem Weg durch den Wald Slalom laufen müssen.

Wer in die Hocke geht, um die Wonneproppen zu fotografieren, muss sich nicht wundern, wenn er plötzlich von fünf, sechs kleinen Seebären umringt ist, die ihn mit ihren wimpernlosen riesigen Augen treuherzig anstarren und mit den spitzen Nasen an Schuhen, Hosenbeinen und Knien schnuppern. Goldiger, putziger, niedlicher, entzückender geht's kaum. „Sie sind sehr gesellige Tiere", sagt Phil Bradfield, der seit 1987 für die Naturschutzbehörde DOC arbeitet und das Verhalten dieser Art der Ohrenrobben studiert. Und das bezieht sich offenbar nicht nur auf ihresgleichen.

Sie finden alles interessant, was neu ist. Das grüne Laub der Südbuche im Unterholz, die verdorrten Blätter der Baumfarne am Boden. Die Stromschnellen im Bach, durch die sie sich gegen die Strömung hochkämpfen, um sich dann kopfüber hineinzustürzen und ein Stück talabwärts spülen zu lassen. „Die Jungen lernen hier zu schwimmen und tauchen", sagt der DOC-Ranger. „Sie entwickeln ihr Sozialverhalten, trainieren Muskeln, Kraft und Koordination, um später im Meer erfolgreich nach Beute zu jagen. Dieser Platz ist einzigartig in Neuseeland."

Der Seebären-Nachwuchs wird im November und Dezember in der Robbenkolonie am Ohau Point, an der felsigen Ostküste der Südinsel Neuseelands, geboren. Dort bleiben sie, bis sie drei, vier Monate alt sind. „Danach werden sie abenteuerlustig und erforschen ihre Umwelt", erzählt Phil Bradfield. „Das ist so ähnlich wie bei Teenagern bei uns Menschen." Bei einem dieser Ausflüge entdeckten die ersten Jungen kurz nach der Jahrtausendwende den Ohau Stream und den Wasserfall im Landesinneren. Dort sind im Juni und Juli bis zu 200 Jungtiere anzutreffen.

Ein Seebärenjunges am Ohau Stream bei Kaikoura

Auf Wanderschaft gehen sie, sobald sich ihre Mütter – die in Harems von bis zu 80 Kühen mit einem dominanten Bullen leben – für drei, vier Tage zur Futtersuche ins Meer verabschieden. In diesem Rhythmus kehrt auch ihr Junges, schwimmend und unglaublich schnell auf seinen kräftigen Vorderflossen robbend, zur Küste zurück, um die nahrhafte Muttermilch zu trinken. Danach geht's wieder zum Spielen. Rund zehn Monate lang werden die kleinen Seebären gesäugt.

Die Kolonie am Ohau Point war viele Jahre lang lediglich ein Ruhe- und Futtergebiet für Seebären. Erst 1991, als das erste Junge geboren wurde, entwickelte sich die Brutkolonie, in der sich die Tiere seither sprunghaft vermehrt haben. „Bei einer Zählung Anfang 2011 haben wir 2.500 Junge gezählt, ein Jahr zuvor waren's lediglich 1.600", erzählt Bradfield. „Das zeigt in etwa die Entwicklung." Zwischen 70.000 und 100.000 Seebären leben in den Gewässern rund um die Südinsel Neuseelands. Vor der Besiedlung durch Maori und Europäer, die diese Tiere nahezu ausrotteten, waren es zwei Millionen.

Nirgendwo fühlen sich die Ohrenrobben so wohl wie vor der Küste Kaikouras, weil hier das Land steil abfällt und eine kalte Strömung aus der Antarktis sowie eine sehr warme Strömung aus den Tropen aufeinandertreffen. Das schafft unerschöpfliche Nahrungsgründe für Seebären, Pottwale, Delfine, Albatrosse, Tölpel, Sturmvögel und -taucher.

Außerdem bietet die zerklüftete steinige Küste mit ihren Schlupfwinkeln und Spalten idealen Schutz bei stürmischer See, und in den Felspools können sich die Säuger abkühlen, wenn die Sonne brennt. Der Kindergarten fernab der Küste ist jedoch das Tüpfelchen auf dem i. Für Mensch und Tier.

Neuseeländischer Seelöwe (Hooker's sea lion; Whakahao)

Je weiter südlich man sich in Neuseeland bewegt, desto größer ist die Chance, auch andere Robbenarten als Seebären zu sehen. Der nächste Verwandte der Seebären ist der Seelöwe. Extrem seltene Besucher an den südlichen Küsten der Südinsel sind Seeelefanten (Southern elephant seal; *Mirounga leonina*) und Seeleoparden (Leopard seal; *Hydrurga leptonyx*).

Allein schon durch seine Größe ist der Seelöwe (*Phocarctos hookeri*) gut vom Seebär zu unterscheiden. Er ist einfach riesig: Die dunkelbraunen Bullen sind zwischen 2,40 und 3,50 Meter lang und wiegen 320 bis 450 kg, die hellbraun bis beige-farbenen Kühe messen 1,80 bis 2,00 Meter und sind zwischen 90 und 165 Kilo schwer. Wie echte Löwen haben die Bullen eine Mähne aus struppigem Fell. Bei der Geburt sind Seelöwen schon 70 bis 100 Zentimeter lang und wiegen sieben bis acht Kilo.

Weitere Unterscheidungsmerkmale sind die Nasen: Seelöwen haben runde Nasen mit kurzen Barthaaren, Seebären spitze Nasen mit langen Barthaaren. Die Seebären-Weibchen haben eine ähnliche Farbe wie die Männchen. Seebären halten sich am liebsten an felsigen Küstenabschnitten auf, Seelöwen an Sandstränden.

Fast schon eine Garantie, Seelöwen zu sehen, hat man auf der Otago-Halbinsel, meist an der Sandfly Bay und am Victory Beach (bei den Pyramides). In den Catlins aalen sie sich oft am Strand der Surat Bay. Wer Glück hat, sieht sie auch an anderen Stränden des Südens und auf Stewart Island. Meistens liegt ein Bulle mit zwei, drei Kühen im Sand. Es ist ein Erlebnis, einen massiven Bullen aus dem Meer robben zu sehen. Sobald er seinen Liegeplatz erreicht, rollt er sich so lange im Sand, bis er wie ein paniertes Schnitzel aussieht. Auch danach schleudert er mit seinen Flossen ständig Sand auf seinen Körper, um lästige Fliegen zu vertreiben und seine Körpertemperatur niedrig zu halten.

Die Hauptbrutgebiete sind die subantarktischen Campbell und Auckland Islands. Dort haben die Bullen Harems von bis zu 25 Kühen. Auf der Otago-Halbinsel begannen sie nach mehr als 150 Jahren 1994 erstmals wieder Junge großzuziehen. Bis 2010 wurden dort laut DOC 45 Babys geboren, im Schnitt kommen jährlich vier hinzu.

Der Seelöwe, der von Polynesischen Siedlern und europäischen Jägern nahezu ausgerottet wurde, zählt zu den stark gefährdeten Arten und ist schon seit 1893 geschützt. Seit 2015 wird die Art in der höchsten Kategorie „national vom Aussterben bedroht" geführt. Ihre geschätzte Zahl liegt unter 10.000. Regelmäßig sterben Seelöwen in den Netzen von Tintenfisch-Fischereiflotten. Laut „Penguin Natural World of New Zealand" kamen auf diese Weise zwischen 1988 und 1996 mindestens 600 Seelöwen ums Leben, und es ist auch seither trotz Beifang-Quoten nicht besser geworden. Insgesamt sinkt die Zahl, auf den Auckland Islands ist seit den 1990er Jahren ein Verlust von 50 Prozent zu beklagen. Als Grund wird Futtermangel angenommen. Lediglich auf der Otago-Halbinsel wächst die Population.

Fledermäuse

Die einzigen endemischen Landsäugetiere

Von den drei Fledermaus-Arten, die bis zur Ankunft der Maori die einzigen Säugetiere in Neuseeland waren, gibt es nur noch zwei: die Langschwanzfledermaus (*Chalinolobus tuberculatus*; Long-tailed Bat) und die mit einem kürzeren Schwanz ausgestattete Kleine Neuseelandfledermaus (*Mystacina tuberculata*; Lesser Short-tailed Bat). Beide sind nur daumengroß, wiegen zwischen 12 und 15 Gramm und haben Flügelspannweiten von lediglich 30 Zentimetern.

Die dritte Art, die Große Neuseeland-Fledermaus (*Mystacina robusta*; Greater Short-tailed Bat) gilt seit 1967 als ausgestorben, als Ratten ihre Heimatinsel Big South Cape, in der Nähe von Stewart Island, heimsuchten. Sie wog 25 bis 35 Gramm. Die Maori nannten alle Fledermäuse Pekapeka und unterschieden die Spezies nicht.

Die *Mystacina tuberculata*, deren Vorfahren aus Südamerika stammen, kommt lediglich in einigen wenigen, eng begrenzten Gegenden auf beiden Hauptinseln vor und ist stärker gefährdet als die *Chalinolobus tuberculatus*, die vor rund einer Million Jahren aus Australien angeweht wurde. Aber auch Letztere ist nur selten zu sehen. Beide halten sich am liebsten in alten, ausgehöhlten Baumstämmen auf.

Die neuseeländischen Fledermäuse sind die einzigen weltweit, die auf dem Boden nach Nahrung suchen. Sie können ihre Flügel einrollen. Sämtliche Zehen an ihren breiten Füßen sind mit scharfen Krallen versehen, und sie haben kurze, muskulöse Beine, auf denen sie sich im Gegensatz zu den meisten anderen Arten schnell und geschickt auf dem Boden fortbewegen. Wie Fantails (Graurückenbrillenvögel) flattern sie bei der Jagd nach Insekten an Waldrändern, Flüssen und über Seen umher und werden deshalb oft für Vögel oder große Motten gehalten. Sie bestäuben einige Baum- und Blumenarten. Wie Wale und Delfine orientieren sich die Fledermäuse mit Hilfe von ausgesandten Ultraschallwellen (Echoortungssystem). Sie haben ein dickes Fell und halten keinen Winterschlaf.

Langschwanzfledermaus, eine Darstellung aus den Proceedings of the Zoological Society of London, 1857

Kleine Neuseelandfledermaus, Darstellung aus dem Buch „The zoology of the voyage of the H.M.S. Erebus & Terror" (1839-1843)

Reptilien

Tuatara (Brückenechse)

Die in Neuseeland endemischen Tuataras haben in den rund 225 Millionen Jahren ihrer Existenz alle möglichen Naturkatastrophen überlebt: Vulkanausbrüche, Eiszeiten, die Ankunft des Menschen und seiner vierbeinigen Hausgenossen. Aber nur um Haaresbreite. Zwar gibt es noch rund 100.000 Exemplare, und die Zahl steigt, aber schon als die Europäer Neuseeland besiedelten, waren die Brückenechsen nur noch auf feindfreien vorgelagerten Inseln zu finden. Zwar bekamen die Einwanderer auf den beiden Hauptinseln noch einige Individuen zu Gesicht, aber es ist möglich, dass die Maori diese bereits von den Inseln zurücktransferiert hatten.

Tuataras wurden 1989 in zwei Arten unterteilt:
- die Cook-Strait-Brückenechse (*Sphenodon punctatus*) mit zwei Unterarten, einer namenlosen auf Stephens Island und den Trio Islands in den Marlborough Sounds sowie der Northern Tuatara, *Sphenodon punctatus punctatus*;

- die North-Brother-Island-Brückenechse (*Sphenodon guntheri*). North Brother Island liegt ebenfalls in der Cook Strait. 1995 lebten dort lediglich 400 Exemplare. 68 Individuen wurden auf eine aus Angst vor Reptilienräubern nicht genannte Insel im Pelorus Sound (bei Picton) transferiert.

Laut DOC ergaben DNA-Analysen im Jahr 2009, dass die Tuatara am besten als eine einzige Art *Sphenodon punctatus* mit charakteristischen und wichtigen geographischen Abweichungen zu beschreiben ist. Sie wird bis zu 50 Zentimeter lang (ohne Schwanz) und wiegt 300 bis 1.000 Gramm. Ihre Grundfarbe ist graubraun-grünlich. Über ihren Rücken verläuft ein Kamm aus weißen Hornplättchen, davon haben die Maori den Namen Tuatara (= Rückenspitzen) abgeleitet.

Nichts im Leben dieser Echse geht schnell vonstatten. Sie bewegt sich langsam und brütet langsam. Ihre volle Größe erreicht sie erst mit 25 bis 30 Jahren. Während sich Männchen jedes Jahr fortpflanzen können, brüten Weibchen im Schnitt nur alle vier Jahre – und erstmals im Alter von 9 bis 13 Jahren. Sie legen bis zu 19 Eier und vergraben sie in weichem Boden. Die Jungtiere schlüpfen nach 11 bis 16 Monaten.

Die Brückenechse ist ektotherm, das heißt ihre Körpertemperatur ist völlig von ihrer Umwelt abhängig und wird nicht von ihrem Stoffwechsel beeinflusst; gleichzeitig ist sie wechselwarm (poikilotherm), weil die Temperaturen in ihrer Umwelt variieren. Bei Kälte bewegen sich die Tuataras noch langsamer als sonst, deshalb passiert es oft, dass sie sich in Zoo-Terrarien nur bei höheren Temperaturen sehen lassen.

Das Tuatara-Männchen hat als weltweit einziges Reptil keinen Penis. Es besteigt das Weibchen und transferiert sein Sperma von seiner Kloake in die der Partnerin.

Die Tiere verfügen, wie manche andere ursprüngliche Wirbeltiere, über ein geheimnisvolles drittes Auge an der Kopfoberseite, das eine Retina und eine Nervenverbindung zur Zirbeldrüse hat. Bei erwachsenen Tieren wird es von opaquen (undurchsichtigen) Schuppen bedeckt. Vermutlich dient es einer biologischen Uhr, denn die Zirbeldrüse produziert das Hormon Melatonin, das den Wach- und Schlafzyklus, die Paarung und den Winterschlaf steuert. Obwohl sie keine sichtbaren Ohren haben, können Tuataras hören.

Wie andere Reptilien, die in kühleren Klimata leben, werden Tuataras sehr alt. 60 Prozent der Population überdauern mehr als 100 Jahre.

Die Hochburg des Dinosaurier-Zeitgenossen ist Stephens Island (Takapourewa), nördlich von D'Urville Island am Nordzipfel der Marlborough Sounds. Diese Felsinsel in der Cook Strait ist Heimat von 30.000 bis 50.000 Tuataras, die bis zu 50 Zentimeter lang und ein Kilo schwer werden können. Der große Rest ist auf 32 Inseln (Stand: 2017) vor Whangarei, im Hauraki Gulf, rund um die Coromandel-Halbinsel und in der Bay of Plenty verteilt. Dazu kommen die Schutzgebiete, die sogenannten Mainland Islands, sowie Zoos und Wildparks, die allesamt ihre Tuataras hegen und pflegen, so wie die Willowbank in Christchurch oder Zealandia und Matiu/Somes Island in/bei Wellington.

Auf den Inseln finden die nachtaktiven Tuataras im Zusammenleben mit Seevögeln wie den Sturmvögeln ideale Lebensbedingungen, denn diese liefern den Echsen sowohl bezugsfertige Wohnhöhlen als auch – mit dem Vogelkot – reichlich Bodendünger, der die Vermehrung von Wetas, Käfern, Spinnen, Würmern, Tausendfüßlern, Geckos und Skinken fördert. Dann hat die Tuatara genug zu fressen. Zum Dank vertilgt sie dann auch noch die Vogeleier und Küken! Auf Stephens Island verliert beispielsweise der Feensturmvogel (*Pachyptila turtur*; Fairy Prion) mehr als ein Viertel seiner Eier und Küken an Tuataras. Es ist also keine Symbiose, von der beide Tierarten profitieren

Die Tuatara verfügt über ein geheimnisvolles drittes Auge an der Kopfoberseite, das von opaquen Schuppen bedeckt ist und eine Nervenverbindung zur Zirbeldrüse hat

würden. Die Tuataras verspeisen gelegentlich sogar ihren eigenen Nachwuchs. Aus diesem Grund sind junge Brückenechsen tagaktiv und verstecken sich bei Nacht.

Trotz aller Sicherheit in den Lebensräumen der Reptilien sorgen sich Herpetologen (Reptilienforscher) um die Zukunft der Echsen, die wie Schildkröten über 100 Jahre alt werden können. Die größte Gefahr sind aufgrund der Isolation nicht mehr Mensch und Tier, sondern der Klimawandel. Forscher der Victoria-Universität in Wellington fanden heraus, dass die Temperatur des Bodens, auf dem die Eier liegen, das Geschlecht der Baby-Tuataras bestimmt. Temperaturen über 21,5 Grad führen zu mehr Männchen, während sich bei kühleren Bedingungen mehr Weibchen entwickeln. Das Geschlecht ist erst nach zehn Jahren zu erkennen.

Schon im Jahr 2007 gab es auf einer näher untersuchten kleinen Insel im Norden der Südinsel 1,7 Mal so viele Männchen wie Weibchen. Bei einer weiteren Erderwärmung wäre es möglich, dass Tuataras nur noch überleben könnten, wenn der Nachwuchs in Labors ausgebrütet würde, denn wenn es nur noch Männchen gäbe, wäre das Schicksal der seit rund 225 Millionen Jahren existierenden Reptilienart besiegelt. Noch schaffen sie es alleine. Aber sie sind extrem langsame Brüter. Im Schnitt nur alle vier Jahre lassen sich Brückenechsen, wie schon erwähnt, zur Fortpflanzung hinreißen. Dafür leben sie länger.

Geckos – eine seltsame deutsche Vorliebe

Sie beschmieren Gletscher, fliegen ohne Genehmigung mit dem Gleitschirm über Bergriesen, durchbrechen Absperrungen vor historischen Felsmalereien, nutzen Vorgärten der Einheimischen als Toiletten. Wenn's um Negativschlagzeilen geht, sind deutsche Touristen in Neuseeland stets dabei.

Eine unrühmliche Spitzenposition haben sie als geldgierige Geckoschmuggler inne: Allein zwischen 2010 und 2012 mussten fünf deutsche Reptilien-Räuber am anderen Ende der Welt für mehrere Monate hinter Gitter, nachdem sie mit Schmuck-Grüngeckos (*Naultinus gemmeus*) im Gepäck festgenommen worden waren. Die Serie der Verstöße gegen die nationalen Tierschutzgesetze und das Washingtoner Artenschutzabkommen (CITES) hatte im Dezember 2009 mit der Festnahme von Hans Kurt K. aus Limbach (Bad Münstereifel) begonnen. Es war der aufsehenerregendste Fall, weil der 58-jährige Rentner versucht hatte, 44 Geckos und Glattechsen, sogenannte Skinke, in seiner Unterhose außer Landes zu schmuggeln. Er hatte die streng geschützten Tiere, die einen Schwarzmarkt-Wert von 45.000 bis 75.000 Euro hatten, in acht Fächer einer handgenähten Bauchtasche gezwängt. Hans Kurt K. wurde in Christchurch zu 14 Wochen Gefängnis und 5000 NZ-Dollar Geldstrafe verurteilt. „Das Risiko war eingeplant", sagte er, „ich habe alles auf eine Karte gesetzt und verloren. Ich würde es nicht noch einmal tun, aber es tut mir nicht leid." Seine Haftstrafe nahm er mit Humor: „Ich bin Rentner. Ich habe Zeit." Im Februar 2010 nahm die Polizei den in Kampala (Uganda) lebenden 55-jährigen Deutschen Manfred B. am Flughafen in Christchurch fest. Er hatte

16 Schmuck-Grüngeckos im Rucksack und behauptete, er sei nur ein Kurier. Im Rahmen der Ermittlungen wurden danach ein 31-jähriger Schweizer aus St. Gallen und ein 28-jähriger Mexikaner festgenommen und wie B. zu 15 Wochen Gefängnis verurteilt. Im Mai 2011 wanderten Dieter E. und Thorsten R. für jeweils viereinhalb Monate hinter Gitter, nachdem sie mit Geckos von der Otago- und Banks-Halbinsel erwischt worden waren. Der nächste Deutsche, Andreas H., ging den Fahndern im Mai 2012 ins Netz. Er hatte Schmuck-Grüngeckos von der Banks-Halbinsel im Gepäck.

Neuseelands Echsen sind so begehrt, weil sie – bis auf eine Spezies – keine Eier legen, sondern ihre Jungen lebend gebären. Dieser „Trick" erhöht in dem vergleichsweise kühlen Klima Neuseelands die Überlebenschancen. Außerdem werden sie über 40 Jahre alt – im Gegensatz zu Geckos in den Tropen, die schon nach zwei Jahren sterben. Vermutlich werden sie solche Methusalems, um ihr langsames Brutverhalten in den temperierten Breitengraden zu kompensieren.

Viele Arten sind bunt gefleckt, 16 bis 18 Zentimeter lang und 10 bis 12 Gramm leicht. Die beiden Skink-Arten (*Oligosoma maccanni* und

Schmuck-Grüngecko; wie fast alle Geckos in Neuseeland legt diese Spezies keine Eier, sondern gebärt ihre Jungen lebend

Der endemische, nur auf den Inseln Great und Little Barrier Island (Hauraki Gulf) vorkommende Chevron Skink

Geckos und Skinke

Geckos: Die Taxonomie der neuseeländischen Geckos wurde 2011 intensiv überarbeitet und geändert, und einige der 43 endemischen Arten sind noch nicht einmal beschrieben. Die 33 grau-braunen Arten, die dem Genus *Hoplodactylus* angehörten, sind jetzt in sechs Genera unterteilt: *Hoplodactylus*, *Dactylocnemis*, *Mokopirirakau*, *Toropuku*, *Tukutuku* und *Woodworthia*. Laut Angaben der New Zealand Herpetological Society (Gesellschaft für Amphibien- und Reptilienliebhaber, http://www.reptiles.org.nz), sind weitere Namensänderungen zu erwarten.
Naultinus ist die Gattung der 10 grünen Geckos, die allesamt tagaktiv sind, während die grau-braunen Arten bei Nacht auf Futtersuche gehen. Die meisten Geckos bevorzugen wärmere Gefilde, aber es gibt eine Spezies (*H. kahutarae*), die in Höhen über 2.000 Metern lebt. Vor allem auf Inseln sind Geckos wichtige Pflanzenbestäuber (Flachs, Pohutukawa).

Skinke: Es gibt ungefähr 50 endemische Arten der Glattechsen und eine aus Australien eingeführte Spezies (*Lampropholis delicata*; Rainbow Skink). Noch immer werden neue Arten sowohl von Skinken als auch Geckos entdeckt. Es gibt zwei Hauptgruppen, *Cyclodina* (nachtaktiv, schattenliebend) und *Oligosoma* (tagaktiv mit Ausnahme des Eier legenden Skinks *Oligosoma suteri*, der als einziger ein guter Schwimmer ist). In Central Otago gibt es zwei schwarz-gelbe Spezies, die 30 cm lang werden. Sie leben in den Ritzen von Schiefergestein und Felsburgen (tors).

Geckos und Skinke haben charakteristische Unterscheidungsmerkmale. Geckos haben einen eher breiten Kopf mit großen hervorquellenden Augen, einen deutlich erkennbaren Nacken und samtig aussehende Haut, die aus sehr feinen, tüpfeligen Schuppen besteht. Skinke sind schlanker, haben schmalere Köpfe, kleine Augen und keinen erkennbaren Nacken. Ihre Haut ist glatt und glänzend und besteht aus fischähnlichen Schuppen.

Frösche

Vier endemische und drei eingeführte australische Arten leben in Neuseeland.

polychroma), die Hans Kurt K. bei sich hatte, sind tagaktiv, die fünf noch nicht einmal spezifizierten Gecko-Arten (*Hoplodactylus* Canterbury, Southern Alps, Large Otago, Cromwell und Central Otago) nachtaktiv. K. sagte, es sei ein Kinderspiel gewesen, sie zu fangen: „Die sind gar nicht so selten. Die findet man hier in den Ritzen unter fast jedem größeren Stein. Man muss bloß den Stein umdrehen und man hat sie."

Der Rentner hatte seine Diebestour von langer Hand geplant. Auf drei Neuseeland-Reisen in den Jahren 2001, 2004 und 2008 hatte er die Tiere intensiv studiert, sogar Kotproben genommen. Dass er 2008 mit einem Schweizer Reptilienhändler unterwegs war und in der steppenartigen Landschaft Central Otagos fast ausschließlich schwangere Weibchen fing, war nicht der Stoff, um sich von dem Vorwurf zu distanzieren, er selbst sei kein Schwarzmarkt-Dealer, sondern lediglich ein Sammler. Vielmehr deutet das Handeln auf Gewinnmaximierung hin.

Da die aufgedeckten Fälle nur die Spitze des Eisbergs sind, geht die Naturschutzbehörde DOC davon aus, dass im Jahr 2010 allein auf der Otago-Halbinsel zwischen 100 und 200 Schmuck-Grüngeckos mit einem Schwarzmarktwert von knapp einer Million Euro in die Hände von Schmugglern gefallen sind. Das entspräche einem Anteil von 7 bis 14 Prozent der Gesamtpopulation. Langfristig können die Aktivitäten der fehlgeleiteten Echsen-Liebhaber zur Ausrottung seltener Arten führen, weil die Zahl der gestohlenen Tiere höher liegt als die natürliche Fortpflanzungsrate der Geckos.

Insekten

Weta – das Urzeit-Insekt

Wer im Internet nach "Weta" sucht, stößt eher auf die Spezialeffekt-Filmstudios in Wellington (Weta Cave), die nach ihm benannt sind, als auf Informationen über das urzeitliche Rieseninsekt.

Viele Neuseeländer haben noch nie einen großen Weta gesehen, und die meisten fürchten eher, dass eines dieser flügellosen Kriechtiere vor ihrer Nase auftaucht, als dass sie es bewundern würden – es sei denn, es hält sich hinter einer Glasscheibe in einem aufklappbaren Baumstamm – „Weta Motel" genannt – in einem Wald auf. Die Chance, dort ein Exemplar zu erblicken, ist relativ hoch, da die Wetas nachtaktiv sind und tagsüber in ihren Höhlen, Baumhöhlen und anderen Verstecken schlafen.

Riesenweta; die Maori bezeichnen diese Insekten als „Teufel der Nacht" und „Gott der hässlichen Dinge"

Wetas (*Anostostomatidae*) haben sich, ähnlich wie Tuataras, im Lauf von 190 Millionen Jahren kaum verändert. Sie gehören der Ordnung der Langfühlerschrecken an und viele der mehr als 70 Arten sind echte Brummer, die einst die ökologische Nische der Nager ausfüllten und sich vornehmlich vegetarisch ernährten. Einige wenige Arten fressen auch Insekten. Sie sind ein klassisches Beispiel dafür, wie Insekten und Vögel auf feindfreien Inseln ihre Flugfähigkeit verlieren und zu enormer Größe wachsen.

Sämtliche Spezies der Riesenwetas (Giant Weta; Genus: *Deinacrida*) überleben wie die meisten anderen großen Arten praktisch nur noch auf Inseln und eingezäunten Schutzgebieten, deshalb auch die „Weta Motels" in solchen feindfreien Wäldern. Der Mahoenui-Weta (*Deinacrida mahoenui*) galt schon als ausgestorben, ehe er 1962 im King Country wiederentdeckt wurde. Eine Population dieser Spezies wurde auf Mahurangi Island vor der Küste der Coromandel-Halbinsel angesiedelt. In Neuseeland sind 16 Spezies vom Aussterben bedroht.

Die schwerste Spezies ist der bis zu 9 cm lange Little Barrier Island Giant Weta (*Deinacrida heteracantha*), der bis zu 71 g und damit so viel wie eine Singdrossel wiegen kann. Ein Gebirgsweta in der Region Nelson wiegt lediglich 7 g! Die Maori bezeichnen Wetas als „Teufel der Nacht" und „Gott der hässlichen Dinge".

Die auf den Hauptinseln lebenden größeren Weta-Arten kommen vornehmlich in Gebirgsgegenden von Marlborough bis Central Otago

Motuweta isolata, Mercury Islands tusked weta, mit beeindruckenden „Stoßzähnen" (Englisch: tusks)

vor und verstecken sich tagsüber unter Felsbrocken. Kleinere Arten sind im ganzen Land verbreitete Baum-Wetas (Tree Wetas; Genus: *Hemideina*), die sich unter Brennholzstapeln, in Gärten und Gummistiefeln aufhalten, Boden-Wetas (Ground Wetas; Genus: *Hemiandrus* und *Zealandosandrus*) sowie die mit sehr langen Fühlern ausgestatteten und völlig friedfertigen Höhlen-Wetas (*Rhaphidophoridae*; Cave Weta; mehrere Unterfamilien), die eher im Wald als in Höhlen leben. Eine Rarität ist der Stoßzahn-Weta (Tusked Weta; *Anisoura nicobarica*) in Northland.

Sandfliegen – winzige Plagegeister

Das Lästigste, was das Land der Kiwis seinen Besuchern zu bieten hat, sind die Sandfliegen, deren Name eigentlich mit Kriebelmücken übersetzt werden müsste, lateinisch: *Austrosimuliidae*. Die Westküste der Südinsel und Fiordland sind berühmt-berüchtigt für die bissigen Biester, aber sie kommen längst in fast allen Regionen mit hoher Luftfeuchtigkeit vor, bis hinauf an die Bay of Islands im Norden der Nordinsel und sogar in Gebirgstälern der als trocken geltenden Region Canterbury im Südosten.

Wenn wie in einem Restaurant in St. Arnaud, dem Hauptort des Nelson Lakes National Park, auf jedem Tisch neben Pfeffer- und Salzstreuer griffbereit eine Flasche Insektenspray steht, der weiß, was die Stunde geschlagen hat. Die Campingplätze an den dortigen Seeufern (Lake Rotoiti und Rotoroa) sind bei Windstille der pure Horror. Da hilft nur eins: sprühen – oder rennen. Denn die Sandfliegen sind zu langsam, um einen Wanderer zu traktieren. Ach ja, und um den typisch stürmischen Neuseeland-Wind kann man beten… Der weht die leichtgewichtigen Biester weg. Auch bei Regen ist Ruhe – und nachts, denn die Sandfliegen können nicht sehen. Morgens schlagen sie dann dafür umso erbarmungsloser zu. Im Winter (Juli/August) ist zumindest auf der Südinsel Entwarnung.

So winzig sie sind, und so harmlos sie auch aussehen, nämlich wie eine Obstfliege, so übel können die Sandfliegen – Namu bei den Maori – stechen und saugen. Das ist für empfindliche Menschen problematisch, denn die roten Knubbel können stark anschwellen und wochenlang jucken. Wer sich bei Windstille oder an trüben Tagen an gefährdeten Stränden aufhält oder am Waldesrand entlang spaziert, sollte sich deshalb von Kopf bis Fuß verhüllen oder flächendeckend mit insektenabwehrenden Lotionen eincremen oder -sprühen. Schlimm ist's auch in der Nähe von Seen, Flüssen (wo die Insekten ihre Eier ablegen) und Feuchtgebieten.

Es gibt 13 Sandfliegen-Arten in Neuseeland, aber nur zwei Arten der 2 bis 3 Millimeter großen Winzlinge beißen – und hier jeweils nur die Weibchen: die *Austrosimulium australense* (New Zealand Blackfly) und *A. ungulatum* (West Coast Blackfly). Für Letztere wurde gar eine Art Denkmal gesetzt: Am Bushman's Centre in Pukekura, einige Kilometer nördlich des Lake Ianthe, baumelt eine riesenartige Sandfliegen-Plastik (The Giant Sandfly) vom Giebel des einsam in der Landschaft stehenden Gebäudes, in dem sich ein Laden/Museum und Restaurant/Café befinden.

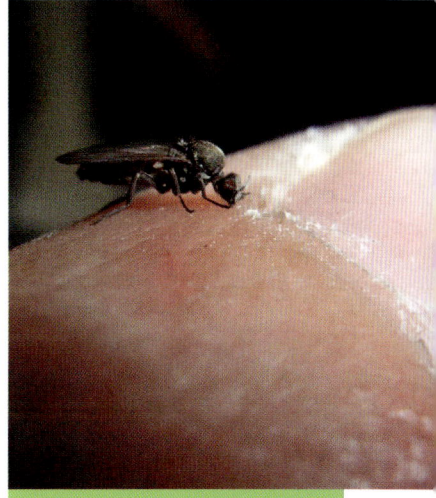

Eine neuseeländische Sandfliege; die Weibchen stechen und saugen, die entstehenden Knubbel auf der Haut können stark anschwellen und wochenlang jucken

Die Te-Ara-Enzykopädie erzählt die Legende von dem Kapitän John Lort Stokes, der bei seinen Vermessungsarbeiten in Fiordland 1851 nahe daran gewesen sein soll, markante Punkte Venom Point (Giftpunkt), Sandfly Bay (Sandfliegen-Bucht) und Bloodsuckers Sound (Blutsauger-Fjord) zu taufen. Namen, die Sandfly enthalten, sind mittlerweile aber geläufig im Land, selbst auf der Otago-Halbinsel, wo man nie eine zu Gesicht bekommt.

Die bissigen Weibchen traktieren nicht nur Menschen, sondern saugen Blut auch von Pinguinen und anderen Vögeln, Fledermäusen, Seebären und Haustieren. Sie reißen die Haut auf und saugen den austretenden Blutstropfen auf.

Jeder hat sein eigenes Sandfliegen-Abwehrsystem. Eine bewährte Methode ist, sich in berühmt-berüchtigten Gebieten mit Insektenspray einzusprühen (die geläufigste Marke in Neuseeland ist Aerogard) und den Fahrzeuginnenraum mit Raumspray (z.B. Rapid Kill) zu behandeln, bevor man sich auf Wanderschaft begibt, und den Vorgang nach der Rückkehr zu wiederholen. Geradezu wundersam schnelle Heilungen der sonst wochenlang juckenden und manchmal monatelang sichtbaren Bisswunden erzielt man mit Tigerbalsam.

Ein Denkmal für die Blutsauger: „The Giant Sandfly" am „Bushman's Centre" in Pukekura

365

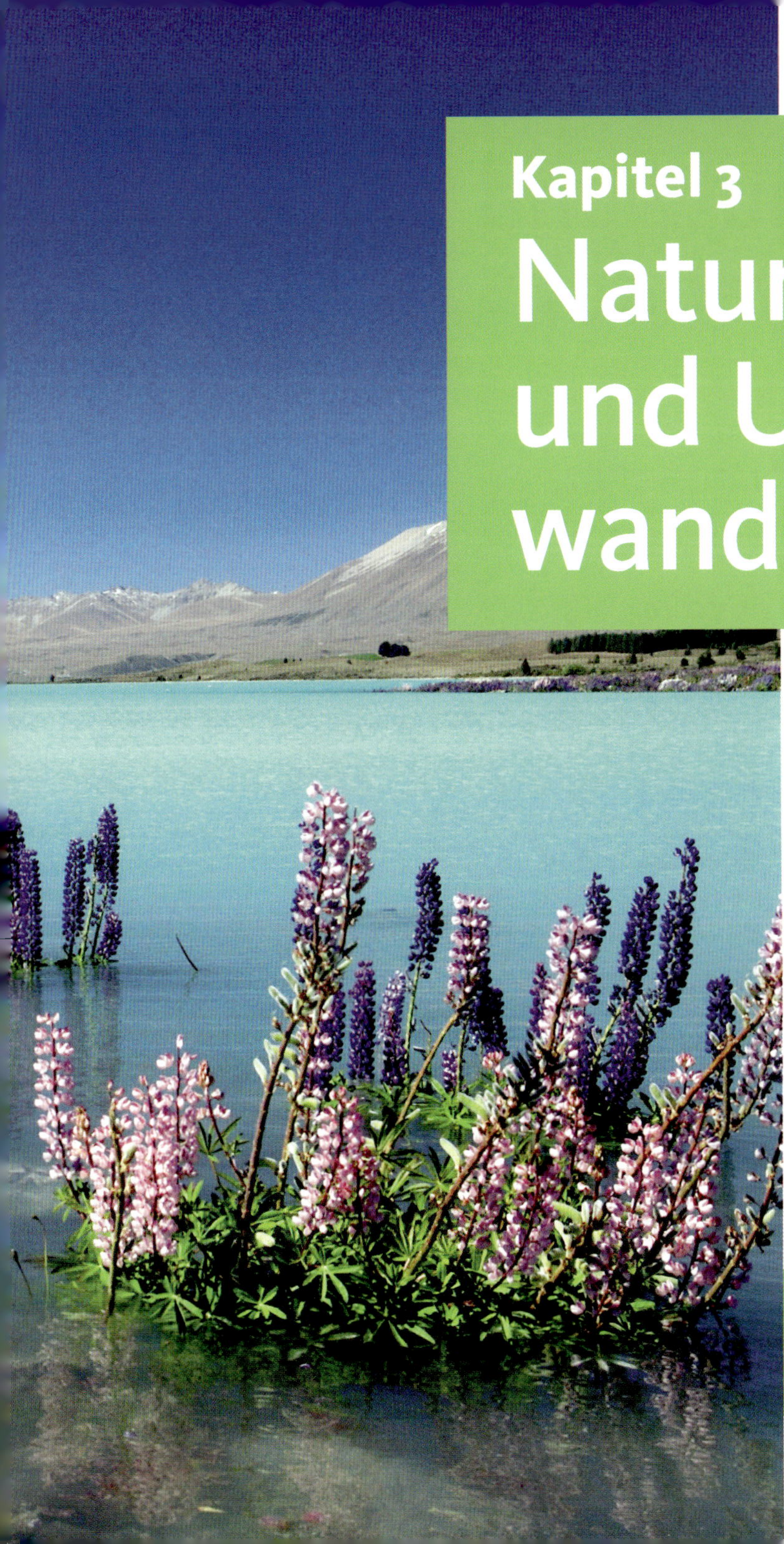

Kapitel 3
Naturschutz und Umweltwandel

Lupinen am Lake Tekapo: Was hier so malerisch aussieht, ist eine Gefahr für Neuseelands Ökologie

Naturschutz und Umweltwandel

Naturschutz: Spagat zwischen heiler Welt und Wirtschaftswachstum

Ohne Menschen wäre Neuseeland ein Paradies. Aber in weniger als 1.000 Jahren haben der Mensch – durch Profitgier und Gedankenlosigkeit – und die von ihm eingeschleppten Tiere und Pflanzen die grünen Inseln im Südpazifik derart katastrophal verwandelt, dass von der ursprünglichen Einzigartigkeit wenig übriggeblieben ist, auch wenn Touristen ob der Schönheit der Landschaften noch immer ins Schwärmen geraten.

Im Land der Kiwis sind so viele Tierarten vom Aussterben bedroht, dass Neuseeland in der Rangliste einer Studie der Universität von Adelaide (Bradshaw et al., 2010) unter 171 Ländern mit vollständigen Umweltdaten in punkto Biodiversität (Artenreichtum und -schutz) Schlusslicht ist! 42 Prozent der Vogelarten sind seit der Ankunft des Menschen und der von ihm eingeführten Säugetiere ausgestorben. Die „Natural Heritage Collection" (NHC) listet 2.788 Tier- und Pflanzenarten, darunter 153 Vogelarten, als vom Aussterben bedroht und weitere 3.031 Arten als gefährdet auf (Stand: Februar 2014). Das Department of Conservation (DOC) spricht von mehr als 3.500 Spezies, wobei die DOC-Listen von der Roten Liste der Weltnaturschutzunion – International Union for Conservation of Nature and Natural Resources (IUCN) – stark abweichen.

Der Naturschutz von Idealisten hat zum Ziel, weite Teile Neuseelands, so gut es geht, in den Urzustand zurückzuversetzen und ein neues Zealandia, die aus dem Meer ragende Spitze des vom Gondwana-Urkontinent abgetrennten Archipels, zu schaffen. Es ist der Traum, nacktes Farmland in artenreiche Wälder zu verwandeln, in denen wie-

Naturschutz im Wahlkampf

der alles kreucht und fleucht, was das Land der Kiwis vor der Besiedelung durch die Maori und später durch die Europäer ausgemacht hat: Inseln, auf denen flugunfähige Vögel ohne die Bedrohung von räuberischen Säugetieren herumstromern können; Wälder, in denen hungrige Vierbeiner nicht die Bäume kahlfressen. Kleine Einschränkung: Es wäre ein Paradies ohne die Arten, die der Mensch und seine Tiere ausgerottet haben. Die sind für immer verloren.

Es sind nicht nur die eingeschleppten Säugetiere wie Possum, Hermelin, Hund, Katze, Ratte, Maus und Co., die das Ökosystem zerstören. Auch der Mensch trägt einen erheblichen Teil dazu bei. Dabei stellt weniger das konstante Bevölkerungswachstum eine Bedrohung für die Habitate dar, als vor allem die Aussicht auf Reichtümer durch den Abbau von Mineralien und Kohle sowie die ausufernd intensive Nutzung großartiger Landschaften als Farmland.

Für Letzteres ist insbesondere die Milchwirtschaft verantwortlich, die vielerorts Flüsse und Seen bereits irreversibel verschmutzt hat und fast

Milchpulverfabrik in der Region Waikato

die Hälfte aller in Neuseeland produzierten Treibhausgase verursacht. Fischereiflotten fischen das Meer und die Flüsse leer, während Hobbyangler Fangquoten respektieren müssen. Bevor 2015 die Gewässer um die Kermadec Islands hinzugefügt wurden, hatten nur 0,3 Prozent von Neuseelands „Marine Reserves" (insgesamt 44; Stand: Mai 2017) einen ähnlichen Schutzstatus wie Nationalparks. Zahlreiche Industriebetriebe entsorgen ihren Dreck auf gewissenlose Art und Weise. Manche Städte und Gemeinden leiten ihre Abwässer direkt in Flüsse und ins Meer. Die Förderung von Erdgas und Erdöl mit riskanten Tiefseebohrungen und Fracking über aktiven geologischen Verwerfungen sind nur das Tüpfelchen auf dem i. Und der Staat verdient an fast allem mit, was die Natur bedroht, zerstört oder dramatisch verändert.

Für viele Menschen reicht der Naturschutz nur so weit, wie er von ihnen keine Opfer oder das Ablegen schlechter Gewohnheiten verlangt. Für Machtpolitiker und Unternehmer endet der grüne Traum, wo schnell einige Dollars zu verdienen sind und wo der Purismus die wirtschaftlichen Interessen der Nation und Einzelner berührt. In strukturschwachen Gebieten, wie an der Westküste der Südinsel, sind vielen Einheimischen Arbeitsplätze wichtiger als Naturschutz. Ihr Widerstand ist sicher, wenn Umweltorganisationen wie Greenpeace oder Forest & Bird gegen die Öffnung neuer Kohlebergwerke protestieren, um Landschaften, Riesenschnecken und seltene Pflanzen zu retten.

Selbst bei den Diskussionen über die Stromerzeugung durch den Bau von Staudämmen, Wasserkraftwerken und Windturbinen in unberührten Regionen sind die Fronten verhärtet, weil auch dafür Ökosysteme und einzigartige Panoramen geopfert werden müssten.

Noch leidenschaftlicher wird gestritten, wenn die unter einer Decke steckenden Farmlobbyisten und die Nationalpartei Pläne puschen, die es erleichtern sollen, aus Flüssen mehr und mehr Wasser abzuzapfen, mit dem dann zusätzliche Kuhweiden in ungeeigneten Regionen begrünt werden können – mit dem ultimativen Ziel, die Produktion von Milch und Milchpulver für die Welt zu steigern.

Die Folgen sind klar: eine noch höhere Belastung für Land, Luft und Wasser, inklusive Folgen für die Qualität des Grundwassers. Selbst Umweltminister Nick Smith kam im Februar 2014 nicht umhin zuzugeben, dass Neuseeland zu diesem Zeitpunkt in punkto Wasserqualität weltweit nur auf Rang 43 lag. Tendenz fallend. Jeden Sommer geben Städte und Gemeinden Listen von Flüssen und Stränden heraus, in denen man besser nicht schwimmt.

Es herrscht auch kein Mangel an cleveren Geschäftsleuten, die dem Volk regelmäßig Tourismus-Projekte auftischen, für deren Realisierung Wälder und jene unberührten, einsamen Traumlandschaften geopfert werden müssten, die Urlauber vom anderen Ende der Welt magisch anziehen. Meist sind es Projekte, von denen einzelne Unternehmer profitieren, die andere jedoch in den Ruin treiben würden. Es sind Ideen, wie einen (vom Umweltminister im Juli 2013 abgelehnten) Tunnel oder eine Schwebebahn (im Mai 2014 abgelehnt) in die atemberaubend schöne UNESCO-Welterbe-Szenerie von Fiordland zu bauen, jahrhundertealte Bäume abzuholzen und die Lebensräume bedrohter Tierarten zu beschneiden, damit eilige Urlauber entlegene Naturwunder wie vom Fernsehsessel aus bewundern können – solange sie nicht gerade in einer Tunnelröhre stecken …

Protest gegen Erdölbohrungen in der Tiefsee

Die Gegner der Umweltverbesserer, die keinerlei Eingriff in die Natur dulden, argumentieren, dass die Wirtschaft nur florieren könne, wenn Neuseeland industrielles Wachstum akzeptiere, koste es, was es wolle, notfalls die Natur. Die Vision sind Milchpulverberge, Subventionen für Umweltverschmutzer und Mineralienabbau notfalls in Nationalparks. Die Gefahren beispielsweise der Erdölförderung durch Tiefseebohrungen, von der sich die Politik Unabhängigkeit in Zeiten explodierender Rohölpreise verspricht, werden heruntergespielt und verharmlost. Neuseeland verabschiedete zwar im Jahr 2000 eine auf 20 Jahre ausgerichtete Biodiversitätsstrategie und unterzeichnete auch die Internationale Konvention zur Biologischen Diversität (CBD), aber die 2008 an die Macht gekommene Nationalregierung unter John Key stutzte der Naturschutzbehörde DOC im Lauf der Jahre mit Etatkürzungen kontinuierlich die Flügel.

Es gibt sogar Leute, die argumentieren, es gehe ja wohl nicht an, dass man auf Wirtschaftswachstum verzichte, bloß um verklärten Urlaubern aus Übersee ein authentisches Märchenland präsentieren zu können – was natürlich starker Tobak in einem Land ist, in dem der Tourismus ein unverzichtbarer Wirtschaftsfaktor ist und das aus exakt diesem Grund mit dem „100% PURE"-Slogan und seinem grünen, sauberen Image protzt. Dazu passt auch nicht der aus Angst vor den drohenden Strafzahlungen im Dezember 2012 erklärte Ausstieg Neuseelands aus dem Kyoto-Protokoll, der UN-Konvention zum Klimaschutz.

Fortschritt ja – aber nicht um jeden Preis. Dringend gesucht: ein Mittelweg.

Biologische Invasion

Verwilderte Hauskatzen

Streng genommen ist der Mensch der erste Schädling, der Neuseeland betreten hat. Er zerstörte mit Brandrodung weite Teile unberührter, einzigartiger Natur, die sich fern vom Rest der Welt in mehr als 80 Millionen Jahren entwickelt hatte. Er schleppte Tiere und Pflanzen ein, die das Inselparadies im Südpazifik nachhaltig veränderten.

Wenn sich Arten in einem Gebiet ausbreiten, in dem sie nicht heimisch sind, wird das biologische Invasion genannt. Die eingeschleppten Arten sind invasive Spezies oder Bioinvasoren. Neophyten sind eingebürgerte Pflanzen, Neozoen eingeführte Tiere. Davon hat Neuseeland mehr als genug, allen voran das verhasste Possum (Fuchskusu), das in Australien eine geschützte Art ist. Aber auch Haustiere und ausgesetztes Jagdwild dezimieren endemische Spezies. Sie fressen einheimische Arten, die Jahrtausende oder Jahrmillionen ohne Feinde gelebt und Schutz-, Abwehr- und Fluchtmechanismen abgelegt haben, so wie die flugunfähigen Vögel. Sie treten in Konkurrenz um Futter und/oder Lebensräume, unerwünschte Pflanzen breiten sich explosionsartig aus und entziehen alteingesessenen Arten die Lebensgrundlage.

Aber durch das Überhandnehmen von Neophyten wird nicht bloß die einheimische Flora geschädigt, denn wenn sie als Futterquelle oder angestammte Nist- und Brutstätte wegfällt, ist auch die Tierwelt existenziell bedroht. Ein klassisches Beispiel hierfür ist die Anpflanzung der bunten Lupinen im Mackenzie Country. Sobald sie die Verflochtenen Flüsse (braided rivers) erreichen, herrscht Alarmstufe Rot für dort brütende Vögel wie den Schwarzen Stelzenläufer, der offene Landschaften fürs Überleben benötigt – kein Dickicht. Deshalb müssen die Bestände dieser Blumen, die viele Fotos verschönern, regelmäßig reduziert werden, um das Überleben der einheimischen Spezies zu sichern.

Die Lupinen sind ein Beispiel dafür, dass nicht immer Absicht oder böser Wille hinter der Einführung von Arten steckt, die ursprüngliche, wilde Landschaften unwiderruflich zerstören. Ratten und Mäuse waren unerwünschte blinde Passagiere auf den Schiffen der europäischen Einwanderer. Die Buschratte (Kiore), die bereits mit den Maori die Inseln erreichte, wurde hingegen bewusst eingeführt, weil sie eine wichtige Nahrungsquelle war und zudem als Verbindungselement zur Welt der Vorfahren große kulturelle Bedeutung hatte. Nichtsdestotrotz reduzierte diese Ratte die Bestände von Kleinvögeln, Fledermäusen, Echsen, flugunfähigen Insekten sowie Schnecken dramatisch.

Kalifornischer Mohn

Buschlupinen am Lake Wakatipu

Das war nichts im Vergleich zu den Europäern, die auf einen Schlag mehr als 80 Arten von Säugetieren, Vögeln und Fischen sowie mehr als 1.600 unterschiedliche (Zier-)Pflanzen mitbrachten. Mit der Umwandlung von Wäldern in Farmland setzten sie das Zerstörungswerk der Maori fort, die mit Hilfe von Feuer den Moa, den zu historischer Zeit größten Laufvogel der Welt, ausgerottet hatten, bevor die ersten Briten an Neuseelands Stränden anlegten. Für sie besaß nur landwirtschaftlich genutztes Land einen Wert, Naturschutz und Tourismus spielten in den frühen Jahren noch keine Rolle.

Kein Tier, mit dem, in welcher Form auch immer, Geld verdient werden konnte, war mehr sicher. Wale und Seebären wurden abgeschlachtet, bis kaum noch einer übrig war. Einheimische Vögel, von denen viele eine beträchtliche Größe erreichen, landeten in Kochtöpfen und Museen. Vögel, die Farmerträge gefährdeten, wurden, wie der Ziegen- und Springsittich, gnadenlos abgeknallt. Weil Keas gelegentlich Schafe attackierten, mussten sie in Scharen sterben.

Rotwild bei Kaikoura

Dafür wurden Rot- und Federwild sowie Kaninchen als Jagdtiere eingeführt, mit der Folge, dass Erstere in höhergelegenen Regionen und Wäldern großen Schaden anrichteten und Letztere in vielen Gebieten zur Plage wurden und Farmland vernichteten. Possums wurden wegen ihres Fells gezüchtet und freigelassen, als sich der Handel nicht mehr lohnte. Gier und kurzsichtiges Gewinnstreben dominierten das Denken – eine Einstellung, die noch heute oft zu beobachten ist und stets aufs Neue eine Herausforderung im Spannungsfeld von Wirtschaftswachstum und Naturschutz darstellt.

Im Jahr 1993 wurde der Biosecurity Act verabschiedet, ein Gesetz, das die Ausrottung und effektive Kontrolle von Schädlingen und unerwünschten Organismen festschreibt. Strenge Grenzkontrollen sollen die Einschleppung invasiver Arten verhindern, die der Landwirtschaft und der Biodiversität Schaden zufügen könnten. Schon die Einfuhr von Honig, Obst, Gemüse, Samen und jeglichen Tierprodukten ist untersagt, von lebenden Tieren ganz zu schweigen. Wer am Flughafen mit einem Apfel im Rucksack ertappt wird, ist mit einer happigen Geldstrafe dabei.

Das ist ein sehr guter Ansatz, auch wenn immer wieder Schädlinge durch das Kontrollnetz schlüpfen. Die Landwirtschaft im Land dazu zu bewegen, mit der Natur Neuseelands ebenso sorgsam umzugehen, damit tut sich die Regierung – vor allem, wenn die den Farmern nahestehende Nationalpartei an der Macht ist – wesentlich schwerer. Für die außer Kontrolle geratene Ausbreitung von Ginster, Stechginster und Kiefern sind jedoch Land- und Waldwirtschaft verantwortlich.

Laut der Naturschutzbehörde DOC (Department of Conservation), die auf ihrer Website umfangreiche Informationen über invasive Unkrautpflanzen zusammengestellt hat, stammen 75 Prozent der unerwünschten Erd- und 50 Prozent der Wasserpflanzen aus Gärten. Im Schnitt etablieren sich jedes Jahr acht Gartenpflanzen-Arten in natürlichen Landschaften. Unkraut bedroht das Überleben von 61 einheimischen Pflanzen-Spezies und langfristig auch von einigen Tierarten.

In Zahlen: Es gibt rund 2.000 einheimische Landpflanzen-Arten und 2.068 eingeschleppte Arten, die sich in der Natur ausgebreitet haben. 16.900 eingeführte Arten wachsen nur dort, wo sie hingehören, nämlich in Parks und Gärten. Bei Wasserpflanzen stehen 59 einheimischen Arten 52 eingeschleppte Arten in freier Natur gegenüber. 139 Arten wachsen nur in kontrollierter Umgebung, stellen also für die einheimische Pflanzen- und Tierwelt – noch – keine Bedrohung dar.

Das schöne Biest

Vielblättrige Lupine, Staudenlupine (*Lupinus polyphyllus*; Russell Lupin)

Touristen und auch viele Einheimische lieben sie. Umwelt- und Naturschützer hassen sie, aber auch sie räumen ein, dass sie schön sind. Die Vielblättrigen Lupinen zieren die spektakulärsten Fotos der Church of the Good Shepherd am Lake Tekapo und die atemberaubendsten Panoramabilder des Mount-Cook-Nationalparks. Auch die Clay Cliffs bei Omarama und die Südalpenkette nördlich der Bealey-Brücke, dem Tor zum Arthur's-Pass-Nationalpark, sehen mit diesen Blumen im Vordergrund noch wunderbarer aus als sonst schon. Sie haben fast Kult-Status und sind vielleicht sogar die meistfotografierten Pflanzen Neuseelands.

Aber, großes Aber: Die Lupinen, die von November bis Januar Farbkleckse im ockerfarbenen Mackenzie Country und am Rande anderer vielbefahrener Touristenpfade zaubern, sind ein kontrovers diskutiertes Thema. Und am Ende müssen auch jene Leute, die vor lauter Begeisterung über die sagenhaften Bildkompositionen in die Hände klatschen, mit einem Hauch von Bedauern zugeben, dass die Lupinen vielerorts ein Ärgernis und gefährliches Unkraut sind, ganz besonders nahe und in den Verflochtenen Flüssen von Canterbury.

Der Kult um die Lupinen begann zwischen 1950 und 1960, als eine Farmerin namens Connie Scott begann, Millionen aus Großbritannien importierte Samen entlang der damals nur geschotterten Straße von Burkes Pass zum Lake Tekapo auszustreuen, um die ihrer Meinung nach nackte und uninteressante Tussockgraslandschaft für Besucher aufzuhübschen. Ihre Mühen sind auf ihrem Grabstein in Burkes Pass verewigt. Darauf steht, dass die Farmersfrau von der Godley Peaks Station „The Lupin Lady" war. In der Gegend des Arthur's-Pass-Nationalparks breiteten sich die Blumen von den Gärten der Eisenbahn-Arbeiter aus. Und hier wie dort streuen manche Einheimische und Touristen Samen aus Autofenstern, um die farbigen Akzente in der sonst eher monochromatischen, ockerfarbenen Natur zu erhalten.

Die Pflanzen werden auch unbeabsichtigt verbreitet, beispielsweise von Straßenarbeitern, die mit Samen durchsetzten Kies irgendwo am Straßenrand aufladen und anderswo wieder abladen.

Solange die Lupinen nur am Straßenrand wachsen, bilden sie keine allzu große Gefahr für das empfindliche Ökosystem. Aber sobald sie

Schön, aber unerwünscht: die Lupine, hier eine besonders farbenprächtige Ansammlung im Mackenzie Country

375

Staudenlupinen am Ahuriri
River

Flussbetten besiedeln, wird's kritisch. Der Schwarze Stelzenläufer, der Schiefschnabel und die Schwarzstirnseeschwalbe sind die Vögel, die am meisten durch den Lupinenbewuchs gefährdet sind. Erstere suchen Futter in den Flussarmen mit niedrigem Wasser, die anderen beiden Spezies nisten und brüten in diesen instabilen Flusslandschaften.

20 weitere Vogelarten profitieren von der Kontrolle bzw. Säuberung der Flüsse von Lupinen, deren Verbreitung mit Messern (Köpfung vor dem Aussamen) und Pflanzengift in einem vertretbaren Rahmen gehalten wird. Die Blumen werden also nicht komplett ausgerottet. Das Department of Conservation (DOC) hat sich zu dieser Kompromisslösung durchgerungen, mit der auch Lupinen liebende Touristen und die Tourismus-Industrie leben können, denn in der Tat erwarten

Neuseeland-Reisende im Sommer ein lupinenerfülltes Fotografen-Paradies. Auch Ortsansässige unterstützen mittlerweile die Aktion „Operation Weedbuster". Studien haben gezeigt, dass das Giftspray keinen negativen Effekt auf Fische hat.

Die Lupinenbüsche bieten nicht nur Vogelräubern wie Mardern und verwilderten Katzen ein Versteck, sondern sie können den Lauf der Verflochtenen Flüsse dramatisch verändern. Sie wurzeln auf Kies und bilden dichte Pflanzengruppen, da sie ihre Samen rund um die Mutterpflanze abwerfen. Auf diese Weise entstehen dichte Wurzelgeflechte, die den Kies zusammenhalten. Dadurch bildet sich ein stabiler Untergrund aus. Der Fluss wiederum erodiert die Kanten und schafft steile Ufer. Das Wasser wird also gezwungen, tiefe, schnell fließende Kanäle zu schaffen. Solch eine raue Umgebung ist für Watvögel auf Futtersuche völlig ungeeignet. Die weiten Ausläufer der Verflochtenen Flüsse trocknen aus.

Dichter Lupinenbewuchs gefährdet nicht nur Tiere, sondern verdrängt auch einheimische Pflanzen, wie zum Beispiel das gelb blühende Vergissmeinnicht *Myosotis uniflora*, das ebenso kleine Kissen bildet wie der seltene Bedecktsamer *Luzula celata* (Tiny Woodrush). Da diese Kissen nicht zusammenhängen, bieten sie aggressiven Eindringlingen wie den Lupinen ideale Voraussetzungen. Einmal etabliert, rauben die riesigen Lupinen den kleinen Pflanzen, die hierher gehören, erst das Licht und dann den Lebensraum.

Die Lupinenstraße schlechthin ist der SH8 zwischen Burke's Pass, wo das Blütenwunder einst begann, und dem Lindis Pass. Auch die Seitenstraße am Westufer des Lake Tekapo, inklusive dem Mount John, bietet ein Blütenwunder. Das Tal des Ahuriri River zwischen Omarama und dem Lindis Pass, wo abseits der Hauptstraße auch die Clay Cliffs liegen, ist von Lupinen oft völlig überwuchert. Auch am Straßenrand im Lindis-Tal sind viele Lupinen zu sehen.

Während andernorts lila Lupinen dominieren, sind rund um den Lake Tekapo besonders bunte Felder zu bewundern. Das deutet auf ständig neues Saatgut hin, denn mit der Zeit nehmen die in sämtlichen knalligen Farben leuchtenden Hybridzüchtungen wieder das ursprüngliche Lila an. Die Blumen sind auch weiter im Süden zu finden, besonders rund um Queenstown (Arrow River/Arrowtown, Glenorchy). In den vergangenen Jahren sind entlang der Hauptstraße von Christchurch nach Akaroa (Banks-Halbinsel) verstärkt Lupinen aufgetaucht.

Farbkleckse in der monochromen Landschaft des High Country: Lupinen am Lake Tekapo

Die Gelbe Gefahr

Stechginster (*Ulex europaeus*; Gorse)

Stechginster, das schlimmste landwirtschaftliche Unkraut Neuseelands

Stechginster ist das schlimmste landwirtschaftliche Unkraut Neuseelands – wobei unter „landwirtschaftlich" zu verstehen ist, dass Stechginster nicht nur landwirtschaftlich genutzte Flächen schwer schädigt, sondern auch von Farmern eingeführt wurde und aufgrund der oft unmäßigen Größe von Farmen unausrottbar ist. Viele Farmer nutzen Stechginster noch immer – wie in grauer Vorzeit – als natürliche Heckenzäune um ihre Weiden. Von dort breitet sich das invasive Unkraut in die freie Natur aus, verdrängt einheimische Pflanzen und macht viele Wanderwege unpassierbar – es sei denn, man hat eine Machete dabei. Auch wenn so mancher Tourist die gelb überwucherten Hügel aus der Ferne apart findet, die Pflanze ist ein einziges Ärgernis.

Als die frühen Europäer ihre Ländereien abgrenzten, war Holz extrem teuer. Stechginster war die billige Alternative. Das kommt jetzt sowohl die Farmer als auch die Naturschutz-Behörde teuer zu stehen. Selbst auf gesäubertem Land können Samen bis zu 50 Jahre schlummern und zu neuem Bewuchs mit dem Unkraut führen. Rund 700.000 Hektar oder fünf Prozent der Gesamtfläche Neuseelands sind mit Stechginster verseucht. Die Stechginster-Hecken haben in Canterbury eine Gesamtlänge von unglaublichen 300.000 Kilometern! Manche Methoden der Beseitigung führen sogar zur Ausbreitung, nämlich das Plattwalzen mit Planierraupen oder das Verbrennen der Büsche.

Ginster (*Cytisus scoparius*; Broom)

Der Ginster wurde ebenfalls als Heckenpflanze eingeführt und ist nur deshalb nicht so verhasst wie Stechginster, weil er keine Dornen hat. Oft entstehen Ginsterfelder und mit Ginster überwucherte Hügel, weil die Waldwirtschaft völlig anders funktioniert als in Deutschland. Bäume werden nicht einzeln geschlagen, sondern Plantagen von Monterey-Kiefern (*Pinus radiata*; Radiata pine) werden auf nacktem Land angepflanzt und dann nach einigen Jahren komplett geschlagen. Dadurch öffnet sich ein unglaubliches Verbreitungsgebiet für den sonst nur am Waldrand wachsenden Ginster. Ganz davon abgesehen entsteht durch den Kahlschlag die hässlichste Mondlandschaft, die man sich nur vor-

stellen kann. Bis dann wieder ein neuer Wald gepflanzt wird, hat sich
der Ginster weit über das ursprüngliche Krisengebiet hinaus ausgebreitet. Mittlerweile hat die Waldwirtschaft jedoch erkannt, dass Ginster
den Profit schmälert, und bekämpft dieses Unkraut mit biologischen
Methoden, die jährlich rund 50 Millionen NZ-Dollar kosten.

Der Wirtschaftswald

Die Wälder, sprich Urwälder, von denen bislang die Rede war, haben mit den Wirtschaftswäldern Neuseelands nichts gemein. Die Forstwirtschaft bedient sich ausschließlich zu kommerziellen Zwecken angelegter Plantagen, in denen kein einziger gepflanzter endemischer Baum wächst. Im Unterholz sind lediglich einige wild angesiedelte Arten wie Baumfarne zu finden. Naturschutz spielt nur eine untergeordnete Rolle, aber aus Imagegründen kümmern sich die Unternehmen beispielsweise gerne um Kiwis, die oft in erstaunlich großer Zahl durch solche Anlagen stapfen. Dadurch unterscheiden sich die forstwirtschaftlich genutzten Flächen Neuseelands dramatisch von den meisten Wäldern Deutschlands, die ein naturnahes Ökosystem darstellen und ein Beispiel für nachhaltige Waldwirtschaft sind.

Diese Nachhaltigkeit wird in Neuseeland – zumindest offiziell – lediglich von den Maori praktiziert, die naturnahe Waldwirtschaft mit Südbuchen betreiben und in den Urwäldern einzelne Kauri, Rimu und andere Podocarpaceen-Arten schlagen. Letztlich hält dieses Beispiel jedoch keinem Vergleich stand, da diese Bäume unter Naturschutz stehen und besonderen Regularien unterliegen – die jedoch auch auf kreative Weise umgangen werden können. Ein Insider berichtet, wenn mit dem Antrag zu viele Unannehmlichkeiten verbunden sind, weil eine Fläche ökologisch wertvoll ist, dann könnte es durchaus passieren, dass der Besitzer einfach den Zaun einreißt und einige Kühe durchspazieren lässt, die dann alles ökologisch Wertvolle fressen, so dass die Genehmigung kein Problem ist.

Die Plantagen, die eine Fläche von 1,7 Millionen Hektar und damit sechs Prozent der Gesamtfläche Neuseelands bedecken, sind Monokulturen, die fast ausschließlich – zu mehr als 90 Prozent – aus schnell wachsenden Monterey-Kiefern (*Pinus radiata*; Englisch: Radiata pine) bestehen. Sie stammen aus den USA. In Neuseeland wird das leichtgewichtige, weiche und nicht sehr stabile Holz für den beim Hausbau vorherrschenden Holzrahmenbau genutzt.

Als Agrarland verkauft Neuseeland den Großteil des Holzes ins Ausland, und hier in erster Linie nach China, Australien, Südkorea, Japan und Indien. Die Bauindustrie nutzt es zur Verschalung beim Betonieren, als Verpackungsmaterial, zur Herstellung von Paletten und Kabeltrommeln. In China werden Möbel und Möbelteile daraus gefertigt, die unter Umständen dann wieder in Neuseeland landen. Andere Gebrauchsgüter sind Spanplatten, Sperrholz, Furnierholz, Zierleisten und Papier. Sinnvoller und einträglicher wäre es, anstatt Rundholz – sprich Stämme – verarbeitete Produkte wie Sägeholz und Papier zu exportieren; zum einen würde es Arbeitsplätze schaffen, zum anderen wäre es umweltfreundlicher, weil Transportwege und die Verwendung von Brommethan vermieden würden, mit dem die Stämme auf den Frachtschiffen begast werden, um die Einschleppung von Schädlingen zu vermeiden. Im Jahr 2011 wurden auf 43.300 Hektar Fläche 21,7 Millionen Kubikmeter Holz geschlagen. In der wachsenden Forst- und primären Holzverarbeitungsindustrie waren 17.615 Arbeiter beschäftigt (Tendenz ständig sinkend). Mit 4,7 Milliarden NZ-Dollar Exporteinkünften trug die Fortwirtschaft drei Prozent zum Bruttoinlandsprodukt bei.

Mehr als 70 Prozent der Plantagenflächen befinden sich auf der Nordinsel. Spitzenreiter ist die zentral gelegene Region rund um Rotorua mit 30 Prozent. Die meisten Nutzwälder auf der wesentlich größeren Südinsel gibt's in Southland (knapp 12 Prozent).

Die Bäume werden in Reih und Glied angepflanzt und bieten einen dramatischen Kontrast zu den urwüchsigen, vielschichtigen Mischwäldern und auch zu den im Vergleich dazu monotonen Südbuchenwäldern. Am unansehnlichsten wirken dunkelgrüne Kiefern-Vierecke, die wie außerirdische Fremdkörper in nackten Gras- und Weidelandschaften prangen. (Wobei die Wälder ökologisch wertvoller sind!) Das ist aber nichts im Vergleich zur Erntezeit, denn das bedeutet Kahlschlag mit sogenannten Harvestern. Es entstehen tote Landschaften und Landstriche, die aussehen wie nach dem Abwurf einer Atombombe, denn die Bergflanken oder Parzellen werden gleichzeitig kahlgefegt und bepflanzt. Das macht die Arbeit effektiver.

Vor dem Forstschlag werden die Wälder lediglich von schwachen und toten Bäumen gesäubert. Zwischen Anpflanzung und Abholzen liegen etwa 30 Jahre. Im Vergleich dazu wächst eine Fichte in Deutschland 80 Jahre bis zum Schlag, das erklärt die schlechtere Qualität des neuseeländischen Bauholzes und warum hier die Ausschussmenge weitaus höher ist.

Nach dem Fällen wühlen Bulldozer den Boden um, um ihn von Wurzelstöcken, Kronen, Stümpfen und anderem Baumabfall zu säubern. All das landet auf großen Haufen, die am Ende angezündet werden – genau so, wie wenn Wälder in Kuhweiden verwandelt werden. Diese Rodung entzieht dem Boden Nährstoffe und zerstört jeglichen Lebensraum für Flora und Fauna.

In seinem Bericht über eine Neuseeland-Exkursion im Jahr 2007 stellt das Institut für Geographie der Universität Potsdam fest: „Geradezu paradox erscheint, dass die dominierenden Wirtschaftssektoren Land-, Forst- und Fischereiwirtschaft mit dem grünen Image des Landes werben." Noch skurriler ist, dass die unansehnliche, naturferne Kahlschlag-Praxis mittlerweile auch in hochtouristischen Gegenden wie den Marlborough Sounds stattfindet, wo Besucher rätseln, was solch eine Mondlandschaft mit einem grünen Naturparadies und „100% Pure" zu tun hat. Letztlich kollidieren hier aber nur unterschiedliche Philosophien. Neuseeland betreibt entweder 100% Produktion oder 100% Naturschutz – wobei im Vergleich zu Deutschland sehr viele und große Flächen geschützt sind. Das aber auch nur, weil im Land der Kiwis so wenig Leute leben.

Kampf den „Wilding Pines"

Forest & Bird und andere Naturschutz-Organisationen rufen immer wieder ihre Mitglieder auf, wild wuchernde Fichten und Kiefern, die „Wilding Pines", zu bekämpfen. Dazu fahren die Freiwilligen meistens in Gegenden, in denen das Problem noch mit Handarbeit gelöst werden kann. Sprich die in Tussockgraslandschaften und anderen waldfreien Gegenden sprießenden Koniferen sind noch so klein, dass sie aus dem Boden gerissen werden können. Es gibt aber auch Kampftrupps wie die „Wakatipu Wilding Conifers Control Group" in der Region Queenstown und den „Mid Dome Wilding Conifers Control Charitable Trust" in Southland, die mit Motorsägen ausrücken, um hohe Bäume und Anflugwälder zu fällen.

Jeder, der Baumschösslinge außerhalb von kommerziellen Plantagen entdeckt, sollte ihnen den Garaus machen, denn sie überwuchern ganze Landstriche in Nullkommanichts. Berühmt-berüchtigt ist dafür der Craigieburn Forest im Arthur's-Pass-Nationalpark, in dem der Staat – ebenso wie im Mid-Dome-Gebiet – einst Forschungsprojekte zur Anpflanzung kommerzieller Wälder durchführte und gegen die Erosion der Böden im „High Country" Fichten anpflanzte. Nach 1980 verschärfte sich das Problem, als mehr Nutzwälder angelegt wurden und Farmer natürliche Windschutzzäune aus dicht nebeneinander gesetzten Bäumen anlegten.

Die Kiefern wurden bereits vor 1860 nach Neuseeland gebracht, weil sie einfach überall wachsen: auf Sand, in Meernähe, in regenarmen und in kälteren Gegenden. Das heißt sie gedeihen überall in Neuseeland, von der Küste bis ins Gebirge. Andere fremdländische Nadelgehölze, die sich ebenso unerwünscht ausbreiten, sind neben der Monterey-Kiefer (*Pinus radiata*) die Küstenkiefer (*Pinus contorta*, auch Murraykiefer oder Dreh-Kiefer; Englisch:

Lodge Pole und Shore Pine) und die Douglasie (*Pseudotsuga menziesii*, auch: Douglastanne, -fichte oder -kiefer; Englisch: Douglas fir, Oregon pine). Die schattentolerante Douglasie kann sich ebenso in Naturwäldern ausbreiten wie die Küstenkiefer, deren Samen bei starkem Wind 40 Kilometer weit fliegen können.

Die Kiefern sind für das Ökosystem nahezu nutzlos, auch wenn sie von Kiwis und Raubvögeln als Lebensraum angenommen werden. Sie produzieren keinen Nektar und keine Beeren für Vögel und Insekten, machen aber den einheimischen Bäumen und Sträuchern, die diese Nahrung liefern, den Lebensraum streitig. Die abfallenden Nadeln bilden einen Teppich, der die Regeneration der einheimischen Pflanzen und damit des Waldes und von Tussockgraslandschaften verhindert. Als Folge davon verschwinden Vögel, Insekten und Echsen aus diesen Landstrichen.

Die monokulturellen Nutzwälder sind zwar eingezäunt, aber um die Ausbreitung der Samen und Baumschösslinge außerhalb dieser Grenzen kümmerte sich in all den Jahrzehnten, außer den Naturschützern, meistens niemand, der Geld in der Forstwirtschaft verdient. Forest & Bird berichtete jedoch im November 2013, dass nun auch das zuständige Regierungsministerium (MPI) das Problem erkannt habe.

„Der Stolz von Madeira" ist bei Silvereyes beliebt, nicht aber bei Naturschützern

Die Waldwirtschaftsabteilung des Department of Conservation hat neue Bekämpfungsmethoden entwickelt, und zwar Pflanzengifte, die, je nach Terrain, aus Hubschraubern heraus oder von Hand versprüht werden. Ein Problem der jüngeren Vergangenheit ist, dass die Regierung die Anpflanzung neuer nutzloser Wälder im Rahmen des Emissionshandels fördert. Laut Forest & Bird füllte beispielsweise der staatseigene Landwirtschaftsriese Landcorp 189 Hektar seiner Flächen in Waipori (südwestlich von Dunedin), die an das Te-Papanui-Naturschutzgebiet anschließen, mit Douglasien.

Die von wild wuchernden Koniferen am schlimmsten betroffenen Gegenden sind die Tussockgraslandschaften des Mackenzie Countrys, Central Otago, Lake Wakatipu, die Molesworth Station und die Gegend um Hanmer Springs sowie auf der Nordinsel das Vulkanplateau, außerdem die regenerierenden Wälder der Marlborough Sounds. Laut einem Bericht von 2011 waren auf der Südinsel 2007 schätzungsweise 805.000 Hektar betroffen und auf der Nordinsel rund 300.000 Hektar. Im Mackenzie Country sprießen auf 203.000 der 336.000 Hektar geschützter Flächen unerwünschte Kiefern.

Lila Blütenbürsten-Zauber und andere gefürchtete invasive Pflanzen

Der Gewöhnliche Natternkopf

- *Echium candicans* (auch: *Echium fastuosum*; Pride of Madeira; Stolz von Madeira): Diese Zierpflanzen, die Trockenheit gut vertragen, werden an den Küsten der nordöstlichen Südinsel oft mit Giftspray bekämpft, so spektakulär sie vor türkisblauen Buchten auch aussehen mögen. Der verholzende Busch wird 2 bis 4 Meter hoch und trägt fast rund ums Jahr riesige lilafarbene Blütenbürsten mit rot bis pinkfarbenen Staubbeuteln. Positiv ist, dass die kleinen Graurückenbrillenvögel (Silvereyes) ganz verrückt nach dem Pollen sind und sie als eingeführte Nahrungsquelle dankend angenommen haben.
- Gewöhnlicher Natternkopf (auch: Blauer Heinrich; *Echium vulgare*; Blue Borage): Diese in Europa und Westasien verbreitete und Trockenheit liebende Pflanze ist die blau-lilafarbene Gefahr in Tussock- und anderen trockenen Graslandschaften. An manchen Landstraßen und Flussläufen setzt der bis zu einem Meter hohe Natternkopf fast ebenso spektakuläre Akzente wie die vielgeliebten Lupinen. Immerhin locken die kleinen violett-rosafarbenen Blüten Bienen an,

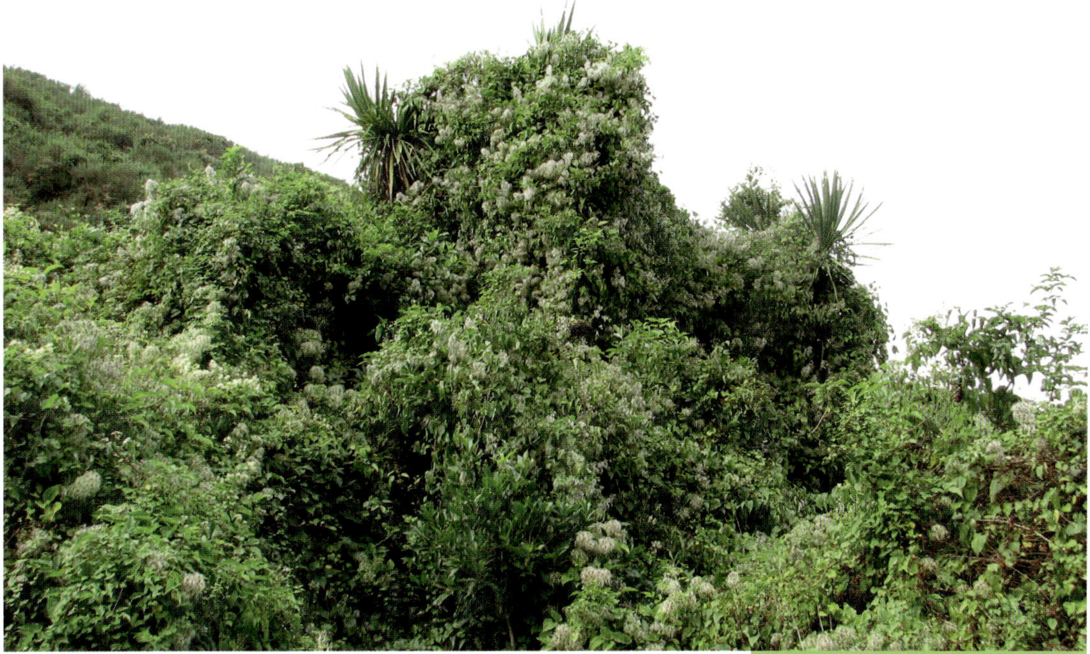

Waldreben überwuchern einen Cabbage Tree

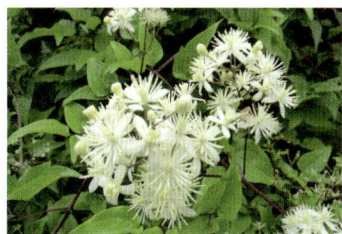

die mit dem stark zuckerhaltigen Nektar einen angenehm schmeckenden Honig produzieren. Auf Hochlandfarmen, wie der Molesworth Station, sind die Bienen wiederum wichtige Bestäuber von landwirtschaftlichen Pflanzen wie Klee.

- Gewöhnliche Waldrebe, auch: Echte oder Gemeine Waldrebe (*Clematis vitalba*, Old Man's Beard): Diese zu den Lianen zählende und in Mittel- und Westeuropa heimische Pflanze klettert an Bäumen bis zu zehn Meter empor. Da die Sprossachsen bis zu 6 cm dick sind, ist sie auch extrem robust und schwer. Das Gewicht kann Sträucher und Astwerk zerbrechen, und die Trägerpflanzen können auch durch den Lichtentzug absterben. Das Ärgerlichste sind jedoch die unzähligen lang behaarten Griffel der Blüten, die – ähnlich wie Löwenzahn – durch die Luft fliegen und sich allüberall ansiedeln. Ein Riesenproblem ist, dass viele Leute ihre von Waldreben überwucherten Gärten nicht pflegen. Selbst an den Grenzen zu Naturschutzgebieten und Nationalparks machen sich die Gartenbesitzer nicht die Mühe, das Unkraut zu entfernen, um eine Ausbreitung in sensible Zonen zu verhindern.
- Passionsblumen, insbesondere *Passiflora mollissima*, *P. tripartita* (Banana passionfruit): Sie sind besonders in der Region Nelson/Marlborough ein Problem; breiten sich auf ähnliche Weise wie die Gewöhnliche Waldrebe und vor allem an Waldrändern aus.

Blüten (oben) und Samen der Waldrebe

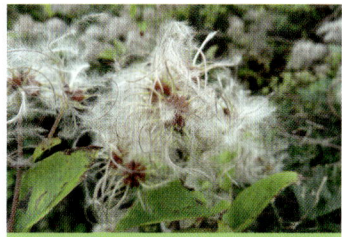

Climbing asparagus

Araujia, Folterpflanze

Darwins Berberitze

Strandhafer

- *Asparagus scandens* (Climbing asparagus): Dieser Kletterer wächst bis zu vier Meter hoch und überwuchert jegliche Vegetation. Er darf wie zahlreiche andere invasive Pflanzen in Gärtnereien nicht mehr gezüchtet und verkauft werden.
- Japanisches Geißblatt (*Lonicera japonica*; Japanese honeysuckle): Vögel sorgen für die Verbreitung dieser schnell wuchernden Kletterpflanze.
- Araujia, Folterpflanze (*Araujia sericifera*; Moth plant, kapok vine, mothvine, milkvine, milk weed, wild choko vine, cruel plant): Diese aus Südamerika stammende Schlingpflanze, die auch als Halbstrauch vorkommt, stellt vor allem in Northland ein Problem dar. Sie dringt im Raketentempo bis zu den Kronendächern der Wälder vor und erdrückt die Trägerpflanzen. Die Samen verbreiten sich durch den Wind über weite Gebiete. Der Beiname Folterpflanze (Cruel plant) rührt daher, dass die Blüten zuklappen und Insekten wie Motten, Schmetterlinge und Bienen viele Stunden lang einklemmen können.
- Darwins Berberitze (*Berberis darwinii*; Darwin's barberry): Dieser gelb blühende immergrüne Strauch breitet sich mittels Samenverteilung durch Vögel aus. Das DOC berichtet von einer vielversprechenden Ausrottungsaktion gegen diese aus Südamerika stammende Pflanze auf Stewart Island, wo sie sich im Rakiura-Nationalpark zu etablieren drohte. Ähnlich wie Stechginster wurde die Berberitze als Gartenhecke gepflanzt und verbreitete sich explosionsartig in weit entfernte Gebiete.
- Besenheide, Heidekraut (*Calluna vulgaris*; Heather): Diese auch in deutschen Heidelandschaften weit verbreitete Pflanze ist vor allem im Tongariro-Nationalpark zu einem Problem geworden und wächst auch punktuell im Mackenzie Country inklusive Mount-Cook-Nationalpark. Sie verdrängt einheimische Vegetation und wird deshalb bekämpft. Im Tongariro-Nationalpark wurde sie einst als Futterpflanze für Federwild angepflanzt, das letztlich nie ausgesetzt wurde. Aber das Heidekraut breitete sich rasch aus. Zur Bekämpfung wurde 1996 der Heideblattkäfer (*Lochmaea suturalis*) eingesetzt.
- Habichtskraut (*Hieracium lepidulum*): Dieser eingeführte Korblütler hat auf die Tussockgraslandschaften vernichtende Auswirkungen (siehe Kapitel Tussockgraslandschaften; dort auch weitere invasive Pflanzen).
- Strandhafer (*Ammophila*; Marram Grass): Der grüne Strandhafer verdrängt nicht nur das einheimische Dünengras Pingao, sondern auch *Euphorbia glauca* und im tiefen Süden das vom Aussterben be-

drohte *Gunnera hamiltonii*, eine in Matten wachsende dunkle Blatt-
pflanze, die nur an den Küsten von Southland und Stewart Island
vorkommt. Auf Stewart Island wird Strandhafer konsequent mit
Sprayaktionen bekämpft (siehe auch Kapitel Küstenpflanzen).

- Pampasgras (*Cortaderia selloana* und *C. jubata*): siehe Kapitel Offene Landschaften und Küsten.
- Kreuzblumen (hier: *Polygala myrtifolia*; Sweet pea shrub): Dieser
anpassungsfähige Zwergstrauch mit den violetten Blüten hat sich an
den Küsten von Northland etabliert und verdrängt niedrige einheimische Pflanzen. Er findet auch auf Dünen Halt.
- Weißblütiges Gottesauge, Rio-Dreimasterblumen (*Tradescantia flu-
minensis*): Diese Pflanzen sind bereits im Garten ein Ärgernis, weil
sie in lichtarmen Zonen bald den ganzen Boden bedecken und an
Zäunen hochranken – und meistens vom Nachbargrundstück aus
attackieren … Sie sind aber leicht durch Herausreißen zu entfernen.
- Schmetterlingsingwer (*Hedychium gardnerianum*; Kahili Ginger):
Diese Ingwergewächse, Ende des 19. Jahrhunderts aus Indien (Heimat: Nepal, Sikkim) eingeschleppt, sind schön anzuschauen mit
ihren großen Blättern und auffälligen Blüten. Aber wo sie wachsen, werden andere Pflanzen verdrängt. Sie entwickeln unterir-
disch mächtige fleischige Rhizome und rauben oberirdisch anderen
Pflanzen das Licht. Kahili-Ingwer ist gefürchtet, weil er nicht nur
sein Wurzelwerk ständig ausweitet, sondern auch Unmengen Samen und damit neue Pflanzen produziert. Die Spezies *Hedychium
flavescens* (Yellow Ginger) ist weitaus weniger invasiv.

Killer-Organismen

- *Phytophthora taxon Agathis*: Dieses Bakterium mit dem temporären
Namen PTA löst seit 2008 tödliche Infektionen in den Kauri-Wäldern des Nordens aus (siehe Kapitel Kauri).
- *Didymosphenia geminata* (Didymo, Rock snot): Diese invasive Art
der Kieselalgen (Diatomeen), die aus kühleren Regionen der nördlichen Hemisphäre stammt, wurde erstmals 2004 im Waiau River
in Southland gefunden. Von dort verbreitete sie sich sehr schnell
auf andere Flüsse, weil ein Tropfen Wasser genügt, um die Alge in
andere Gewässer zu verschleppen. Mittlerweile sind mehr als 150
Flüsse betroffen. Die Nordinsel ist bislang frei von Didymo. Didymo

Weißblütiges Gottesauge

Pampasgras

Schmetterlingsingwer

387

Trocknender Didymo, „Felsrotz", am Ufer des Mararoa River in Southland

– das ist der englische Begriff – ist so eklig, wie der in Neuseeland ebenfalls geläufige Name „Rock snot" verheißt: Felsrotz. Auf Steinen und in Flussbetten bildet die invasive Alge dicke braune Matten, die sich wie nasse Wolle anfühlen und im Gegensatz zu einheimischen Algen nicht zerfallen, wenn man sie zwischen den Fingern zu zerreiben versucht. Die zähen Matten ersticken Wasserpflanzen, Fische und Wirbellose finden keine Nahrung mehr, das Ökosystem der Flüsse wird zerstört. Gesundheitsrisiken für den Menschen bestehen nicht – es sei denn, man rutscht bei einer Flussüberquerung auf mit Didymo überzogenen Felsbrocken aus und verletzt sich dabei.

Einheimische Algen tragen im Gegensatz zu Didymo zur Erhaltung des ökologischen Gleichgewichts bei, indem sie Photosynthese betreiben und damit Sauerstoff produzieren. Die einzige Möglichkeit, die Verbreitung des „Felsrotzes" einzudämmen, sind peinlichste Hygiene- und Desinfektionsmaßnahmen. Überall im Land stehen an Gewässern Warnschilder und oft auch Sprühflaschen mit Desinfektionsmittel. Damit sollten Wander- und Badeschuhe, Fahrräder, Kajaks, Angel- und Fischereiausrüstungen behandelt werden. Kurz: alles, was mit dem Wasser in Berührung gekommen ist, inklusive der Allradfahrzeuge, mit denen die Neuseeländer so gerne durch Flüsse pflügen.

Kein Verschleppungsrisiko besteht auch, wenn man seine Ausrüstung komplett trocknen lässt. Andernfalls trägt man die Algen von Fluss zu Fluss. Angesichts dieser Infektionswege sind vor allem Touristen gefordert, ihren Teil zur Gesundheit der (gar nicht mehr so vielen) sauberen Flüsse beizutragen, zumal es kaum eine größere Wanderung in Neuseeland gibt, bei der man nicht durch irgendwelche Gewässer waten muss. Wer wissentlich Didymo verbreitet, dem drohen bis zu fünf Jahre Haft und 100.000 NZ-Dollar Geldstrafe. Die komplette Südinsel gilt als Kontrollgebiet; damit ist jedes Individuum gesetzlich verpflichtet, die Ausbreitung von Didymo zu verhindern.

- *Teia anartoides* (Painted apple moth): Diese australische Motte wurde im Mai 1999 in Glendene (Auckland) entdeckt und breitete sich in Nachbarbezirke aus. Nach einer extensiven Bekämpfungsaktion galt sie seit März 2006 in West-Auckland als ausgerottet.
- Varroamilbe (*Varroa destructor*; Varroa mite): Diese Milbe, die als Parasit an Honigbienen lebt und ganze Völker ausrottet, ist der bedeutendste Bienenschädling weltweit. Es wird angenommen, dass die Varroamilbe Neuseeland im Jahr 2000 über eine geschmuggelte Bienenkönigin erreichte. Zunächst war nur die Nordinsel betrof-

Wer die Algen in vermeintlich Didymo-freien Gewässern sichtet, sollte den Fund melden, Telefon (0800) 80 99 66. Mehr Informationen auf der Didymo-Website des Ministry of Primary Industries (MPI): www.biosecurity.govt.nz/didymo.

fen, ab 2006 dann auch die Südinsel. Die Existenz des Schädlings ist nicht nur für die Honig-Industrie eine mittlere Katastrophe. Rund ein Drittel der landwirtschaftlichen Exporte ist auf die Bestäubungsaktivität von Bienen angewiesen. Für Reisende ist es streng verboten, Honig und Honigprodukte ins Land zu bringen.

Die Kiwi-Krise

Pseudomonas syringae pv. actinidiae (PSA) ist ein Stamm der pflanzenschädigenden Bakterienart *Pseudomonas syringae,* der für erhebliche Ausfälle bei der Kiwi-Produktion gesorgt hat.

Eigentlich kommt die Kiwi gar nicht aus dem Land der Kiwis. Aber erst als Kiwi hat die Chinesische Stachelbeere die Obstliebhaber rund um den Globus erobert. Es war ein Marketing-Coup des neuseeländischen Produzenten Turners & Growers, der die halbe Welt glauben lässt, der Spitzname der Menschen Neuseelands gehe auf die grüne Frucht mit der rauen braunen Schale zurück und nicht auf den flugunfähigen Vogel mit dem zottigen braunen Gefieder, nach dem 1959 das Obst benannt wurde. Im Englischen sind nur der Vogel und die Menschen Kiwis, die Frucht heißt Kiwifruit.

Erst 1904 hatte eine Schullehrerin Samen der Riesenbeeren aus der Familie der Strahlengriffelgewächse, die ähnlich wie Weintrauben an Reben wachsen, aus Südchina mitgebracht. Im Jahr 1910 reiften die ersten Früchte. Heute sind sie ein Exportschlager, auch wenn Neuseeland in der Weltproduktion nur noch die Nummer zwei hinter Italien ist. Die echten Kiwis aus dem Land der Kiwis sind am Aufkleber des Export-Monopolisten Zespri zu erkennen. 1,5 Milliarden NZ-Dollar verdient Neuseelands Wirtschaft jährlich am Handel mit Kiwis, die in mehr als 3.000 Plantagen angebaut werden.

Gesunde Kiwifrüchte

Doch als im November 2010 die Krankheit in einigen Plantagen der Bay of Plenty diagnostiziert wurde, brach Krisenstimmung aus. Diese Region um die „Kiwi-Hauptstadt" Te Puke, südlich von Tauranga gelegen, ist das größte Kiwi-Anbaugebiet der Nation. PSA – wissenschaftlich: *Pseudomonas syringae pv. actinidiae* – befällt zunächst die Blätter, die, ähnlich wie von Pilzen befallene Rosen, braune Flecken bekommen. Danach stirbt der Fruchtansatz ab. Betroffen war am Anfang nur die süße, gelbfleischige Hort16A-Goldkiwi, die aus der Sorte *Actinidia chinensis* gezüchtet und 1999 erstmals ins Ausland geliefert wurde.

Die Krankheit hatte bereits 2008 in Italien für Unruhe gesorgt. Dort war PSA schon 1992 erstmals festgestellt worden. Identifiziert wurde der Rebenkiller in den achtziger Jahren in Japan. Nachdem in Neuseeland auf der ersten Plantage PSA nachgewiesen worden war, wuchs die Liste der Krisenfälle täglich weiter. Die Hoffnung, das Verbreitungsgebiet wäre auf die Bay of Plenty begrenzt, währte nur kurz. Zunächst wurden in dem Wein- und Obstbaugebiet der Hawke's Bay im Osten der Nordinsel mit PSA infizierte Rebstöcke entdeckt, dann auch in der Region Franklin, auf der Coromandel-Halbinsel und in Northland. Schließlich tauchten die ersten Fälle im Norden der Südinsel in der Region Nelson auf. In dieser Apfelgegend werden als Nebenprodukt in 140 Anlagen Kiwi geerntet. Die Bay of Plenty, insbesondere Te Puke, wo Touristen am Fuße einer Riesenkiwi-Skulptur Plantagen-Touren machen können, setzt hingegen voll auf die Kiwi.

Ende Dezember 2013 waren laut Statistik der Kiwi-Farmer-Organisation KVH (Kiwifruit Vine Health) 2.341 von insgesamt 3.266 Plantagen von PSA betroffen. Das entsprach 72 Prozent der Plantagen und 78 Prozent der Gesamtanbaufläche. Die Südinsel war PSA-frei. Die zunächst eingesetzten Kupferspritzmittel halfen ebenso wenig wie extreme Hygienemaßnahmen. Deshalb wurden auf einigen verseuchten Feldern die kompletten Rebenbestände ausgegraben und vernichtet. Die Regierung und die Vereinigung der Kiwi-Produzenten stellten umgehend jeweils 25 Millionen NZ-Dollar für Sofortmaßnahmen, Forschung und Langzeitstrategien zur Verfügung. KVH wurde Ende 2012 gegründet, um die Industrie allumfassend zu kontrollieren und zu beraten. Die Experten stehen noch immer vor dem Rätsel, wie die Krankheit trotz striktester Biokontrollen an den Einfuhrhäfen in die isolierte Inselnation gelangen konnte. Ein offizieller Untersuchungsbericht erörtert lediglich die möglichen Ursachen. Höchstwahrscheinlich wurde die Krise durch die künstliche Bestäubung mit Fremdpollen unsicherer Herkunft ausgelöst, der 18 Monate vor der Entdeckung der ersten Symptome – vermutlich aus China – eingeführt wurde.

Weil Bienen die weißen Blüten der Reben nicht sehr attraktiv finden, ernten zahlreiche Obstbauern Pollen von den männlichen Reben und pusten ihn dann über die Blüten der weiblichen Reben, ein sicheres Verfahren, wenn nicht anderswo gesammelter Pollen verwendet wird. Das beste Ergebnis erzielt man mit in der Kiwi-Plantage aufgestellten Bienenstöcken, weil die Bienen aufgrund der Flugdistanzen und des Konkurrenzkampfes gezwungen sind, jede Pflanze anzufliegen.

Tierische Wilderer

Possum, der Staatsfeind Nummer eins

Das Possum (*Trichosorus vulpecula*), auch Fuchskusu genannt, ist der Staatsfeind Nummer eins. „The only good possum is a dead possum", nur ein totes Possum ist ein gutes Possum, ist das geflügelte Wort schlechthin im Land. Und das für ein Tier, das im Nachbarland Australien – wo es herkommt – unter Naturschutz steht! Aber das ist es eben: Dort gehört es hin. In Neuseeland, wo es keine natürlichen Feinde hat, ist es für die größte Naturkatastrophe seit den Brandrodungen der Maori und den Kahlschlägen der europäischen Pioniere verantwortlich. Wobei natürlich die Menschen auch in diesem Fall die wirklichen Übeltäter sind, denn sie brachten den Beutelsäuger einst ins Land und werden ihn trotz vielschichtiger und kontrovers diskutierter Vernichtungsmaßnahmen – die auf Englisch ganz harmlos „control" genannt werden – nicht mehr los (siehe Kapitel Gift im Märchenwald).

Die Heimat des Fuchskusu ist Australien

Die Possums, die von den Opossums (*Didelphis*), den in Amerika lebenden Beutelratten, zu unterscheiden sind, wurden zur Etablierung des Fellhandels 1837 aus Australien eingeführt. Beginnend in Southland, wurden die katzengroßen Tiere einige Jahre später landesweit an 450 Orten ausgewildert. 1921 wurde diese Praxis gesetzlich verboten, aber erst 1946, als das Ausmaß der Naturzerstörung längst offenbar war, wurden die Beutler zu Umweltschädlingen erklärt und die Regularien zu ihrem Schutz aufgehoben.

Zwischen 1951 und 1961 zahlte der Staat Kopfgeld (zwei Schilling und Sixpence) für acht Millionen erlegte Possums. Diese Investition entpuppte sich als Muster ohne Wert, denn die meisten Tiere waren in der Nähe von Farmen und in leicht zugänglichen Gebieten gefangen worden. In den Wäldern vermehrten sich die Possums unvermindert weiter und ruinierten die urtümlichen Mischwälder, mit der Folge, dass auch die dort lebenden Vögel Nahrung und Lebensraum verloren. Zahlen aus der Te-Ara-Enzyklopädie verdeutlichen das Ausmaß der Naturkatastrophe: In Northland war 1960 beispielsweise kein einziges Possum zu finden, aber Mitte der 1990er Jahre fraßen sich 10 bis 15 Millionen dieser Schädlinge durch die Wälder.

Es gibt kaum ein Gebiet, das frei von Possums wäre, keinen Wald und kein Farmland. Eine Ausnahme bilden die von Prädatoren gesäuberten Schutzgebiete und Inseln, und in den regenreichen Gebirgsregionen von Fiordland ist die Population gering. Die nachtaktiven Tiere treiben auch in städtischen Gärten und Parks ihr Unwesen. Ihre geschätzte Anzahl reicht von 35 bis 90 Millionen, die häufigsten Angaben schwanken zwischen 60 und 70 Millionen Fuchskusus, die jede Nacht mindestens 20.000 Tonnen frische Blätter und Schösslinge ihrer Lieblingspflanzen verschlingen. In manchen Wäldern haben sie sämtliche Rata und Kamahi kahlgefressen, die Nordinsel in eine nahezu mistelfreie Zone verwandelt. Erst wenn der Vorrat an bevorzugten Pflanzen zur Neige geht, wenden sie sich auch weniger schmackhaftem Laub, Blüten, Knospen, Früchten und Farnen zu. Und nebenbei rauben sie Eier und Küken aus Vogelnestern, laben sich an Wirbellosen und Aas.

Nach ihren vernichtenden Raubzügen sterben nicht nur die entlaubten Bäume ab, sondern die dadurch entstehenden Schneisen werden für invasive Pflanzen wie Ginster geöffnet. Während die vielschichtigen Regenwälder mit den dichten Baumkronen am heftigsten betroffen sind, leiden auch Südbuchenwälder. Zwar sind die Possums nicht an den Buchen interessiert, aber dafür an der darunter liegenden Strauchschicht, so dass auch hier ein dramatischer Wandel stattfindet.

Der Kampf gegen die Possums gilt aber längst nicht nur der Erhaltung der Urwälder, sondern dem Schutz der Landwirtschaft, da die Beutler Überträger der Rindertuberkulose sind. Zwar ist infiziertes Fleisch nach dem Kochen oder Braten genießbar, aber es ist natürlich für den Export nicht zu vermarkten. Sprich der Schaden für die Landwirtschaft wäre enorm.

Das Possum ist mit seinem langen, buschigen Schwanz – daher auch der englische Name Common Brushtail Possum –, den großen Ohren und Augen sowie der spitzen rosafarbenen Nase eine beeindruckende Erscheinung. Von der Nasenspitze bis zum Schwanzende kann es 65 bis 95 Zentimeter messen. Auch die Gewichtsunterschiede – 1,4 bis 6,4 Kilo – sind enorm. Es gibt zwei Farbvarianten, eine vornehmlich graue und eine schwarze. Die grauen Possums sind fein meliert, das Gesicht ist hellgrau, die Gegend um die Augen und die Schnauze dunkler. Der Ohrenansatz ist weiß, der Bauch weiß und hellbraun bis ockerfarben. Das Fell der schwarzen Possums ist ockergelb meliert, der Schwanz richtig schwarz.

Die mörderischen Marder (*Mustelidae*)

Frettchen, Hermelin und Mauswiesel sind die einzigen Arten aus der Familie der Marder, die in Neuseeland vorkommen. Diese Raubtiere der Gattung *Mustela* sind allesamt die schlimmsten Feinde der neuseeländischen Vögel, die man sich vorstellen kann, und sie dezimieren auch die Bestände von Echsen und anderen Lebewesen dramatisch. Das Frettchen ist die größte Spezies, das Hermelin richtet mit Abstand das größte Unheil an. Die Aktivitäten des Mauswiesels, der kleinsten der drei Arten, sind am wenigsten erforscht.

Schätzungen, wie viele Kiwis Opfer von Hermelinen werden, schwanken zwischen 27 Vögeln pro Woche, also rund 1.400 im Jahr, und zehn Streifenkiwi-Küken täglich auf der Nordin-

sel allein, das macht im Jahr 3.650 Kiwi-Küken und entspricht 40 Prozent des geschlüpften Nachwuchses von Neuseelands Wappenvogel. Lediglich zwölf Prozent dieser Küken werden sechs Monate alt. Erst dann sind sie stark genug, um sich gegen die Hermeline zu wehren. Nur wenn die Zahl der Marder in Grenzen gehalten wird, haben die Kiwis eine Überlebenschance.

Die Marder-Arten kamen auf Verlangen der Landwirtschaft zwischen 1870 und 1880 ins Land, als die einige Jahrzehnte vorher eingeführten Hasen/Kaninchen zu einer ernsthaften Plage in landwirtschaftlich genutzten Gebieten geworden waren. Als natürliche Feinde sollten sie den Karnickeln ans Fell gehen. Die Warnungen von Experten, die die katastrophalen Folgen für die einheimischen Vögel prophezeiten, wurden in den Wind geschlagen. Auf Farmland im ganzen Land tummelten sich plötzlich die Marder. Kurz vor der Jahrhundertwende machten sich die ersten Tiere in den Wäldern westlich des Lake Manapouri in Fiordland breit und setzten von dort ihren vernichtenden Siegeszug durchs ganze Land fort. Es dauerte unendliche 33 Jahre, von 1903 bis 1936, ehe die Regierung den Schutzstatus für Marder aufhob.

Hermelin (Großes Wiesel; *Mustela erminea*; Stoat)

Das Hermelin wird für die Ausrottung einiger endemischer Vogelarten verantwortlich gemacht, namentlich des Waldschlüpfers (*Xenicus longipes*; Bush wren), des Weißwangenkauzes (*Sceloglaux albifacies*; Laughing Owl; Whekau) und der einheimischen Singdrossel (*Turnagra capensis*; New Zealand thrush; Piopio). Zusammen mit Ratten und verwilderten Katzen sind Hermeline auch verantwortlich für die Dezimierung der Bestände von Südinsel-Kokako, Takahe, Kaka, Kakapo, Kakariki, Gelbköpfchen, Huttonsturmtaucher und sämtlichen Kiwi-Spezies. Marder wurden auch dabei gefilmt, wie sie Kea-Küken fraßen. Das überraschende daran war, dass die sonst so kecken Gebirgspapageien wie zur Salzsäule erstarrt daneben saßen und schockiert zuschauten. Außer zahlreichen anderen einheimischen und eingeführten Vögeln fressen die 35 bis 40 Zentimeter langen Räuber auch jede Menge Reptilien und Wirbellose. Selbst in Gegenden, in denen gar nicht so viele Hermeline vorhanden sind, sinkt die Kiwi-Population. Dabei spielt auch die Tatsache eine Rolle, dass beispielsweise Katzen nur so viele Vögel töten, wie sie dann auch fressen, während Marder um des Tötens willen auf die Jagd gehen und sämtliche Vögel, Küken und Echsen umbringen, die ihren Weg kreuzen.

Die Tiere legen große Strecken zurück und sind gute Schwimmer. Sie können vorgelagerte Inseln erreichen und dabei bis zu fünf Kilometer zurücklegen. Bevor dem Wissenschaftler Andrew Veale dieser Nachweis gelang, waren die Forscher davon ausgegangen, dass Hermeline nur einen Kilometer weit schwimmen können. Auch sind die Tiere extrem anpassungsfähig. Deshalb sind sie eine Bedrohung für Beutetiere von der Küste bis weit über die Baumgrenze hinauf. Ihr bevorzugtes Revier ist jedoch der Wald, während sie in offenen Landschaften seltener vorkommen als das Frettchen.

Hermeline, die meistens nicht einmal ein Jahr alt werden, verspeisen auch andere Schädlinge wie Ratten, Mäuse, Kaninchen, Possums und Igel sowie Flusskrebse und Fische. Ihre Anzahl explodiert in Jahren nach einem sogenannten Mastjahr der Südbuchen- und Mischwälder, weil es nach solch extrem fruchtbaren Jahren auch mehr Mäuse und damit zusätzliche Nahrung für die Räuber gibt.

Frettchen (*Mustela putorius furo*)

Die größte Marderart in Neuseeland ist nicht so weit verbreitet wie das Hermelin, richtet aber großen Schaden in offenen Landschaften an. In Flussbetten machen sie Watvögeln wie dem Schwarzen Stelzenläufer, Regenpfeifern, Austernfischern und Enten den Garaus. Sämtliche Bodenbrüter und flugunfähigen Vögel wie Königsalbatros-Küken, Gelbaugen-, Zwerg- und Weißflügelpinguin, Weka, Streifenkiwi sowie Wetas, seltene Skinke und andere Echsenarten sind ihre bevorzugten Opfer. Um an die Eier in Nestern zu kommen, greifen die Frettchen, die die domestizierte Form der Iltisse sind, auch große erwachsene Vögel an. Sie sind verantwort-

lich für die Ausrottung des Kakapo auf den Hauptinseln und haben auch die Bestände der Saumschnabelente dramatisch reduziert.

So wie sich das Hermelin in Gebieten mit vielen Mäusen am stärksten vermehrt, so hält sich das Frettchen dort bevorzugt auf, wo es viele Wildkaninchen und Feldhasen gibt. Beispiel: Im Mackenzie Country stolpert man vielerorts von Kaninchen- zu Kaninchenhöhle. Also gibt es dort auch viele Frettchen, so dass die Population des dort heimischen Schwarzen Stelzenläufers stark bedroht ist. Frettchen leben auch in Wäldern, weil sie sich dort an Ratten und Mäusen erfreuen können – mit der Folge, dass sie auch waldbewohnenden Kiwis an die Federn gehen. Als neuseeländische Farmer um die Jahrtausendwende gesetzwidrig das Kaninchen-Virus RCD/RHC verbreiteten und vor allem im Mackenzie Country und in Central Otago viele Kaninchen starben, attackierten die hungrigen Frettchen verstärkt Vögel, Echsen und andere Säugetiere wie Possums und Igel.

Wie Possums können Frettchen auch Rindertuberkulose übertragen. Da diese rund 60 Zentimeter langen Raubtiere ein schönes Fell haben, werden sie auch als Haustiere gehalten, und hin und wieder entwischt eins. Zu ihrer weiteren Ausbreitung trug auch die Schließung von fast 20 Frettchen-Farmen in den 1980er Jahren in Northland bei. Als die Nachfrage nach den Fellen sank, wilderten die Besitzer viele Tiere einfach aus – mit verheerenden Folgen für die Streifenkiwi-Population.

Mauswiesel (Zwergwiesel; *Mustela nivalis*; Weasel)

Obwohl wenig erforscht, so scheint es doch erwiesen, dass die Existenz von Mauswieseln große Auswirkungen auf die Populationen von Skinken hat. Aber auch Vögel sind Opfer der 20 bis 25 Zentimeter langen, dunkel- bis hellbraunen Räuber, die auch Beutetiere anfallen, die wesentlich größer sind als sie selbst.

Wildkaninchen – die hopsende Plage (*Oryctolagus cuniculus*; European rabbit)

Es sieht ja süß aus, wenn kleine Häschen über die Steppe hoppeln und ihre langen Löffel spitzen. In Neuseeland hüpfen sie nicht nur übers freie Land, sondern auch über Campingplätze, und selbst im einen oder anderen Kreisverkehr in Christchurch sind sie keine Seltenheit. Wer im Mackenzie Country – ganz besonders rund um den Lake Tekapo – wandert, muss aufpassen, dass er sich nicht den Fuß verknackst, weil sich vielerorts eine Kaninchenhöhle an die andere reiht. Kurz: Wildkaninchen, aber auch Feldhasen, sind in Neuseeland eine Plage.

Sie wurden als eines der ersten Säugetiere in Neuseeland eingeführt und – weil sie sich eben wie die Karnickel fortpflanzen – zum Problem. Als Pflanzenfresser wurden sie zur Bedrohung der Landwirtschaft in trockenen Regionen beider Haupt- und vieler vorgelagerter Inseln. Also wurden Ende des 19. Jahrhunderts die Marder (Frettchen, Hermeline, Mauswiesel) eingesetzt, um den Kaninchen den Garaus zu machen. Dies sollte sich als eine der größten von Menschen verursachten Naturkatastrophen in Neuseeland entpuppen, denn diese Raubtiere entwickelten sich zu einer neuen Plage und richteten im Gegensatz zu den Langohren irreparablen Schaden in der einzigartigen einheimischen Tierwelt an. Die Kaninchen zerstörten die Existenz so mancher Farm, indem sie Weideflächen kahlfraßen (laut DOC fressen sieben Kaninchen so viel Gras wie ein Schaf), und brachten auch das biologische Gleichgewicht der ariden Graslandschaften durcheinander.

Fatal war, dass die neuen natürlichen Feinde die Zahl der Kaninchen nie ernsthaft zu reduzieren vermochten. Auch andere Maßnahmen (Fallen, Schießen, Gift, Vergasen, Höhlenzerstörung, Myxomatosis-Virus) waren kaum von Erfolg gekrönt. Obwohl die Regierung im Juli 1997 beschloss, die Kaninchen-Ausrottung mit dem Virus RHD (Rabbit Haemorragic Disease; auch: RCD = Rabbit Calicivirus Disease) gesetzlich zu verbieten, wurde kurz danach bekannt, dass Farmer das Virus in der Gegend um Cromwell illegal eingesetzt hatten.

Farmer brachen das Gesetz konsequent, indem sie vom Virus getötete Tiere in Küchenmaschinen zerhäckselten, um die Krankheit weiter auszubreiten. Allerdings verpassten sie den idealen Zeitpunkt, weil die Jungtiere schon geboren und im Alter von unter zwei Wochen gegen die Krankheit immun waren – und sich später fröhlich vermehrten. Deshalb müssen die Hasen neben der natürlichen Reduzierung durch das Virus auch geschossen und vergiftet werden; dabei wird das umstrittene Gift 1080 ausgebracht. Trotz allem ist die Zahl der Kaninchen vor allem im Mackenzie Country im Lauf der Jahre wieder kontinuierlich gestiegen und hat mittlerweile fast wieder die Ausmaße vor der Einsetzung des Virus erreicht.

Niedlicher Plagegeist: Wildkaninchen im Ambury Park bei Auckland

Ein skurriles Festival, das die Kaninchen-Plage drastisch dokumentiert, wird jedes Jahr an Ostern in Alexandra in Central Otago „gefeiert". Der Lions Club lädt zur Great Easter Bunny Hunt. Farmer öffnen ihre Ländereien für Osterhasenjäger-Teams aus dem ganzen Land, und die Gruppe, die die meisten Langohren abknallt, hat gewonnen. Die toten Hasen werden dann im städtischen Pioneer Park ausgebreitet. 2010 fielen 24.000 Kaninchen dieser konzertierten Aktion zum Opfer, 2011 waren es 23.000, 2012 lediglich rund 10.000 und 2013 knapp 18.700 – plus ein Jäger, der sich selbst anschoss. 2014 wurde ein Rekordtief von nur 7.478 getöteten Tieren erreicht. Alle, die teilnehmen, finden es lustig. Andere finden es widerlich oder zumindest makaber.

Heute sind Grundstückseigner, inklusive des Staates, dafür verantwortlich, dass die Zahl der Kaninchen einen gewissen Rahmen nicht übersteigt. Regionalregierungen können Kontrollmaßnahmen erzwingen, wenn der Landbesitzer seine Pflichten vernachlässigt.

Ratten und Mäuse

Die einst von den Maori eingeführte Polynesische Ratte (Kiore) spielt heute keine große Rolle mehr, dafür umso mehr die Wander- und Hausratten. Die Kiore diente als Nahrungsquelle und hatte kulturelle Bedeutung. Aber in den rund sieben Jahrhunderten ihrer Anwesenheit rottete sie vermutlich die Schnepfenralle (*Capellirallus karamu*), den neuseeländischen Schwalm (*Aegotheles novaezelandiae*), einige

Rattenwarnschild auf Ulva Island

Wanderratte (oben)
Hausratte (unten)

kleinere Sturmvogel-Arten, einheimische Frösche und sämtliche Tuataras auf den Hauptinseln aus. Die Kiore wurden von den aggressiveren europäischen Nagetieren weitgehend verdrängt.

Die Wanderratte (*Rattus norvegicus*; Norway rat) kam auf den Schiffen der ersten Entdecker Ende des 18. Jahrhunderts nach Neuseeland und verbreitete sich in rasender Geschwindigkeit. Die europäischen Hausratten (auch: Dachratte; *Rattus rattus*; Ship rat) etablierten sich erst nach 1860. Sie kommen in großer Zahl in Kauri- und Rimu-Rata-Wäldern vor und leben auf den Bäumen. Wo Hausratten ihr Unwesen treiben, haben es einheimische Vögel, deren Nester sie fleddern, und Fledermäuse schwer zu überleben. Die Wanderratten, die sich dagegen in Bodennähe aufhalten, ernähren sich im Winter hauptsächlich von Früchten, Beeren und Samen. Im Frühjahr machen sie Jagd auf andere Tiere wie Weta, Zikaden, Käfer, Schmetterlinge, Spinnen, Schnecken und Echsen.

Die Hausmaus (*Mus musculus*; House mouse) ist eine Plage in sämtlichen Wäldern der Nation. Sie rauben den Tieren, die am Boden leben, die Nahrung (Beeren, Insekten). Nach Mastjahren der Südbuchen vermehren sie sich explosionsartig und sorgen damit, wie weiter vorne beschrieben, für steigende Zahlen der Hermeline, die wiederum als schlimmste Bedrohung für die Vögel in Neuseeland gelten.

Katzen

Die Bedrohung einheimischer Vögel durch Katzen entstand am Ende einer Kettenreaktion unvorsichtiger Entscheidungen. Als Hauskatzen (*Felis catus*) von Captain Cook sowie von Wal- und Robbenfängern mitgebracht, führten die meisten zunächst ein friedliches Dasein in Häusern und auf Farmen. Doch als Folge der Kaninchen-Plage, die weder mit Abschuss noch mit Gift und schon gar nicht mit der Einführung von Mardern beendet werden konnte, verließen viele Farmer ihr Land und/oder setzten ihre Katzen aus, damit diese auf Hasenjagd gingen. Auf diese Weise gesellten sie sich zur Armee der vierbeinigen Vogelkiller, die sich daneben auch noch junge Hasen, Ratten, Mäuse, große Insekten und Echsen schmecken lassen. Studien haben gezeigt, dass ihre Nahrung zu 15 Prozent aus Vögeln besteht. Verwilderte Katzen (Feral cats) sollen für die Ausrottung von fünf Vogelarten und 70 lokalen Unterarten verantwortlich sein.

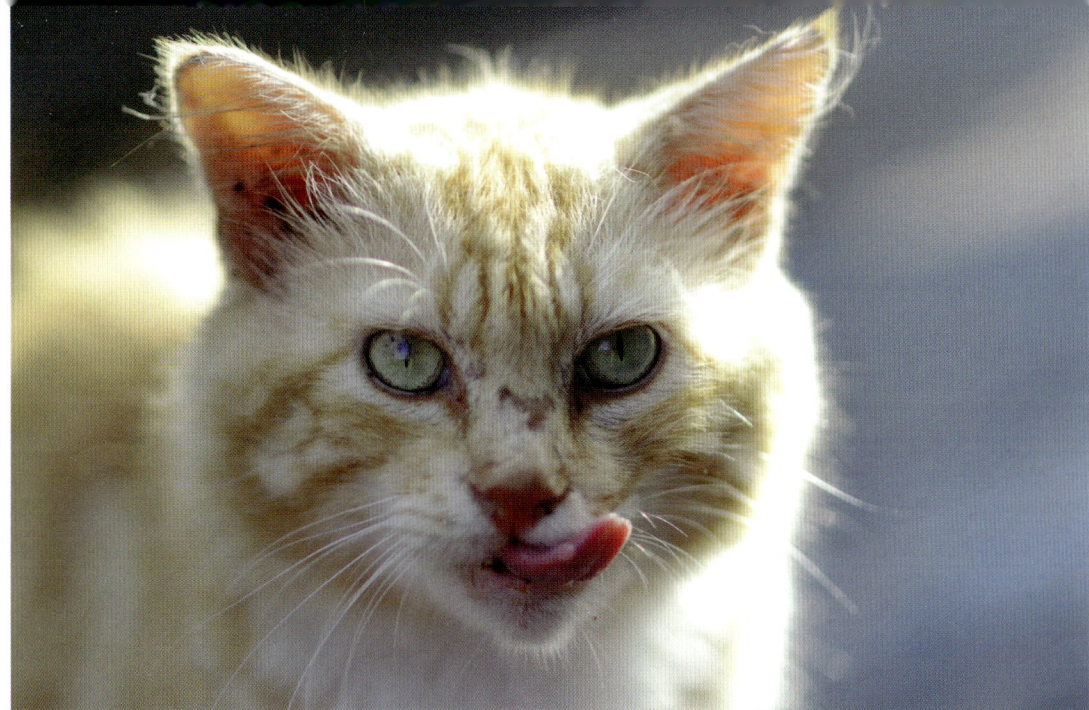

Aber auch die Hauskatzen stellen eine ernsthafte Bedrohung dar, denn Neuseeland ist das katzenverrückteste Land der Welt, und diese Liebe verträgt sich nur schwer mit der Natur. Laut New Zealand Companion Animal Council lebten 2011 schätzungsweise 1,42 Millionen Katzen in neuseeländischen Haushalten. Fast die Hälfte (48 Prozent) aller Haushalte besaß mindestens eine Katze (Schnitt 1,8).

Das Thema wird kontrovers diskutiert. Seit Anfang der 1990er Jahre wurden einige Neubaugebiete in der Nähe von Vogelschutzgebieten angelegt, in denen die Haltung von Katzen untersagt ist. 2012 riefen die Betreiber des eingezäunten Tierschutzgebiets Zealandia in Wellington (früher: Karori Wildlife Sanctuary) Katzenliebhaber dazu auf, nach dem Tod ihrer Katze(n) keine neue zu kaufen. Der schwerreiche Ökonom und Philanthrop Gareth Morgan, der nie ein Blatt vor den Mund nimmt, sorgte 2013 für Aufruhr, als er verlangte, zum Schutz der einzigartigen Tierwelt Neuseelands Katzen auszurotten. „Katzen müssen verschwinden, wenn uns unsere Umwelt wirklich am Herzen liegt", sagt er. „Der kleine Flaumball, den du besitzt, ist ein geborener Killer."

Den Beweis dafür lieferte schon 1894 die Hauskatze des Leuchtturmwärters David Lyall auf Stephens Island in den Marlborough Sounds. Bis zum Besuch des vermeintlich friedlichen Haustiers lebte eine kleine Population aus der Familie der Maorischlüpfer – der Stephensschlüpfer (*Xenicus lyalli*; Stephens Wren) – unbehelligt auf der Insel. Dann ließ der ornithologisch interessierte Leuchtturmwärter die Katze frei laufen, bis zum Abend hatte sie 17 zerfledderte Vögelchen zum Turm getragen. Der *Xenicus lyalli* war ausgestorben.

Hunde

Wenn Neuseeländer, insbesondere die Hundebesitzer im Land, diszipliniert wären, wäre das Thema Hund kein Reizthema. Doch egal, wie viele Warn- und Gebotsschilder aufgestellt werden, um Hundebesitzer zu bitten, ihre besten Freunde an die Leine zu nehmen, höchstens zehn Prozent halten sich daran. So jagen Hunde nicht nur auf Weiden hinter Schafen her, sondern rennen an sensiblen Orten frei herum: an Stränden, an denen Pinguine an Land gehen, und in Wäldern, die als Kiwi-Schutzzonen ausgewiesen sind. Auf diese Weise haben schon unzählige vom Aussterben bedrohte flugunfähige Vögel ihr Leben verloren.

29 Prozent der Haushalte besaßen laut New Zealand Companion Animal Council im Jahr 2011 mindestens einen Hund (Schnitt 1,5), insgesamt gab es 700.000 Hunde. Diese Tiere bissen im Jahr 2011 laut Statistik der staatlichen Unfallversicherung ACC 11.708 Menschen, deren Behandlung den Steuerzahler 2,4 Millionen NZ-Dollar kostete. Von Hunden angefallenen Vögeln kann hingegen nicht mehr geholfen werden.

Laut Operation Nest Egg, die sich die Rettung der Kiwis zur Aufgabe gemacht hat, sterben unglaubliche zwei Drittel der Kiwis in Northland nach Hundeattacken. 1987 tötete eine im Waitangi State Forest ausgesetzte Schäferhündin innerhalb von sechs Monaten rund 500 Kiwis – die Hälfte der Population. Da Kiwis ein schwach ausgebildetes Brustbein haben, können sie von einem großen Hund mühelos zermalmt werden. Kleinere Hunde „spielen" mit den Vögeln und verletzen sie so schwer, dass sie einen langsamen, qualvollen Tod sterben. Kleine Hunde dringen in die Höhlen ein.

1982 rotteten Hunde die Zwergpinguin-Kolonie am Piha Beach westlich von Auckland aus. 2001 biss ein Hund bei Oamaru 56 Zwergpinguine zu Tode. 15 Zwergpinguine starben im Juni 2012 am Cape Foulwind an der Westküste der Südinsel bei einer Hundeattacke. Ende 2012/ Anfang 2013 starben mehrere Gelbaugen- und Zwergpinguine auf der Otago-Halbinsel und an einem Strand südlich von Dunedin. Und so weiter und so fort. Die Hunde töten die hilflosen Tiere, aber die Besitzer sind schuld.

Wild

Vor allem Rotwild (Red Deer) und Damwild (Fallow Deer), aber auch Spezies wie Wapiti, Sambar, Sika- und Mähnenhirsch streunen mit Ausnahme von Northland überall in Neuseeland durch die Wälder und richten Verbissschäden an. Das meiste Rotwild lebt heute aller-

dings als Zuchtwild hinter Gitterzäunen und wird größtenteils nach Deutschland exportiert. Dieses Fleisch hat keinen sonderlich ausgeprägten Wildgeschmack, weil die Tiere ja hauptsächlich Gras fressen. Die Rothirsche in freier Wildbahn sind die Nachfahren der 1851 eingeführten Individuen. Damwild kam 1860 ins Land.

Wild zerstört die Strauch- und Bodenschicht der Wälder. Besonders gern fressen die Tiere *Schefflera digitata*, *Pseudopanax arboreus*, *Pseudopanax crassifolius* und den Farn *Asplenium bulbiferum*. In subalpiner Umgebung lassen sie sich *Ranunculus* und Tussockgräser schmecken. Der einzige natürliche Feind des Wildes in Neuseeland ist der Mensch – auch wenn sich so mancher Jäger, wie vor einigen Jahren im Fall eines übergewichtigen Scheichs geschehen, zum Revier tragen lässt, um einen halbzahmen Hirsch abzuschießen.

Auch Wildziegen (*Capra hircus;* Wild goats) verhindern die Regeneration des Waldes. Ihre bevorzugten Pflanzen sind *Griselinia littoralis* und Mahoe. Außerdem laben sie sich an Baumschösslingen und reißen die Rinde von den Bäumen. Die Ziegen kamen schon vor den ersten europäischen Siedlern an: Captain Cook ließ einige dieser Tiere während seiner zweiten Reise 1773 in den Marlborough Sounds frei.

Himalaya-Tahr (*Hemitragus jemlahicus*; Himalayan tahr) und Gämsen (*Rupicapra rupicapra*; Chamois) zertrampeln, wenn sie in Herden

Wallaby mit Jungtier – einem sogenannten Joey – im Beutel

auftreten, alpines und subalpines Terrain und zerstören die einheimischen Pflanzen. Während Tahr am liebsten hohe Tussockgräser fressen, bevorzugen Gämsen einheimische Ginsterarten (*Carmichaelia*), von deren 40 Arten 39 nur in Neuseeland vorkommen, sowie Kräuter und die Mount Cook Lily (*Ranunculus lyallii*).

Wildschweine (*Sus scrofa*) trampeln auf Kiwi-Höhlen herum und fressen die Strauch- und Bodenvegetation, die Kiwis und andere Bodenbewohner zum Überleben benötigen.

Wallabys (Wallabies)

Auch wenn Neuseeland gleich neben Australien liegt, so sind hier weder Kängurus noch die kleineren Wallabys zu Hause. Vielmehr wurden sie in drei Regionen eingeführt.

Auf Kawau Island im Hauraki Gulf leben sie, um die Menschen zu erfreuen, aber das ist ein zweischneidiges Schwert, weil sie gleichzeitig die heimische Vegetation weiträumig zerstört haben. Sie fressen selbst abgefallenes Laub, so dass es völlig normal ist, im Kanuka-Wald völlig nackten Boden vorzufinden. Die Arten auf Kawau Island sind: Derby-, auch Dama- und Tammar-Wallaby (*Macropus eugenii*; Dama wallaby), Parma-Wallaby (*Marcropus parma*), Sumpf-Wallaby (*Wallabia bicolor*; Blacktailed wallaby) sowie Felskänguru (*Petrogale*; Rock Wallaby). Rund um den Lake Tarawera (Derby-Wallaby) und in der Region um Waimate auf der Südinsel (Rotnacken-Wallaby; *Macropus rufogriseus*; Bennett's Wallaby) wurden sie als Jagdtiere eingesetzt. In der Region Waimate ist die Ausbreitung durch den Waitaki River und Berge (Klima) natürlich begrenzt, aber aus den drei 1870 eingeführten Individuen hat sich solch eine große Population entwickelt, dass die Wallabys jetzt als Schädlinge eingestuft worden sind. Sie bevölkern 350.000 Hektar vornehmlich in den Hunters Hills. Da Jäger wie wild auf die Hüpftiere schießen und auch Muttertiere nicht verschonen, wurde direkt in Waimate ein Wallaby-Waisenhaus eingerichtet. Das entwickelte sich im Lauf der Jahre zu einem kleinen Wildpark (Enkle-DooVery Korna), in dem man Wallabys füttern kann.

Die Wallabys, die am Lake Tarawera und dessen Nachbarsee Lake Okareka 1870 eingeführt wurden, übrigens wie jene auf Kawau Island von Gouverneur Sir George Grey, konnten sich viel weiträumiger ausbreiten und sind jetzt vielerorts in der Bay of Plenty und in der Region Waikato zu finden. Die größten Populationen gibt es am Mount Ngongotaha, dem Hausberg von Rotorua, rund um Te Puke und Pyes Pa (südlich von Tauranga). Das Ziel der Behörden ist, die Tiere auszurotten. Aus diesem Grund legte das Department of Conservation 2009 am Mount Ngongotaha erstmals 20.000 Giftköder aus.

Die Rotfeder, ein europäischer Karpfenfisch, gilt als „Possum der Gewässer"

Andere unerwünschte Eindringlinge

- Stacheligel (*Erinaceinae*; Hedgehog): So goldig sie aussehen, so sehr schädigen sie einheimische Arten. Das fängt damit an, dass sie die Eier und Küken von Flussbrütern wie Doppelbandregenpfeifer und Schwarzstirnseeschwalbe fressen. Das geht weiter mit ihrem Appetit auf endemische Schnecken, Geckos und Skinke. Und es endet nicht mit ihrer Jagd auf Frösche und Wetas. Die DOC-Website berichtet von einem Igel, in dessen Magen 283 Weta-Beine gefunden wurden. Eingeführt wurden die Igel zunächst, um den frühen Einwanderern ein Gefühl von Heimat zu vermitteln, später dann gezielt, um Gartenschädlinge wie Nacktschnecken, Schnecken und Raupen den Garaus zu machen.
- Wespen (*Vespula vulgaris*, *Vespula germanica*): Sie haben alle Lebensräume erobert, mit Ausnahme der Schneezone im Gebirge und den regenreichsten Gebieten von Fiordland (siehe Kapitel Buchenwald).
- Argentinische Ameisen (*Linepithema humile*): Diese Ameisen zählen zu den 100 invasivsten Arten weltweit. Von Auckland, wo sie 1990 vermutlich per Schiff oder Flugzeug ankamen, verbreiteten sie sich auf der ganzen Nordinsel. Die Südinsel ist weitgehend frei von diesen Schädlingen, die dem Dutzend einheimischer Ameisenarten das Leben schwermachen.
- Rotfeder (*Scardinius erythrophthalmus*; Rudd): Dieser Karpfenfisch gilt als „Possum der Gewässer". Er wurde 1967 in Neuseeland eingeführt, gezüchtet und verbreitet. Da er sich zu einer Plage entwickelte, wurde er in weiten Teilen von Marlborough und Canterbury ausgerottet. Die Rotfeder und andere eingeschleppte Fisch-Spezies wie Koi und Catfish (Welse, Welsartige) fressen den rund 50 einheimischen Fischarten und Wirbellosen die Nahrung weg und verändern Pflanzengemeinschaften. Oft beschweren sich Angler, weil diese Eindringlinge die Forellenbestände gefährden – aber Forellen sind natürlich auch erst mit den Europäern nach Neuseeland gekommen!

Die Argentinische Ameise macht heimischen Arten das Leben schwer

Gift im Märchenwald

Umstrittener Kampf gegen invasive Säugetiere mit Natriumfluoracetat (1080)

In dieser harmlos aussehenden südafrikanischen Pflanze (Dichapetalum cymosum), wie auch in rund 40 Pflanzengattungen in Australien, kommt das Gift Natriumfluoracetat (1080) natürlich vor; in diesen Ländern sind einheimische Tiere immun dagegen, eingeführte Arten sterben daran

Die Westküste der Südinsel ist ein Paradies für Naturliebhaber, Einsamkeitsfanatiker, Romantiker und Fotografen. Da sind die einzigartigen Vögel, jahrhundertealte Bäume in geheimnisvollen Wäldern, tosende Wellen, kitschige Sonnenuntergänge. Das Grün ist nirgendwo so grün wie an diesem regenreichen Landstreifen, wo der Jahresniederschlag in Metern und nicht in Millimetern gemessen wird.

Doch jedes Jahr spielen sich hier seltsame Szenen ab, Szenen von Zerstörung und Tod im Regenwald. Giftwarnschilder, Giftköder abwerfende Hubschrauber, protestierende Menschen, verseuchte Flüsse im vermeintlich grünen, sauberen Paradies. Wer hier genau hinschaut, entdeckt keine verklärten Postkarten-Idyllen, sondern Zeichen eines Wandels, der immer mehr Leute auf die Straße treibt. Wie, fragen sie, will das grüne, saubere Neuseeland der Welt erklären, dass es seine Wälder mit Natrium-Monofluoracetat (NaFAc), bekannt unter dem Markennamen 1080, bombardiert, einem hochgiftigen Wirkstoff, der in vielen anderen Ländern verboten ist, weil er alles umbringt, was dort kreucht und fleucht, nicht nur den Feind?

Vor diesem Hintergrund startete die Regierung, gestützt auf eine Empfehlung der Vorsitzenden der Umweltkommission, Jan Wright, und überraschend vieler Naturschutzorganisationen wie Forest & Bird, Landcare Research und natürlich dem staatlichen Umweltverwalter Department of Conservation (DOC), im Januar 2014 eine PR-Offensive nie gekannten Ausmaßes. Umweltminister Nick Smith gab die kriegerische Kampfparole aus: „Battle for our Birds", die Schlacht für unsere Vögel.

Wer wollte sich diesem leidenschaftlichen Aufruf widersetzen? Niemand im Land will, dass die zwölf Tierarten, die er aufzählte, aussterben, namentlich Haastkiwi, Streifenkiwi und Südlicher Streifenkiwi, Kaka, Kea, Kakariki, Saumschnabelente, Gelbköpfchen, Felsschlüpfer, Langschwanz- und Kleine Neuseelandfledermaus sowie Riesenschnecken. „Ohne 1080 werden unsere Kinder keinen Kiwi in freier Wildbahn sehen", sagte Smith. Nach seiner emotionsgeladenen Rede erwartete er, dass die ganze Nation ohne Ausnahme den Luftangriffen gegen die verhassten Possums, Hermeline, Ratten und Mäuse zustim-

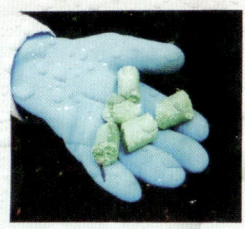

Warning 1080 Poison

Sodium fluoroacetate

will be present on the ground from: 10/11/10

- **DO NOT touch bait**
- **WATCH CHILDREN at all times**
- **DO NOT EAT animals from this area**
- **Poison baits or carcasses are**
DEADLY to DOGS

Leith Contractors Ltd

For more information contact:

Judy or Tony Leith
Ph. 027 229 7168

Unauthorised removal of signs or baits is an offence

men würde, schließlich machen diese Räuber den einheimischen Arten entweder direkt oder indirekt (indem sie ihnen das Futter streitig machen) den Garaus. Forest & Bird gratulierte der Regierung und sagte, es müsse noch viel mehr Gift abgeworfen werden als geplant.

Aktueller Anlass war ein Mastjahr der Südbuchen, die im Herbst so viele Samen – eine Million Tonnen – produzieren würden, dass die Zahl der Ratten und Mäuse explodieren würde. Diese Nager vermehren sich sprunghaft, wenn das Nahrungsangebot wächst. Wenn es mehr Ratten und Mäuse gibt, die Rede war von zusätzlichen 30 Millionen Ratten, vermehren sich auch die Hermeline. Die wiederum fressen die Nager und reduzieren deren Zahl im Endeffekt wieder auf Normalmaß. Den größeren Hermelin-Populationen geht dann irgendwann das Futter aus. Dann, sagte der Minister, gingen die Hermeline den Vögeln an die Federn und löschten 25 Millionen Piepmatze aus.

Solche extremen Mastjahre wiederholen sich alle zehn bis 15 Jahre, wurde den Medien in die Blöcke diktiert. Wichtige Zeitungs- und Fernsehleute wurden in einen Wald gekarrt, in dem ein DOC-Ranger mit einem Gewehr Südbuchenäste aus den Baumkronen schoss, auflas und dann verkündete, die Zahl der Blüten an den Zweigen deute auf eine nationale Vogelkatastrophe hin. Das rechtfertigt nach Meinung

Totes Possum an einer Giftköderfalle

der Regierung, Forest & Bird und anderer Organisationen sämtliche Mittel. Doch genau das ist der springende Punkt, über den seit vielen Jahren ausgiebig gestritten wird.

Alle sind sich darüber einig, dass Possums, Marder, Ratten und Co. so vollständig wie möglich ausgelöscht werden müssen, um nicht noch mehr Arten zu verlieren, die es nirgendwo anders auf der Welt gibt. Aber über die Methoden gehen die Meinungen weit auseinander. Die Diskussionen endeten nach der Vorarbeit von Jan Wright keineswegs. Die Umweltkommissärin hatte Mitte 2013 gesagt, der einzige Weg, die Biodiversität zu retten, sei, noch mehr grüne Giftköder in die Wälder Neuseelands abzuwerfen.

Der Minister legte dann ein halbes Jahr später mit seiner Kriegserklärung nach und kündigte die Verdoppelung der mit Gift zu bombardierenden Flächen an. Über zwölf statt fünf Prozent der nationalen Schutzgebiete – insgesamt 500.000 Hektar – würde es im Südbuchen-Mastjahr giftgrüne Köder regnen, und bis 2019 würden jährlich weitere 50.000 Hektar dazukommen, weil „1080 das einzige und effektivste Mittel ist, das wir haben". Die Medien berichteten brav über die Rettung der Welt der Kiwis, regierungsfreundliche Wissenschaftler bescheinigten der Aktion die Unbedenklichkeit: Kein Grundwasser würde verseucht und die paar Vögelchen, die von den Ködern naschten und stürben, würden durch explodierende Populationen in den Folgejahren locker kompensiert.

Eine Vielzahl von anderen Wissenschaftlern behauptet das Gegenteil, aber die Befürworter verkaufen ihre als veraltet kritisierten „Fakten" als die einzige Wahrheit. Und einige „Fakten" sind selbst für Laien als Mythen, Märchen oder gar Lügen zu erkennen, wie zum Beispiel die Aussage des Umweltministers, der behauptete, nach den Giftabwürfen sei „kein einziger Vogel gestorben". Selbst die Aufzeichnungen des Department of Conservation belegen, dass dies nicht stimmt (siehe weiter hinten).

Die ethische Frage, auf welch grausame Weise unerwünschte Tiere getötet werden dürfen und ob das hehre Ziel die Tierquälerei rechtfertigt, geht in dieser Diskussion unter. Und ein Einzeltäter erwies der Opposition einen Bärendienst, als er in Schreiben an den Verband der Farmer, Federated Farmers, und den Milchriesen Fonterra im November 2014 drohte, Babynahrung mit 1080 zu versetzen, sollte die Regierung die Giftaktionen nicht bis Ende März 2015 beenden. Als der Erpressungsversuch Anfang März 2015 publik wurde, geriet das

ganze Land in Aufruhr, und wer sich in der Vergangenheit kritisch über 1080 geäußert hatte, bekam Besuch von der Polizei. Täter war ein Geschäftsmann, dessen Firma ein alternatives Gift zu 1080 verkaufte.

Ernstzunehmende 1080-Gegner, die fordern, auch eingeführte Schädlinge auf humane Weise zu töten, nämlich im „Bodenkampf" (mit Gift bestückten Fallen und Gewehren), werden als grüne Spinner abgekanzelt. Dabei preisen beispielsweise die Ranger in Pinguin- und Kiwi-Schutzgebieten in Neuseeland entwickelte gasbetriebene Maschinen, die Possums und andere Feinde in Sekundenschnelle töten und nur alle paar Monate aufgeladen werden müssen, als Lösung des Problems an.

Der Todeskampf von Tieren wie Hunden, Rehen, Schwänen oder Kühen, die 1080-Köder gefressen haben, kann stunden- oder gar tagelang dauern. Wer ihr Leiden mit eigenen Augen oder in der Dokumentation von Clyde und Steve Graf (Poisoning Paradise, A Shadow of Doubt) gesehen hat, benötigt starke Nerven. Das Gift wirkt für Wirbeltiere bereits in geringen Dosen tödlich.

Auch Keas fallen den Gift-
ködern zum Opfer

1080 unterbricht den Citratzyklus, der im Stoffwechsel eine wichtige Rolle spielt. Je nach Tierart äußern sich die Vergiftungserscheinungen unterschiedlich; üblich sind Muskel- und Bauchkrämpfe, Krampfanfälle, Atemnot, Sinnesschwund und Herzrhythmusstörungen. Todesursache ist am Ende meistens Herzversagen. Beim Menschen wirken zwei bis zehn Milligramm pro Kilo Körpergewicht tödlich. Geringere Dosen führen zu Organschäden. Wirbellose Wassertiere und Fische sind nahezu immun gegen den Giftstoff Natrium-Monofluoracetat (NaFAc), der unter anderem in der australischen Pflanze *Gastrolobium* natürlich vorkommt.

Die einzige Firma, die 1080 synthetisch herstellt, ist die Tull Chemical Company im US-Bundesstaat Alabama. In den USA darf das Gift seit 1985 nur in Halsbändern von Haus- und Nutztieren (z.B. Schafe) verwendet werden, um angreifende Kojoten zu töten. In anderen Ländern ist es ebenso streng reguliert oder verboten.

85 Prozent der Weltproduktion, vielleicht sogar mehr, gehen nach Neuseeland – ursprünglich, um die aus Australien eingeschleppten Possums zu töten. Aber auch Hunde, Rehe und Vögel, die Köder oder tote Possums fressen (Sekundärvergiftung), sterben einen langsamen und qualvollen Tod. Die Naturschutzbehörde DOC, die makabererweise zusammen mit dem Animal Health Board, also dem für die Tiergesundheit zuständigen Amt, die Todesflüge organisiert, musste vor einigen Jahren zugeben, dass sieben von 29 im Abwurfgebiet an der Westküste lebende Keas an einer 1080-Vergiftung gestorben waren. Und das waren nur jene, die zuvor mit Mikrosendern ausgestattet worden waren, so dass ihre Kadaver geortet werden konnten. Im Juni und August 2013 starben fünf von 39 überwachten Keas nach dem Verzehr von Ködern. Das DOC sagte, die Presslinge hätten nicht genügend Wirkstoffe enthalten, die Vögel abschrecken.

Ein großes Argument für den Gifteinsatz in der Vergangenheit war auch, dass Possums die Rindertuberkulose übertragen. Eine Infizierung könnte den Fleischexporten schweren Schaden zufügen. Doch die Rinder sterben nicht daran, und wenn man das Fleisch kocht, besteht für Menschen keine Gefahr. Die Rindertuberkulose ist also nur ein Marketingproblem, weil – verständlicherweise – weder in der EU noch in China jemand infiziertes Fleisch importieren will. Seltsamerweise wurde die „Bovine TB" beim „Battle for our Birds" mit keinem Wort erwähnt, und auch die Possums waren nur ein Randthema. „Denen gehen die Argumente aus, um den wahllosen Abwurf von 1080 zu rechtfertigen", sagte Mike Toseland von der Initiative KAKA (Karameans Advocating Kahurangi Action).

Während die kleine, aber mächtige 1080-Lobby die Medien manipuliert, ist die schweigende Mehrheit gegen den Einsatz des Gifts. Vor wenigen Jahren sprachen sich in einer Umfrage mehr als 90 Prozent der Neuseeländer gegen die Verwendung von 1080 aus. Selbst viele Farmer, die ja eigentlich davon profitieren müssten, haben sich mittlerweile in der Interessengruppe „Farmers Against Ten Eighty (F.A.T.E.)" zusammengeschlossen und sich darüber empört, dass der Umweltminister in seiner PR-Kampagne behauptet hatte, 1080 würde keine Vögel töten. Sprecherin Mary Molloy, eine Farmerin aus South Westland, sagte: „Die Aufzeichnungen des DOC zeigen, dass zwischen zwei und 80 Prozent der Individuen bestimmter Vogelarten nach dem Abwurf von 1080 gestorben sind."

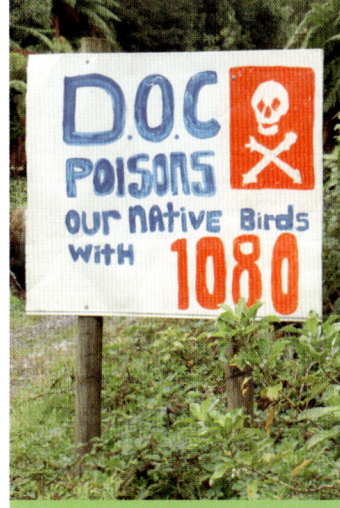

Protest gegen die Verwendung von 1080: „DOC vergiftet unsere einheimischen Vögel mit 1080"

Das Örtchen Kumara, rund zehn Kilometer von der stürmischen Tasmansee und 30 Kilometer von der Westland-Hauptstadt Greymouth entfernt, ist der Sitz der Aktivistengruppe KEA (Kumara Environmental Action). Diese Leute wissen, dass die Basis für den nächsten 1080-Einsatz dort ist, wo ein Dixie-Klohäuschen aufgestellt wird. Dorthin ziehen sie dann mit ihren Protestplakaten. Bodyguards und Sperrzäune schützen die Gifthubschrauber, Piloten und Arbeiter. Weiter droben, in Karamea, wo die Westküstenstraße in einem zauberhaften Märchenwald mit hohen Baumfarnen, Nikaupalmen und rot blühenden Rata-Bäumen endet und der berühmte Heaphy Track beginnt, haben sich die Menschen zur Aktivisten-Gruppe KAKA zusammengeschlossen. Tourismus-Firmen und Herbergen haben in der Vergangenheit vom Animal Health Board Entschädigung für entgangene Einkünfte verlangt, weil sie an Giftabwurf-Tagen Touren absagen mussten.

An einen Pfeiler einer 140 Jahre alten Holzvilla in Kumara ist ein riesiges Schild genagelt: „Wollen Sie Giftwasser? Kein Problem! Es wird von der neuseeländischen Regierung geliefert. Verbietet 1080!" An anderen Grundstücken prangen Slogans wie: „1080 ist ein grausamer Tod". Und: „1080 tötet alles". Das bestätigt der Biochemiker Dr. Quinn Whiting-O'Keefe vom Stanford Research Institute und der Universität von Kalifornien: „Es tötet alles, vom Regenwurm bis zum Elefanten." Die Größenordnung, mit der 1080 in Neuseeland eingesetzt wird, ist schwindelregend. „4.000 Kilo reines 1080 pro Jahr, damit kann man 20 Millionen Menschen umbringen", sagt O'Keefe, „und da ist die Frage noch nicht beantwortet, wie grausam die Wirkung ist."

*Kontroverse um den Langbein-
schnäpper (Robin): Hilft ihm
das Gift oder bringt es ihn um?*

Die Rechtfertigung des DOC und des Umweltministeriums bezeichnet er als reine Propaganda: „Das DOC sagt, das Gift hilft den Langbeinschnäppern. Tatsache ist jedoch, dass es die Langbeinschnäpper umbringt. Es bringt zehntausende oder gar hunderttausende Vögel um, 50 Prozent der Wirbellosen sterben. Viele Arten sind überhaupt nie untersucht worden." Der Umweltwissenschaftler Dr. Sean Weaver von der Victoria-Universität in Wellington sagt: „Es ist eine moralische Verpflichtung, nach Alternativen zu suchen." Ein Ansatz wäre, biologische Methoden wie den Einsatz von Viren zu erforschen, doch die Liebe der Entscheidungsträger zu 1080 scheint diesen Prozess aufgehalten zu haben.

Das DOC verkündet stolz, es habe die Köder besser und für Vögel weniger schmackhaft präpariert, seine Abwurfmethoden verfeinert und die Mengen reduziert (ein Kilo statt 30 Kilo pro Hektar für „nontarget species", also jene Arten, die man lieber am Leben erhielte). Auch habe es im Lauf der Jahre immer weniger Beschwerden aus der Bevölkerung gegeben. Das bezieht sich aber lediglich auf die operative Seite der Flüge. Vor ein paar Jahren mussten die Behörden beispielsweise in dem Örtchen Dillmanstown Hausdächer waschen, weil die Hubschrauber über die Vorgärten geflogen waren. Ein Wildzüchter in Kaiata, vor den Toren von Greymouth gelegen, verlor damals zehn seiner 16 Rehe, weil auf seiner Weide Giftköder landeten.

Bevor Peter McGill nach Kumara zog, machte er in dieser Gegend nur Urlaub. „Die Wälder waren fantastisch. Die Jagd war fantastisch. Und plötzlich werfen sie tonnenweise 1080 ab, und alles ist tot", sagt er. „Das ist Völkermord im Wald. Sie sagen, die toten Keas sind ein bedauerlicher Nebeneffekt einer guten Sache. Ich sage: Bereits ein toter Kea ist einer zu viel, und auch Kiwis sterben – unser Nationalvogel! Und niemand kann mit letzter Sicherheit sagen, was mit unserem Ökosystem passiert, mit unserer Trinkwasserversorgung." Alles harmlos, sagen DOC und Forest & Bird, weil das Natrium-Monofluoracetat wasserlöslich ist. Der Wald erhole sich und die Vogel-Populationen würden langfristig wieder wachsen.

Die 1080-Gegner fragen jedoch, wie es sein kann, dass immer noch zig Millionen Possums die Wälder kahlfressen, obwohl über die Jahre Millionen Tonnen Giftköder abgeworfen worden sind. Und die Farmer sagen, die von Rindertuberkulose betroffenen Gebiete seien dieselben wie vor vielen Jahren. Zumindest die Hubschrauber-Unternehmen leben gut davon. Das Umweltministerium leistete lediglich moralische Unterstützung, stellte dem ohnehin finanziell ausgebluteten Department of Conservation aber keine zusätzlichen Mittel für die Verdoppelung der Giftflüge zur Verfügung.

Die Luftangriffe für die Vögel, Fledermäuse und Riesenschnecken finden in Neuseeland während der kühleren Monate um die Jahresmitte statt. Dann prasseln tonnenweise Giftköder in die dichten Wälder, Presslinge und grün gefärbte, vergiftete Karottenstücke. Hubschrauber kreisen tagelang über die Hügel und lassen die grünen Köder aus den unter dem Rumpf baumelnden Containern regnen.

Viele Wälder sind selbst am hellen Morgen totenstill. Alle paar hundert Meter sind Giftwarnschilder an die Bäume genagelt, mit dem Totenkopf und den überkreuzten Knochen, sowie der Information, dass 1080 für Hunde tödlich ist. Manchmal ist auch noch ein kleineres Schildchen daneben montiert, auf dem steht, Wanderer sollten ihr eigenes Wasser mitbringen und auf keinen Fall Quellwasser oder anderes natürlich vorkommendes Wasser in dem Giftwald trinken. Ist das, fragen die Kritiker, „100% Pure" oder „green and clean"?

Peter McGill hat Tiere sterben sehen. „Wenn ich mit dem Jetboot rausfahre, treiben tote Vögel auf dem Fluss", sagt er. „Wir haben vergiftete Schwäne an der Straße entlangtorkeln sehen. Sterbende Rehe im Fluss, die Bäuche aufgebläht, alle Viere steif von sich gestreckt, aber sie lebten noch. Wir haben ihnen den Gnadenschuss gegeben und geweint. Die Menschen wollen das nicht – wir und viele andere Steuerzahler. Die Regierung muss umdenken."

Dass sie dies tut, musste man nach der großangelegten Propaganda-Kampagne von Anfang 2014 bezweifeln. „Dabei könnte man die Possums auf humane Weise bekämpfen", sagt Peter McGill. „Sie könnten zum Beispiel mit den Hubschraubern Possumjäger in unwegsamen Wäldern absetzen, ihnen ein Kopfgeld zahlen und das Fell und Fleisch der Tiere verwerten. Das wäre ein intelligenterer Ansatz, als den Touristen vorzugaukeln, wir lebten in einem grünen, sauberen Land, und dann kommen sie hierher, und alles ist tot, und überall sind Giftwarnschilder aufgestellt. Die fliegen völlig schockiert nach Hause zurück. Langfristig wird der Tourismus schwer darunter leiden."

Mike Toseland in Karamea hat die Hoffnung auf eine Abkehr von 1080 jedoch nicht aufgegeben. „Wir kämpfen weiter gegen 1080", sagt der KAKA-Sprecher vom nördlichen Ende der Westküste. „Am Ende wird die Vernunft siegen. Ich hoffe bloß, dass die Keas und andere Arten bis dahin nicht ausgestorben sind."

Eine humanere Methode, um unerwünschten Säugetieren ans Fell zu gehen: Possum in der Falle

Die Ware Paradies

Ihn den beliebtesten Wissenschaftler Neuseelands zu nennen, wäre gelogen. Der Dozent für Umwelt-Verträglichkeit und -Management am Institut für Landwirtschaft und Umwelt an der Massey-Universität in Palmerston North steht regelmäßig im Kreuzfeuer der Kritik von Naturparadies-Verkäufern, die lieber den Überbringer von schlechten Nachrichten abkanzeln, als die dargelegten Missstände zu beheben. Da niemand die Fakten leugnen kann, die er über die Wasserqualität von Neuseelands Flüssen und Seen sammelt, gilt er als Nestbeschmutzer und sieht sich mit der Frage konfrontiert, warum er nicht wenigstens den Mund halten könne, erst recht gegenüber ausländischen Medien, die sie offenbar ausschließlich als Vehikel betrachten, um im Rest der Welt Loblieder auf das saubere, grüne Land der Kiwis zu singen. „100% PURE" und „clean and green". Ein Regierungslobbyist schimpfte Mike Joy einen Verräter, der die Tourismus-Industrie schädige. Mike Joy, ein Name, kein Programm, denn seine Botschaften lösen das Gegenteil von Freude aus. Egal, ob man den Mann für seine Offenheit liebt oder hasst.

Mit der Kampagne „100% PURE" wirbt die Tourismus-Behörde seit dem 31. Juli 1999. Der Erfolg der in Neuseeland gedrehten „Herr der Ringe"-Filmtrilogie verstärkte das Image vom grünen, sauberen Paradies. Die Ware Paradies und das damit verbundene lupenreine Image ist Millionen und Abermillionen NZ-Dollar wert, und so wurde vor der Premiere des ersten der drei „Hobbit"-Filme Ende 2012 der Slogan für die Märkte in Übersee geprägt: „100% Pure Middle Earth, 100% Pure New Zealand", begleitet von traumhaften Szenerien aus Mittelerde mit ihren saftigen Urwäldern und rauschenden, reinen Flüssen. Die Regierung geht davon aus, dass der Tourismus im Zusammenhang mit dem Hype um den „Herrn der Ringe" allein im Jahr 2004, als der Rummel den Höhepunkt erreichte, rund 400 Millionen NZ-Dollar zum Bruttoinlandsprodukt beigetragen hat.

Doch anstatt, wie im ersten Jahrzehnt der Kampagne, in Entzückensrufe auszubrechen, veröffentlichte diesmal sogar die New York Times einen kritischen Artikel über die Diskrepanz zwischen Image und Realität in Neuseeland. Die saubere, grüne Marke sei „so phantasievoll wie Drachen und Zauberer", da sie in krassem Widerspruch zu dem beklagenswerten Zustand der Natur stehe, schrieb die renommierte Tageszeitung. Sie zitierte Mike Joy, der schon seit Jahren den

Auf den ersten Blick paradiesische Zustände, bei genauerem Hinsehen oft das Gegenteil: Regenwald in den Catlins

Linke Seite: Willkommen im Paradies, einer aus einigen wenigen weit verstreuten Gebäuden bestehenden Gemeinde am nördlichen Ende des Lake Wakatipu bei Glenorchy

Ein Mann der klaren Worte: der Gewässerökologe Mike Joy, Aufnahme von 2013

Rufer in der Wüste spielt und sagte: „In Neuseeland existieren zwei Welten – zum einen die Traumwelt, zum anderen die Realität." Das wahre Paradies existiert nur in isolierten Regionen, wo keine Menschen leben und die Landwirtschaft noch nicht überhandgenommen hat. Die britische Daily Mail legte im August 2013 nach, indem sie den „100% Pure"-Slogan in „100% Pure Manure" abwandelte – 100 Prozent Mist. Womit Kuhmist gemeint war. Solche Veröffentlichungen in internationalen englischsprachigen Medien, die dank derselben Sprache schnell entdeckt werden, schaffen es in Neuseeland umgehend auf die Titelseiten der Zeitungen. Erst einmal, weil die meisten Kiwis mit Kritik von außen und von Ausländern nur schwer umgehen können, selbst wenn sie auf unverrückbaren Fakten basiert. Zum anderen, weil jedes negative Wort, das nach außen dringt, die Reisefreude potenzieller Urlauber beeinträchtigen und damit die Wirtschaft schädigen könnte. Und drittens, weil sie nun einmal unglaublich stolz auf ihr kleines, feines Land sind, in dem so wenige Menschen so viel Positives schaffen. Die Schlagzeilen nähren angesichts einer weltweit höheren Sensibilität in Umweltfragen jedoch auch die Sorge, dass sich „100% Pure" zum Bumerang entwickeln könnte, sollten sich Traum und Wahrheit immer weiter voneinander entfernen.

Die einheimischen Medien berichten schon seit einigen Jahren verstärkt über die bedrohte Natur, über Neuseelands „dirty little secrets", die schmutzigen Geheimnisse über vergrabene Giftfässer, mit DDT verseuchte Weiden, belastete Flüsse und umgekippte Seen. Das sorgt für weitaus weniger Aufruhr, weil es quasi eine interne Angelegenheit bleibt und Touristen nicht von einer Neuseeland-Reise abhält.

Anfang 2014 lief auf Prime TV eine bemerkenswerte sechsteilige Dokumentation mit dem Titel „Keeping It Pure" über den aktuellen Zustand von Landschaften und Gewässern. Den Autoren gelang es sogar, Farmer aufzutreiben, um den nachhaltigen Umgang mit der Natur aufzuzeigen und darzulegen, dass die wenigen paradiesischen Landstriche nur dann erhalten und ruinierte Gebiete gerettet werden können, wenn ein dramatisches Umdenken stattfindet. Mehr Recycling und Kompostierung, nicht Abholzung, sondern Rückpflanzung von Wäldern, Restaurierung von Feuchtgebieten, weniger Phosphatdünger, weniger Kühe, weniger Bewässerung, Abkehr von der Wegwerf-Mentalität, bessere Kläranlagen.

Neuseeland hinkt gegenüber fortschrittlichen Nationen in punkto Nachhaltigkeit 50 Jahre hinterher. Auf vielen Farmen werden auch

heute noch Giftfässer und anderer Müll einfach vergraben oder, wie auch in Städten und Gemeinden, im Garten verbrannt. Allgemeiner Tenor: Die Inseln sind so menschenleer, da fällt ein Dreckloch mehr oder weniger nicht auf und wird schon keinen großen Schaden anrichten. Die ermutigende Erkenntnis aus dieser Dokumentation war, dass beeindruckend viele Menschen in unzähligen lokalen Freiwilligen-Gruppen sich aktiv für die Rettung der Umwelt einsetzen und dass es auch einige Farmer gibt, die mit leuchtendem Beispiel vorangehen und beweisen, dass man mit nachhaltigen Methoden nicht härter arbeiten muss und genauso viel Geld verdient. Fast schon rührend war das Beispiel eines Ehepaars in Taranaki, der Mann 97 Jahre alt, das einst eine Hypothek auf seine Farm aufnahm, um mit Urwäldern bestandenes Land zu kaufen und vor der Konvertierung in Kuh- und Schafweiden zu bewahren. Diese Leute waren mit ihrem Denken dem Gros der Landwirte um Lichtjahre voraus. Und noch immer gehören sie einer Minderheit an.

Nicht einmal die extrem nationalstolzen Neuseeländer selbst glauben noch, dass ihr Land „100% Pure" ist. In einer Umfrage der Fair-

415

Waten statt schwimmen

Im Jahr 2016 kreierte der damalige Umweltminister Nick Smith das Unwort „wadeable" – watbar. Es war eine Kapitulationserklärung, das Eingeständnis, dass Neuseelands Flüsse und Seen zu verdreckt sind, um darin zu schwimmen, und es „unpraktisch" bis unmöglich sei, ihren Zustand zu verbessern. Deshalb weckte die Ankündigung der Regierung im März 2017, sie werde alle Anstrengungen unternehmen, um 90 Prozent der Gewässer bis 2040 „schwimmbar" zu machen, große Hoffnungen. Wer jedoch dachte, Neuseeland setze zum Großreinemachen an, sah sich getäuscht, denn die Wasserqualität wurde mit einem Buchhaltertrick quasi über Nacht verbessert: durch die Erhöhung der nationalen Grenzwerte, mit denen die Wasserqualität von Flüssen und Seen neu definiert wird. Hatte bis dahin eine Konzentration von 235 kolibildenden Einheiten (KBE) pro 100 Milliliter Wasser als Obergrenze für Flüsse gegolten, in denen man bedenkenlos baden kann, so wurde dieser Wert auf 540 KBE angehoben, also mehr als verdoppelt – und Schwimmbarkeit wurde zum Etikettenschwindel.

fax-Medien im August 2013 fanden sie, der Reinheitsgrad liege bei ungefähr 64,5 Prozent. Nur 20,5 Prozent der Befragten glaubten, die Umwelt sei 100 Prozent sauber. 36,8 Prozent dachten, Neuseeland sei weniger als 60 Prozent rein. Kein Wunder, wenn selbst das Umweltministerium, wie Mitte 2013 geschehen, eine Studie veröffentlicht, in der steht, dass mehr als die Hälfte der Inlandsgewässer zu schmutzig sei, um darin zu schwimmen, vornehmlich als Folge der intensiven Milchwirtschaft.

Die internationale Kritik trieb die PR-Strategen zu den skurrilsten Verrenkungen, um „100% Pure" zu retten. Man dürfe den Slogan nicht strikt als Maßeinheit für die Qualität der Umwelt verstehen, sondern für die des Erlebnisses, sagte ein Sprecher von Tourism New Zealand. Sprich: 100% Wanderungen, 100% Begeisterung und 100% Aktivität. Der damalige Premierminister John Key verstieg sich Mitte 2011 in einem BBC-Interview gar zu der Aussage, Wissenschaftler wie Mike Joy verkauften ihre Meinungen wie Rechtsanwälte. „Hier ist ein Akademiker", sagte Key, „und, wie bei Anwälten, kann ich Ihnen einen anderen liefern, der das Gegenteil behauptet." Klimawandel-Minister Tim Groser nannte Joys Aussagen „zutiefst ungefällig".

Joy konterte, wenn einer seiner Studenten im ersten Jahr solchen Unsinn verzapfe wie der Premierminister, würde er bei der Prüfung mit der schlechtesten Note durchfallen. „Ich habe kein Problem damit, international für Neuseeland zu werben", sagt der Wissenschaftler, „aber das Land müsste wenigstens alles Menschenmögliche dafür tun, um dem 100%-Pure-Ideal nahezukommen." Was nicht nur ihn erstaunt, ist, dass Umweltdiskussionen nur dann wirklich in Gang kommen, wenn die internationalen Medien die Themen aufgreifen. „Es ist verrückt, dass Politiker nur zuhören, wenn jemand von außen mit dem Finger darauf zeigt", sagt er. „Es ist fast so, als müsste man sie in Verlegenheit bringen, damit sie etwas tun. Ich kann mich des Eindrucks nicht erwehren, dass wir einfach so wie immer weitermachen und unser Land zerstören würden, wenn wir unsere kleinen Geheimnisse für uns behalten könnten."

Die unangenehme Wahrheit, die Mike Joy seit vielen Jahren verbreitet, wird übrigens auch geschätzt. Das angesehene Magazin North & South zeichnete ihn 2009 als Neuseeländer des Jahres in der Kategorie Umwelt aus. In der Region Manawatu, Heimat der Massey-Universität, wählte ihn die Zeitung The Manawatu Standard 2012 zur Person des Jahres.

Umwelt-Themen der vergangenen Jahre

Nachhaltiger Naturschutz zum Nutzen der Allgemeinheit kontra kurzfristiger wirtschaftlicher Gewinn für eine Minderheit

- **Abbau von Bodenschätzen in Nationalparks**: Das war ein Plan der Nationalregierung 2010, die Zigtausende zu Demonstrationen auf die Straßen trieb. Damals gab die Regierung klein bei, aber Skeptiker gehen davon aus, dass das Thema wieder auf den Tisch kommen wird. Außerhalb der Nationalparks werden unter anderem folgende Mineralien und Gesteine abgebaut: Gold, Silber, Kohle, Eisensand, Kalkstein, Tonerde, Dolomitspat, Bimsstein, Salz, Serpentinit, Zeolith und Bentonit. Die bekanntesten aktiven Goldminen sind die Martha Mine in Waihi (Südosten der Coromandel-Halbinsel) und die Macraes Mine in Otago (westlich von Palmerston).

- **Sinn oder Unsinn von Kohlebergwerken**: Die Bewohner an der strukturschwachen Westküste der Südinsel pochen auf Arbeitsplätze, die Gegner prangern die Umweltverschmutzung durch die Verbrennung von Kohle an, die vornehmlich nach China exportiert wird.

- **Tiefseeölbohrungen und Testbohrungen**: Seit vielen Jahren ein kontrovers diskutiertes Thema, das 2013 und 2014 einen Höhepunkt erreichte, als das US-amerikanische Unternehmen Anadarko Petroleum damit begann, mit Regierungsgenehmigung in den Küstengewässern Neuseelands Probebohrungen nach Erdöl und Erdgas durchzuführen. Besonders aufgebracht waren und sind die Menschen in Orten wie Kaikoura, die vom Tourismus auf See und den dort heimischen Säugetieren (Wale, Delfine, Seebären) leben und sowohl ihre Existenzgrundlage als auch das Wohl der Tiere gefährdet sehen. Viele Leute stehen auch noch immer unter dem Eindruck der Havarie des Frachtschiffs Rena im Oktober 2011, als Öl und Schrott die Strände der Bay of Plenty verseuchten. Aber Ölbohrungen werden von vielen befürwortet, weil eventuelle Ölfunde – wie vor der Küste Taranakis – Arbeitsplätze und Wirtschaftswachstum versprechen.

Rena-Unglück: ölverschmutzter Strand von Mount Maunganui bei Tauranga im Oktober 2011

- **Sinkende Wasserqualität**: Verschmutzung von Seen, Flüssen, Meerwasser und Stränden als Folge intensiver Milchwirtschaft, veralteter Kläranlagen und Abwassersysteme. Austrocknung von Flüssen durch Intensivierung von Bewässerungsanlagen für die Milchwirtschaft.
- **Begrünung des Hochlands**: Umwandlung von Tussockgraslandschaften und Merino-Schaffarmen für die Milchindustrie.
- **Giftköder im Märchenwald**: Bekämpfung von schädlichen Säugetieren durch den Einsatz des Giftes 1080, das zu einem langsamen, qualvollen Tod führt und auch seltene Vögel und andere Tiere umbringt (siehe Kapitel 1080).
- **Drohende Zerstörung unberührter Natur durch Tourismus-Projekte**: Stetig wiederkehrende Pläne in unterschiedlicher Form zielen auf die Erschließung der einsamsten Regionen von Fiordland ab. Einzelne Projekte waren ein Tunnelbau von Glenorchy ins Hollyford Valley, um eilige und mehr Touristen schneller von Queenstown zum Milford Sound zu transportieren sowie der Bau einer Schwebebahn durch den Snowden Forest (südlich des Lake Wakatipu) nach Te Anau Downs. Regelmäßig aufgetischt wird auch die Idee, die „Ringstraße" um die Südinsel zu schließen, sprich einen Highway an der Westküste durch den Kahurangi-Nationalpark und im Süden von Haast zum Milford Sound zu bauen. Schon seit vielen Jahren wird jedoch darüber diskutiert, ob es nicht sinnvoller wäre, die Zahl der Besucher am Milford Sound zu begrenzen, da Neuseelands bekanntester Fjord überlaufen ist.
- **Kürzung der Mittel für das Department of Conservation**: Die Umweltbehörde soll sich mit immer weniger Geld und weniger Personal um immer mehr Land kümmern (siehe Kapitel Die Naturschutzbehörde DOC).
- **Überfischung und Verschmutzung der Küstengewässer**: Verunreinigung z.B. der Marlborough Sounds durch die extrem schädliche Lachszucht (unter den Anlagen wächst nichts mehr) sowie Muschel- und Austernfarmen (nicht so schädlich für die Umwelt, da Schalentiere als Filter dienen). Zweifelhafte Fischereimethoden (Schleppnetze), die zum Tod von Meeressäugern führen. Zerstörung von Habitaten durch Ausbaggern von Hafenbecken und Meeresbuchten. Weitere Belastung durch den Zufluss von Flüssen aus milchwirtschaftlich genutzten Regionen sowie aus Städten, in denen Abwasser und Giftstoffe direkt eingeleitet werden.
- **Skurriler Emissionshandel**: Die Nationalregierung revidierte den Plan, die Landwirtschaft 2013 voll in den Emissionshandel einzubeziehen, obwohl diese fast die Hälfte aller Treibhausgase Neuseelands verursacht. Die Kiwi-Formel: Je mehr ein Industrieunternehmen im Export erwirtschaftet, desto mehr CO_2-Zertifikate bekommt es gutgeschrieben. Sprich: Je mehr Treibhausgase es produziert, desto höher fallen die staatlichen Subventionen aus. Die finanzielle Last fällt dem einfachen Steuerzahler und Konsumenten in Form von höheren Lebensmittel-, Strom- und Benzinpreisen zu. Selbst Jan Wright, die Vorsitzende der Umweltkommission, kritisierte: „Die Wirtschaft wird unter dem Deckmantel des Emissionshandels übermäßig subventioniert und geradezu dazu aufgefordert, die Umwelt zu verschmutzen. Bis zu 90 Prozent des Kohlendioxid-Ausstoßes sind durch kostenlose Zertifikate

gedeckt. Diese Rechte müssen gehandelt und verkauft und nicht verschenkt werden." Regierungschef Key gab es grinsend zu: „Wir versuchen, unsere Industrie ein kleines bisschen zu protegieren." Der Wirtschaftsexperte und Kommentator Rod Oram nannte die Verrenkungen der Nationalregierung unter John Key in der Sunday Star Times einen „Rückfall in die Steinzeit" und ein „kostspieliges Manöver der Scheinheiligkeit".

Umwelt-Fakten/Klimawandel

- Trotz der 100%-reinen Selbsteinschätzung führt Neuseeland keine der Statistiken zum Klimaschutz-Index an. Auf German Watch, das 58 OECD-Staaten untersucht, rangierte Neuseeland in der Beurteilung von 2014 auf Platz 42 und erhielt für seine Leistungen im Kampf gegen den Klimawandel die Note „schlecht". Kriterien waren Emissionsniveau, Entwicklung der Emissionen, Erneuerbare Energien, Effizienz und Klimapolitik, die bei Neuseeland mit „sehr schlecht" und noch schlechter als 2013 beurteilt wurden.
- Eine ähnliche Studie der Universität von Adelaide zum relativen, auf die Einwohnerzahl bezogenen Beitrag aller Nationen zum Klimawandel sah Neuseeland auf Platz 18 unter 179 Nationen – von hinten! Das heißt nur 17 Länder wurden als noch schlechter eingestuft. (Zum Vergleich: Deutschland lag auf Rang 27 – von vorne.) Nur zwölf Länder hatten einen höheren Düngerverbrauch als Neuseeland, das laut dieser Studie den höchsten Verlust an Biodiversität aller Länder der Welt hatte.
- 2008 war Neuseeland Spitzenreiter in der Rangliste der 146 Länder, die im Umwelt-Index (Environmental Performance Index) der renommierten Yale-Universität in New Haven (Connecticut, USA) erfasst werden. Darin werden die Umweltprogramme dieser Länder untersucht und verglichen, ebenso Daten über den Verlust von Lebensräumen, die Menge von Treibhausgasen, die Abholzung von Wäldern und marine Schutzzonen. 2012 lag Neuseeland nur noch auf Platz 14. Diese Studie der Yale-Universität bezeichnet Mike Joy als mangelhaft, weil sie die größten Probleme Neuseelands (Biodiversitätsverlust und Wasserqualität) nicht erfasst.
- Während viele OECD-Länder den Pro-Kopf-Ausstoß von Treibhausgasen in den vergangenen Jahrzehnten reduzieren konnten, sind sie laut Statistik des Umweltministeriums in Neuseeland zwischen 1990 und 2009 um 22,1 Prozent gestiegen. Die Landwirtschaft verursacht knapp die Hälfte (2011: 47,2 Prozent) davon, gefolgt von der Energieversorgung (42,6 Prozent).
- Im Dezember 2012 trat Neuseeland in Doha bei der Konferenz zur Verlängerung des Kyoto-Protokolls bis 2020 aus dem Bündnis aus und weigerte sich damit, die Verpflichtung zur weiteren Reduzierung der Treibhausgase zu unterzeichnen, ein Schritt, den viele als „Tag der Schande für Neuseeland" bezeichneten. Die in Christchurch erscheinende Tageszeitung The Press titulierte Klimawandel-Minister Tim Groser sogar als Lügner, weil er behaupte-

te, Neuseeland habe auf die Linie seiner wichtigsten Handelspartner eingeschwenkt. Das stimmt nicht, da Australien den Vertrag unterzeichnete und China Neuseelands Entscheidung verurteilte. Groser und Co. hätten Neuseeland und dessen internationalem Ruf einen Bärendienst erwiesen, schrieb The Press.. Dem Kyoto-Protokoll den Rücken zu kehren, sei ein weiteres Beispiel für die Gleichgültigkeit der Nationalregierung unter John Key gegenüber der Umwelt, die lediglich eine Rolle spiele, wenn sie Geld in die Staatskasse spüle.

- Der damalige Premierminister Key war schon 2009 der UN-Klimakonferenz in Kopenhagen ferngeblieben. Sein Kommentar: „Es wird nichts Wichtiges herauskommen. Außerdem haben wir nicht vor, in punkto Klimaschutz eine führende Rolle in der Welt zu spielen." Damals unterschrieben 170.000 Bürger eine Petition, in der Key aufgefordert wurde, Neuseelands Treibhausgas-Emissionen bis 2020 um 40 Prozent – und nicht nur um 10 bis 20 Prozent – unter das Niveau von 1990 zu bringen. Greenpeace gab im Parlament einen Scheck ab, mit dem sich der steinreiche Regierungschef ein Flugticket nach Kopenhagen kaufen sollte.

Wasser-Fakten

- 90 Prozent der Tieflandflüsse sind verschmutzt und 43 Prozent so stark, dass man nicht darin schwimmen kann; Hauptursache sind Nitrat, Phosphat und Gülle aus der Landwirtschaft sowie unzureichend geklärte Fäkalien (Kolibakterien). Das NIWA (National Institute for Water and Atmospheric Research) stuft die Qualität von 50 Prozent aller Wasserkörper als „schlecht bis sehr schlecht" ein. Das Institut betreibt das National Rivers Water Quality Network (NRWQN), das an 77 Kontrollpunkten die Wasserqualität misst. Es erfasst 35 Flüsse, die 50 Prozent der Landmasse Neuseelands entwässern. Regionalverwaltungen testen an weiteren 500 Stellen (State of the Environment/SoE).

- Die Hälfte aller Seen ist verschmutzt, sie sind voller Blaualgen und invasiver Fischarten. NRWQN überprüfte 35 Seen von 1989 bis 1996, danach wurden die Mittel gekürzt und die Studien eingestellt. Die Tests der Regionalverwaltungen, die das Umweltministerium 2006 veröffentlichte, zeigten, dass von 134 überprüften Seen 56 Prozent eutrophiert oder gar umgekippt waren, das heißt, dass die Nitrat- und Phosphatwerte die Grenzwerte, die ein Gewässer als gesund definieren, deutlich oder dramatisch überschritten waren. Auch die bekanntesten Seen der Nation sind betroffen, wie der Lake Taupo und der Lake Rotorua. Nur 18 Prozent der Fläche rund um den Lake Taupo werden landwirtschaftlich genutzt, sind aber für die Einleitung von mehr als 90 Prozent der Nitrate verantwortlich (Stand: 2014).

- Die Verwendung von Düngemitteln in der Landwirtschaft ist in dem Jahrzehnt bis 2014 um 700 Prozent gestiegen, um saftigeres Gras für die Milchkühe wachsen zu lassen. Die Formel: Mehr Dünger = mehr Gras = mehr Kühe pro Hektar = mehr Milch pro Kuh = mehr Geld pro Farmer. Interessant sind auch ältere Statistiken: Obwohl die Zahl der Kühe zwischen

1996 und 2004 „nur" um 28 Prozent stieg, wuchs der Düngerverbrauch um 186 Prozent. Laut NIWA ist die Belastung der Flüsse mit Nitraten zwischen 1989 und 2007 jährlich um 1,4 Prozent gestiegen, auch der Phosphat-Anteil ist gewachsen. Keine Änderungen waren in reinen Flüssen fern von landwirtschaftlich genutzten Gebieten, wie im Haast River, zu verzeichnen.

- Jedes Jahr stecken sich zwischen 18.000 und 30.000 Personen mit Krankheiten an, die durch verschmutztes Wasser verursacht werden.

- In Gebieten mit intensiver Milchwirtschaft, beispielsweise im Umland von Christchurch (Canterbury Plains), gibt es regelmäßig Trinkwasser-Alarm; dann müssen die Leute das Leitungswasser abkochen, um keine Magen- und Darminfektionen zu riskieren.

- Fast alle Flussmündungsgebiete und -buchten sind mit Sediment und Schlick überfüllt. Auch dafür ist größtenteils die Landwirtschaft verantwortlich, die ihre Hochland-Weiden – an den Hochläufen der Flüsse – ohne jegliche Beschränkung intensiv bewirtschaftet und im steilen Gelände Vegetation beseitigt. (Bis 1980 gab es dafür sogar Prämien!) Das führt zu Erosion und Erdrutschen, und am Ende landet das Sediment in den Flüssen.

- Der sogenannte Resource Management Act (RMA) reguliert lediglich die Einleitung von Gülle aus Rückhaltebecken in die Flüsse (point-source discharges), nicht aber die Menge, die von den Weiden direkt in die Flüsse läuft und ins Grundwasser sickert (diffuse-source pollution).

- Die Wasserqualität in einheimischen (Ur-)Wäldern ist üblicherweise sehr gut, in Wirtschaftswäldern gut, aber auf Weideland und in Städten schlecht. Wo Milchwirtschaft betrieben wird, sind die Flüsse am stärksten verschmutzt.

Milchwirtschaft: Zwischen Flatulenzsteuer und Gülleflüssen

Das schmutzige weiße Gold

Die Anzahl neuseeländischer Schafe hat sich seit den 90er Jahren mehr als halbiert

Aus der Ferne sieht es aus wie weiße Punkte auf olivgrüner und ocker-farbener Leinwand. Dann verwandeln sich die Tupfen in wandern-de Wollknäuel auf eingezäunten Weiden, am blau-grauen Horizont wachsen schneebedeckte Gipfel in den Himmel. Spätestens jetzt tritt jeder Tourist auf die Bremse, um das Titelfoto für sein Urlaubsalbum zu schießen, denn dieser Anblick ist Neuseeland pur. Schafe, wohin das Auge blickt.

Aber es ist ein Bild, das immer seltener wird. Die Zahl von 27,7 Mil-lionen Schafen (Stand: Mai 2017) – rund sechs auf jeden Einwohner – liest sich zwar noch immer eindrucksvoll. Aber 1993 waren es 70 Mil-lionen, 2008 nur noch 38 Millionen. Bereits die 29,8 Millionen Mitte 2015 waren der tiefste Stand seit 1943 gewesen. Und immer weniger Farmer sind bereit, sich mit dem Zusammensammeln und der Schur der weit verstreuten Herden abzumühen, während die Weltmarktprei-se für Wolle und Lammfleisch sinken. Auf der anderen Seite ließ die unersättliche Nachfrage aus China, das 2013 Australien als größten Exportmarkt ablöste, und Indien die Preise für Kuhmilch mehrere Jahre lang in astronomische Höhe schnellen, so dass sich Milchbauern plötzlich eine goldene Nase verdienten. 2013 machte die Ausfuhr von Milchpulver sagenhafte 40 Prozent der Außenhandelsbilanz aus.

Regelmäßig kündigte der Molkerei-Riese Fonterra, der rund 95 Prozent von Neuseelands Milch vornehmlich zu Milchpulver verar-beitet, Rekordauszahlungen für seine Genossenschaftsbetriebe an. Der Preis für ein Kilo Milchfeststoffe stieg von 4,05 NZ-Dollar im Januar 2007 bis April 2011 auf ein Rekordhoch von 7,95 NZ-Dollar, um danach wieder leicht zu fallen. Für 2014 war ein Allzeithoch von 8,40 NZ-Dollar Grund zur Freude. Doch dann ging es steil bergab. Für die Saison 2015/16 stellte Fonterra nur noch 5,60 NZ-Dollar für ein Kilo Milchfeststoffe in Aussicht, und Panik brach aus, als im Au-gust 2015 der Preis auf 3,85 NZ-Dollar korrigiert wurde. Es war der rasanteste Preissturz seit dem Jahr 2000. Als Ursache wurden die sin-kende Nachfrage aus China und die Aufhebung der Milchquote in Europa genannt.

Doch bis dahin hatten immer mehr Landwirte auf Milchwirtschaft umgesattelt, und trotz der Hiobsbotschaft von sinkenden Milchpreisen war die Entwicklung nicht mehr aufzuhalten. Schaffarmer stellen noch immer auf Kuhherden um oder halten wenigstens ein paar Kühe zum Überleben, weil die Regierung die Pacht ihrer riesigen Hochland-Betriebe nach 2000 verdoppelt bis vervierfacht hat. Auch die Zahl der Fleischrinder ist gesunken. Milchfarmer vergrößern ihre Herden, Kleinbetriebe verkaufen an größere Nachbarn. Wobei nicht verschwiegen werden soll, dass sich so mancher Agrarunternehmer mit den Dollarzeichen vor Augen und dem Traum von Reichtum im Kopf hoffnungslos überschuldet hat und bankrott gegangen ist. Um die Gewinnzone zu erreichen, hätten die Farmer 2015 rund 5,40 NZ-Dollar benötigt.

Der Trend ist klar: In ein paar Jahren werden immer weniger, dafür viel reichere Farmer ständig größere Herden halten. Experten rechnen damit, dass sich die Zahl der Milchbauern – 1999 noch 14.400, 2008 nur noch rund 11.000 – bis 2020 halbieren wird. Die Zahl der Kühe ist seit 1991 (3,4 Millionen) über 5,3 Millionen (2008) auf 6,7 Millionen (Juni 2014) geschnellt und wegen fallender Milchpreise wieder auf 6,5 Millionen (2017) gesunken – 1,4 Kühe pro Neuseeländer. Und das, obwohl die Regionen Waikato und Hawke's Bay in den vergangenen Jahren mehrere Dürrezeiten durchmachen und die Farmer ihre Tiere

Ausgedehnte Bewässerung im High Country, um Weide-flächen zu schaffen und zu erhalten

schlachten oder verkaufen mussten. Ein Übel, das sich angesichts des Klimawandels nur noch verschlimmern wird. Der neue Reichtum, der für viele Neueinsteiger ein Traum bleiben wird, hat seinen Preis. Erstens für die Umwelt, zweitens für das gesellschaftliche Klima im Land.

Viele Regionen Neuseelands sind für die Milchwirtschaft völlig ungeeignet, in erster Linie das Hochland von Canterbury und Otago auf der Südinsel. Es ist eine einzigartige trockene Tussock-Graslandschaft am Fuße der Südalpen mit türkisblauen Gletscherseen. Gerade wegen ihrer abweisend-rauen Schönheit zieht sie Besucher magisch an.

Doch plötzlich sprenkeln künstlich-grüne Felder die faszinierend monotone ockerfarbene Steppe, genährt von stählernen, Regenbogen sprühenden, oft kilometerlangen Bewässerungsanlagen. In der Ebene von Canterbury, südlich und westlich von Christchurch (800.000) und in Southland (500.000) treten sich die Rindviecher gegenseitig fast auf die Hufe. Immer mehr Kühe grasen auf den Weiden und richten Umweltschäden an, die Neuseeland noch jahrzehntelang Sorgen bereiten werden. Doch die Strafen für Farmer, die Gülle unsachgemäß entsorgen oder deren Kühe durch die Seen trampeln und sich dort erleichtern, sind lächerlich gering – und Verstöße sind nicht die Ausnahme, sondern die Regel. Die Selbstregulierung durch Fonterra funktioniert nur unzureichend.

Überdüngung, Algen, Schlick, Verseuchung des Grundwassers, Abgase: Angrenzende Seen wie der Lake Ellesmere und der Lake Forsyth sind umgekippt, ebenso wie die international bedeutsame Waituna-Lagune in Southland. In ihrem Einzugsgebiet ist die Zahl der Milchkühe zwischen 1990 und 2014 von 800 auf mehr als 20.000 gestiegen. Der Lake Waikare am Oberlauf des Waikato River gilt als der schmutzigste See Neuseelands; die Wasserqualität anderer flacher Seen in der Nachbarschaft, wie des Lake Ngaroto, ist nicht viel besser.

2005 starben neun Kühe, als sie Wasser vom Lake Rotongaro tranken, in dem sie nicht hätten stehen sollen. Als Todesursache wurden Cyanobakterien (früher: Blaualgen) ausgemacht, die sich stark vermehren, wenn Dünger ins Wasser gespült wird. Die Algenbelastung führt auch zu Fischsterben und gefährdet die Gesundheit von Menschen. Das natürliche Gift verursacht Asthma und Hautreizungen; Ruderer sind angehalten, einander nicht anzuspritzen, wenn sie auf den Seen und Flüssen ihren Sport betreiben. Die Regionalverwaltung (Waikato District Council) sagte in einem Interview mit dem Fernsehsender TV3, das Problem sei zu spät erkannt worden und das Schicksal des Lake Waikare sei besiegelt. Um die Waituna-Lagune im tiefen Süden zu retten, muss die Menge der eingespülten Schadstoffe mindestens halbiert werden. Verdreckte Gewässer zu reinigen, war-

Nur scheinbar eine Idylle: Kühe bei Kaikoura

nen Experten, dauert so lange wie der Prozess der Verunreinigung – an die hundert Jahre.

Die Labour-Regierung hatte bis zu ihrer Ablösung 2008 mehrmals laut darüber nachgedacht, die Kosten für die Schäden nach dem Verursacher-Prinzip einzutreiben. Doch wenn die Farmer und ihre diversen Verbandspräsidenten lautstark protestierten, waren die Vorschläge schnell vom Tisch. So wurde der Plan, eine sogenannte Furzsteuer einzuführen, ganz schnell fallen gelassen, obwohl Kühe mit ihrem Methangas-Ausstoß massiv zum Treibhaus-Effekt beitragen. Die Milchwirtschaft, an der nicht einmal ein Prozent der Bevölkerung direkt verdient, verursacht 48 Prozent der umweltzerstörenden Abgase und Giftstoffe. Die Vorsitzende der Umweltkommission, Jan Wright, rechnete vor, die Hauptverursacher trügen in Neuseeland nur fünf Prozent der Kosten zur Reduzierung der Treibhausgase.

Das ist aber das geringere Problem. Weitaus dramatischer sind die Auswirkungen der Milchkuh-Schwemme und der Bewässerungsanlagen auf die Qualität des Wassers und Grundwassers sowie auf die Wassermengen und die Biodiversität in den Flüssen. Immerhin erfüllt die Mehrzahl der Farmer mittlerweile die Minimalauflagen des sogenannten „Water Accord" von Juli 2013, indem sie ihre Tiere von öffentlichen Gewässern fernhalten. Die Dachorganisation Federated Farmers berichtete im Mai 2017, 97 Prozent der Herden seien durch Zäune mit einer Gesamtlänge von 26.197 Kilometern von Fluss- und Seeufern getrennt. Aber nur eine Minderheit hat bislang Bäume und Sträucher an den Ufern und an den Fließwegen des Regenwassers angepflanzt.

Das dient nicht nur der Wasser- und Schadstoffaufnahme, sondern auch dazu, die Erosion und das Abfließen der dünnen Mutterbodenschichten zu verhindern – und damit die Versandung und Verschlickung der Gewässer. Die ist beispielsweise im Firth of Thames so schlimm, dass einige Abschnitte des Meeresarms zu Todeszonen verkommen, wenn nicht umgehend gehandelt wird. Zusätzlich zur Landwirtschaft haben hier auch Mineralienabbau (z.B. Gold auf der Coromandel-Halbinsel) und die Abholzung von Wäldern ihren Teil zum katastrophalen Zustand des Gewässers beigetragen. (In der Nähe von Auckland kommen dann auch noch Giftstoffe aus der Bauindustrie und Abwasser hinzu.) Umso erstaunlicher ist, wie Wasservögel diese Belastung überleben; sowohl das Firth of Thames als auch der Lake Ellesmere haben große Populationen von See-, Wat- und Zugvögeln.

In der Hoffnung auf die nun doch nicht ins Unermessliche steigenden Exporte nach China, mit dem Neuseeland durch ein Freihandelsabkommen verbunden ist, hat die Nationalregierung nach der Machtübernahme 2008 voll auf die Karte Land-/Milchwirtschaft gesetzt und immense Bewässerungsprojekte vor allem in Canterbury aktiv unterstützt. In dieser Region werden für die Produktion eines Liters Milch 250 Liter Wasser benötigt – im Gegensatz zum Waikato, wo das Verhältnis aufgrund höherer Niederschlagsmengen ungefähr bei 1:1 liegt. Die Herden sollen wachsen, die Produktion soll steigen und mit ihr das Exportvolumen, die Steuereinnahmen und das Bruttoinlandsprodukt. Die Frage ist allerdings weniger, ob mehr Bewässerung technisch möglich ist, denn sie ist mit Ja zu beantworten, sondern ob es umweltverträglich ist.

Die ungezügelte Wasserentnahme aus den Verflochtenen Flüssen in Canterbury führt nicht nur zur Verminderung der Wasserqualität, weil die Flusskiesel nicht mehr bewegt werden und sich Algen ansiedeln, sondern auch zur Veränderung der Flussläufe, der Landschaft und der Ökosysteme. In diesem Zusammenhang verweisen Wissenschaftler und Umweltaktivisten regelmäßig auf die unzureichenden nationalen Wasserstandards. Aus ihrer Sicht sollten Grenzwerte für jedes einzelne Gewässer gelten, statt, wie tatsächlich, durchschnittliche Höchstwerte für eine ganze Region. Ein fragwürdiger Ansatz, der zur Folge hat, dass eine lokale Behörde den Richtwert auch dann unterschreiten kann, wenn sie total verseuchte Gewässer gegen saubere Flüsse in kuhfrei-

Unnatürlich wirkendes Grün mitten im ockerfarbenen Hochland zwischen Lake Tekapo und Fairlie

en Gebirgsregionen aufrechnet und auf diese Weise einen akzeptablen Mittelwert erzielt. Zu schlechter Letzt wird die Umweltbelastung für Flüsse oft an ihren Oberläufen gemessen und nicht am Ende der Verunreinigungskette, nämlich an den Unterläufen, wo in vielen Flüssen nur noch Dreckbrühe fließt. Diese Strategie bezeichnet der Wasser-Experte Mike Joy, einer von Neuseelands Top-Ökologen, als politische Lösung zugunsten der Milchbauern. „Die Milchwirtschaft hat sich dramatisch geändert", sagt er, „diese Farmen sind heutzutage Industrieanlagen. Es kann nicht angehen, dass es keine absoluten Höchstwerte für Phosphate, Nitrate und andere Giftstoffe gibt, die ins Wasser gelangen, und dass eine Farm nach der anderen, ohne Rücksicht auf Verluste, auf Milchkühe umstellt."

Das staatliche Forschungsinstitut Landcare Research schrieb schon in seinem Jahresbericht 2009, dass „die intensivere landwirtschaftliche Nutzung in den vergangenen zehn Jahren zum größten Verlust an Vegetation seit der europäischen Kolonialisierung geführt" hat. Einheimische Tiere und Pflanzen seien ausradiert worden. Und: „Die Canterbury Plains haben den größten Verlust an Biodiversität aller ökologischen Regionen in Neuseeland erlitten."

Schon seit einigen Jahren protestieren Künstler und Intellektuelle gegen Farmkonvertierungen und die Begrünung des High Country. „Wir alle sind für diese Region wichtig, nicht nur ein paar wenige Leute, die dem Land Wasser für ihre riesigen Milchkuhherden entziehen und die wunderschönen Verflochtenen Flüsse in leblose Schlammkuhlen verwandeln wollen", sagte die Malerin Sally Hope bei einer Ausstellung ihrer kuhfeindlichen Gemälde in Christchurch. Ihre Kollegin Jane Zusters fügte an: „Wasser ist eines der bestimmenden Themen des 21. Jahrhunderts, und es betrifft uns alle. Das Land gehört vielleicht den Farmern, aber es ist unser Wasser."

Andere Umweltschützer verweisen auf die Attraktivität der Landschaft für den Tourismus, der 2016 die Milchwirtschaft in der Außenhandelsbilanz als Spitzenreiter ablöste. Das Fremdenverkehrsamt, Tourism New Zealand, wirbt damit, dass das Land grün und sauber ist. In einem 144-seitigen Umweltbericht stellte die Regierung schon vor einigen Jahren fest, „dass dieses Image viele Milliarden Dollar wert ist, deshalb müssen wir diese Werte schützen". Niemand reist ans andere Ende der Welt, um stinkende Kuhherden und umgekippte Seen zu sehen. Warum Touristen beim Anblick von blökenden Schafen und hüpfenden Lämmchen jauchzen, versteht allerdings auch kein Neuseeländer.

Tenure Review: Revision der Landbesitzrechte im Hochland

Staatsgeschenke im High Country

Tenure Review, eine Revision der Landbesitzrechte in höheren Regionen wie dem Mackenzie Country, hatte das Ziel, diese einzigartigen Tussockgraslandschaften zu schützen und der Umwandlung in Nutzflächen dadurch entgegenzuwirken, dass man Farmern einen Landtausch anbot. 20 Prozent des Hochlands der Südinsel sind davon betroffen. Wirklich nachvollziehbar waren die 1992 begonnen Umwandlungsprozesse jedoch nur dort, wo sie nicht unter der Tenure Review stattfanden, sondern wo der Staat komplette Farmen kaufte und in Schutzgebiete (Conservation Lands) überführte, in denen das Department of Conservation (DOC) die Richtung vorgibt und Maßnahmen zur Wiederherstellung der Biodiversität ergreift.

Beispiele dafür sind der 21.000 Hektar große Korowai/Torlesse Tussocklands Park am Fuße des Porters Pass, der Ahuriri Conservation Park (49.000 Hektar) südöstlich des Lake Pukaki, der Te Papanui Conservation Park (20.882 Hektar) im Osten von Central Otago und die

Eyre Mountains/Taka Ra Haka Conservation Park (65.160 Hektar) in Southland. Auch die weiterhin landwirtschaftlich genutzte Molesworth Station nördlich von Hanmer Springs, mit 180.476 Hektar Neuseelands größte Farm überhaupt, kam vollständig unter die Kontrolle des Department of Conservation. Nutztiere – Rinder und Schafe, keine Milchkühe – dürfen nur noch in bestimmten Gebieten grasen. Der Rest der Molesworth Station ist für die Bevölkerung geöffnet – wenn auch aufgrund der Wetterbedingungen nur einige Monate im Jahr. Zu den übrigen Parks besteht unbeschränkter Zutritt für Wanderer.

Die meisten Neuseeländer verstehen nicht wirklich, was Tenure Review bedeutet und was es den Steuerzahler kostet – und schon gar nicht, dass der Staat Farmern weite Pachtgebiete „abkauft", die dem Staat bereits gehören, und im Tausch andere in Staatsbesitz befindliche Flächen für kleines Geld an eben diese Farmer verscherbelt. Der Staat verschenkt also im Endeffekt Land, das die neuen Besitzer dann höchstbietend an Bauprojektträger oder reiche Einzelpersonen weiterverkaufen. Bedroht von solchen Deals sind beispielsweise Traumlandschaften wie die Ufer des Lake Tekapo und Lake Pukaki, wo, von der Kaninchenplage abgesehen, heute einsame, unberührte Natur regiert und morgen Villen und Hotelanlagen den Anblick stören, die Tussockgrasbüschel zerstören und Lebewesen vertreiben oder ausrotten könnten.

Und das geht so: Unter dem Crown Pastoral Land Act haben Landpächter ein fortwährendes Recht auf Pachtverlängerung. Die Verträge laufen jeweils 33 Jahre. Die Pacht beträgt für jeweils elf Jahre 1,5 bis 2,25 Prozent des Landwerts ohne „Verbesserungen" (Zäune, Gebäude, etc.). Der Pächter muss auf der Farm leben und darf das Land ohne Genehmigung nicht intensiv nutzen (z.B. für Milchwirtschaft oder Weinbau). Er muss der Öffentlichkeit keinen Zutritt gewähren. Eine Regierungsbehörde namens Land Information New Zealand (LINZ) führt die Verhandlungen mit den Farmern, die keine Verpflichtung haben, eine Tenure Review durchführen zu lassen.

Farmer XY hat solch einen langfristigen Pachtvertrag mit dem Staat. Der Staat betrachtet die höhergelegenen Gebiete der Farm als schützenswert und will sie für alle Neuseeländer zugänglich machen. Also schlägt er Farmer XY vor, seine Pacht- und Weiderechte für diese unproduktiveren höhergelegenen Landstriche, an denen der Farmer ohnehin nicht sonderlich interessiert ist, aufzugeben. Dafür bezahlt der Staat eine finanzielle Entschädigung. Im Gegenzug kauft der Farmer dem Staat die produktiveren tiefer gelegenen Pachtgebiete ab, sie gehen also in Privatbesitz über. So weit, so gut. Was jedoch herauskam, war, dass über vielen Farmern plötzlich ein Goldregen niederging – zu Lasten des Steuerzahlers. Zu den unerwünschten Nebenwirkungen gehörte auch die Gefahr, dass die nun kleineren Farmen ihr Land intensiver bewirtschafteten und mehr verunreinigtes Wasser in die kristallklaren türkisblauen Hochlandseen und -flüsse gelangen würde. Von der Begrünung des Landes und der Ausrottung von einheimischen Pflanzen und Tieren, die sich an das extreme Klima angepasst haben, ganz zu schweigen.

Über das Ausmaß der staatlichen Schenkungen war sich kaum jemand bewusst. Erst die Dozentin Ann Brower von der Lincoln-Universität (bei Christchurch) stellte in einem 2013

High Country: der nördliche
Teil des Mackenzie-Beckens mit
Lake Alexandrina (im Vorder-
grund) und Lake Tekapo

veröffentlichten Bericht fest, dass der Staat Farmern oft zehn Mal so viel für das höhere Land bezahlt, wie die Farmer dem Staat für das für sie wertvollere tiefere Gelände bezahlen, durch dessen Verkauf sie einen weiteren riesigen Gewinn erzielen können.

Ann Brower, die zu dem Thema auch das Buch „Who Owns The High-Country?" schrieb, nannte zahlreiche Beispiele wie diese:

- Zwischen 1992 und 2012 erhielten ehemalige Pächter die Besitzrechte an insgesamt 330.558 Hektar und 46 Millionen NZ-Dollar netto im Tausch gegen 307.764 Hektar des am wenigsten produktiven Landes.

- Farmer, die ihren neuen Besitz weiterverkauften, erzielten einen Profit, der 1,8 bis 27.096 (in Worten: siebenundzwanzigtausendsechsundneunzig) Mal so hoch war wie der Kaufpreis, im Durchschnitt 992 Mal so hoch wie der Kaufpreis.

- Zwischen 1992 und 2007 zahlte der Staat – wie gesagt, für sein eigenes Land – im Schnitt 159,46 NZ-Dollar pro Hektar an die Farmer, während die Farmer 67,28 NZ-Dollar an den Staat bezahlten. Nach 2008 bezahlten die Farmer 85,75 NZ-Dollar pro Hektar, der Staat jedoch 335,41 NZ-Dollar.

- Der Pächter der Lake Hawea Station erhielt 6.470 Hektar tiefergelegenes Land, aber der Staat und damit der Steuerzahler bezahlte 2,2 Millionen NZ-Dollar für 4.855 Hektar höhergelegenes Land.

- 1.188 Hektar der Mt. Cecil Station gingen gratis an den Farmer, der dem Staat 1.265 Hektar für 1,41 Millionen NZ-Dollar „verkaufte".

- Der Pächter der Closeburn Station bei Queenstown musste 158.000 NZ-Dollar für sein 930 Hektar großes Seegrundstück bezahlen. Er teilte das Land in 17 Parzellen auf, für die er jeweils 2 Millionen NZ-Dollar kassierte.

Das Beispiel der Lake Hawea Station unterstreicht die Absurdität des Vorgangs, denn nach Land an solch einem Seeufer lecken sich Bauprojektträger die Finger – und im Tenure-Review-Prozess soll es null Dollar wert sein. „Das ist wie Robin Hood – bloß andersherum", sagt die Dozentin. Jan Wright, die Vorsitzende der Umweltkommission, goss im April 2009 ungewollt Wasser auf die Mühlen der Gegner der Tenure Review, als sie sagte, längst nicht alles höhergelegene Land sei es wert, unter Naturschutz gestellt zu werden. Oft ist es nicht einmal nötig, da es aufgrund seiner Geländeform gar nicht gefährdet ist. Das rechtfertigt die vielfach höheren Hektar-Preise erst recht nicht. Die Naturschutz-Organisation Forest & Bird brachte es auf den Punkt: „Das Land mit dem höchsten Risiko, ruiniert zu werden, ist in Privatbesitz gefallen."

Kritische Stimmen bezeichnen die Privatisierung des High-Country als „ecocide" (Ökomord; der damalige Grünen-Vorsitzende Russell Norman, April 2010), „High Country Hijack" (North & South, November 2006) und „High-Country scam" (Betrug; Landschaftsarchitektin Di Lucas, Januar 2007). Forest & Bird umschrieb es noch milde: „Wir fürchten, dass der Staat und die Öffentlichkeit keinen fairen finanziellen Gegenwert für ihr Land bekommen. Der ganze Prozess ist extrem einseitig zugunsten der Pächter verlaufen."

Ursprünglich sollten die Farmen zu jeweils 50 Prozent privatisiert und in öffentliche Schutzgebiete umgewandelt werden. Das Verhältnis (Stand: 2014) liegt aber nun eher bei 60:40 zugunsten des Privatbesitzes. Die größten Bauchschmerzen bereitet den Naturschützern die Privatisierung weiter Zonen an Seeufern, wie am Lake Tekapo. Und der Prozess ist längst nicht zu Ende. Nur rund ein Viertel der Tenure-Review-Verhandlungen war 2014 abgeschlossen.

Di Lucas, die auf einer Hochland-Farm aufwuchs, hat sich intensiv mit dem Mackenzie Country beschäftigt. Sie war die Erste, die die Schutzgebiete vermaß und feststellte, wie gering der Anteil dieser Zonen ist. Weite Gletscherlandschaften und Verflochtene Flüsse befinden sich auf Farmland, ebenso 6.000 Hektar Tussockgraslandschaften. 20 Prozent des Mackenzie Basins sind seit 1990 in intensive Nutzung übergegangen. Das größte Problem sind, wie überall, Abwässer und Nährstoffe (Nitrate, Phosphate) aus der Milchwirtschaft, die in Flüssen, Seen und Feuchtgebieten landen. Andere große Herausforderungen, um die Schönheit der Gegend zu bewahren, sind wild wachsende Kiefern, Habichtskräuter und die Kaninchenplage.

Bei einer Veranstaltung von Forest & Bird im August 2013 in Christchurch, bei der Di Lucas sowie die Forest & Bird-Expertin Jen Miller referierten, kamen höchst interessante, aber auch besorgniserregende Zahlen und Fakten auf den Tisch:

- Von den 268.852 Hektar der Hochebene, die sich nördlich des Lake Benmore (Waitaki Valley) erstreckt und die berühmten Seen Tekapo, Pukaki und Ohau einschließt, werden lediglich fünf Prozent vom DOC gemanagt und 14 Prozent landwirtschaftlich genutzt.

432

- 31 Prozent oder 82.852 Hektar des Mackenzie Countrys sind durch weitere kommerzielle Nutzung gefährdet. Dazu gehört praktisch die komplette Landfläche rund um den Lake Tekapo.
- Für 14.000 Hektar der Talsander (siehe Kapitel Gletscher), jene weiten sandigen Akkumulationsflächen an Gletscherrändern, die von den Verflochtenen Flüssen durchzogen werden, liegen Bewässerungsanträge von Farmern vor. Weniger als zwei Prozent der Sandebenen stehen unter Naturschutz. 7.500 Hektar werden bereits bewässert, weithin sichtbar am State Highway 7 zwischen Twizel und Omarama. 29 große Schaf- und Rinderfarmen haben kleinere Bewässerungsprojekte beantragt; fünf Farmen haben Bewässerung im großen Stil auf 9.600 Hektar vor.

Kann Land am Ufer des Lake Hawea nichts wert sein? Das Ergebnis der Tenure Review an diesem See legt diesen Rückschluss nahe

- Im Mackenzie Forum, das zu einem am 12. Mai 2013 unterzeichneten Abkommen namens Mackenzie Agreement führte, einigten sich die beteiligten 22 Interessengruppen auf den Schutz von nicht genauer definierten 100.000 Hektar. Die Farmlobby stimmte zu, nur relativ kleine Parzellen zu bewässern.
- Regierungsorgane saßen beim Mackenzie Forum nicht am Verhandlungstisch. Das Department of Conservation fungierte nur als Beobachter und Berater. Land Information NZ, das die Tenure Review durchführt, glänzte durch Abwesenheit.

Letztlich geht es um zwei Dinge.

Erstens: wie überall, wo Landwirtschaft betrieben wird, um die Reinhaltung des Wassers und die Rettung der Biodiversität, um die es in Neuseeland so schlecht bestellt ist. Betroffen sind davon auch die Lachsfarmen am Bullock Wagon Trail und bei Twizel.

Zweitens: um die Erhaltung einer uralten Gletscherlandschaft für den Tourismus, der hier Wirtschaftsfaktor Nummer eins ist. Das Mackenzie Country mit dem Mount-Cook-Nationalpark und seinen türkisblauen Seen ist eine der Top-Destination für Besucher aus Übersee. Die Farbe Grün, wassersprühende Stahlmonster vor den alpinen Panoramen und gescheckte Kühe passen nicht in dieses Bild.

Naturschutz – Aussichten

Inselparadiese und „Mainland Islands"

Der in Neuseeland endemische, ehemals weitverbreitete White-head wurde in „Zealandia" angesiedelt, um den Rückgang seiner Art aufzuhalten

Viele Tierarten können – wie an zahlreichen Stellen in diesem Buch angesprochen – nur in Inselparadiesen überleben, weil diese relativ einfach feindfrei gehalten werden können. Die Einschränkung mit dem Wort „relativ" ist notwendig, weil manche Säugetiere recht gut schwimmen und Kilometer-Distanzen zu vorgelagerten Inseln aus eigener Kraft überwinden können. Auch passiert es gelegentlich, dass ein großer Vogel (Sumpfweihe, Kuckuckskauz) mit einer lebenden Maus in den Klauen seine Beute just über solch einer Insel fallen lässt, und schon herrscht Alarmstufe Rot. Deshalb sind selbst auf vermeintlich feindfreien Inseln stets Fallen für alle Arten von unerwünschten Eindringlingen aufgestellt.

Einige dieser Eilande, auf denen man seltenen Vögeln auf Schritt und Tritt begegnet, sind für Besucher geöffnet; auf manchen kann man sogar übernachten. Die Zugangsmodalitäten sind unterschiedlich. Für Kapiti Island (nordwestlich von Wellington), Little Barrier Island (Hauraki Gulf) und Maud Island (Marlborough Sounds) benötigt man beispielsweise eine DOC-Genehmigung, während auf Tiritiri Matangi (Hauraki Gulf) und Motuara Island (Marlborough Sounds) lediglich die Zahl der täglichen Besucher begrenzt ist. Wer ein Bootsticket ergattert, kann auf die Inseln übersetzen. Strenge Schuh- und Taschenkontrollen gehören zum Procedere, um das Einschleppen von tierischen und pflanzlichen Schädlingen zu verhindern. Weitere solche Inselparadiese sind Ulva Island (Stewart Island), Matiu/Somes Island (Wellington Harbour) und Mana Island (Kapiti Coast).

Das Insel-Prinzip steht auch hinter der Schaffung der sogenannten „Mainland Islands", das sind eingezäunte und nicht eingezäunte Schutzgebiete auf den beiden Hauptinseln, in denen Räuber konsequent ausgerottet bzw. unter strenger Kontrolle gehalten werden. Das geht Hand in Hand mit der Wiederherstellung der natürlichen Umgebung, ob nun mit Rückpflanzungsaktionen, der Schaffung von Feuchtgebieten oder Zusatzfütterungen, um vor allem Vögel in diese sicheren Landstriche zurückzulocken. Ziel des Plans ist, funktionierende Ökosysteme zu entwickeln, in denen sich Tiere und Pflanzen gegenseitig nähren, und nicht nur einzelne Arten zu retten.

Bei der Umsetzung von Renaturierungsprojekten verfolgt man zwei

unterschiedliche Philosophien und Ansätze. Das DOC, das 1995 und 1996 sechs „Mainland Islands" anlegte, propagiert in erster Linie die zaunfreie Variante, während zahlreiche Privatunternehmen und Stiftungen die eingezäunten Eco- oder Wildlife Sanctuaries als Nonplusultra preisen.

Das erste dieser Schutzgebiete hinter Gittern – eine neuseeländische Erfindung – war 1999 der Karori Wildlife Sanctuary in Wellington, der heute unter „Zealandia" (The Karori Sanctuary Experience) und morgen unter wieder einem anderen Namen firmiert (Neuseeländer lieben Umbenennungen …). In der Zwischenzeit um ein grandioses Besucherzentrum angewachsen, nennen es Kritiker ein Fass ohne Boden, das ohne Zuschüsse der Stadt nicht überleben könnte. Die prognostizierten Besucherzahlen, die zur Kostendeckung nötig gewesen wären, waren maßlos überzogen, so dass diese Oase am Rande des Stadtzentrums ohne regelmäßige Finanzspritzen schließen müsste.

Das ändert nichts am phantastischen Naturerlebnis, weniger als zehn Minuten vom Beehive entfernt. Am Rande von mehr als 30 Kilometern Wanderwegen begegnet man Kaka, Kakariki, Takahe, Langbeinschnäpper, Tui, Bellbird, Hihi und Tuatara, und nachts kann man sich auf die Suche nach Kiwis begeben. „Zealandia" hat fast 50 gefährdeten einheimischen Tier- und Pflanzenarten zu neuer Blüte verholfen.

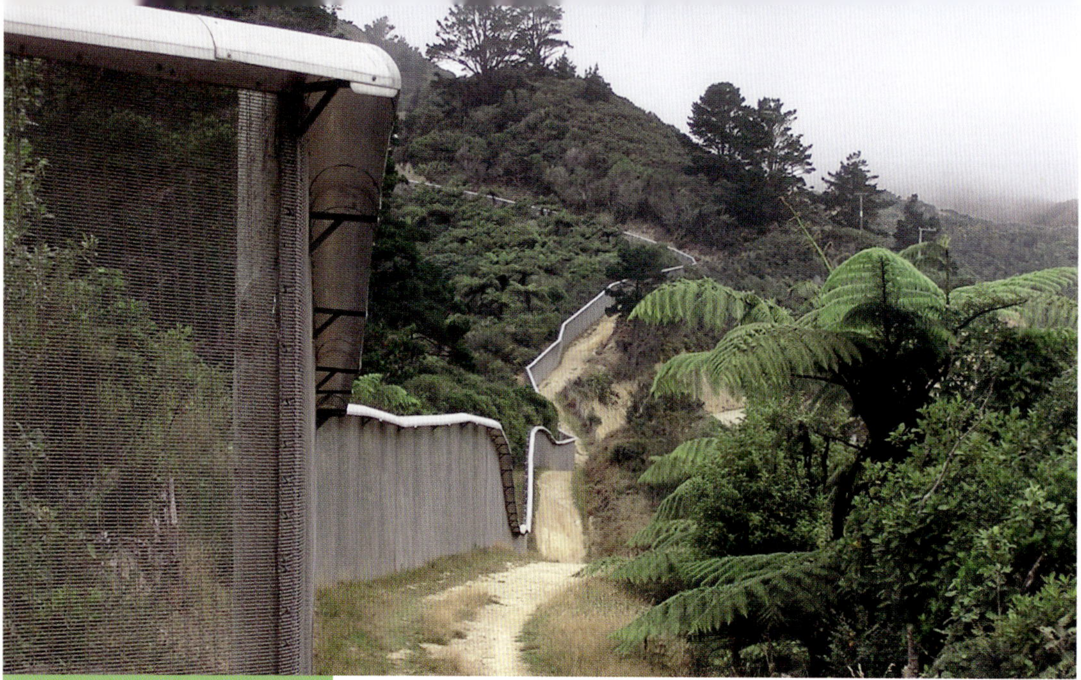

Der Zaun des Karori Wildlife Sanctuary (oben)
Detail des engmaschigen Zauns (unten)

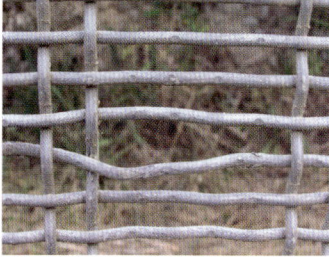

Ein 8,6 Kilometer langer und 2,20 Meter hoher, extrem stabiler und undurchdringlicher Zaun umspannt ein Gebiet von 225 Hektar. Er ist zu hoch für Katzen, die am höchsten springen können (1,80 Meter), und zu engmaschig, um Mäuse durchzulassen. Eine halbröhrenförmige Kappe hindert die besten Kletterer (Possums) daran, die Barriere zu überwinden. Die 40 unterirdischen Zentimeter Zaun bremsen die Aktivitäten von grabenden Säugetieren.

Die Erbauer, eine Firma aus Rotorua, versprechen Sicherheit vor den Angriffen von 14 Räuberarten. Über den Metallhauben ist meistens auch noch ein elektrischer Draht gespannt, der als Warnsystem funktioniert, wenn beispielsweise ein Baum umgestürzt ist und den Zaun beschädigt hat – was die Tür für Feinde öffnen könnte.

Wie auf den Inseln im Wasser müssen sich Besucher einer Biokontrolle unterziehen, und doppelte Eingangstore, von denen sich immer nur eines öffnen lässt, sorgen dafür, dass vierbeinige Eindringlinge draußen bleiben. Es sei denn, ein Vogel lässt die bereits erwähnte Maus über dem Schutzgebiet fallen. Für die Vogelvielfalt in Wellington hat „Zealandia“ bereits Wunder gewirkt, denn die Arten haben sich auch in der Stadt, den Vororten und der weiteren Region vermehrt und ausgebreitet.

Der Bau eines Zauns bedeutet nicht, dass sich die Betreiber der Schutzgebiete auf die faule Haut legen können. Mäuse sind, da sie zur

Beute einiger Vogelarten zählen, eine ständige Bedrohung, quasi als mitgebrachtes Takeaway-Futter aus der Umgebung. Außerdem wurden in „Zealandia" auch schon Mauswiesel entdeckt; wie sie die Zaunbarriere überwunden haben mögen, ist unbekannt. Die Zäune müssen ständig kontrolliert, instandgehalten und irgendwann auch ersetzt werden. Und das kostet wieder eine Menge Geld. Am Mount Maungatautari führt beispielsweise ein Pool von 20 Freiwilligen täglich Zauninspektionen durch, ein Notfall-Team steht auf Abruf bereit.

Rund zwei Dutzend solcher eingezäunten „Mainland Islands" gibt es in Neuseeland. Extrem kostspielig ist die Anlage, wenn, wie bei „Zealandia", ein komplettes Gebiet von der Außenwelt abgetrennt werden muss. Das größte Projekt dieser Art, umgeben von Kuhweiden, ist der Mount Maungatautari südlich von Hamilton, dessen 47 Kilometer langer Zaun 3.400 Hektar umschließt. Mehr als 20 Millionen NZ-Dollar kostete die Einrichtung im Jahr 2001. Das Innenministerium gab dafür einen Zuschuss von 5,5 Millionen Dollar, und freiwillige Helfer leisteten kostenlose Arbeit in einer Größenordnung von 10 Millionen Dollar.

Hier gibt es kein Durchkommen für Raubsäuger

Der im Oktober 2009 eröffnete Orokonui Ecosanctuary an der Blueskin Road nordöstlich von Dunedin (knapp 9 km Zaun, 307 Hektar) ist 5,7 Millionen NZ-Dollar wert und baut nach eigenen Worten auf eine „Armee von Freiwilligen". Eine private Stiftung steht hinter dem eingezäunten Bushy Park (4,8 km Zaun; 80 Hektar) 24 Kilometer westlich von Whanganui. Die Rotokare Reserve bei Eltham in Taranaki ist von einem 8,4 Kilometer langen Zaun umgeben und enthält ein herausragendes Feuchtgebiet inklusive See.

Eine gemeinnützige Organisation, die im Brook Waimarama Sanctuary bei Nelson innerhalb von sechs Jahren 17.000 Vogelkiller unschädlich gemacht hat, fing im Jahr 2002 an, mit der Aktion „Get Behind the Fence" Geld für einen 14,4 Kilometer langen Zaun zu sammeln. Das Projekt wurde von der Lokal- und Regionalverwaltung unterstützt und kostete 4,7 Millionen NZ-Dollar. Anfang 2014 fehlten noch immer 1,5 Millionen. Aber im Oktober 2014 begann der Bau. Im September 2016 war das 691 Hektar große Schutzgebiet sicher umschlossen.

Einfacher und billiger ist es, wenn eine Halbinsel abgeriegelt wird, wie zum Beispiel am Cape Sanctuary (Matau a Maui) in der Hawke's Bay, der größten Anlage in Privatbesitz. Der 10,6 Kilometer lange Zaun reicht von Küste zu Küste. Das 2.500 Hektar große Gebiet umfasst auch ein DOC-Schutzgebiet, einen Golfplatz und die Tölpelkolonie am Cape Kidnappers. Flora und Fauna auf der kleinen Tawhara-

437

nui-Halbinsel (90 km nördlich von Auckland; 588 Hektar; 2,5 km Zaun) und im Shakespear Open Sanctuary werden auf ähnliche Weise geschützt. Diese beiden Areale profitieren von der Nähe zu Tiritiri Matangi; viele Vögel fliegen von der Insel zum Festland und brüten natürlich bevorzugt in solchen „Mainland Islands".

Für die Absperrung des Kaipupu Point Sounds Wildlife Sanctuary, der seit Ende 2012 feindfrei ist, war nur ein kurzer Zaun notwendig, weil der Isthmus, der diese Halbinsel von der Hafenbucht von Picton trennt, nicht einmal 500 Meter breit ist. Port Marlborough und DOC unterstützen diese Privatinitiative tatkräftig. Zugang für Besucher ist jedoch nur mit einer kostspieligen Bootstour möglich. Auf Great Barrier Island hält ein zwei Kilometer langer Zaun Schädlinge vom Glenfern Sanctuary auf der Kotuku-Halbinsel fern.

Das Department of Conservation propagiert seine „Open Sanctuaries". Das sind fünf Gebiete, in denen massenhaft Fallen aufgestellt und Gift ausgelegt werden, sowie eine eingezäunte Schutzzone. Die sechs größten DOC-Projekte umfassen eine Gesamtfläche von rund 10.000 Hektar ursprünglicher Wälder und Graslandschaften. 17 Schädlingstiere (inklusive zweier Wespenarten) werden bekämpft. Die Gebiete im Einzelnen:

- Boundary Stream Mainland Island (Hawke's Bay)
- Paengaroa Mainland Island (bei Taihape, südlich des Tongariro-Nationalparks)
- Rotoiti Nature Recovery Project (Nelson-Lakes-Nationalpark)
- Te Urewera Mainland Island (Urewera-Nationalpark)
- Trounson Kauri Park Mainland Island (Northland, südlich des Waipoua Forest; eingezäunt)
- Hurunui River (nordwestlich von Christchurch)

Daneben gibt es unzählige gemeinnützige Organisationen, die mit unermüdlicher Arbeit von Naturliebhabern die tollsten Projekte auf die Beine gestellt haben und ohne die viele Spezies schon längst ausgestorben wären. Eine solche Gruppe ist beispielsweise die 2000 gegründete Moehau Environment Group, die in Zusammenarbeit mit 430 Landbesitzern, DOC, der Verwaltung der Region Waikato, Schulen, lokalen Maori-Unterstämmen und Umweltgruppen ein Gebiet von 13.000 Hektar am Nordzipfel der Coromandel-Halbinsel in seinen ursprünglichen Zustand zurückversetzt hat und unermüdlich Schädlinge bekämpft.

Als Erstes ging es Possums an den Kragen. Lohn ist die Rückkehr zahlreicher gefährdeter Vogelarten inklusive der eindrucksvollen Erfolgsgeschichte der Kiwis (siehe Kapitel Fauna), die im angrenzenden DOC-Gebiet (Moehau Kiwi Sanctuary) besonders überwacht werden. Eine Maori-Gruppe (Harataunga Kiwi Project) kontrolliert ein weiteres Areal in der Nachbarschaft, so dass die Kiwis weiträumigen Schutz genießen. Im Feuchtgebiet (Waikawau Bay) brüten 110 Farnsteiger und die extrem seltene Australische Rohrdommel.

Die Naturschutzorganisation Forest & Bird unterhält in Zusammenarbeit mit der Stadtverwaltung von Auckland die offene „Ark in the Park" in den Waitakere Ranges, westlich der Stadt. Es gibt auch Mischformen, wie zum Beispiel am Mount Bruce (Pukaha) nördlich von Masterton. Dort ist innerhalb eines großen Schutzgebiets im Wald, wo hunderte Kaka herum-

krächzen, ein kleines Gebiet eingezäunt, um den Takahe vor Feinden zu schützen. Außerdem werden einige seltene Spezies in Gehegen gehalten. Star der Anlage ist ein weißes Kiwi-Weibchen namens Manukura, das im Mai 2011 geschlüpft ist. Seine Vorfahren stammen von Little Barrier Island, wo das Weiß-Gen rezessiv vorhanden ist. Weitere weiße Kiwi-Küken schlüpften im Dezember 2011 und November 2012. Sie wurden in der Zwischenzeit ausgewildert.

Die große und regelmäßig gestellte Frage bei der Einrichtung von „Mainland Islands" ist, ob die Kosten-Nutzen-Rechnung aufgeht. „Zealandia" in Karori hat jährlich laufende Kosten von zwei Millionen NZ-Dollar, die Stadt bezahlt ein Drittel davon. Eine Untersuchung eines Zoologen sowie zweier Ökonomen der Universität von Lincoln (bei Christchurch) im Jahr 2006 nannte vernichtende Zahlen. Demnach kostete das Management der offenen DOC-Gelände 11 bis 96 NZ-Dollar pro Hektar, jenes der eingezäunten Anlagen – inklusive der jährlichen Abschreibung der Zäune über 25 Jahre – hingegen 3.365 NZ-Dollar pro Hektar.

Daraus schlossen die Autoren, dass die Kosten der Paradiese hinter Gittern den Nutzen bei weitem überträfen. Mehr noch: Diese Art von

Tuataras gehören zu den besonders gefährdeten Arten, die nur auf Inseln überleben können

„Mainland Islands" seien teure Zoos, umgeben von minderwertigen Lebensräumen, die niemals in der Lage seien, die Tier- und Pflanzenarten aufzunehmen, die sich hinter den Zäunen vermehren. Und in vielen Fällen – siehe das Beispiel Karori – hätten die Betreiber die Betriebskosten maßlos unterschätzt. Auch verwiesen sie auf die Ausbreitung gefährdeter Arten in offenen Gebieten wie Rotoiti und „Ark in the Park", die zudem nach Bedarf ausgeweitet werden können.

Als Forest & Bird im Mai 2011 einen Text mit diesen Aussagen veröffentlichte, ließ der Protest der Befürworter geschlossener Schutzgebiete nicht lange auf sich warten. Sie verurteilten die buchhalterische Kritik als Milchmädchen-Rechnung. Die Kernaussagen waren:

1. Besonders gefährdete Arten wie die Tuatara (und Kakapo, die bislang noch auf keiner „Mainland Island" leben) können nur in absolut feindfreier Umgebung überleben. Die „Operation Nest Egg" ist der Beweis dafür, dass Kiwis in lediglich kontrollierter Umgebung nicht überleben können.

2. Die Studie suggeriert, dass bei offenen und eingezäunten Arealen unter dem Strich dasselbe Ergebnis steht. Das ist mitnichten der Fall. Die Dichte und Zahl von Vögeln und anderen Tieren ist hinter Gittern weitaus höher als in kontrollierten DOC-Gebieten. Auch Pflanzen gedeihen besser. Die Resultate sind fast identisch mit jenen auf feindfreien Inseln; Biodiversität und funktionierende Ökosysteme werden erreicht.

3. Die Arbeit kommt innerhalb wesentlich kürzerer Zeit zum Tragen. James R. Lynch, Gründer des Karori Sanctuary (jetzt Zealandia), verweist darauf, dass in dieser Anlage innerhalb von nur zehn Jahren 40 gefährdete Arten zukunftsfähige Populationen entwickelt haben.

4. Diese „Mainland Islands" sind keine Zoos. Lynch betont, dass sechs Jahre, nachdem die ersten sechs Kaka eingesetzt worden waren, bereits 180 Kaka fröhlich über der Hauptstadt kreisten. Der direkte Effekt besteht darin, dass die Populationen in der Umgebung eines eingezäunten Schutzgebiets um das Zehnfache wachsen.

5. Der Wert der eingezäunten Gebiete kann überhaupt noch nicht abschließend beurteilt werden, da sie erst seit wenigen Jahren existieren.

Egal, welcher Philosophie man folgt, die Erfahrung vieler Jahre in Neuseeland lehrt: Wer nur begrenzte Zeit zur Verfügung hat und möglichst

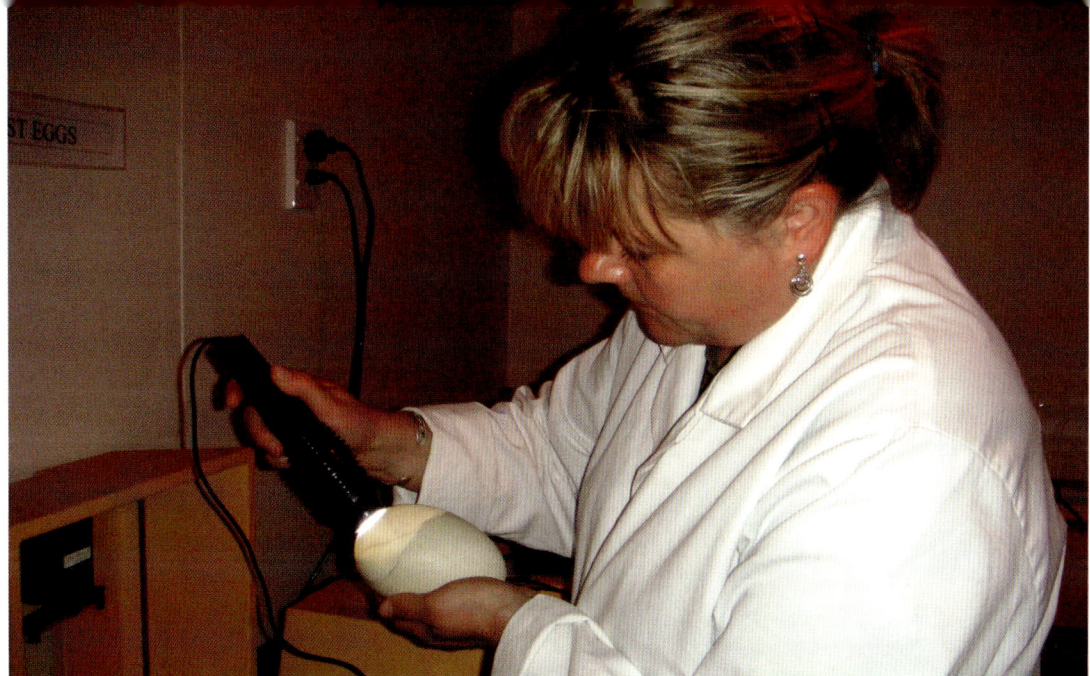

viele seltene Vögel sehen möchte, der hat auf einer feindfreien Insel wie Tiritiri Matangi, Motuara und Ulva Island oder in einem eingezäunten Schutzgebiet wie „Zealandia" oder dem Orokonui Ecosanctuary eine ungleich höhere Chance als in barrierefreien Zonen. Letztere bieten wiederum nachhaltigere Erlebnisse als Wälder, in denen Possums und Hermeline ihr Unwesen treiben. Und überall gilt: Je früher – oder später – am Tag man sich auf den Weg macht, desto besser.

Die Naturschutzbehörde DOC

Das Department of Conservation (DOC) ist seit dem 1. April 1987 die Regierungsorganisation, die für den Erhalt des Naturerbes und funktionierender Ökosysteme in Neuseeland zuständig ist. Diese Aufgabe ist im Maori-Namen der Einrichtung treffend beschrieben: Te Papa Atawhai. „Te Papa" ist eine Schatztruhe, „atawhai" bedeutet, für etwas oder jemanden Sorge zu tragen, etwas zu hegen und zu pflegen oder zu erhalten. Sprich: Das DOC kümmert sich um eine Schatztruhe, gefüllt mit Traumlandschaften sowie einzigartigen Tieren und Pflanzen.

Ein wichtiges Grundprinzip ist, den Neuseeländern zu vermitteln, dass die Schutzgebiete (conservation land) keine Sperrgebiete sind, die man nur aus der Distanz betrachten kann, so wie Tiere in einem

Das Department of Conservation (DOC) verwaltet sämtliche Nationalparks in Neuseeland

Zoogehege oder hinter Panzerglas. Vielmehr ist es öffentliches Land, zu dem, von wenigen Ausnahmen abgesehen, jeder Neuseeländer Zugang hat und das deshalb jedem Neuseeländer am Herzen liegen muss.

Die rechtliche Rolle des Department of Conservation, das 1989 in 14 regionale Zentren aufgeteilt wurde, ist im Naturschutzgesetz (Conservation Act) 1987 sowie anderen Statuten wie dem Nationalpark- und Schutzgebietsgesetz (National Park Act 1980, Reserves Act 1977) festgeschrieben. Zu den Kernaufgaben zählen unter anderem das Management der Schutzgebiete, die ungefähr ein Drittel der Gesamtfläche Neuseelands ausmachen; dazu zählen Nationalparks ebenso wie Natur- und Meeresschutzgebiete (inklusive Antarktis) sowie historische Stätten in der Natur (z.B. Gebäude wie das Mansion House auf Kawau Island oder die alten Raststätten auf der Molesworth Station) und des weiteren:

- die aktive Arbeit mit gefährdeten Arten und Ökosystemen, Schutz und Erhaltung der Artenvielfalt (Biodiversität; Strategie-Papier im Jahr 2000); dazu gehören Kontrolle und Vernichtung von Schädlingen (invasive Tier- und Pflanzenarten),
- der Bau und die Instandhaltung von Freizeiteinrichtungen (z.B. Schutzhütten, Wanderwege, Hängebrücken, Schilder, etc.),
- die Förderung von touristischen Aktivitäten im Rahmen der Naturschutzbestimmungen (z.B. Buchungssystem für die Great Walks),
- die Zusammenarbeit mit und Überwachung von Tourismus-Anbietern in Naturschutzgebieten,
- eine Führungsrolle in punkto Wissenschaft und Forschung,
- Informationsaustausch und Partnerschaften mit anderen Organisationen wie Iwi (lokale Maori-Stämme), Umweltorganisationen (z.B. Forest & Bird), Gruppen von Freiwilligen, Gemeinden und Kommunalverwaltungen,
- Aufklärung und Werbung für den Schutz von Natur und Umwelt; Programme, um die Menschen dafür zu sensibilisieren,
- Erstellung von Informationsmaterial, inklusive der großartigen Website www.doc.govt.nz, fabelhaften Broschüren, Land- und Wanderkarten, und weiterführender Literatur.

Daneben ist das DOC auch für die Einhaltung von Naturschutzrichtlinien außerhalb der Gebiete verantwortlich, für die es direkt zuständig ist, wie die Einbindung des Naturschutzes bei der Planung von regionalen Projekten und der Umsetzung des Vertrags von Waitangi (Schutz von Maori-Landrechten).

Das zuständige Regierungsministerium (Ministry of Conservation) gibt die Richtlinien für die Arbeit des DOC vor und legt das Jahresbudget fest, mit dem die Naturschutzbehörde haushalten muss. Unter der Labour/Grünen-Regierung wurde die Biodiversitätsstrategie (New Zealand Biodiversity Strategy) entwickelt, die folgenden Kernpunkten einen Schub gab: Schädlingsbekämpfung, feindfreie Inselparadiese, fünf Kiwi-Schutzgebiete, Stärkung der Wissenschaft. Mit einer Finanzspritze von 2,5 Millionen NZ-Dollar wurden landesweit mehr als 3.000 Partnerschaften mit Kommunen und Landbesitzern aufgebaut.

Da das Budget unter der 2008 an die Macht gekommenen Nationalregierung kontinuierlich beschnitten wurde, kam es nach recht fruchtbaren Jahren unter Labour und den Grünen zu zahlreichen Umstrukturierungen, Personalabbau und der Schließung mehrerer regionaler Büros.

Dem Department of Conservation obliegen auch Bau und Instandhaltung von Schutz- und Wanderhütten wie der Packhorse Hut auf der Banks-Halbinsel

Zudem wies die Nationalregierung die Naturschutzbehörde an, mehr Tourismus-Projekte wohlwollend zu begleiten, die Geld in die Kasse bringen. Auch bei Gutachten über geplante Bewässerungs- und Farmprojekte pfuschte das Ministerium dem DOC einige Male ins Handwerk und setzte es – direkt oder indirekt – unter Druck. Sinnigerweise ernennt der Minister auch die „unabhängige" New Zealand Conservation Authority (NZCA), eine 1990 gegründete Instanz, die den Minister berät und damit dem DOC sagen kann, wo's langgeht.

Ohne den enormen Einsatz von gemeinnützigen Organisationen, Universitäten und einem ganzen Heer von naturliebenden Freiwilligen wäre das DOC längst nicht mehr in der Lage, seinen Aufgaben nachzukommen, insbesondere bei der Kontrolle und Ausrottung von invasiven Spezies.

Obwohl die Neuseeländer nicht die engagiertesten Demonstranten sind, so haben viele von ihnen in den vergangenen Jahren doch eine Sensibilität dafür entwickelt, wann der Preis für Wirtschaftswachstum zu hoch ist. Sie sind zu Protestmärschen auf die Straße gegangen, haben Petitionen unterzeichnet. Die wahren Helden sind die unzähligen Freiwilligen und Naturschutz-Organisationen, die unverdrossen Kiwi-Eier einsammeln, Possum-Fallen aufstellen, die Regierung nerven und Umweltverschmutzer an den Pranger stellen, damit sich Traum und Realität vom grünen Paradies am schönsten Ende der Welt nicht zu einem Widerspruch entwickeln.

Die 14 Nationalparks

Dank der Weitsicht des Maori-Häuptlings Te Heuheu Tukino IV. ist Neuseelands erster Nationalpark entstanden. Getrieben von der Angst, interne Zwistigkeiten könnten zur Zersplitterung der Gegend um die drei Vulkanriesen Mount Ruapehu, Ngauruhoe und Tongariro führen, vermachte er dieses Gebiet am 23. September 1887 der Regierung, unter der Bedingung, dass die Natur erhalten und geschützt würde. Auch unter den Pakeha wuchs die Sorge, dass die Konvertierung von Wäldern und Tussockgraslandschaften in Farmland zur Zerstörung der spektakulären Szenerie führen würde. Deshalb kaufte die Regierung zu den ursprünglichen 2630 Hektar (= 26 km²) des Maori-Stamms Ngati Tuwharetoa im Lauf der Jahrzehnte große Flächen dazu, so dass der Tongariro-Nationalpark heute 79.598 Hektar umfasst.

Dieser Nationalpark ist der viertälteste weltweit. Als erster war am 1. März 1872 der Yellowstone-Nationalpark in den USA gegründet worden. Die UNESCO verlieh dem Tongariro-Gebiet 1991 den Status als Weltnaturerbe und zwei Jahre später zusätzlich als Weltkulturerbe. Damit würdigte die Organisation die Geschichte und kulturelle Bedeutung der für die Maori heiligen Region.

Ebenso zum UNESCO-Weltnaturerbe zählt der Südwesten der Südinsel, der als Te Wahipounamu (Jade-Ort) firmiert. Diese 26.000 km² umfassende „World Heritage Area" umfasst vier Nationalparks (Fiordland, Mount Aspiring, Mount Cook und Westland) von insgesamt rund 18.000 km² Fläche sowie unter anderem zwei Naturschutzgebiete, 13 Landschaftsschutzgebiete und vier Wildschutzgebiete. Fiordland ist der größte Nationalpark des Lands.

Dem Department of Conservation (DOC) obliegt die Verwaltung und das Management der mittlerweile 14 Nationalparks. Der National Parks Act von 1980 liefert die Gesetzesgrundlage für die Einrichtung von Nationalparks oder Schutzgebieten in Gegenden mit außergewöhnlicher Szenerie. Es schließt Gebiete ein, die aufgrund ihrer herausragenden natürlichen Eigenschaften oder Ökosysteme große wissenschaftliche Bedeutung haben und deshalb von nationalem Interesse sind. Das Gesetz garantiert dem Volk freien Zutritt zu den Nationalparks, es sei denn, gefährdete Pflanzen- und Tierarten oder ein Areal an sich benötigen besonderen Schutz. Private Unternehmen, die innerhalb der Nationalparks Unterkunft, Transport und Touren anbieten, benötigen eine Konzession vom Department of Conservation.

Tief im schwer zugänglichen Te Urewera-Nationalpark

Te Urewera

Gründung: 1954
Größe: 2.127 km² (größter Nationalpark der Nordinsel)
Lage: zwischen der Bay of Plenty und der Hawke's Bay im Nordosten der Nordinsel. Die nächstgelegenen Städte bzw. Orte sind Whakatane, Murupara und Wairoa.
Charakteristika: abgeschieden, zerklüftet, geheimnisvoll und nicht leicht zugänglich, deshalb sind hier außer Weka und Hihi sämtliche einheimischen Vogelarten der Nordinsel zu finden, inklusive der größten Population von Kokako. Bekannteste Sehenswürdigkeiten sind die beiden Seen, Lake Waikaremoana (54 km²; Great Walk, 46 km) und Lake Waikareiti. Enthält eine „Mainland Island" (50.000 Hektar).

Die Emerald Lakes im Tongari-
ro-Nationalpark

Tongariro

Gründung: 1887 (ältester Nationalpark Neuseelands)
Größe: 796 km²
Lage: Zentralplateau der Nordinsel, südlich des Lake Taupo; Hauptorte: Turangi, National Park, Ohakune, Whakapapa Village.
Charakteristika: aktives Vulkangebiet mit dem großartigsten Tagesmarsch Neuseelands (Tongariro Crossing Track; siehe Kapitel Vulkanismus). Der Tongariro Northern Circuit ist ein sogenannter Great Walk. An der Südseite des Mt. Ruapehu Projekt „Karioi Rahui" zur Rettung einheimischer Tier- und Pflanzenarten. Größte Population von Kleinen Neuseelandfledermäusen (*Mystacina tuberculata*). Zwei alpine Skigebiete am Mt. Ruapehu (Turoa, Whakapapa), Sommer-Sessellift.

446

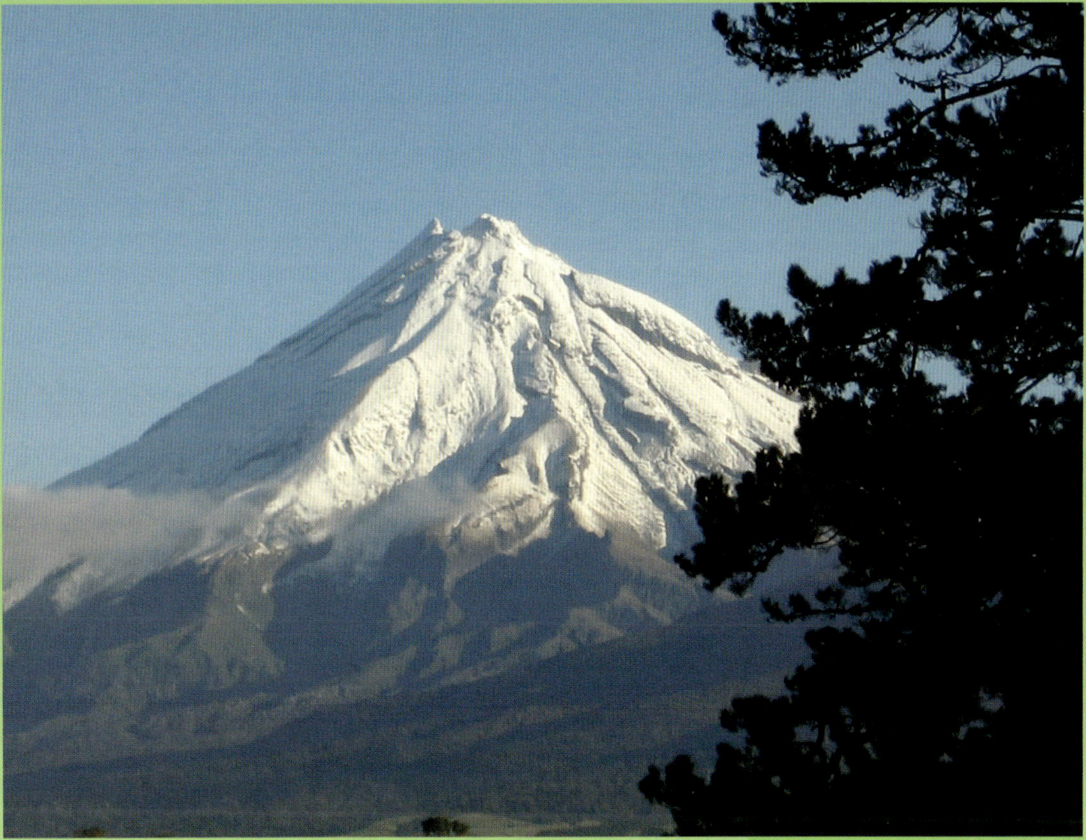

Der Mount Taranaki im Egmont- Nationalpark

Egmont

Gründung: 1900
Größe: 335 km²
Lage: Westzipfel der Nordinsel; nächste Stadt: New Plymouth, Orte: Inglewood, Stratford, Opunake.
Charakteristika: einsam in der Landschaft thronender aktiver Vulkan Mt. Tongariro/Egmont (2.518 m), saftig-grüner Regenwald mit Wasserfällen, Feuchtgebieten, Lavaströmen und mehreren Vegetationszonen. Leicht zugänglich, aber auch kalt, windig und niederschlagsreich, extrem schnelle Wetterwenden. Gipfelbesteigung 9 bis 11 Stunden, Bergumrundung 4 bis 5 Tage. Alpine Skipiste (Manganui).

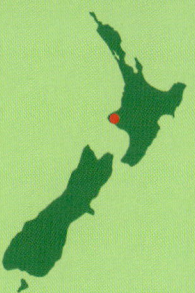

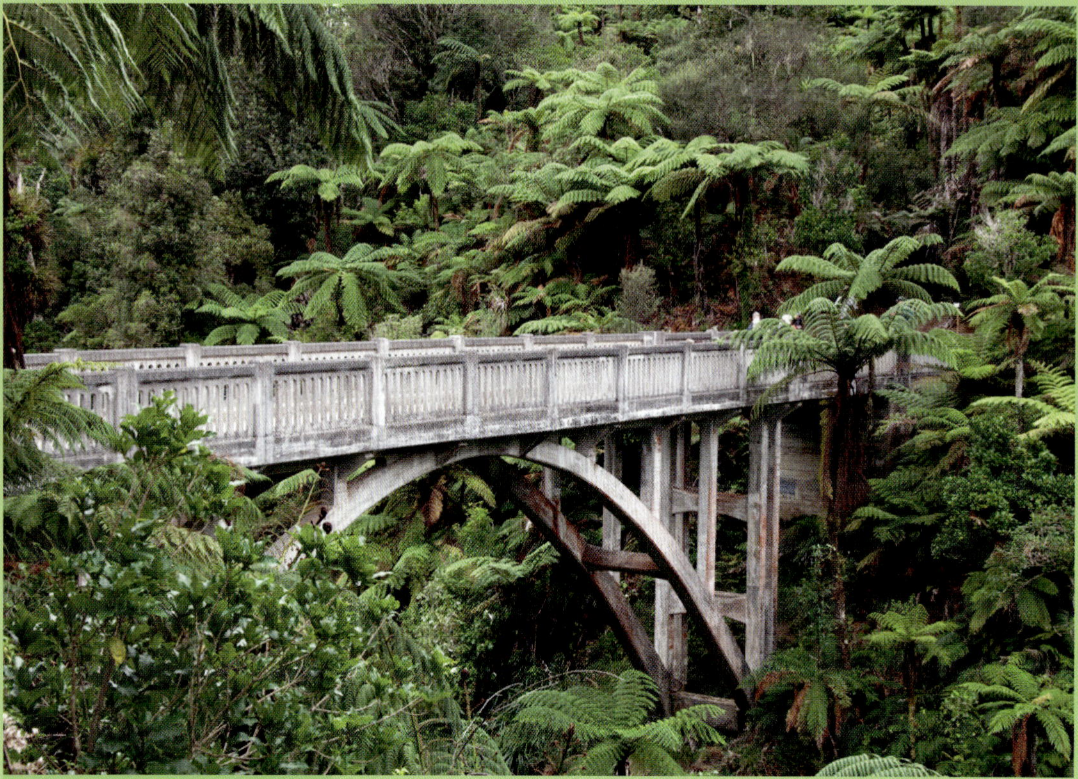

Die „Brücke nach Nirgendwo“ im Whanganui-Nationalpark

Whanganui

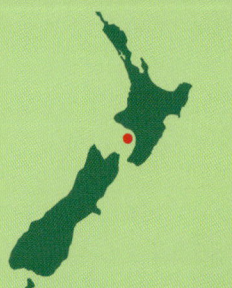

Gründung: 1986
Größe: 742 km²
Lage: Südwesten der Nordinsel, durchschnitten vom Whanganui River, zwischen Taumarunui im Norden und Whanganui im Süden.
Charakteristika: gewundener Fluss, der sich seinen Weg von den Bergen zur Tasmansee bahnt; längster durchgehend schiffbarer Fluss Neuseelands (der Fluss selbst ist nicht Teil des Nationalparks!); Bridge to Nowhere; Maori-Kultur (dieser Nationalpark ist von allen am engsten mit den ersten Bewohnern verknüpft). Rad- und Kajaktouren, Schaufelraddampfer. Wanderwege durch wilde Tieflandwälder. Größte Streifenkiwi-Population der Nordinsel, außerdem Kaka, Saumschnabelente, Kleine Neuseelandfledermaus und 18 Fischarten in Zubringerflüssen.

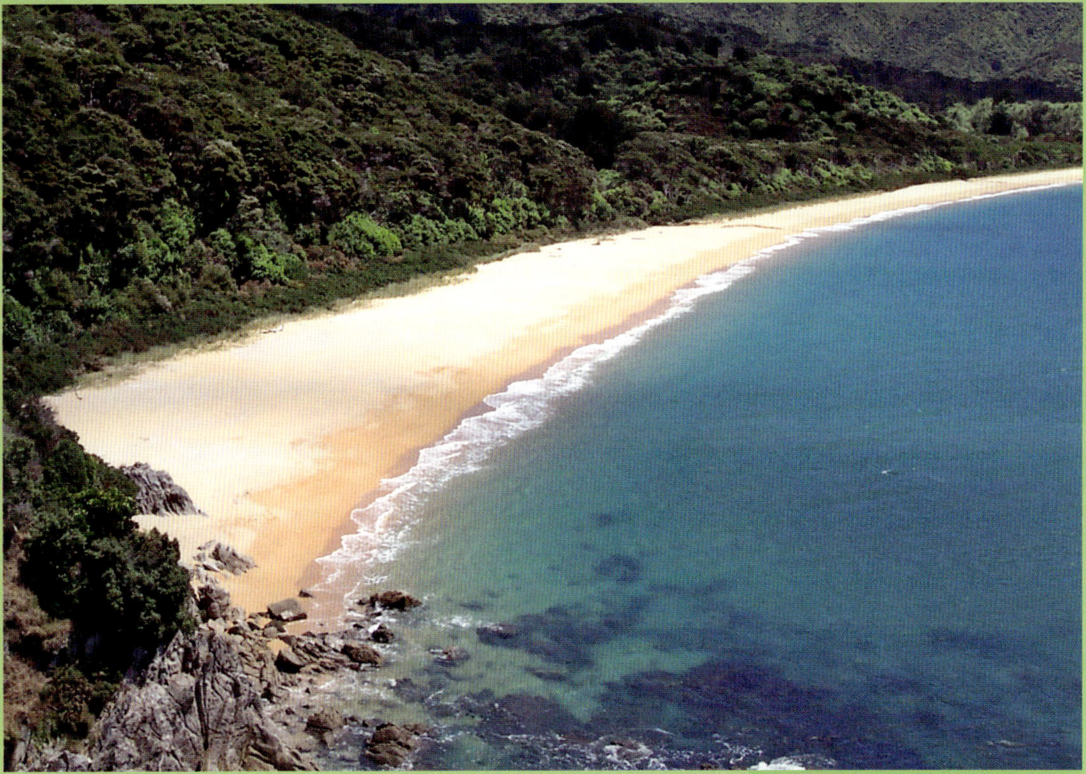

Rotgoldener Strand im Abel-Tasman-Nationalpark

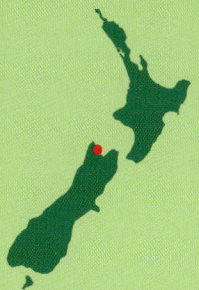

Abel Tasman

Gründung: 1942
Größe: 230 km² (kleinster Nationalpark Neuseelands)
Lage: Nordwesten der Südinsel; Hauptorte: Kaiteriteri, Marahau; nächstgrößte „Stadt“: Motueka.
Charakteristika: Rotgoldene Strände, idyllische Buchten und Lagunen, Karstlandschaft mit skurrilen Granitskulpturen, massenhaft See- und Watvögel, vorgelagertes Meeresschutzgebiet mit Seebären, Delfinen, Orcas; mildes Klima. Trotz Bergen und Hügeln im Hinterland (Inland Track, 3 bis 5 Tage) steht dieser Nationalpark für Aktivitäten am und im Wasser; Abel Tasman Coastal Track (1 bis 5 Tage), Aqua Taxis, Kajaks. Nur wenig ursprüngliche Vegetation, aber Neubepflanzung mit diesen Arten. Das Gebiet um Totaranui und Wainui Bay wurde erst nach 1960 Teil des Nationalparks.

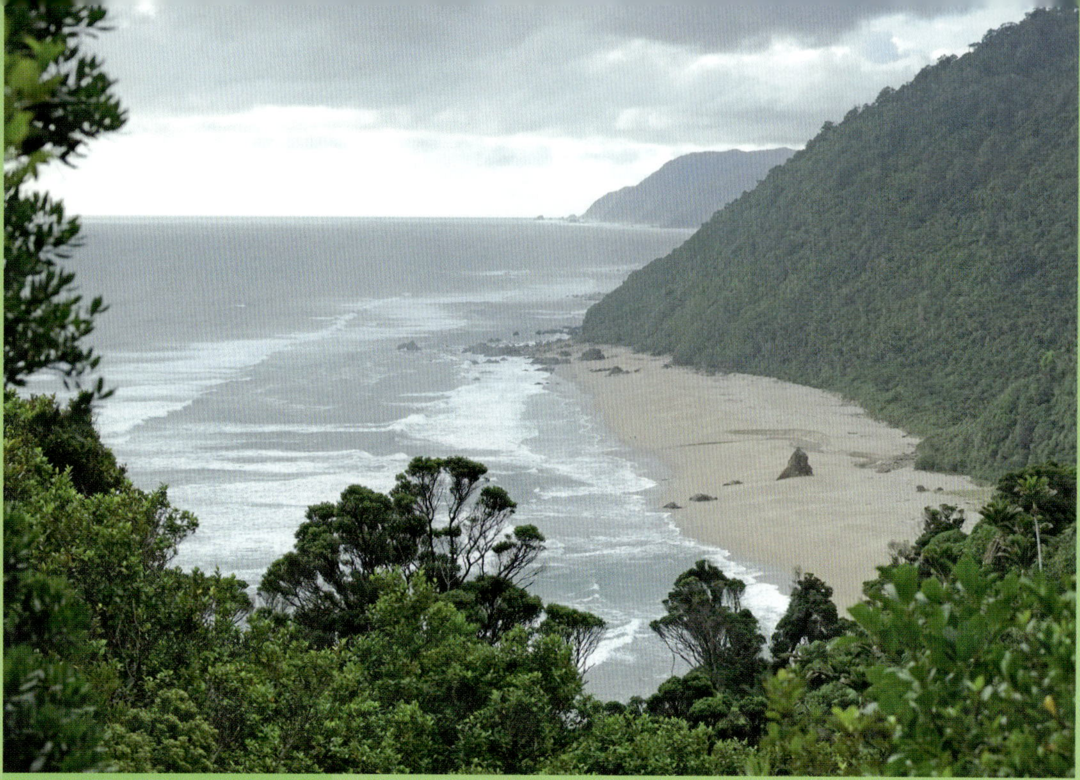

Kahurangi-Nationalpark: Scotts Beach

Kahurangi

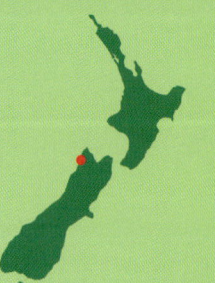

Gründung: 1996
Größe: 4.520 km^2 (zweitgrößter Nationalpark Neuseelands)
Lage: Nordwestzipfel der Südinsel; nächste Orte: Motueka, Takaka, Karamea, Tapawera, Collingwood, Murchison.
Charakteristika: einzigartige Geologie, größte Vielfalt aller Nationalparks an Pflanzen, da die Gegend kaum vergletschert war und schwer zugänglich ist; orangefarbene Flüsse, Karstlandschaft mit den tiefsten und längsten Höhlen Neuseelands (s. Kapitel Zeugen des Meeres), Oparara Basin mit Oparara Arch und gut zugänglichen Höhlen, Harwood's Hole (Neuseelands tiefstes Sinkloch), Marmoraufschlüsse, älteste Gesteine Neuseelands. Die Hälfte der rund 2.400 einheimischen und 80 Prozent der alpinen Pflanzen wachsen hier und 67 der Pflanzenarten nirgendwo anders; 18 einheimische Vogelarten inklusive Haastkiwi und Saumschnabelente; mehr als 20 Arten von großen, fleischfressenden Schnecken (*Powelliphanta*). Wandern: Heaphy Track (mit 78,4 km Neuseelands längster Great Walk), Wangapeka Track, Mt. Arthur Tablelands.

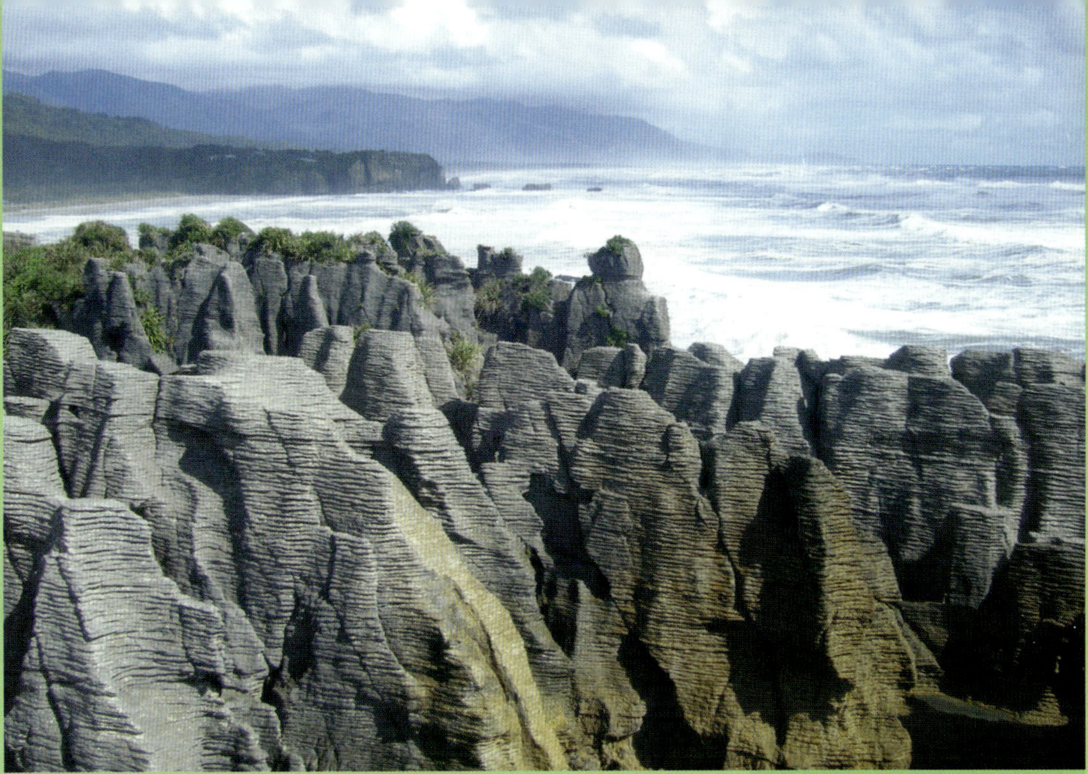

Die Pancake Rocks sind die bekannteste Sehenswürdigkeit des Paparoa-Nationalparks

Paparoa

Gründung: 1987
Größe: 306 km^2
Lage: Nordwesten der Südinsel, südlich des Kahurangi-Nationalparks, Hinterland von Punakaiki, plus einige weiter entfernte kleinere Exklaven; nächste Städte: Westport im Norden und Greymouth im Süden.
Charakteristika: Karstlandschaft mit wilder, wassergepeitschter Küste, gestapelte Felsen inklusive Pancake Rocks, ungezähmtem Regen- bzw. moosbehangenem Märchenwald, steilen Bergen, engen Schluchten und großartigen Höhlensystemen, z.B. Nile River, Te Ananui/Metro, Xanadu und Fox River. Logische Aktivität: Caving, außerdem Wanderungen an Flüssen entlang und zu Stränden hinunter, Inland Pack Track (2 bis 3 Tage), Mt. Bovis Track (1 bis 2 Tage); verlassene Goldminen und Kohlebergwerke. Fauna ähnlich wie im Kahurangi-Nationalpark.

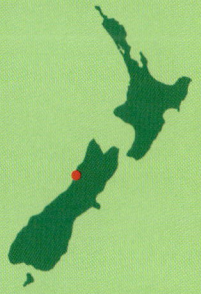

St. Arnaud Range im Nelson-Lakes-Nationalpark

Nelson Lakes

Gründung: 1956

Größe: 1.017 km²

Lage: im zentralen Norden der Südinsel, südwestlich von Nelson; nördlichste Region der Südalpen; zentraler Ort: St. Arnaud; nächste Städte/Orte: Nelson, Blenheim, Motueka.

Charakteristika: zackige Berge, Gletscherseen Lake Rotoiti (mit Neuseelands ältesten und gigantischsten Aalen) und Rotorua, unzählige kristallklare Flüsse, ausgedehnte Südbuchenwälder; „Rotoiti Nature Recovery Project" am Ostufer des Lake Rotoiti zur Ausrottung von Raubtieren und Wespen in den Honigtau-Wäldern, Etablierung neuer Vogelhochburgen (viele Tui, Robins, Tomtits und Kaka); grandiose Wanderungen in alpiner Szenerie: St. Arnaud Range, Mt. Robert, Angelus Hut (2 bis 3 Tage), Travers-Sabine Circuit (4 bis 7 Tage); Rainbow-Skipiste; leider Unmengen aggressiver Sandfliegen.

Lake Sarah im Arthur's-Pass-Nationalpark

Arthur's Pass

Gründung: 1929 (erster Nationalpark der Südinsel)

Größe: 1.143 km²

Lage: im Osten von Nord-Canterbury und Westen der Westküste, entlang der Strecke Christchurch – Greymouth, dies- und jenseits der zentralen Südalpen („Main Divide"); Hauptorte: Arthur's Pass, Otira.

Charakteristika: ein leicht zugänglicher, unglaublich vielfältiger und atemberaubend schöner Nationalpark mit hoch- bis subalpiner Szenerie, großartiger Flora (*Ranunculus lyallii*, *Celmisia semicordata*, Vegetable Sheep) und Fauna (Kea, Kiwi); 16 Berge höher als 2.000 Meter (höchster Gipfel: Mt. Murchison, 2.408 m), Gletscher, Verflochtene Flüsse (Waimakariri, Poulter), zahlreiche Wasserfälle (herausragend: Devil's Punchbowl), enge Schluchten, mächtige Geröllfelder, viele Seen, phantastische Tussockgraslandschaften im Osten, Südbuchenwälder im Zentrum, saftiger Regenwald und Ratawälder im Westen; historische Landstraße und Eisenbahn; unzählige einfache und anspruchsvolle Wander- und Trekkingpfade; viele Skipisten, z.B. Temple Basin, Broken River; Otira-Viadukt (440 m lang, 35 m hoch).

Der Franz-Josef-Gletscher im Westland-Nationalpark

Westland/Tai Poutini

Gründung: 1960
Größe: 1.316 km²
Erweiterungen: Okarito und Waikukupa State Forests (1982), Okarito u. Three Mile Lagoon (2010).
Lage: zentrale Westküste der Südinsel; Hauptorte: Franz Josef Glacier, Fox Glacier.
Charakteristika: dramatische Kontraste zwischen artenreichem Regenwald (Kahikatea, Rimu etc.) auf Meereshöhe und vergletscherten Alpengipfeln von mehr als 3.000 Metern Höhe; geologische Vielfalt (Alpine Verwerfung, Pounamu/Jade); leicht zugängliche Gletscher Franz Josef und Fox, die bis in den Regenwald hinunterreichen; Seen (Sonnenuntergang Lake Matheson!), Sümpfe, Gebirgsflüsse, Strände (Gillespies und Galway Beach), Tussockgraslandschaften, heiße Quellen (Welcome Flat); größtes ursprüngliches Feuchtgebiet Neuseelands (Okarito); einzige Silberreiher-Brutkolonie der Nation (Waitangi Roto River), einziges Brutgebiet des Okarito-Streifenkiwi; einfache und anspruchsvolle Wanderungen, inklusive ungeführter Märsche zu den Gletscherzungen von Franz Josef und Fox. Viel Regen.

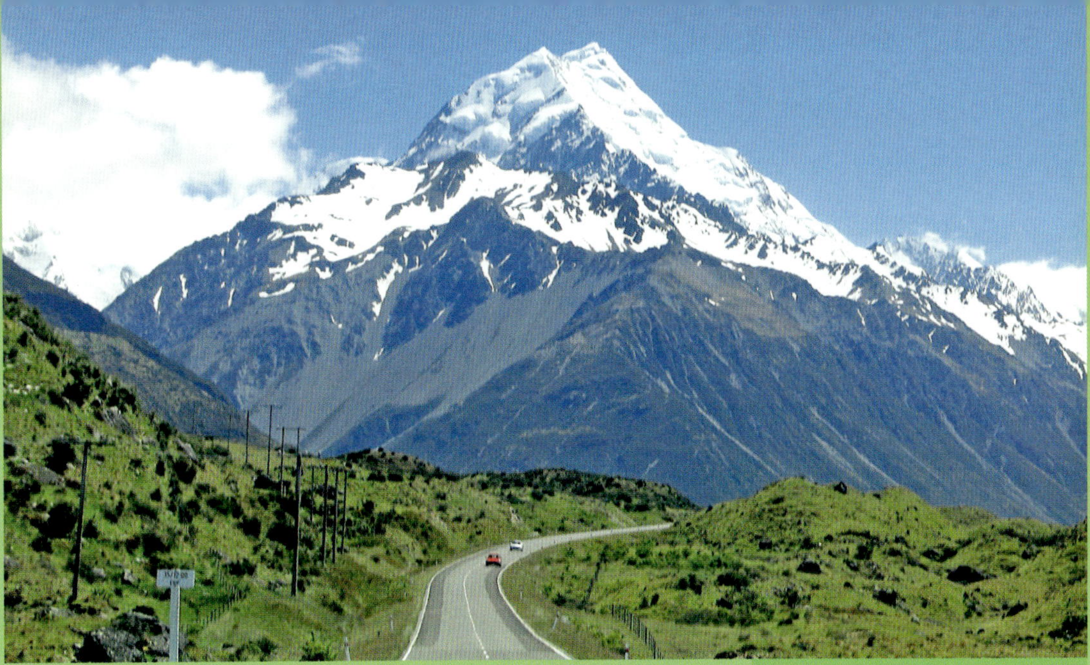

Aoraki/Mount Cook, der höchste Berg Neuseelands

Aoraki/Mount Cook

Gründung: 1953
Größe: 707 km²
Lage: westlicher Teil der zentralen Südinsel, angrenzend an den Westland-Nationalpark; Hauptort: Mt. Cook Village; nächste Orte: Twizel, Omarama, Lake Tekapo.
Charakteristika: Neuseelands höchster Gipfel (Mt. Cook, 3.724 Meter) und längster Gletscher; trotz Klimawandels und Gletscherschmelze sind noch immer rund 40 Prozent des Nationalparks von Gletschern bedeckt; Gletscherseen mit Eisbergen (am spektakulärsten: Tasman Lake), im Sommer türkisblaue Verflochtene Flüsse und türkisblauer Lake Pukaki; Heli-Skiing (keine Skilifte), Skitouren; leichte und anspruchsvolle Tageswanderungen (z.B. Hooker Valley zum Fuße des Mt. Cook; Mueller Hut) und hochalpine Expeditionen (trotz seiner relativ geringen Höhe ist die Besteigung des Mt. Cook ein hochriskantes Unternehmen); Kajaktouren (Tasman Lake), Mountainbiking, Rundflüge (Air Safaris). Tussockgraslandschaften, alpine Vegetation (400 Arten); seltene Tiere (Felsschlüpfer, Neuseeland-Falke, alpiner Weta/*Deinacrida connectens*, Schmuck-Grüngecko); International Dark Sky Reserve (IDSR) für Sternengucker (seit 2012); Sir Edmund Hillary Alpine Centre.

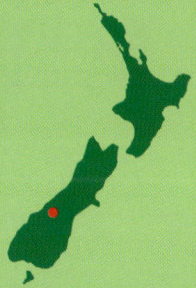

Die Humboldt Mountains im
Mount-Aspiring-Nationalpark

Mount Aspiring

Gründung: 1964
Größe: 3.555 km²
Lage: südliches Ende der Südalpen-Kette, vom Haast River im Norden bis zu den Humboldt Mountains im Süden; nächste Orte/Städte: Wanaka, Makarora, Glenorchy; Queenstown.
Charakteristika: vergletscherte Gebirgsszenerie mit 100 Gletschern rund um den Mount Aspiring (3.033 Meter), den höchsten Berg Neuseelands außerhalb des Mount-Cook-Nationalparks und aufgrund seiner Pyramidenform mit der schiefen Spitze leicht zu erkennen; schöne Flusstäler (Dart, Rees, Matukituki, Caples, Greenstone). Die fast australisch-rote Red Hills Range ist Teil des Batholith-Mittelstreifens (siehe Kapitel Graue Berge, grüne Täler); abrupter Übergang von Tussockgras- in nackte Felslandschaft (Batholith und Otago-Schiefer); in weiten Teilen völlig unberührte Natur (Olivine Wilderness Area). Ein Paradies für Bergsteiger und Wanderer; einfache Touren von Wanaka aus, z.B. zum Rob-Roy-Gletscher oder Diamond Lake; Routeburn Track (Great Walk, 2 bis 4 Tage), Rees-Dart Circuit (4 bis 5 Tage). 59 Vogelarten (45 einheimisch, 14 eingeführt), u.a. Kiwi und Kakariki, mehr als 400 Schmetterlings- und Mottenarten. Einzigartigkeit gefährdet durch stets neue Tourismus-Ideen.

Fiordland

Gründung: 1952

Größe: 12.607 km² (größter Nationalpark Neuseelands)

Lage: im Südwesten der Südinsel; nächste Orte: Te Anau, Queenstown.

Charakteristika: eine extrem regenreiche Märchenlandschaft aus 14 Fjorden (u.a. Milford, Doubtful und Dusky Sound), Seen (u.a. Lake Te Anau und Manapouri) und schneebedeckten Gipfeln. Berühmtester Berg: Mitre Peak (1.692 m) im Milford Sound. Fiordland hatte schon UNESCO-Welterbe-Status, bevor es zusammen mit drei anderen Nationalparks im Südwesten zum Weltnaturerbe-Gebiet Te Wahipounamu zusammengefasst wurde. Tiefster See Neuseelands (Lake Hauroko, 463 m), höchste und spektakulärste Wasserfälle. Weite Teile völlig unzugänglich oder nur per Boot erreichbar. Heimat extrem seltener Pflanzen- (u.a. 35 endemische) und Vogelarten wie des Takahe, Kakapo, Gelbköpfchens und Südinsel-Kaka, außerdem Keas, Delfine, Seebären, Haubenpinguine; einzigartige Wasserbewohner in den dunklen Regenwasserschichten der Fjorde (Unterwasser-Observatorium im Milford Sound); Glühwürmchenhöhlen am Lake Te Anau. Moosüberwucherte Südbuchen-, Rimu-, Totara- und Mirowälder. Bootstouren (Tag und über Nacht) auf Milford und Doubtful Sound, Kajaktouren, mehrstündige und mehrtägige Wanderungen en masse, z.B. Key Summit (2 bis 3 Stunden), weltberühmte Great Walks (Milford, Hollyford und Kepler Tracks). Unfallträchtigste Straße Neuseelands (Milford Road).

Rakiura-Nationalpark: ein nahezu undurchdringliches Vogelparadies

Rakiura

Gründung: 2002

Größe: 1.570 km²

Lage: Stewart Island, rund 85 Prozent der Insel (der komplette Westen und das Zentrum, plus Ulva Island).

Charakteristika: das Vogelparadies schlechthin – Kiwi, Pinguine, Kaka, Gelbköpfchen, Sattelstar, Langbeinschnäpper, Grünschlüpfer etc. Kiwi-Nachttouren. Viele Wanderungen, inkl. Rakiura Track (Great Walk, 3 Tage), North West Circuit Track (125 km, 9 bis 11 Tage) und Southern Circuit (4 bis 5 Tage); Vogel- und Wandertouren auf Ulva Island. Mehr als 280 km Wanderpfade, weniger als 28 km Straßen.

Der Leuchtturm am Cape Egmont mit dem Mount Taranaki im Egmont-Nationalpark

Anhang

Südbuchenwald an der Craigie-burn Range im Arthur's Pass National Park

Anhang

Literatur

Arkins, Alina: *Introducing New Zealand Birds*, Reed Publishing, 2005.

Arkins, Alina: *Introducing New Zealand Trees*, Reed Publishing, 2005

Brower, Ann: *Who Owns The High Country? The Controversial story of tenure review in New Zealand*, , Craig Potton Publishing, 2008.

Campbell, Hamish / Hutching, Gerard: *In Search of Ancient New Zealand*, Penguin Books, Auckland 2007

Chinn, T., Fitzharris, B.B., Willsman, A., Salinger, M.J., A*nnual ice volume changes 1976-2008 for the New Zealand Southern Alps*, Juli 2012

Cubitt, Gerald / Molloy, Les: *Neuseeland, Tiere und Pflanzen einer einzigartigen Inselwelt*, Naturbuch Verlag, 1996.

Dawson, John / Lucas, Rob: *Nature Guide to the New Zealand Forest*, Godwit Press, Auckland 2000

Dawson, John / Lucas, Rob: *New Zealand's Native Trees*, Craig Potton Publishing, 2011.

Edbrooke, S.W.: *Geology of the Waikato Area*, Institute of Geological & Nuclear Sciences Limited, Lower Hutt, 2005.

Foster, Tony: *Plant Heritage New Zealand*, Bushmans Friend Ltd., Kaeo 2012

Gibbs, George (Hg.: Jane Barkin): *Ghosts of Gondwana - The History of Life in New Zealand*, Potton and Burton, Nelson 2016

Heather, Barrie / Robertson, Hugh: *The Field Guide to the Birds of New Zealand*, Viking, 1996.

Heyse, Dörthe und Volker: *Das Neuseeland-Lesebuch* (Länderporträt). Mana-Verlag, Berlin 2017

Hutching, Gerard: *Naturewatch New Zealand: How To Experience New Zealand's Native Wildlife*, Viking, Auckland 1998

Hutching, Gerard: *The Penguin Natural World of New Zealand*, Penguin Books, 1998.

Hutching, Gerard: *Why Can't Kiwi's Fly? – and 181 other curious questions about New Zealand's natural history*, Penguin, Auckland 2014

Jacobshagen / Arndt / Götze / Mertmann / Wallfass: *Einführung in die geologischen Wissenschaften*, UTB 2106, Verlag Eugen Ulmer, Stuttgart, 2000.

Jones, Mark / Fitter, Julian: *Albatross: Their World, Their Ways*, Bateman 2008.

Jones, Mark / Cornthwaite, Julie: *Penguins: Their World, Their Ways*, Bateman, 2013.

Low, Margaret / Mortimer, Nick / Campbell, Hamish: *A Photographic Guide to Rocks & Minerals of New Zealand*, New Holland Publishers, Auckland 2011

Mark, Alan F.: *Above the Treeline, A Nature Guide to Alpine New Zealand*, Craig Potton Publishing, 2012.

Marshall, Janet: *The Fiat Book of Common Birds in New Zealand* (drei Bände) , F.C. Kinsky & C.J.R. Robertson, A.H. & A.W. Reed Ltd, 1972.

Mitchell, K. J.; Llamas, B.; Soubrier, J.; Rawlence, N. J.; Worthy, T. H.; Wood, J.; Lee, M. S. Y.; Cooper, A. (2014-05-23): *Ancient DNA reveals elephant birds and kiwi are sister taxa and clarifies ratite bird evolution*, Science, 344

Moon, Lynnette / Moon, Geoff / Kendrick, John / Baird, Karen: New Zealand Bird Calls, New Holland, 2011.

Mortimer, Nick / Campbell, Hamish: *Zealandia: Our Continent Revealed*, Penguin Group New Zealand, Auckland 2014

Potton, Craig: New Zealand's Wild Places, Craig Potton Publishing, 2013. Richter; Dieter: *Allgemeine Geologie*, Walter de Gruyter Verlag, Berlin/New York, 1992.

Roxburgh, Gus / Philp, Matt / Hayden, Peter: *Wild about New Zealand: A Guide To Our National Parks*, Random House, 2013.

Scofield Paul / Stephenson Brent: *Birds of New Zealand: A Photographic Guide*, Auckland University Press.

Temple, Philip: *Beak of The Moon* (Eine Kea-Geschichte), HarperCollins Publishers, Auckland 2009

Vernon, Adele: *The Hoiho, New Zealand's Yellow-Eyed Penguin*, Hodder & Stoughton, 1991.

Winkler, Stefan: *Gletscher und ihre Landschaften*, Primus Verlag, Darmstadt 2009

Woodley, Keith: *Godwits: Long-haul Champions, A Raupo Book*, Penguin, 2009.

Young, David: *Rivers: New Zealand's shared legacy*, Random House, 2013.

Websites

Allgemeines

Bücher zur Naturgeschichte Neuseelands (antiquarisch):
www.smithsbookshop.co.nz/bookshop/new-zealand-natural-history.php
Neuseeland-Enzeklopädie: Natur und Lanschaft: teara.govt.nz/en/the-bush

Geologie

Geologische Gefährdungen (Erdbeben, Tsunamis, Vulkanausbrüche u.a.): www.geonet.org.nz/
Vulkane: www.stuff.co.nz/science/3062442/When-will-the-next-big-eruption-happen
Erdbeben: earthquaketrack.com/p/new-zealand/recent – www.christchurchquakemap.co.nz
www.gns.cri.nz/Home/Our-Science/Natural-Hazards/Tsunami/Tsunami-in-New-Zealand
Aktuelle Zahlen auf: www.canterburyquakelive.co.nz
Erdbebenwellen: www.mwegner.de/geo/erdbeben-koelner-bucht/erdbebenwellen-s-wellen.html
Bodenverflüssigung (Videos): www.youtube.com/watch?v=1KqlAMWMjOE
www.youtube.com/watch?v=b_aIm5oi5eA
Fjorde: www.teara.govt.nz/en/fiords/page-1
Gletscher: world glacier monitoring service: www.wgms.ch – www.grid.unep.ch/glaciers/pdfs/6_3.pdf
Höhlen: www.waitomo.com
Koutu Boulders: http://hokiangatourism.org.nz/activities/attractions/koutu-boulders
Sonnenauf- und -untegänge: rasnz.org.nz/SRSStimes.shtml
Wetterdaten und detaillierte -vorhersagen: www.metservice.com
www.niwa.co.nz/education-and-training/schools/resources/climate

Fauna

Fauna (und Flora) allgemein: www.terrain.net.nzwww.terrain.net.nz /friends-of-te-henui-group/about-
the-walkway/friends-of-te-henui.html
Vögel Neuseelands allgemein: http://nzbirdsonline.org.nz/
Sanctuaries: www.glenfern.org.nz – brooksanctuary.org – www.bushyparksanctuary.org.nz
Abatros: albatross.org.nz
Kakapo: www.kakaporecovery.org.nz/
Kiwi-Schutz: www.kiwisforkiwi.org (dort auch „Operation Nest Egg")
Kiwi-Verwandschaft: science.sciencemag.org/content/344/6186/898
phenomena.nationalgeographic.com/2014/05/22/the-surprising-closest-relative-of-the-huge-ele-
phant-birds
Pnguine:: www.penguinplace.co.nz – www.penguins.co.nz – www.bluepenguins.co.nz
www.pohatu.co.nz
Paradieskasarka: www.sissistein.com/paradise-ducklings-growing-up
Wale/Delfine: www.whalewatch.co.nz –
www.hectorsdolphins.com/liz-slooten---conservation-science-in-action

Flora

Bücher: www.bushmansfriend.co.nz
Flora (und Fauna) allgemein: www.terrain.net.nz /friends-of-te-henui-group/about-the-walkway/
friends-of-te-henui.html
Datenbank neuseeländischer Pflanzen: www.nzflora.info
Einheimische Pflanzen: www.doc.govt.nz/nature/native-plants
Ökologische Gesellschaft Neuseelands: newzealandecology.org
Hebe-Gewächse: www.hebesoc.org
Kauri: www.gumdiggerspark.co.nz – www.ancientkauri.co.nz
Koprosma: www.landcareresearch.co.nz/resources/identification/plants/coprosma-key
Maori-Kava (Giftpflanze): www.giftpflanzen.com/macropiper_excelsum.html
Tutu: www.terrain.net.nz/friends-of-te-henui-group/table-1/tutu.html

Naturschutz

Invasive Tiere: www.doc.govt.nz/nature/pests-and-threats
Invasive Pflanzen: http://www.weedbusters.org.nz/
Didymo: www.biosecurity.govt.nz/didymo
Landwirtschaft und biologische Risiken: http://www.mpi.govt.nz
Ausrottung der Australian Painted Apple Moth: link.springer.com/chapter/10.1007/978-1-4020-6059-
5_56#page-1
Mackenzie Forum: forestandbird.org.nz/files/file/The Mackenzie Agreement Final 2013.pdf
Naturschutzinitiative: projectcrimson.org.nz

Liste neuseeländischer Vögel

Diese Liste umfasst einheimische, insbesondere endemische, sowie einige wenige eingeführte Vogelarten, die man ständig sieht. Vor allem Letztere haben keine Maori-Namen. Es gibt regional unterschiedliche Maori-Namen für dieselbe Vogelart, die hier nicht komplett aufgelistet sind, oder denselben Namen für unterschiedliche Arten. Der Südinsel-Stamm Ngai Tahu nennt beispielsweise drei unterschiedliche Kormoran-Arten Koau.

Deutscher Name	Wissenschaftlicher Name	Englischer Name	Maori-Name
Aucklandente	*Anas aucklandica*	Brown Teal	Pateke
Augenbrauenente	*Anas superciliosa*	Grey Duck	Parera
Australische Zwergscharbe, Kräuselscharbe	*Phalacrocorax melanoleucos*	Little Shag, Little Pied Cormorant	Kawaupaka
Australseeschwalbe	*Sternula nereis divisae*	Fairy Tern	Tara iti
Australtölpel	*Morus serrator*	Australasian Gannet	Takapu
Bellbird, Maori-Glockenhonigfresser	*Anthornis melanura*	Bellbird	Korimako, Makomako
Buller-Albatros	*Thalassarche bulleri* (auch: *Diomedea bulleri*)	Buller's Mollymawk, Pacific Albatross	Toroa
Dickschnabel-/Fiordlandpinguin	*Eudyptes pachyrhynchus*	Fiordland Crested Penguin	Tawaki
Dominikanermöwe	*Larus dominicanus*	Black-backed Gull	Karoro
Doppelbandregenpfeifer	*Charadrius bicinctus*	Banded Dotterel	Tuturiwhatu
Dunkler Sturmtaucher	*Puffinus griseus*	Sooty Shearwater, Muttonbird	Titi
Einfarblaufsittich	*Cyanoramphus unicolor*	Antipodes Isl./Green Parakeet	-
Elsterscharbe	*Phalacrocorax varius*	Pied Shag	Karuhiruhi
Farnsteiger	*Bowdleria punctata*	Fernbird	Matata
Felsschlüpfer	*Xenicus gilviventris*	Rock Wren	Piwauwau
Flattersturmtaucher	*Puffinus gavia*	Fluttering Shearwater	Pakaha
Gelbaugenpinguin	*Megadyptes antipodes*	Yellow-Eyed Penguin	Hoiho
Gelbköpfchen	*Mohoua ochrocephala*	Yellowhead, Bush Canary	Mohua
Götzenliest	*Ninox novaeseelandiae*	Kingfisher	Kotare
Grauente	*Anas gracilis*	Grey Teal	Tete
Graunacken/-mantel-Sturmtaucher	*Puffinus bulleri*	Buller's Shearwater	-
Graurücken-/Graumantelbrillenvogel	*Zosterops lateralis*	Silvereye, Waxeye	Tauhou
Grünschlüpfer, Grenadier	*Acanthisitta chloris* (Südinsel), *A. granti* (Nordinsel)	Rifleman	Titipounamu
Haastkiwi	*Apteryx haastii*	Great Spotted Kiwi	Roroa, Roa
Halbmond-Löffelente	*Anas rhynchotis*	Australasian Shoveler	Kuruwhengi
Hihi, Gelbbandhonigfresser	*Notiomystis cincta*	Stitchbird	Hihi
Höckerschwan	*Cygnus olor*	Mute Swan	-
Huttonsturmtaucher	*Puffinus huttoni*	Hutton's Shearwater	Titi
Kaka, Waldpapagei	*Nestor meridionalis*	Kaka, Brown/Bush parrot	Kaka, Kawkaw
Kakapo, Eulenpapagei	*Strigops Habroptilus*	Kakapo, Owl-Parrot (selten)	Kakapo
Kanadagans	*Branta canadensis*	Canada Goose	-
Kea, Bergpapagei	*Nestor Notabilis*	Kea	Kea
Kokako, Graulappenvogel	*Callaeas cinerea wilsoni (N)*	Kokako, Wattle-bird; Blue-wattled crow	Kokako, Honga

Deutscher Name	Wissenschaftlicher Name	Englischer Name	Maori-Name
Kokako, Graulappenvogel	C. c. cinerea (S), vermutl. †	Orange-wattled crow	Werewere - Koka
Königs-/Schwarzschnabellöffler	Platalea regia	Royal Spoonbill	Kotuku-ngutupapa
Königsalbatros	Diomedea epomophora	Royal Albatross	Toroa
Kormoran	Phalacrocorax carbo	Black Shag, Great Cormorant	Kawau
Langbeinschnäpper	Petroica australis (Südinsel)	New Zealand Robin	Toutouwai
	P. longipes (Nordinsel)	-	-
	P. rakiura (Stewart Island)	-	-
Langschwanzkoel	Eudynamys taitensis	Long-tailed Cuckoo	Koekoea
Maori-/Neuseel.-(Tauch-)ente	Aythya novaeseelandiae	New Zealand Scaup	Papango
Maorifalke	Falco novaeseelandiae	New Zealand Falcon	Karearea
Maori-Fruchttaube	Hemiphaga novaeseelandiae	New Zealand Woodpigeon	Kereru (Kukupa, Parea)
Maori-Gerygone	Gerygone igata	Grey Warbler	Riroriro
Maorimöwe	Larus bulleri	Black-billed Gull	Tarapuka
Maoriregenpfeifer	Charadrius obscurus	New Zealand Dotterel	Tuturiwhatu
Maorischnäpper	Petroica macrocephala (S-Insel)	Yellow-breasted Tit	Ngiru-ngiru
	P. m. toitoi (Nordinsel)	Tomtit, Pied Tit	Miromiro
	P. m. dannefaerdi	Black Tit, Snares Isl. Tomtit	-
	P. m. chathamensis	Chatham Island Tomtit	-
	P. m. marrineri	Auckland Island Tomtit	-
Maskenkiebitz	Vanellus miles	Masked Lapwing, Spur-winged Plover	-
Mohoua, Graubraunköpfchen	Mohoua novaeseelandiae	Brown Creeper	Pipipi
Neuseeländ. Austernfischer	Haematopus unicolor	Variable Oystercatcher, Black Oystercatcher	Torea (dunkel) Toreapango (schwarz)
Neuseeland-/raufächerschwanz	Rhipidura fuliginosa	Fantail	Piwakawaka
Neuseelandkuckuckskauz	Ninox novaeseelandiae	Morepork	Ruru
Okarito-Streifenkiwi	Apteryx rowii	Okarito Brown Kiwi	Rowi
Paradieskasarka	Tadorna variegata	Paradise Shelduck	Putangitangi
Pfuhlschnepfe	Limosa lapponica	Bar-tailed Godwit	Kuaka
Pukeko, Purpurhuhn	Porphyrio porphyrio melanotus	Pukeko, Purple Swamphen	Pukeko
Raubseeschwalbe	Sterna caspia	Caspian Tern	Taranui
Rotschnabelmöwe	L. novaehollandiae scopulinus	Red-billed Gull	Tarapunga
Sattelstar, Sattelvogel	Philesturnus carunculatus	Saddleback	Tieke
Sattelstar, Sattelvogel	P. c. rufusater (Nordinsel)	-	-
Sattelstar, Sattelvogel	P. c. carunculatus (Südinsel)	-	-
Saumschnabelente	Hymenolaimus malacorhynchos	Blue Duck	Whio
Schiefschnabel	Anarhynchus frontalis	Wrybill	Ngutu-parore
Schwarzer Rubinvogel	Petroica traversi	Black Robin, Chatham Island (Black) Robin	-
Schwarzer Stelzenläufer	Himantopus novaezelandiae	Black Stilt	Kaki
Schwarzscharbe	Phalacrocorax sulcirostris	Little Black Shag/Cormorant	Kawau tui
Schwarzstirnseeschwalbe	Sterna albostriata	Black-fronted Tern	Tarapiroe
Schwarzsturmvogel	Procellaria parkinsoni	Black Petrel	Taiko
Silberreiher	Egretta alba	White Heron	Kotuku
Spornpieper	Anthus novaeseelandiae	New Zealand Pipit	Pihoihoi
Springsittich	Cyanoramphus auriceps	Yellow-crowned Parakeet	Kakariki
	Cyanoramphus malherbi	Orange-fronted phase	Kakariki karaka
Stelzenläufer	Himantopus himantopus	Pied Stilt	Poaka

Deutscher Name	Wissenschaftlicher Name	Englischer Name	Maori-Name
Stewartscharbe	*Leucocarbo chalconotus*	Stewart Isl. Shag, Bronze Shag	Kawau
Streifenkiwi (Nordinsel)	*Apteryx australis mantelli*	North Island Brown Kiwi	Tokoeka
Südinsel-Austernfischer	*Haematopus finschi*	South Isl. Pied Oystercatcher	Torea
Südlicher Streifenkiwi	*Apteryx australis australis*	(Southern) Brown Kiwi, Southern Tokoeka	Tokoeka
Sumpfweihe	*Circus approximans*	Australasian oder Swamp Harrier/Hawk	-
Takahe (Südinsel-Takahe)	*Porphyrio hochstetteri,* (*P. mantelli* = Nordinsel-T.: †)	Takahe, Notornis	Takahe, Moho
Taraseeschwalbe	*Sterna striata*	White-fronted Tern	Tara
Trauerschwan	*Cygnus atratus*	Black Swan	Kaki-anau
Tui	*Prosthemadera novaeseelandiae*	Tui, Parson bird (selten)	Tui
Tüpfelscharbe	*Stictocarbo punctatus*	Spotted Shag, Blue Shag	Parekareka
Weißflügelpinguin	*Eudyptula albosignata*	White-Flippered Penguin	Korora
Weißköpfchen	*Mohoua albicilla*	Whitehead	Popokatea
Weißwangenreiher	*Ardea novaehollandiae*	White-faced Heron	Matuku-moana
Weka, Wekaralle	*Gallirallus australis*	(Western) Weka, Woodhen	Weka
	G. a. greyi (Nordinsel)	North Island Weka	-
	G. a. hectori (Chatham I.),	Buff Weka	-
	G. a. scotti (Stewart Island)	-	-
Ziegensittich	*Cyanoramphus novaezelandiae*	Red-crowned Parakeet	Kakariki, Porete
Zwergkiwi	*Apteryx owenii*	Little Spotted Kiwi	Kiwi-pukupuku
Zwergpinguin	*Eudyptula minor*	Little/Blue Penguin	Korora

Bildnachweis

Register

473

Dank an ...

Prof. Dr. Stefan Winkler, während der Produktion des Buches Privatdozent an der Universität von Canterbury in Christchurch, für extensiven Rat und Tat in sämtlichen Aspekten der Geologie und das mehrfache Gegenlesen des Manuskripts. Mittlerweile arbeitet Stefan Winkler, dessen Spezialgebiet die Gletscherkunde ist, wieder am Institut für Geographie und Geologie an der Universität Würzburg.

Prof. Dave Kelly, Ökologe an der Universität von Canterbury in Christchurch, für seine Ausführungen über die Bestäubung von Pflanzen und die Hilfe beim Identifizieren von Pflanzen

Dr. Clemens Altaner, Forstwissenschaftler an der Universität von Canterbury in Christchurch, für die Unterstützung beim Thema Waldwirtschaft

Dr. Mike Joy, Umweltwissenschaftler an der Massey-Universität in Palmerston North, für seine Informationen zum Thema Wasser

Dr. Terry Hume, Meeresgeologe bei NIWA, für seine Unterstützung beim Thema Strände

Prof. Philip Sutton, Zoologe an der Universität von Otago in Dunedin, für seine Ausführungen zum Pinguin-Sterben in Otago

Glen Riley und Penguin Place, Otago-Halbinsel, für die informative Tour zu den Gelbaugen-Pinguinen

Anna Kaiser, Seismologin bei GNS Science

Pukaha Mount Bruce National Wildlife Centre für die Fotos der weißen Kiwis

Whale Watch Kaikoura für Fotos von Walen und Delfinen

Judit Farquhar-Nadasi, Knowledge and Information Advisor beim Department of Conservation (DOC/Te Papa Atawhai) für die Kooperation in Sachen Fotos sowie mehreren regionalen DOC-Büros zu lokalen Themen

Otago Peninsula Trust (Sophie Barker) für die Fotos der plüschigen und schwatzenden Albatrosse

Kristina Schütt und Thomas Stracke für ihre Liebe zu den Pinguinen

All jene Menschen in Neuseeland, die sich für den Schutz der Natur einsetzen, den Tunnelbekämpfern in Fiordland ebenso wie den Westküsten-Aktivisten von KAKA und anderen privaten Initiativen, sowie all den Freiwilligen, ohne die viele Tierarten schon längst ausgestorben wären

Forest & Bird für die erhellenden Themenabende im WEA in Christchurch

Patrick Pohlmann für den anregenden Gedankenaustausch, sein Entgegenkommen und Verständnis in schwierigen Situationen

Meinen Partner John Abel für seine Geduld, Chauffeursdienste und Begleitung zu unzähligen Fototouren und Wanderungen, inklusive der exzessiven und unvergesslichen Suche nach Gemüseschafen und Kamahi

Nicht zu vergessen meinen Reisebär Kimi, der mich bei den nicht enden wollenden Foto- und Recherche-Touren stets bei Laune gehalten hat

Und schließlich an mich selbst dafür, dass ich durchgehalten habe.

Das Neuseeland-Lesebuch

Alles, was Sie über Neuseeland wissen müssen

von Dörthe und Volker Heyse

Unser Klassiker neu aufgelegt! Die dritte, aktualisierte und ergänzte Ausgabe des umfangreichen Länderporträts. Es enthält wichtige Fakten aus Geschichte und Gegenwart des Landes, berichtet differenziert über Natur, Kultur, Wirtschaft und Alltag – und bietet auch ein wenig Klatsch. Bei mehreren Neuseelandaufenthalten konnten die Autoren einige interessante Interviews führen, z.B. mit dem früheren Premierminister David Lange.

Ein Buch, das den Lesern das Land und die Mentalität der Kiwis nahe bringt – ein aktuelles und kurzweiliges Lesebuch!

Pressestimmen

Die Zeit:
… ein hilfreicher Begleiter für jeden, der mehr als eine Stippvisite plant – zumal der Blick aufs große Ganze nicht die praktischen Tipps verdrängt.

Kölner Stadtanzeiger:
Die […] Texte, allesamt üppig bebildert, halten, was der Index verspricht. Kenntnisreich führten Dörthe und Volker Heyse ihre Leser durch dieses große, weite Land, das duch seine Schönheit und Vielseitigkeit besticht. Die Kapitel sind in kurze, übersichtliche Abschnitte unterteilt, die einzelnen Themen süffig aufbereitet.

MANA-Verlag.de

480 Seiten
über 450 Abbildungen
18 x 21 cm
Klapp-Broschur
Reihe: Länderporträt
ISBN: 978-3-95503-070-4
27,50 €

MANA